“粮食工程”专业系列规划教材

粮食食品加工学

陈凤莲　曲　敏　编

本书由“高值化全谷物粳米系列食品创制关键技术及产业化示范项目（黑龙江省科技重大专项资助，编号 2019ZX08B02）”资助

科 学 出 版 社

北　京

内容简介

粮食食品加工是食品科学与工程专业的重要研究方向之一。本书系统地介绍了粮食的结构与品质、粮食的化学组成、谷物清理、稻谷制米、小麦制粉等粮食原料基础知识及加工的基本方法和理论，同时还阐述了面制食品加工、稻谷深加工、马铃薯食品加工、杂粮食品加工、速冻粮食食品加工、现代粮食食品加工等以粮食谷物为原料的食品加工技术，并就粮食食品加工评价方法进行了叙述。本书注重内容的系统性、科学性、新颖性和实用性，可提高学生的粮食生产加工单元操作设计的基本素质。书中配套相关操作视频，可扫码观看。

本书可作为高等学校食品科学与工程、烹饪科学、粮食工程等专业本科生和研究生的教材，也可作为食品相关企业和科研单位科技人员的参考或培训读物。

图书在版编目（CIP）数据

粮食食品加工学 / 陈凤莲，曲敏编. —北京：科学出版社，2020.9

"粮食工程"专业系列规划教材

ISBN 978-7-03-065997-2

Ⅰ. ①粮… Ⅱ. ①陈… ②曲… Ⅲ. ①粮食加工-食品加工-高等学校-教材 Ⅳ. ①TS219

中国版本图书馆 CIP 数据核字（2020）第 164936 号

责任编辑：席 慧 韩书云 / 责任校对：郑金红
责任印制：张 伟 / 封面设计：蓝正设计

科学出版社 出版
北京东黄城根北街 16 号
邮政编码：100717
http://www.sciencep.com

北京建宏印刷有限公司 印刷

科学出版社发行 各地新华书店经销

*

2020 年 9 月第 一 版 开本：787×1092 1/16
2020 年12月第二次印刷 印张：19 1/2
字数：500 000

定价：69.00 元

（如有印装质量问题，我社负责调换）

“粮食工程”专业系列规划教材编写委员会

前　言

自 1949 年以来，中国政府始终把解决人民吃饭问题作为治国理政的头等大事，付出了艰苦卓绝的努力。目前，中国粮食谷物自给率已经在 95%以上，口粮产需有余，城乡居民粮食可获得性、可及性大大改善，显著提升了人民的生活质量和营养水平。与此同时，也带来了新的一轮粮食食品革命。国务院办公厅印发的《关于加快推进农业供给侧结构性改革大力发展粮食产业经济的意见》中明确了发展粮食产业经济的思路目标和政策措施。根据习近平总书记关于“粮头食尾”“农头工尾”的一系列重要指示，发展粮食产业经济，目标是要推动粮食产业创新发展、转型升级、提质增效，推动农业供给侧结构性改革。本书正是基于现如今粮食食品加工业蓬勃发展的需求而编写的一本满足教学与科研需求的书籍。

本书以粮食食品加工为主线，包括绪论在内共 13 章，其中第三章至第六章、第八章和第九章、第十二章由陈凤莲编写；绪论、第一章、第二章、第七章、第十章和第十一章由曲敏编写。书中所介绍内容如下：①谷类杂粮和食用豆类的结构与品质，以及其所含有的蛋白质、淀粉、非淀粉多糖、脂类、酶类、维生素和矿物质等营养成分，并从谷物加工的角度叙述了加工过程中谷物发生的化学变化；②稻谷制米及小麦制粉的主要工艺过程、基本原理和主要设备；③以小麦粉和米粉及马铃薯和杂粮为主要原材料的食品加工，以及速冻类食品加工；④现代粮食食品加工技术的原理、特点及对粮食食品加工品质与食品营养的影响；⑤粮食食品质量评价中常用的仪器与设备。

书中相关彩图和操作视频可扫描二维码观看。

在本书的编写过程中，编者参阅了大量国内外专家和学者的优秀文献资料，在此表示衷心的感谢！

由于编者水平有限，若有疏漏和不足之处，敬请读者批评指正！

编　者

2020 年 6 月

目 录

本书相关视频

- 面包的加工
- 糕点的加工
- 挤压膨化技术
- 真空冷冻干燥技术
- 微波干燥技术
- 面粉粉质仪的测定
- 面团拉伸特性的测定
- 质构测定仪
- F4 流变发酵仪
- 流变仪

《粮食食品加工学》教学课件索取单

凡使用本书作为教材的主讲教师，可获赠教学课件一份。欢迎通过以下两种方式之一与我们联系。本活动解释权在科学出版社。

1. 关注微信公众号“科学 EDU”索取教学课件

关注 →“教学服务”→“课件申请”

科学 EDU

2. 填写教学课件索取单拍照发送至联系人邮箱

<table>
<tr><td>姓名：</td><td>职称：</td><td>职务：</td></tr>
<tr><td>学校：</td><td colspan="2">院系：</td></tr>
<tr><td>电话：</td><td colspan="2">QQ：</td></tr>
<tr><td colspan="3">电子邮件（重要）：</td></tr>
<tr><td colspan="3">通讯地址及邮编：</td></tr>
<tr><td colspan="2">所授课程：</td><td>学生数：</td></tr>
<tr><td colspan="2">课程对象：□研究生 □本科（____年级） □其他________</td><td>授课专业：</td></tr>
<tr><td colspan="3">使用教材名称 / 作者 / 出版社：</td></tr>
<tr><td colspan="3">贵校（学院）开设的食品专业课程有哪些？使用的教材名称/作者/出版社</td></tr>
</table>

联 系 人：席 慧　　咨询电话：010-64000815
回执邮箱：xihui@mail.sciencep.com
地 址：北京市东城区东黄城根北街 16 号科学出版社

食品专业教材目录

绪　论

第一节　粮食作物的分类

粮食作物，也称为食用作物，是指其收获物可让人类用作主食的作物，即将收获的该类作物的成熟果实，经过去壳、碾磨等加工工序后成为人类基本食粮的一类作物。粮食作物是人类主要的食物来源，其种植面积在全世界各类作物中占50%以上，在我国占76.8%以上，我国粮食总产量及水稻、小麦、谷子、甘薯的产量均居世界前列。粮食作物的分类依据各国习惯有所不同，主要有自然分类和商品分类两种形式。

一、粮食作物的自然分类

人们根据粮食作物的形态、构造、生活史、生活习性及生长发育特点等，界定了各种粮食作物在自然分类中的明确位置。它们大多是由野生植物经过人们长期选择、培育而成的栽培作物品种。例如，小麦、稻、玉米、大麦、粟、高粱、燕麦、黑麦等属于植物界被子植物门(Angiospermae)单子叶植物纲(Monocotyledoneae)禾本科(Gramineae)的一些属，因此称为禾谷类作物；食用豆类作物的蚕豆、豌豆、绿豆、菜豆、小豆、豇豆、扁豆等均属于植物界被子植物门双子叶植物纲(Dicotyledoneae)蔷薇目(Rosales)豆科(Leguminosae)蝶形花亚科(Papilionoideae)的不同属；薯类作物的马铃薯、甘薯和木薯分别属于植物界被子植物门双子叶植物纲的不同科；而荞麦则属于植物界被子植物门双子叶植物纲蓼科(Polygonaceae)荞麦属(*Fagopyrum*)。

粮食作物的自然分类说明了众多粮食作物各自的自然属性。

二、粮食作物的商品分类

粮食作物作为粮食与粮食食品加工的原料，它们的商品属性很重要。

(一)按粮食原料的性质、用途分类

按照粮食原料的性质和用途将其分为原粮与成品粮。

原粮是指收获后尚未经过加工的粮食的统称。对于原粮的分类，我国主要分为禾谷类作物、食用豆类作物和薯类作物。禾谷类作物，以籽粒作为粮食，包括小麦、水稻、玉米、大麦、粟、高粱、燕麦、黑麦等，它们都有发达的胚乳，内含丰富的淀粉，一般作为主食被人们食用。其是最主要的粮食作物，产量约占粮食作物的90%，仅前三种作物就占世界上人类食物的一半以上。食用豆类作物，以种子和嫩荚供人们食用，包括蚕豆、豌豆、绿豆、菜豆、小豆、豇豆、扁豆等，虽然它们没有胚乳，但有发达的子叶，其产品富含蛋白质、脂肪和淀粉，是高营养成分的副食，也是植物蛋白质的主要来源。大豆和花生在国外不作为粮食作物，我国也正在逐步将大豆和花生视为经济作物。薯类作物，以块根和块茎供人们食用，其干物质主要是淀粉，该类作物主要

包括块根类的甘薯和木薯、块茎类的马铃薯。另外，蓼科荞麦属的荞麦种子也是人们的主要粮食类型之一。

成品粮是指原粮经过去壳、碾磨加工后符合一定质量标准的粮食成品，如大米、小麦粉、高粱米、小米、黍米等。成品粮是原粮经过粗加工后的产品，目前是我国人民生活中的主要食物种类。同时，成品粮也是粮食食品深加工的原料。例如，面粉是面包、饼干、糕点、挂面、方便面等各类食品的主要原料；大米是制取米粉、各类米制品、啤酒、味精等产品的重要原料。

但有时一些不经过碾磨就可以直接蒸煮食用的粮食，如食用豆类和薯类，既可归属于原粮，也可归属于成品粮。

(二)按粮食原料的主要化学成分分类

1．富含淀粉类 禾谷类作物的籽粒及蓼科的荞麦种子等粮食属于这一类。该类作物含碳水化合物 68%～80%(主要是淀粉)、蛋白质 8%～15%、脂肪 2%～6%等。马铃薯和甘薯干物质的主要成分也是淀粉，也属于富含淀粉类。一般富含淀粉类的粮食作物可作为人们的主食。

2．富含蛋白质类 该类粮食主要是指食用豆类的种子，如菜豆、绿豆、豇豆等，其蛋白质含量在 20%以上，且含有较多的淀粉等碳水化合物。

3．富含脂肪类 富含脂肪类的植物种子或果实中，一般都含有较多的蛋白质，淀粉含量较少或没有，碳水化合物往往以寡聚糖形式存在。

(三)按粮食原料的工艺特点及加工目的分类

各种粮食作物的果实或种子作为深加工原料，被加工成各种产品，首先是由果实或种子中所含的化学成分及其植物解剖学结构的特点所决定的。原料的化学成分和结构特点决定了加工产品的性质及状态，如米、小麦粉、淀粉、蛋白质等，具体分类如下。

1．制米原料 制米原料的特点是籽粒胚乳富含淀粉，且角质化程度较高，机械硬度较大，不易破碎，籽粒表面较为圆滑，皮层容易经加工脱除，如水稻、高粱、粟等。

2．磨粉原料 磨粉原料的特点是籽粒胚乳富含淀粉，且胚乳的机械硬度较小，容易破碎，籽粒外形不规则，难以完全脱净皮层。例如，小麦、玉米、荞麦等，尤其是小麦胚乳中富含面筋蛋白质，加工面制食品具有独特的功能性，所以小麦是典型的制粉工业原料。

3．淀粉工业原料 富含淀粉的薯类作物马铃薯、甘薯等的块茎和块根，禾谷类作物籽粒，食用豆类作物的种子等可以作为淀粉工业的原料。但由于水稻、小麦等主要作为人们生活的基本粮食食品，因此淀粉工业所用的原料主要是玉米、马铃薯、木薯、葛和绿豆等。

4．蛋白质食品原料 蛋白质食品原料是指富含蛋白质的粮食作物的籽粒和种子。其主要是一些食用豆类和禾谷类作物，其中大豆是主要的蛋白质食品原料，可以用全脂大豆加工各种豆制品，也可以用脱脂大豆加工各种蛋白质制品。近年来，对来自水稻、小麦和玉米的谷物蛋白质的加工与利用研究也逐渐深入，新的植物蛋白质资源不断被开发出来。以植物蛋白质加工各种食品，是现代粮食食品加工业的一项重要内容。

第二节　粮食食品加工

一、粮食食品加工的范畴及意义

粮食作物不仅为人类提供主食，为食品工业提供原料，为畜牧业提供精饲料和大部分粗饲料，还可制淀粉、啤酒、白酒、乙醇等。随着社会的发展、人们对能源的可再生和综合利用的需要，有的粮食作物正在成为生产生物液体燃料等的能源作物。因此，粮食生产与加工是多数国家的农业基础，在国民经济中占有极其重要的地位，是一个国家经济和人民生活质量的重要标志。

传统意义上的粮食加工是指对小麦、稻谷、玉米等原粮进行工业化处理(将原粮除去杂质，调节水分，脱壳、去皮或碾磨)，将其转化为符合不同质量标准的半成品粮、(粒状或粉状)成品粮、食品和综合利用粮食辅料进行深加工等生产经营活动的过程。因此，粮食加工作为粮食物流的重要环节之一，是粮食产业链的重要组成部分。粮食食品加工关系到国计民生，是发展食品工业的基础产业，是农产品加工的重要组成部分，对国民经济的稳定发展具有重要的战略意义。

在现代应用农业体系中，粮食加工产业从原粮的供应，到对原粮由初次加工转向二次加工和深层次加工，不断提升粮食加工品的科技含量和附加值，以此构成一条完整的产业链。这些粮食加工产业链将起到两个方面的作用：一方面，引导消费市场需求；另一方面，引导农业种植结构调整。据联合国粮食及农业组织(FAO)统计，仅在粮食加工链上，就有50 多个环节可产生利润，相关联产业达 60 多种，相配套产品有上千种。

如今，粮食加工已经形成了门类比较齐全的产业加工体系，根据粮食种类主要可以分为小麦加工、稻谷加工、玉米加工、大豆加工、饲料加工、薯类与杂粮加工、淀粉及衍生品加工、发酵酿造和以米面为主要原料的食品加工等九大类别数百种类。

二、我国粮食食品加工的现状与对策

现阶段，我国还存在很多制约粮食及粮食食品加工产业竞争力的提升因素，包括：粮食加工结构不够合理，产业外向度亟待提高；粮食加工技术水平较低，标准体系、质量控制体系不完善，法律法规不健全，导致的粮食加工产业增加值、利润和利税相对较低；粮食加工产业还存在研究开发投入不足、整体产业规模小、技术力量分散等。尤其是，粮食食品加工普遍存在产业链短、加工程度低、带动能力弱等诸多问题。例如，稻米加工的全产业链短，副产品深加工发展迟缓，技术不先进。所以，稻谷主产区将大力发展稻谷加工产业，形成稻米及主食方便食品和副产品米糠、稻壳、碎米综合利用循环经济模式。

因此，发展农业、粮食和食品及相关产业相结合的粮食食品行业势在必行，要逐步形成一批优势突出和区域特色鲜明的粮食加工产业带。

1．融入第一产业，紧盯粮食生产　应用生物技术，扩大适合加工的优质、专用型粮食原料品种的选育与生产，在生产上解决与国际接轨的问题；加强特种稻米、营养功能性大米、各种食品专用小麦粉(优质强筋和弱筋小麦)品种的选育。在作物品种加工与营养品质方面开展更多的科研创新与协作。

2．发挥第二产业精深加工优势　要想粮食增值增效，关键在于精深加工；在初级加工规模迅速扩大的基础上，粮食加工向精深加工纵深发展。

1）加强传统粮食及其制品加工：完善小麦制粉的多种专用粉标准；形成大米制粉业、杂粮制粉业、小麦制粉业三大制粉业并驾齐驱的局面，为粮食食品工业提供多种基础原料。

2）加大粮食精深加工设备的投入：充分利用现代粮食加工技术，如膨化技术、挤压技术、超微粉碎技术、乳化技术、磷脂分离技术及其变性技术、谷物淀粉蛋白质分离技术及其变性技术，以及相关联的粮食食品机械装备等，以粮食为载体，添加某些营养素生产高蛋白质、高纤维、低脂肪、低糖、低盐或富钙、富铁、富维生素等营养粮食食品。例如，利用小麦麸皮生产纤维类食品；赤豆、绿豆、大豆等经过膨化，添加某些营养素生产老少皆宜的糊状食品。

3）加强稻谷、小麦和玉米等谷物的深加工与转化技术：提高免淘米、营养米生产技术及加强杂粮制品的开发程度。

4）使用品质改良的新工艺和新技术，在分子水平上研究食品的稳定性与加工可能性，提高营养与感官质量；在粮食深加工过程中，注重对生物活性物质如维生素、抗氧化剂、蛋白质、脂肪及碳水化合物的保护，增强粮食加工品的稳定性。

5）开发功能食品、方便食品、运动食品、婴儿食品和保健食品等。

6）推进主食食品生产的工业化：主食工业化生产需要进一步优化结构，逐步形成产业集聚效应，其竞争优势来自低成本、品牌信誉与技术创新。发展主食食品工业化，既能为改善人民群众膳食消费方式提供保障，还能促进粮食等食用农产品的精深加工转化，如推动马铃薯主粮化进程。近年，我国的粮食方便食品和主食食品的工业化发展迅速，正在向规模化、集约化、现代化发展，我国已经成为世界生产方便面第一大国。

7）加强粮食及其加工副产品的综合利用。

3．完善和制定质量标准　通过完善和制定粮食及粮食食品的质量标准，满足粮食产品分等定级的需要，进一步引导粮食种植、加工等环节的提质升级；通过完善和制定粮食及粮食食品的质量标准，加强优质粮食产品的研发，以优质粮食食品标准为引领，研发高于国家标准和行业标准的粮食产品，并推进研发成果及时转化，满足人们对粮食食品的多元化和差异化的消费需求；通过完善和制定粮食及粮食食品的质量标准，培育优质粮食产品和品牌。

4．强化第三产业，引领服务消费　转变粮食加工企业对消费者被动性生产的状况，主动应对市场，引领消费。注重引导粮食加工产业链后端仓储、物流及销售与现代互联网、信息科技、智能制造领域的合作，为粮食加工业结构调整与供给侧改革提供良好的科技创新平台。

5．加强企业科技创新能力建设，促进产业结构调整与融合发展　加强粮食科研人才的培养，在粮食加工产业链延伸、中高端与高附加值产品开发、先进技术装备研制等方面提升科技创新能力。

三、粮食食品加工学的主要研究内容

1．粮食的结构与品质　包括粮食作物的分类，稻谷、小麦、玉米及大麦、高粱、粟等其他谷类杂粮的结构与品质特点，豇豆属、菜豆属和蚕豆属等食用豆类的结构与品质特点；谷物本身含有的蛋白质、淀粉、非淀粉多糖、脂类、酶类、维生素和矿物质等营养成分特点；在加工过程中谷物发生的各种化学变化等。

2．粮食的碾磨加工 包括谷物清理的主要方法、基本原理和主要设备；稻谷清理的方法及原理、砻谷及砻下物的分离、碾米的过程及碾米机的工作原理；稻米营养强化方法、蒸谷米的加工技术、免淘洗米的加工技术；小麦制粉的基本原理、工艺过程及相关设备、小麦粉的质量标准、小麦粉后处理方法等。

3．粮食食品加工 以小麦粉为主要原料的面制食品的加工：包括小麦粉原料和油脂、糖、蛋、乳等主要辅料及其在面制食品中的作用；以及以面包、饼干、糕点、挂面和方便面等为代表性食品的加工过程和原理。

稻米深加工：包括米粉、米酒、红曲米、米醋、年糕、方便米饭、方便米粥、麦芽糖浆、汤圆等稻米食品的加工工艺及操作要点；发芽糙米的加工工艺等。

杂粮食品加工：包括不同杂粮的基本组成特点与差异，现有的主要杂粮加工技术，对不同的杂粮采用的不同加工工艺及相应产品等。

薯类制品的开发：包括以马铃薯为代表的薯类深加工食品的基础理论知识，马铃薯速冻薯条加工技术，马铃薯全粉加工技术，以及马铃薯主食化类产品的加工技术。

4．速冻粮食食品加工 包括速冻水饺、速冻馒头、速冻面条、速冻汤圆、速冻面团及速冻米饭等速冻粮食食品的加工工艺及操作要点，常见的品质问题，影响速冻粮食食品品质的因素等。

5．现代粮食食品加工技术 包括超微粉碎技术、挤压膨化技术、真空冷冻干燥技术、微波干燥技术、真空油炸技术及其他现代粮食食品加工技术的原理、工艺流程、技术特点，以及其对粮食食品加工品质与食品营养的影响等。

6．粮食食品品质评价 包括粉质仪、拉伸仪、混合试验仪、吹泡仪、流变仪、质构测定仪、差示扫描量热仪、流变发酵仪及损伤淀粉测定仪等仪器设备的类型、结构、原理及测定分析方法等，评价面粉工艺性能及粮食食品质地、性能的仪器设备及测定分析方法。

本章小结

本章主要介绍了粮食作物的自然分类和商品分类；粮食食品加工的范畴及意义，我国粮食食品加工的现状与对策，粮食食品加工学的主要研究内容等。通过本章的学习，可以让学生对粮食食品加工学有初步的认识。

本章复习题

1．粮食作物如何进行分类？

2．粮食食品加工学的主要研究内容是什么？

第一章 粮食作物的结构与品质

第一节 粮食作物的一般结构与品质

一、粮食作物的一般结构

(一)禾谷类作物籽粒的形态结构

禾谷类作物即禾本科的谷类作物，包括 8 个主要的属，即稻属(*Oryza*)、小麦属(*Triticum*)、大麦属(*Hordeum*)、燕麦属(*Avena*)、玉米属(*Zea*)、高粱属(*Sorghum*)、狗尾草属(*Setaria*)和黑麦属(*Secale*)。根据形态学、生理学和经济性状，将这 8 属分为两大类：麦类作物，包括小麦、大麦、燕麦和黑麦；黍类作物，包括水稻、玉米、高粱和粟。禾谷类食物在我国膳食构成中占 50%左右，具有重要的经济地位。居民膳食中 50%～70%的能量、55%的蛋白质、一些无机盐和 B 族维生素均来源于禾谷类食物。全世界最重要的三种粮食作物是小麦、玉米和水稻。

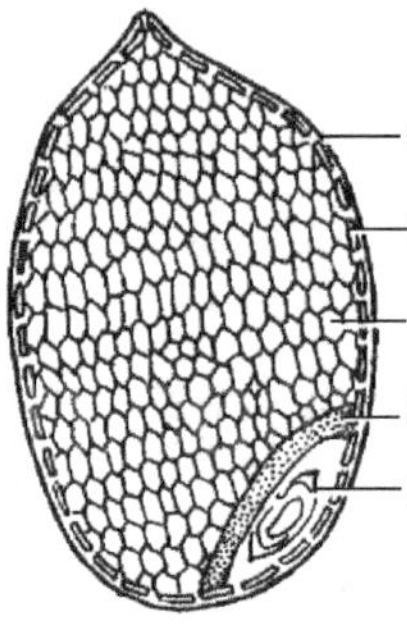

图 1-1 禾谷类籽粒的基本结构

禾谷类作物的籽实都是单粒的果实，通常称为籽粒(图 1-1)。一些籽粒被内外稃壳包被，因此籽粒分为带壳籽粒和裸籽粒。籽粒有胚，如果胚位于籽粒的基部一侧，籽粒就有腹、背之分。在第一类禾谷类作物中，籽粒的腹面沿纵向有沟，称为腹沟。

皮层：是籽粒的最外层，分为果皮和种皮两部分。果皮颜色由花青素或其他杂色体导致，未成熟的果实中含有大量的叶绿素，如蓝粒小麦和紫粒小麦、紫米、黑米、红米等。皮层主要由纤维素、半纤维素等组成，含有一定量的蛋白质、脂肪和维生素及较多的无机盐。

胚：占籽粒总质量的 2%～3%，富含脂肪、蛋白质、无机盐、B 族维生素和维生素 E，还有各种酶。其质地虽较软但有韧性，加工时易与胚乳分离而损失。

胚乳：占籽粒总质量的 83%～87%，其中有约 74%的淀粉、约 10%的蛋白质及少量的脂肪、无机盐、维生素和纤维素等。胚乳蛋白质含量靠近胚乳周围部分较高，越向胚乳中心，含量越低。

谷皮与胚乳之间的部分称为糊粉层，含有较多的蛋白质、脂肪、磷、丰富的 B 族维生素及无机盐，但会随加工流失到糠麸中。

谷类在加工时，皮层和胚芽基本上都被除掉了，同时把膳食纤维、维生素、矿物质和其他有用的营养素如木脂素、植物性雌激素、酚类化合物和植酸也一起除掉了。例如，小麦和稻谷在加工过程中被去掉的皮层、胚芽和部分胚，形成麸皮和米糠。谷类因种类、品种、产地、生长条件和加工方法的不同，其营养素的含量有很大的差别。

(二)食用豆类种子的形态结构

食用豆类，传统上称为“杂豆”或“小宗豆类作物”，于 1980 年改称为“食用豆类”

(food legumes)。食用豆类均属豆科(Leguminosae)蝶形花亚科(Papilionoideae)，主要包括5属、7个种：野豌豆属(*Vicia*)的蚕豆(*Vicia faba* L.)，豌豆属(*Pisum*)的豌豆(*Pisum sativum* L.)，豇豆属(*Vigna*)的绿豆[*Vigna radiata* (L.) Wilczek]、小豆(*Vigna angularis* L.)、豇豆(*Vigna unguiculata* L.)，菜豆属(*Phaseolus*)的菜豆(*Phaseolus vulgaris* L.)，扁豆属(*Lablab*)的扁豆(*Lablab purpureus* L.)等。大豆和花生不包括在食用豆类之中。

食用豆类籽粒的基本结构由种皮和胚两部分组成(图1-2)。种皮平滑有光泽。籽粒没有胚乳，只有两片肥大的子叶及胚芽、胚轴和胚根。因此，食用豆类籽粒的形态具有以下特征：籽粒的形状，包括球形、椭圆形、扁横圆形、肾脏形、圆柱形；籽粒的色泽，包括单色(绿、白、红、黄、黑、褐色)、杂色；以及种子的大小等。

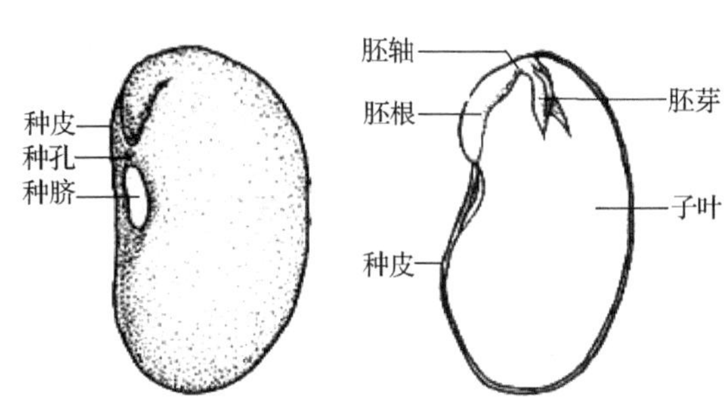

图1-2　食用豆类籽粒的基本结构

食用豆类是高蛋白质含量作物，籽粒中蛋白质含量为20%～30%，蚕豆和小豆中含量最高；总淀粉含量为40%～55%；脂类含量低，在1%以下；含有丰富的维生素和矿物质。这些营养物质主要分布在子叶中。

二、粮食作物的品质

(一)粮食作物品质的概念

粮食作物品质的评价标准因产品用途而异，包括营养品质、食用品质、加工品质和商品品质4个方面。

营养品质是指粮食作物所含有的营养成分如蛋白质、脂肪、淀粉及各种维生素、矿质元素、微量元素等，还包括人体的必需氨基酸、不饱和脂肪酸、支链淀粉与直链淀粉及其比例等。好的营养品质既要求营养成分丰富，又要求各种营养成分的比例合理。

食用品质主要是指适口性，即人食用时的感觉好坏。例如，稻米蒸煮后的黏性、软硬、香气、食味等方面的差异，表现出稻米不同的食用品质。

加工品质主要是指粮食作物是否适合加工，以及加工以后所表现出来的品质。加工品质不仅与农产品的质量有关，还与所使用的加工技术有关。

商品品质是指粮食的外观和包装，如形态、色泽、整齐度、纯度、净度、容重、装饰等，也包括是否有化学物质的污染。

(二)评价粮食作物品质的指标

评价粮食作物品质的指标包括生化指标和物理指标。

1. 生化指标　生化指标包括粮食作物产品所含有的生化成分，如蛋白质、碳水化合物、脂肪、微量元素、维生素等，另外还有有害物质含量及化学农药、有毒金属元素等污染物质的含量等。

2. 物理指标　物理指标包括产品的形状、大小、色泽、种皮厚度、整齐度、千(百)粒重、容重等。每种粮食作物都有一定的品质评价指标体系。

(三)各类粮食作物的品质

1. 营养品质

(1)禾谷类作物　禾谷类作物的籽粒中含有大量的蛋白质、淀粉、脂肪、纤维素、糖、矿物质等。其中，蛋白质含量及其氨基酸组分是评价禾谷类作物营养品质的重要指标。例如，小麦籽粒中蛋白质含量最高，为 9%～26%；粟为 8%～19%；玉米为 5%～20%；水稻最低，为 5%～11%。禾谷类作物蛋白质的氨基酸成分不平衡，经常缺乏几种不可替代的必需氨基酸，如赖氨酸、色氨酸和苏氨酸。

(2)食用豆类作物　食用豆类作物的籽粒富含蛋白质，而且蛋白质的氨基酸组成比较合理，营养价值高。食用豆类作物籽粒的蛋白质含量为 20%～30%，其中赖氨酸的含量较高，但甲硫氨酸和色氨酸的含量较少。

(3)薯类作物　薯类作物的利用价值主要为其块根或块茎中含有大量的淀粉。例如，甘薯块根淀粉含量在 20%左右，马铃薯块茎含淀粉 10%～20%。甘薯块根中蛋白质的氨基酸种类多于水稻、小麦，营养价值较高，马铃薯块茎中非蛋白质含氮化合物以游离氨基酸和酰胺占优势，提高了块茎的营养价值。此外，块茎中还含有大量的维生素 C(抗坏血酸)，为 10～25mg/100g。

2. 食用品质　作为食物，要求其营养品质好、食用品质好。以稻米为例，决定稻米食用品质的理化指标有粒长、长宽比、透明度、糊化温度、胶稠度、垩白率、垩白度、直链淀粉及蛋白质含量等。一般直链淀粉含量低、胶稠度小、糊化温度较低是食味较佳的标志。小麦、黑麦、大麦等麦类作物的食用品质主要是指烘烤品质，烘烤品质与面粉中面筋含量和质量有关。一般面筋含量越高，其品质越好，烘制的面包质量越好。面筋的质量是根据其延伸性、弹性、可塑性、胶黏性和韧性进行综合评价的。

3. 加工品质和商品品质　加工品质的评价指标因粮食作物产品的不同而不同。例如，水稻的加工品质主要是指碾磨品质，以出米率指标衡量，品质好的稻米的糙米率大于 79%，精米率大于 71%，整精米率大于 58%。小麦的加工品质主要是指磨粉品质，以出粉率指标衡量，不同品种的小麦出粉率不同，一般籽粒近球形、腹沟浅、胚乳大、容重大、粒质较硬的白皮小麦出粉率高。不同种植地区的小麦品种的出粉率也有较大差异，我国河南地区小麦品种的出粉率在 78%左右，而青海高原春小麦的出粉率仅为 56%，磨粉品质较差。甘薯在提取淀粉时，要求出粉率高、无异味等。

稻米的外观品质就是商品品质，优质稻米要求无垩白、透明度高、粒形整齐；优质玉米要求色泽鲜艳、粒形整齐、籽粒密度大、无破碎、含水量低等。

(四)影响粮食作物品质的因素

影响粮食作物品质的因素错综复杂，主要由遗传因素和非遗传因素两个方面决定。

1. 遗传因素(基因型)对粮食作物品质的影响　遗传因素是指决定品种特性的遗传方式和遗传特征，所以通过育种手段可改善品质形成的遗传因素，培育高品质的新品种。例如，不同玉米品种的脂肪含量有较大差异，高油玉米的脂肪含量高，而普通玉米则低。强筋小麦蛋白质和湿面筋含量比弱筋小麦高。这与它们的基因型不同有关。对于禾谷类作物品质改良，长期以来是围绕着提高蛋白质及其必需氨基酸组分含量进行的。通过遗传改良，已选育出多种多样的、品质各异的品种为生产所用。

2．非遗传因素对粮食作物品质的影响　非遗传因素包括生态环境条件、栽培措施、矿质养分等。禾谷类作物籽粒的蛋白质、脂肪和淀粉含量有明显的地区差异性，蛋白质和脂肪含量随纬度和海拔的升高而增加，而淀粉含量则相反；对光照时间敏感的品种，蛋白质、脂肪含量高，淀粉含量低；高原地区种植的粮食作物的蛋白质、脂肪平均含量均最高。由北向南和由西向东蛋白质含量逐渐提高，在同一经度上由北向南推进 10°，籽粒中蛋白质含量平均提高 4.5%，而在同一纬度上由西向东推进 40°，蛋白质含量提高了 5.47%。

第二节　稻谷的结构与品质

水稻(*Oryza sativa* L.)，属于禾本科稻属，栽培历史悠久，距今有 7000～8000 年或更长的历史。世界上约有 120 个国家种植水稻，耕作面积为 1.48 亿 hm^2。水稻除可食用外，还可以在酿酒、制糖等工业中作原料，稻壳、稻秆也有很多用处。我国水稻的总产量居世界首位，资源丰富、品种数量多。

一、稻谷的分类

水稻的籽实称稻谷，去壳后称大米或米。根据黏性强弱，可将其分为籼、粳两个亚种。在籼、粳亚种下又按光照反应、生长季节与收获季节分为早、晚熟期两个群；按照对水分反应的生长习性分为水和陆两个型；按照黏(非糯)、糯胚乳淀粉特性分为两个变种等 5 级 16 个类型。按 5 级分类为：第一级，籼稻和粳稻；第二级，晚季稻和早中季稻；第三级，水稻和陆稻；第四级，黏稻和糯稻；第五级，栽培品种。籼稻主要分布在华南热带和淮河、秦岭以南亚热带的平川地带，粳稻主要种植在南方的高寒山区，秦岭、淮河以北地区及云贵高原。因此，我国呈现出南籼北粳、高海拔粳低海拔籼的品种栽种格局。

1．籼稻与粳稻　籼稻和粳稻在籽粒形态、米质特点、米粒硬度及出米率等方面存在着较大差别(图 1-3，表 1-1)。

A

B

(彩图)

图 1-3　粳稻与籼稻

A．粳稻籽粒与粳米；B．籼稻籽粒与籼米

表 1-1　粳稻与籼稻的区别

稻种	颖毛	谷粒形态	米质	米粒强度与耐压性	出米率	腹白大小	硬质粒
籼稻	毛稀而短，散生于颖面	细长、扁平，一般为长椭圆形	米饭黏性小、胀性大	强度小，耐压性差	出米率低，碎米多	早籼腹白大	较少
粳稻	毛密而长，集生于颖棱上	阔短、宽厚，呈椭圆形，横切面近圆形	米饭黏性大、胀性小	强度大，耐压性好	出米率高	早粳腹白大	多

因此，籼稻米粒含直链淀粉较多，米质松散，胶稠度硬，食用品质低，但特别适合用来生产米粉；粳米所含的直链淀粉少，米质较黏，食用品质好，可供蒸煮或加工年糕。

2. 糯稻与黏稻 糯稻是稻的淀粉粒性质发生变化而形成的变异型，非糯性稻又称黏稻。两者差别很小，主要区别是米质的黏性不同。籼稻和粳稻都有黏性变种，籼稻中的糯稻，即籼型糯，称为籼糯、小糯或长粒糯，其糙米一般呈长椭圆形或细长形；粳稻中的糯稻，即粳型糯，称为粳糯、大糯或团粒糯，其糙米一般呈椭圆形(图 1-4)。

（彩图）

图 1-4 籼糯(A)与粳糯(B)

糯稻籽粒平滑，饱满稍圆，脱壳后称为糯米，又名“江米”。米粒蜡白色，不透明，也有的呈半透明状(俗称阴糯)。与其他稻米最主要的区别是其含有的淀粉中，支链淀粉高达 95%～100%，几乎不含直链淀粉，蒸煮后黏性大，是生产汤圆、粽子、八宝粥、糍粑和酿造甜米酒的主要原料。糯米富含蛋白质和脂肪，营养价值较高。粳糯的黏性又大于籼糯，大米煮熟后，会有一定的胀性和黏性。籼米胀性较大，粳米、糯米的胀性较小；加工精度越高，米的胀性越大。糯米煮熟后，其黏性比粳米、籼米都大。同一品种等级的大米，贮藏时间越长，其黏性越低，失去了大米原有的品质。糯稻与非糯稻的区别见表 1-2。

表 1-2 糯稻与非糯稻的区别

指标	非糯稻	糯稻
胚乳颜色	白色、透明	蜡白色、不透明
胚乳成分	含有 20%～30%的直链淀粉，70%～80%的支链淀粉	只含支链淀粉，不含直链淀粉或含量少
饭的黏性	小	大
与碘化钾溶液的反应	吸碘性大，深蓝色	吸碘性小，紫红色

3. 水稻与陆稻 种在水田中的稻称为水稻，种在陆地上的稻称为陆稻，也叫旱稻。水稻与陆稻的籽粒相比，后者的谷壳与糠层较厚，出米率较低，米质较差。

二、稻谷的籽粒形态与结构特点

1. 稻谷籽粒的形态与结构 稻谷籽粒主要由颖(稻壳)和颖果(种子)两部分组成(图 1-5)。籽粒去掉稻壳后也称糙米，籽粒经碾白去皮后得成品大米。稻谷经砻谷机脱壳后，内外颖便脱落，脱下的颖称稻壳，俗称大糠或砻糠。籽粒由皮层、胚乳、胚三部分组成。胚乳由糊粉层和内胚乳组成。胚位于糙米的下腹部，包含胚芽、胚根、胚轴和盾片 4 个部分。在糙米中，果皮和种皮占 2%～3%，珠心层和糊粉层占 5%～6%，胚芽占 2.5%～3.5%，内胚乳占 88%～93%。

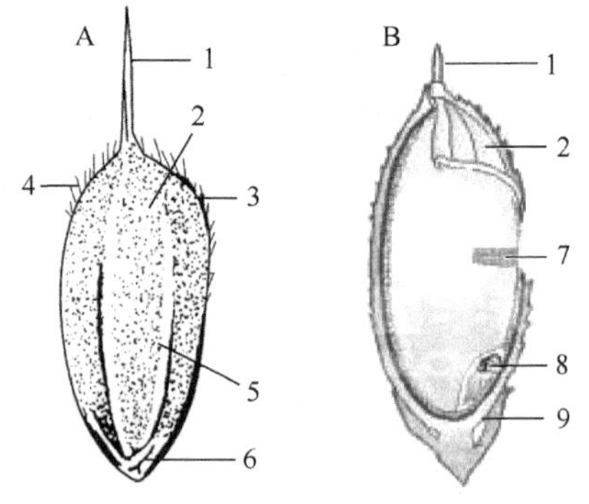

图 1-5 稻谷的籽粒结构

A. 籽粒外部；B. 籽粒剖面；
1. 芒；2. 外颖；3. 内颖；4. 茸毛；5. 脉；6. 护颖；7. 胚乳；8. 胚芽；9. 小穗轴

2. 稻谷籽粒的大小和形状分类 联合国粮食及农业组织和国际水稻研究所分别对稻

谷籽粒进行了分类(表 1-3)。这两个分类标准基本相近，区别在于测定的对象不同。联合国粮食及农业组织以精米为测定对象，国际水稻研究所则以糙米为测定对象。两种标准我国都有引用。

表 1-3 稻谷籽粒的大小和形状分类(罗利军等，2002)

机构	米粒形式	长度/mm		形状(长/宽)	
		类型	范围	类型	范围
联合国粮食及农业组织(1972 年)	精米	长	6.0～6.9	细	大于 3.0
		中	5.0～5.9	粗	2.0～3.0
		短	小于 5.0	圆	小于 2.0
国际水稻研究所(1975 年)	糙米	极长	大于 7.5	细	大于 3.0
		长	6.6～7.5	中	2.1～3.0
		中	5.5～6.6	粗	1.1～2.0
		短	小于 5.5	圆	小于 1.1

3．稻谷籽粒的其他重要性状 黏质稻米胚乳内的淀粉粒通常表现为多面晶体结构形式(图 1-6)，均一性较好，透明度好；而糯质稻米胚乳内的淀粉粒以非晶体结构形式沉积，造成光漫反射的内环境而呈现乳白色，透明度差。因此，黏质稻米胚乳内的晶体结构的程度和完整性，决定了籽粒的透光程度，即透明度的大小。

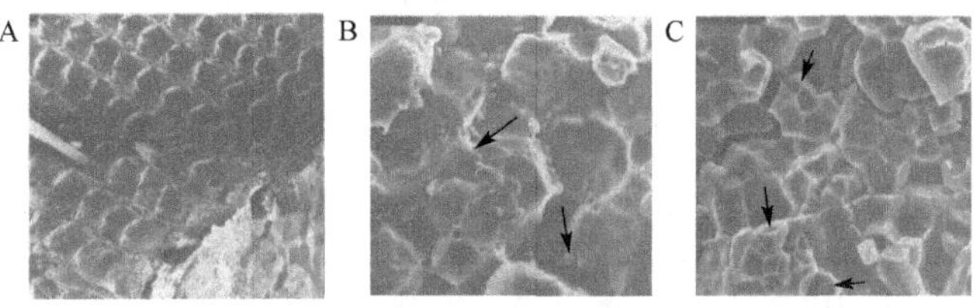

图 1-6 稻谷表面与胚乳淀粉的电镜图

A．稻壳外表面；B．接近糊粉层的复合淀粉颗粒和蛋白质(箭头指向)；
C．接近籽粒中心的复合淀粉颗粒和单独小颗粒(箭头指向)

4．糙米 籽粒去掉稻壳后称为糙米。糙米形状扁圆，表面光滑有光泽，随着稻壳脉纹的棱状突起程度的不同，糙米表面两侧及背部有或深或浅的纵沟，纵沟的深浅影响出米率的高低。糙米有胚的一面是腹面，成熟不好时则形成腹白。米中心因温度等原因会形成心口。有腹白和心口的米质较差，碾米时易破碎，出米率低。糙米的颜色有白、红、褐、紫、黑色等，其中以白色最常见。

5．碾米精度与营养价值 糙米去掉糠层和胚芽后就是大米，大米由胚乳组成，其主要成分是淀粉。稻谷在加工过程中，随着稻壳的去除、皮层的不断剥离、碾米精度的提高，成品大米的化学成分越来越接近纯胚乳。从营养角度来看，大米精度越高，淀粉的相对含量越高，纤维素含量越少，消化率越高，但某些营养成分如脂肪、矿物质及维生素的损失也越多。从食用角度来看，精度高的米口感细腻、风味良好。

6．米糠 稻谷脱壳后加工成大米，要去掉外壳及占总重 10%左右的种皮和胚；糙米碾白时，要剥除果皮、种皮和糊粉层。去掉的这部分物质叫米糠，是精碾稻米时的副产物。米糠和米胚中富含各种营养素和生物活性物质，除含有丰富的油酸、亚油酸等不饱和脂肪酸以外，还含有 B 族维生素、维生素 E、膳食纤维、蛋白质、氨基酸等多种营养成分，营养价值很高，可用于开发其他食品。由于加工米糠的原料和所采用的加工技术不同，米糠的组成成分也不同。因此，米糠可以经过进一步加工提取有关营养成分，如榨取米糠油、提取植酸钙等。但是，由于米糠的外观差、有异味和缺乏可食性等原因，其至今未得到充分利用。

三、稻谷的化学组成

1．蛋白质　大米平均含蛋白质 7%～8%，主要是米谷蛋白，氨基酸组成比较完全，为谷类中最优蛋白质，赖氨酸含量约占总蛋白质的 3.5%。其可消化率和可吸收率都较高。大米的蛋白质含量越高，米粒硬度越高，耐压性越强，加工时产生的碎米也越少。籼米的蛋白质含量高于粳米，晚稻米高于早稻米。

2．脂肪　大米中脂肪含量一般为 1%～2%，大部分集中在米胚和皮层中。糙米碾白时，胚和糠层大都被碾去，所以精米中脂肪含量极少，而米糠中脂肪含量较高。

3．矿物质　稻谷中矿物质大都集中在稻壳，占 18%左右；糠层和胚各占 9%左右；胚乳中很少，约为 0.5%。胚乳中主要的矿物质是磷，此外还有少量的钙和铁。因此，大米的加工精度越高，矿物质的含量越少。

4．维生素　稻谷籽粒含有少量人体不可缺少的维生素 B_1 和维生素 B_2，且主要存在于大米的胚和皮层中。为了尽量保留这些维生素，大米的加工精度不宜过高。

5．水分　大米的水分一般在 14%左右。水分过低，影响出米率；水分过高，影响成品质量，同时对贮藏也不利。不同品种大米的主要化学成分含量如表 1-4 所示。

表 1-4　不同品种大米的主要化学成分含量

名称	水分/%	淀粉（直链淀粉）/%	蛋白质/%	脂肪/%	灰分/%	纤维/%	支链/直链淀粉值
早籼	14.0	75.1（29.3）	7.8	1.3	1.0	0.4	2.41
晚籼	13.8	74.9（22.8）	8.1	1.2	0.9	0.3	3.39
早粳	14.1	75.8（20.1）	6.8	1.4	1.1	0.5	3.95
晚粳	14.3	75.7（15.8）	7.1	1.4	0.9	0.4	5.33
糯米	14.2	74.8（5.4）	7.6	1.5	1.0	0.6	17.52

四、稻米的品质

稻米的品质通常分为碾磨、外观、蒸煮食味和营养 4 个方面，包括糙米率、精米率、整精米率、粒长、粒形、垩白率、垩白度、透明度、硬度、糊化温度、胶稠度、直链淀粉含量和蛋白质含量 13 项指标。

1．碾磨品质　稻米的碾磨品质是指在砻谷出糙、碾米出精的加工过程中所具有的特性，通常以糙米率、精米率和整精米率等三个指标衡量。

（1）糙米率　是糙米质量占稻谷样品总质量的百分比。稻谷的糙米率一般为 80%左右。糙米率的大小与稻谷品种有关，籽粒大的品种，糙米率高，小粒则低；粳稻率高于籼稻，黏稻高于糯稻。测定糙米率的工具是砻谷机。

（2）精米率　是精米质量占稻谷样品总质量的百分比。糙米经碾米除去糠皮制成精米。稻谷的精米率一般为 70%左右。精米率的大小与稻米品种、籽粒大小、表面结构及碾米精度有关，通常粳稻高、籼稻低，大粒高、小粒低，表面光滑高、粗糙沟纹深的低，精度高的精米率低。测定精米率的工具是碾米机。

(3) 整精米率　粒长达到整粒 4/5 或 2/3 以上的精米，或目测无明显破损的为整精米。碾白后的精米中常常混有碎米，整精米质量占稻米样品总质量的百分比，即整精米率。整精米率的大小与稻米品种、粒形、加工技术、收获季节、贮藏条件有关，通常粳稻高、籼稻低，团粒形高、长粒形低。收获季节不适宜、加工技术和干燥技术差、贮藏中温湿度变化大等，都会造成籽粒裂成碎米。测定整精米率的工具，在大型稻米加工厂是碎米分离设备，实验室中为碎米分离器。

2．外观品质　糙米或精米的外观品质分为籽粒的大小、形状、色泽、裂纹、垩白率、垩白度、透明度及硬度等指标。

(1) 粒长、长宽比　籽粒两端的最大距离为粒长；粒长与籽粒最大宽度的比值即长宽比。长宽比反映了粒形。测定对象一般是精米，若测糙米需加以说明。粒长与粒形是稻米最重要的品质性状。据此，可将稻米分为长粒、中粒和短粒，与稻米品种有关。

(2) 垩白率、垩白度　稻米籽粒中不透明的部分称为垩白(图 1-7)，其是胚乳中的淀粉粒和蛋白质颗粒分布疏松进而充气形成的。垩白是影响外观品质和碾米品质的不良性状。垩白与遗传因素和种植环境有关，一般早稻垩白大、晚稻小，早稻品种正季播种垩白大、翻秋种植垩白小。用垩白率、垩白大小和垩白度来评价垩白情况。垩白率是指垩白籽粒数量占样品总数量的百分比；垩白大小是指垩白籽粒中垩白的投影面积占整个籽粒投影面积的百分比；而垩白度是指被测样品中垩白籽粒的垩白部分总面积占样品总面积的百分比。以上三个指标以目测为主。通常随机抽取 100 粒整粒精米，挑出垩白米粒，计算垩白率；再从垩白粒中随机取 10 粒，分别测算垩白大小，并取平均值作为最终垩白大小；垩白率与垩白大小的乘积即垩白度。

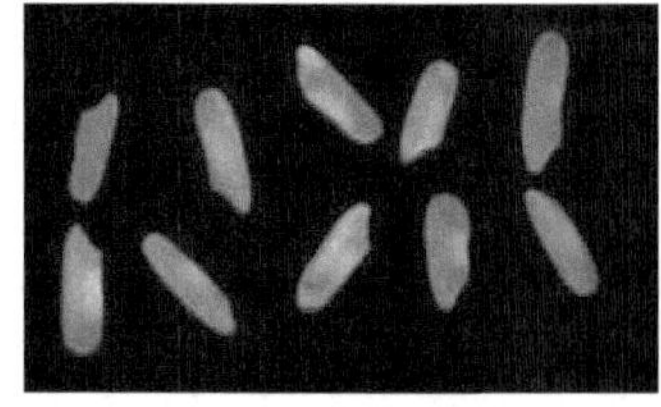

图 1-7　米粒的垩白

(3) 透明度　黏质稻米的透明度高，糯质稻米的透明度低。优质米的特性之一是透明度高。透明度的测定工具是稻米透明度测定仪。

(4) 硬度　大米的硬度大小主要由蛋白质含量来决定，蛋白质含量越高，米粒的硬度越大。新米比陈米的硬度大，水分含量低的米比水分含量高的米硬度大，晚稻米比早稻米的硬度大。

★延伸阅读

为什么有些籽粒或籽粒的某些部分是不透明的或粉质的，而另外一些是玻璃质的？通常，稻谷胚乳是硬质和半透明的，但也有不透明的栽培品系，某些稻谷品种有不透明的区域，称为腹白，是由胚乳中的空气间隙所引起的。根据籽粒上垩白的部位，将其分为腹白、心白和背白。细胞腔中充满着一定形状的淀粉粒，越是深入胚乳组织内部的细胞，其中淀粉粒越大。淀粉粒的间隙中充满着一种类蛋白质的物质，如果此类物质多，淀粉粒挤得紧密，则胚乳组织透明而坚实，为角质胚乳；如果此类物质少，淀粉粒之间有空隙，则胚乳组织疏松而成粉状，为粉质胚乳。米粒的腹白和心白就是胚乳的粉质部分。

3．蒸煮食味品质　稻米的蒸煮品质通常以吸水性、溶解性、糊化性、胀性及延展性体现。蒸煮品质又决定了食味品质，即蒸煮后米饭的结构、质地、黏性、弹性等。二者合称蒸煮食味品质，以糊化温度、胶稠度和直链淀粉含量三个指标来衡量。

(1) *糊化温度*　是指稻米淀粉在加热条件下失去晶体结构，并发生不可逆的膨胀形成淀粉糊的温度。其通常分为高(>75℃)、中(70～75℃)、低(<70℃)三类。糊化温度高不易煮熟。籼稻多为中、低型，粳稻为低型。糊化温度的测定方法是双折射终点温度法(BEPT 法)。

(2) *胶稠度*　稻米淀粉经稀碱溶液加热糊化后制成米糊胶，冷却后在水平放置的试管中的延展长度，称为胶稠度。淀粉的这种胶体特性反映了直链淀粉含量及支链淀粉与支链淀粉之间的相互作用，决定了米饭的柔软性与黏滞性。通常胶稠度分为软(>60mm)、中(40～60mm)、硬(<40mm)三种类型。一般糯稻的胶稠度高、大于 90mm，粳稻的胶稠度为中等，籼稻则具有软、中、硬三种类型。

(3) *直链淀粉含量*　稻米胚乳淀粉中直链淀粉和支链淀粉的比例对蒸煮食味品质有较大的影响。直链淀粉含量分为高(>25%)、中(20%～25%)、低(<20%)三种类型。一般籼稻有高、中、低三种类型，粳稻主要是低型，糯稻最低，一般不高于 2%。

4．营养品质　稻米中的蛋白质是人们获得蛋白质的重要来源。赖氨酸是人体所需的 8 种必需氨基酸之一，但在稻米蛋白质中所占比例很少，且在加工过程中易被破坏而缺乏，限制了人体对稻米蛋白质的利用，因此赖氨酸被称为稻米的第一限制性氨基酸。在其他粮食作物中，赖氨酸是黑麦、玉米等的限制氨基酸，是小麦、燕麦等的第一限制性氨基酸。蛋白质和赖氨酸是评价谷物营养品质的重要指标。

蛋白质含量　由于稻米籽粒中的蛋白质分布不均匀，胚及糊粉层中的含量高于胚乳内部，碾米精度会影响蛋白质含量的测定，通常利用糙米作为材料测定该稻米的蛋白质含量。测定方法有凯氏定氮法、比色法、紫外分光光度法、近红外反射光谱法等。赖氨酸含量的测定方法有染料结合赖氨酸法(DBL 法)、三硝基磺酸法(TNBS 法)及近红外反射光谱法等。

五、有色米及其品质

有色米为特种稻型，主要包括黑米、红米、紫米等，其中生产开发最多的是红米和黑米。有色米和普通大米一样，分为籼稻、粳稻、黏稻和糯稻。根据糙米色泽的深浅程度，有色米的颜色可细分为黑、红黑、紫红、红褐、红、黄和绿等 7 个颜色。其中，红、黑色较多，主要是花色苷沉积于果皮和种皮的结果。胚乳则为白色或透明色。其中云南黑稻的色素含量达 547.88mg/100g。

有色米的营养成分分布不均匀，其主要营养成分、活性物质贮藏在色素层即果皮内。例如，红米的米皮中蛋白质含量高于精米中的蛋白质含量。其糙米中蛋白质、必需氨基酸、粗纤维等的含量也明显高于普通白米。红米因保留了米壳上的纤维，所以比白米营养高。红米比白米的蛋白质含量高 0.5～1 倍，锰、锌、铜等无机盐大都高 1～3 倍。红米中含有较多的氨基丁酸，黑米和红米都含有黄酮类化合物，对心脑血管疾病有很好的保健作用。

第三节　小麦的结构与品质

小麦属于禾本科(Gramineae)小麦族(Triticeae)小麦属(*Triticum*)，是世界三大谷物之一。小麦籽粒磨成面粉后可制作面包、馒头、饼干、面条等食品，是人们的主要食物。其也可发酵后被制成啤酒、乙醇或生物质燃料。2016 年，世界小麦产量达到 7.5 亿 t，我国小麦产量为 12 885 万 t。

一、小麦的分类

1．按生态型分类　即按播种季节和收获季节分类，主要分为春型、过渡型和冬型等共 9 个生态型。春小麦颗粒长而大，较硬，皮厚，色深，面筋含量多，筋力较差，吸水率高。冬小麦颗粒较小，吸水率较低，面筋含量比同种春小麦少，但筋力较强。

2．按籽粒胚乳结构分类　小麦籽粒胚乳有角质和粉质两种不同的结构。胚乳细胞内的淀粉颗粒之间被蛋白质所充实，胚乳结构紧密，呈半透明状，称为角质。角质部分占籽粒截面积一半以上的籽粒，称为角质粒或玻璃质粒。若淀粉颗粒之间有空隙，胚乳结构疏松、断面呈白色不透明状的籽粒，称为粉质。粉质部分占籽粒截面积一半以上的籽粒称为粉质粒。小麦籽粒胚乳含角质粒 50%以上为硬质小麦，质地硬，透明；小麦籽粒含粉质粒 50%以上为软质小麦，质地软，不透明；胚乳中部分为角质、部分为粉质，为半硬质小麦。一般硬质小麦籽粒的颜色较深，其面粉面筋筋力强于软质小麦。

3．按皮色分类　小麦籽粒的颜色是指小麦种皮的颜色，有深红、红、浅红、黄白、白色，还有紫色和青蓝色。我国小麦籽粒以红粒居多，约占 77%，白粒的约占 22%。因此，小麦可大致分为红粒小麦与白粒小麦两种。小麦籽粒颜色与地区有关，北部冬麦区白粒品种较多，如山东和河北。南方冬麦区白粒较少。白粒小麦面粉色泽较白，出粉率较高，而筋力较弱。红粒小麦面粉色泽较深，麦粒结构紧密，出粉率低，但筋力较强。

二、小麦籽粒的形态与结构

小麦籽粒平均长度为 8mm，平均质量为 35mg。籽粒的大小取决于小麦的品种。小麦籽粒形状有圆形、卵形、椭圆形等；籽粒腹沟有深、浅、宽、窄等不同形态。腹沟浅而窄或籽粒越接近于圆形的品种，出粉率越高。籽粒颜色主要分为红、白两种。

1．麦毛和胚　小麦籽粒的麦毛在制粉前的清理过程中已被清除；胚占籽粒总质量的 2.0%～3.9%，含有丰富的营养成分和酶，是种子生命力最强，也是最容易变质的部分。胚中含有大量脂肪、类脂物质及脂肪酶等酶类，易于使面粉在储藏期腐败变质、酸度增加，故不宜磨入面粉。一般面粉厂有提胚工艺。麦胚可用来生产高营养的麦胚制品。

2．皮层　小麦籽粒皮层包括种皮、珠心表皮和果皮(图 1-8)，占籽粒总质量的 7.5%左右，主要由 70%以上的无淀粉多糖，20%左右的纤维素，少量的蛋白质、灰分和脂类组成；种皮内层含有色素，麦粒的皮色主要由此决定，又称为色素层。红皮小麦的种皮较厚，故色深。皮层部分营养价值低，制粉时应最大限度地从面粉中筛除。

3．糊粉层　糊粉层(aleurone layer)(图 1-8)与胚乳相连，为一到几层排列较整齐的、近等径形细胞，包围着胚芽和淀粉性胚乳。其约占籽粒总质量的 6%，糊粉层还有灰分、蛋白质、总磷、磷肌醇六磷酸酯、脂肪、烟酸、硫胺素(维生素 B_1)和核黄素(维生素 B_2)等物质。糊粉层具有很高的淀粉酶活性。由于糊粉层中分布了较多营养成分，可以磨入面粉内。但由于糊粉层灰分含量高，并含一定量的纤维素，不宜磨入一等粉内。

小麦籽粒被磨粉加工后，其皮层、糊粉层被剥离出来作为副产物丢弃，称为麸皮(bran)。麸皮占籽粒质量的 13.5%～15.0%。

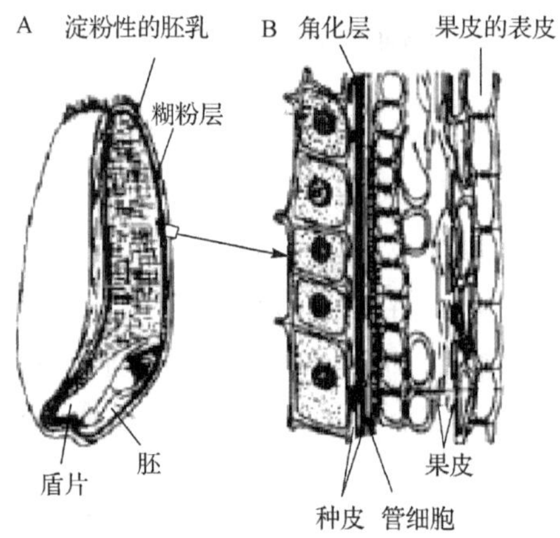

图 1-8　小麦颖果及果皮部分纵切面

A．小麦籽粒剖面；B．糊粉层

4．胚乳　胚乳被紧紧地包裹在皮层内，它是制取面粉的基本部分，胚乳细胞排列较疏松，主要成分是淀粉、蛋白质，分别积累在胚乳细胞的淀粉体和蛋白体内。胚乳占籽粒总质量的 78%～83%，而淀粉占胚乳质量的 95%～96%，胚乳中的蛋白质是构成面粉中面筋的主要物质。小麦中胚乳含量越高，制粉时出粉率越高。

小麦胚乳细胞的淀粉体，也称为淀粉颗粒(图 1-9)，为单粒淀粉体，即一个淀粉体中只含有一个淀粉粒。淀粉体有大小两种状态，大的形态多数呈鹅卵石形，直径为 10～30μm；小的淀粉体多呈球形，直径为 5～8μm。一般认为小淀粉体是在胚乳细胞的成熟过程中由大淀粉体分裂而来的。

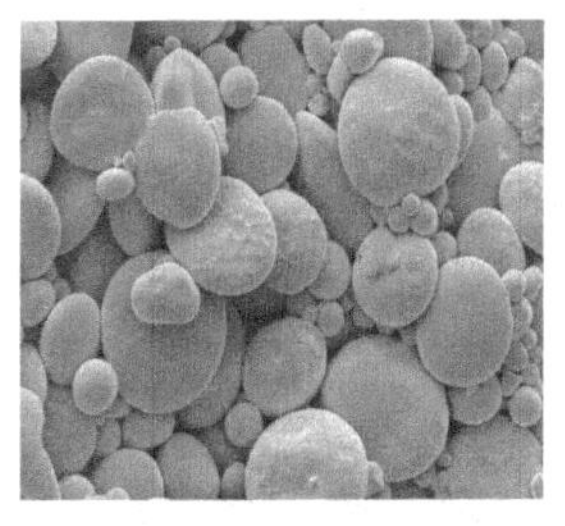

图 1-9　小麦胚乳的大小淀粉颗粒

5．胚芽　小麦胚芽为金黄色颗粒状，占整个麦粒质量的 2.5%～3.5%，含丰富的维生素 E、维生素 B_1 及蛋白质，营养价值非常高。其中，蛋白质含量为 25%以上，是一种优质蛋白质，含有人体必需的 8 种氨基酸，特别是赖氨酸的含量占 18.5%。其糖类为 18%，灰分为 5%。小麦胚芽中含有 10%的油脂，其中 80%是多不饱和脂肪酸，亚油酸的含量占 60%。小麦胚芽中色素的成分是小麦黄酮，它是一种水溶性色素，对心血管疾病具有很好的治疗功能。小麦胚芽还含有谷胱甘肽，它对抑制癌症有显著的效果。

蛋白质在小麦籽粒中的分布也不均匀，胚乳中含量最多，糊粉层和胚中蛋白质密度最大。

三、小麦的品质与分析

(一)小麦籽粒的加工品质

小麦籽粒的加工品质分为一次加工品质和二次加工品质。一次加工品质是指在小麦籽粒加工成面粉的过程中，与加工机械、加工流程及经济效益有关的籽粒性状，即与磨粉有关的性状，主要以出粉率、粉色、灰分含量、容重、千粒重等指标来反映。二次加工品质是指在制作各种面食时，有关面粉的物理和化学性质，即面筋的数量和质量、面包体积、评分、烘焙实验等指标。以下是与小麦一次加工品质相关的籽粒性状。

1．籽粒形状分级 一般分为4级，即长圆、卵圆、椭圆、短圆。

2．整齐度 整齐度是指籽粒形状和大小的均匀一致性。目测籽粒大小是否整齐，将其分为齐、中、不齐三类。经分级筛进行分级：1级，同样形状和大小的籽粒占总籽粒的90%以上；2级为70%～90%；3级低于70%。

3．籽粒颜色 除了一些彩色小麦，如蓝粒小麦和紫粒小麦等，小麦籽粒还有红色、琥珀色、白色及介于红白间的过渡颜色。籽粒色泽对其他品质指标有一定的影响，白粒小麦的出粉率较红粒高，且白粒小麦面粉的色泽较好。

4．籽粒硬度 籽粒硬度采用研磨时间法(ground time method，GT法)测定，即利用小麦籽粒的研磨特性和时间来测定其硬度。一般采用自动粮食硬度计或德国布拉本德(Brabender)公司的微型硬度计测定。硬质小麦研磨后的颗粒粉较粗，易从磨体间隙流出，故研磨时间短；而软质小麦的颗粒粉较细，不易从磨体间隙流出，故研磨时间长。所以，小麦籽粒的硬度不同，研磨时间不同。籽粒硬度以秒表示，数值越小代表籽粒越硬。

籽粒硬度是与小麦的一次加工品质，即与磨粉关系最为密切的性状，是国际小麦贸易、品质评价及分类的主要指标之一，主要影响面粉破损淀粉含量和吸水率。硬度高的硬质小麦的皮层与胚乳易分离，出粉率高；反之，软质小麦的硬度较低，皮层与胚乳结合紧密，出粉率低，且不易筛理。但硬度过高会耗费过多动力，增加磨粉次数。因此，出粉率的高低与能耗大小会影响制粉厂的经济效益。

5．千粒重 千粒重，即1000粒干燥麦粒的质量，以克(g)为单位，须取平均值为其代表值。老品种小麦籽粒的千粒重为20g以上，改良品种为30～60g，多数为40g左右，极少数达到70g。

6．容重 与磨粉品质有关的另一个重要指标是小麦籽粒容重，容重即每升容积内干小麦籽粒的质量，以每升克数(g/L)表示。容重是籽粒大小、形状、整齐度、腹沟深浅和籽粒硬度等性状的综合反映。同时，容重与籽粒的组织结构，化学成分，籽粒的形状、大小、含水量、相对密度及含杂质量等均有密切关系。例如，籽粒饱满、结构紧密，容重则大；反之，容重则小。因此说容重是评定粮食品质好次的重要指标。在一些标准中，小麦、玉米等都以容重作为定等的基础指标，容重与加工出品率呈正相关。通过容重还可以推算出粮食仓容和粮堆体积，估算粮食质量。

(二)小麦籽粒的营养品质

小麦籽粒的营养品质主要取决于籽粒蛋白质含量和赖氨酸含量。赖氨酸是小麦蛋白质中第一限制性氨基酸，蛋白质和赖氨酸的含量是评价小麦营养品质的重要指标。我国小麦籽粒蛋白质含量一般为10%～15%，有的高达20%。在我国的北方冬麦区、南方冬麦区和春麦区三大麦区中，春麦区的蛋白质和赖氨酸的平均含量高于其他两个麦区，南方冬麦区的蛋白质和赖氨酸平均含量最低。

小麦蛋白质的数量和质量决定了小麦面团中面筋的数量与质量，而面筋的数量和质量与小麦面粉食品的质地、口感有关，因此，小麦蛋白质的数量和质量决定了小麦的用途及硬度、容重等加工特性。通常，硬质麦的蛋白质含量高，角质率高，在加工过程中颗粒粗、易筛理、粉质低；而软质麦的蛋白质含量低，其角质率和硬度低，加工特性也与硬质麦相反。可根据小麦蛋白质含量与籽粒性状、加工品质等初步评价小麦的品质。

第四节　玉米的结构与品质

玉米(*Zea mays* L.)属于禾本科玉蜀黍族玉蜀黍属玉米种中的栽培玉米亚种，也叫玉蜀黍、苞谷、苞米、棒子、玉茭、珍珠米等。玉米是重要的粮食作物和饲料及工业原料来源之一，也是全世界总产量最高的粮食作物。我国是玉米生产大国，在播种面积上仅次于水稻，居第二位。玉米在我国粮食生产和国民经济中占有举足轻重的地位。在世界范围内，中国的玉米播种面积和总产量也仅次于美国，位居第二。但我国玉米的平均单产较低。玉米可以作为主食和糕点，所提取的玉米油是一种优质的食用油。玉米的籽粒和茎叶都可以作为饲料。在化工、纺织、造纸、酿酒及医药等工业上，玉米同样有重要的用途。

一、玉米的分类

(一)按照胚乳质地类型及稃壳的有无分类

1. 硬粒型　也称为燧石型，籽粒多为方圆形，色泽光亮，果皮和种皮坚硬，顶部和四周为角质胚乳，仅中心近胚部分为粉质胚乳。外表半透明有光泽、坚硬饱满。粒色多为黄色，间或有白、红、紫等色。籽粒含支链淀粉多，品质较好，产量稍低，主要作食粮用。

2. 粉质型　也叫软质型。乳白色，无光泽。与硬粒型玉米相似，籽粒无角质淀粉，胚乳几乎全部由粉质淀粉组成，组织松软，易磨粉，不耐贮藏。籽粒只能作为制取淀粉的原料。

3. 马齿型　又叫马牙型。籽粒扁平，呈长方形或楔形。四周为角质胚乳，中间和顶部为粉质。因粉质顶部干燥得快，脱水使粉质淀粉收缩，形成顶部凹陷、呈马齿状而得名。表皮皱纹粗糙不透明，多为黄、白色，少数呈紫或红色，含支链淀粉多，产量高，食用品质差。适宜制造淀粉和乙醇或作饲料。

4. 爆裂型　爆裂玉米主要用于爆制玉米花或膨化食品。籽粒小、光滑，顶部呈尖形或圆形，胚乳几乎全部由角质淀粉组成，含支链淀粉较多，质地坚硬、透明，容重高，种皮薄，品质好。籽粒因外种皮角质层含有胶体物质，加热后有爆裂性。爆裂系数为膨爆后体积与膨爆前体积之比，爆裂系数在25以下为劣等，25～30为中等，30～35为优等。爆裂系数因品种不同而各异。

爆裂玉米育种起源于美国，到目前为止，我国的爆裂玉米品种和技术水平与美国差不多，但原料加工设备和工艺有很大差距，规范化生产和工厂化加工还仅仅是开始。

5. 甜质型　也叫甜玉米。富含水溶性多糖、维生素A、维生素C、脂肪和蛋白质等。胚乳多为角质，淀粉含量少，为支链淀粉。蔗糖含量是普通玉米的2～10倍，也被称为“水果玉米”，是欧美、韩国和日本等国家和地区的主要蔬菜之一。甜质型玉米分为普通甜玉米、加强甜玉米和超甜玉米三种类型。普通甜玉米的可溶性糖含量为8%，适宜加工成罐头；加强甜玉米的含糖量为12%～16%，多用于整粒或糊状加工制罐、速冻、鲜果穗上市；超甜玉米的可溶性糖含量高达18%～20%，一般冷冻后销售。

6. 糯质型　也叫蜡质型玉米或黏玉米。籽粒胚乳全部为角质，几乎不含直链淀粉，全部由支链淀粉组成。淀粉呈黏性，食性似糯米，黏柔适口，食用消化率提高20%以上。

因其较高的黏滞性及适口性，可以鲜食或制罐头，或代替黏米制作糕点。我国东北地区用其来制作黏豆包。

(二)其他分类方式

根据籽粒的组成成分及特殊用途，可将玉米分为特用玉米和普通玉米两大类。特用玉米是指具有较高的经济价值、营养价值、加工品质及食用风味等特征。

1. 高油玉米　是指籽粒含油量超过8%的玉米类型，普通玉米的含油量为4%～5%。高油玉米主要用于加工食用油。其胚中脂肪含量为17%～45%，占玉米脂肪总含量的80%以上。玉米油又叫粟米油、玉米胚芽油，主要成分是脂肪酸，且不饱和脂肪酸含量高达80%～85%。尤其是油酸、亚油酸的含量较高，是人体维持健康所必需的，被称为健康营养油。研究发现随着含油量的提高，籽粒蛋白质含量也相应提高，因此高油玉米的蛋白质品质同时也被改善了。

2. 高赖氨酸玉米　也叫蛋白玉米，即玉米籽粒中赖氨酸含量在0.4%以上，普通玉米的赖氨酸含量一般在0.2%左右。高赖氨酸玉米籽粒中，色氨酸的含量也很高。其营养价值高，具有重要的食用和饲用意义。

3. 高淀粉玉米　是指籽粒淀粉含量大于72%的专用型玉米。普通玉米平均含有约27%的直链淀粉和73%的支链淀粉。根据其籽粒中所含淀粉的比例和结构可将其分为高支链淀粉玉米、混合型高淀粉玉米和高直链淀粉玉米。胚乳中直链淀粉含量在50%以上的玉米称为高直链淀粉玉米。若支链淀粉含量占总淀粉含量的95%以上，甚至达到100%，称为高支链淀粉玉米，也称为糯玉米或蜡玉米、黏玉米。由于高淀粉玉米籽粒中淀粉含量高，相同加工条件下，出粉率会提高2%～4%。混合型高淀粉玉米主要用于生产淀粉、味精、乙醇、糖浆和变性淀粉等；高直链淀粉玉米是生产生物降解膜的主要原料。

4. 笋玉米　是指以采收幼嫩果穗为目的的玉米。因形似竹笋，故名笋玉米。其营养丰富、清脆可口，别具风味，可制成笋玉米罐头。笋玉米富含氨基酸、糖、维生素、磷脂和矿质元素。通常其干重的总氨基酸含量可达14%～15%，其中赖氨酸含量高达0.61%～1.04%，总糖量达12%～20%。

5. 糯玉米　在工业方面，糯玉米淀粉是食品工业的基础原料，可作为增稠剂使用，还广泛地被用于胶带、黏合剂和造纸等工业中。

二、玉米籽粒的特征

1. 玉米籽粒的形态与结构　玉米籽粒(图1-10)主要由以下三部分组成。

1)皮层：包括果皮、种皮、糊状皮(色层)等部分。果皮中粗纤维含量高，韧性大，不易破碎。皮层占玉米籽粒总重的5%～6%。

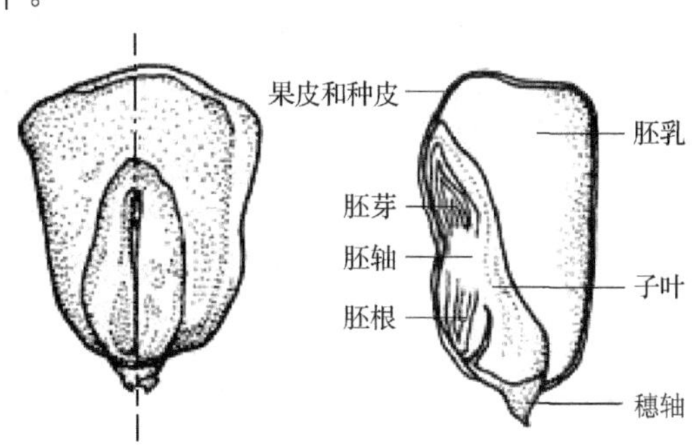

图1-10　玉米籽粒的结构

2)胚：占玉米籽粒总重的10%～15%。玉米胚的脂肪含量为17%～45%，其中大部分为不饱和脂肪酸，并含有较多的维生素，是制取玉米油的原料。

3）胚乳：胚乳占玉米籽粒总重的 80%～85%。不论胚乳硬度如何，糊粉层仅有一层细胞，内有糊粉粒。胚乳分为粉质胚乳、角质胚乳两类，二者是由蛋白质所占比例不同来区分的。粉质胚乳的组织结构松散，硬度小。角质胚乳的组织结构紧密，硬度大。角质率高的玉米，剥皮时不易碎，适宜制糁，出糁率高；粉质率高的玉米，剥皮时易碎，适于制粉。

不透明的全软质胚乳结构疏松，细胞较大，淀粉粒多为圆形，间隙大，大一些的淀粉粒有明显的淀粉核。在淀粉粒的间隙中有基质蛋白质，呈短细丝状，密度较小；透明的全硬质胚乳，内部细胞结构致密，细胞较小，淀粉颗粒呈方形或多角形层叠密布，淀粉粒镶嵌在蛋白质基质中，胚乳内部组织则呈半透明状，即硬度较高时，淀粉粒排列致密地镶嵌在蛋白质基质中，淀粉粒被蛋白质包围，籽粒密度大，胚乳透明；硬度较低时，淀粉粒为圆形或椭圆形，大小差异大、排列疏松，蛋白质基质散布于淀粉粒之间，淀粉粒裸露，胚乳不透明（图 1-11）。因此，胚乳质地的硬度及透明度与淀粉粒形状、大小及蛋白质浓度有关。

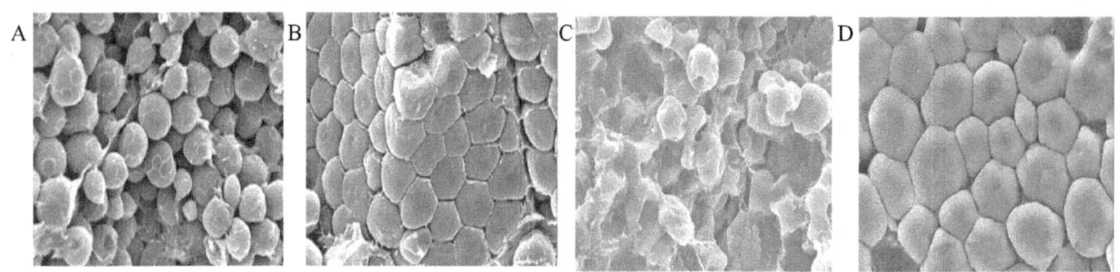

图 1-11　玉米籽粒胚乳的扫描电镜图（杨引福，2005）

A. 破损籽粒，可见胚乳质地；B. 多角形淀粉粒；

C. 籽粒不透明部分，有球形淀粉粒、蛋白质及大量的空气间隙；D. 淀粉核与破损淀粉

2. 玉米籽粒颜色与彩色玉米　玉米籽粒会出现黄色、白色、红色、黄白色、棕色、紫色、花斑色、黑色等颜色。玉米籽粒的颜色由籽粒的果皮、糊粉层和胚乳的颜色三部分决定。而这三部分的颜色由其遗传物质决定，即控制基因的显隐性所决定的。

三、玉米的化学成分

玉米中所含的淀粉和蛋白质主要集中在胚乳中，所以胚乳是加工玉米糁、玉米粉的好原料。玉米胚中所含灰分较多，在加工过程中，剥皮提胚有利于提高玉米糁、玉米粉的质量。玉米含 3.6%～6.5%的脂肪，这些脂肪中的 83.5%集中在胚中，如不采取提胚制粉，则玉米粉易氧化变质，不易贮藏。玉米籽粒的主要化学成分含量如表 1-5 所示。

表 1-5　玉米籽粒的主要化学成分含量　（%）

<table>
<tr><th rowspan="2">玉米籽粒组成部分</th><th rowspan="2">对籽粒的质量比</th><th colspan="5">对籽粒的含量比</th></tr>
<tr><th>蛋白质</th><th>脂肪</th><th>淀粉</th><th>糖</th><th>灰分</th></tr>
<tr><td>皮层</td><td>5.5</td><td>2.0</td><td>1.5</td><td>0.5</td><td>1.5</td><td>2.0</td></tr>
<tr><td>胚乳</td><td>82.0</td><td>75.0</td><td>15.0</td><td>98.0</td><td>26.5</td><td>17.0</td></tr>
<tr><td>胚</td><td>11.5</td><td>22.0</td><td rowspan="2">83.5</td><td rowspan="2">1.5</td><td rowspan="2">72.0</td><td>80.0</td></tr>
<tr><td>胚基</td><td>1.0</td><td>1.0</td><td>1.0</td></tr>
</table>

四、玉米籽粒的品质

(一)玉米籽粒的外观品质

1. 百粒重　百粒重，即100粒种子的质量，以克(g)表示，是体现种子大小与充实程度的一项指标。不同品种玉米籽粒的百粒重不同。例如，半马齿型玉米籽粒的百粒重为25～42g；马齿型玉米籽粒的百粒重为30～45g，高于半马齿型玉米。

2. 容重　不同品种玉米籽粒的容重也不同。例如，半马齿型玉米籽粒的容重为700～780g/L；马齿型玉米籽粒的容重为730～790g/L，高于半马齿型玉米。

(二)玉米籽粒的营养品质

玉米籽粒的营养品质主要取决于蛋白质、淀粉、脂肪、赖氨酸含量，其中赖氨酸含量是评价玉米营养品质的重要指标。在玉米籽粒中，蛋白质的含量特点是赖氨酸、色氨酸和苏氨酸的含量低，其蛋白质生物价很低，仅为60%，称为缺价蛋白质。在脂肪组成中，亚油酸的比例高于稻米和小麦粉，达54%以上，玉米中含有少量的胡萝卜素，嫩玉米中还含有一定量的维生素C。一般玉米籽粒的粗蛋白含量为12.0%，粗脂肪含量为4.20%，粗淀粉含量为65%～75.0%，赖氨酸含量为0.2%～0.4%。

玉米籽粒中谷蛋白含量低，不适于制作面包，可制作不发酵的玉米饼。玉米籽粒中还含有异麦芽低聚糖，异麦芽低聚糖是益生元里最优异的，益生元是益生菌的粮食，与人体的益生菌繁殖有着密切的关系，使肠道菌群达到平衡状态，让肠道健康。除食用外，玉米也是工业上制作乙醇和烧酒的主要原料。

(三)玉米籽粒的加工品质

籽粒胚乳硬度是评价玉米加工品质和食用品质的一项重要指标。其等级划分参照国际玉米小麦改良中心的通用标准，分为1～5五级，1级表示最硬，5级表示最软。同时参考中国农业科学院石德权提出的标准0～4五级，0为粉质不透明(完全不透明)，4级为近完全硬质胚乳(完全透明)，级差为25%。

从脱皮、脱胚的工艺角度考虑，硬质玉米的加工品质好，低脂肪含量玉米制品的出粉率高；而软质玉米在脱皮、脱胚工艺过程中，胚乳容易破碎，但种皮和胚与胚乳不易分离，增加了干法加工的难度，高质量产品的出粉率低。淀粉加工业上强调使用软质玉米，淀粉与蛋白质容易分离。同小麦制粉一样，质地硬的玉米籽粒，粉碎后得到粗的颗粒粉，质地软的得到细的颗粒粉，不同硬度的玉米籽粒在粉碎后得到的颗粒状物料具有不同的粒度分布。以通过50目筛料的质量占粉碎玉米样品质量的百分比作为硬度指数(particle size index，PSI)，用来表示玉米籽粒胚乳的硬度。籽粒质地越软，颗粒度指数越大，硬度指数越高。

第五节　其他谷类杂粮的结构与品质

一、大麦

大麦(*Hordeum vulgare* L.)，属于禾本科小麦族大麦属，是我国古老的粮种之一，也是一种主要的粮食和饲料作物。大麦的世界种植总面积和总产量仅次于小麦、水稻、玉米，是世界上第四大耕作谷物。

(一) 大麦的分类

1．按生态型分类　按照播种时间，大麦可分为秋大麦和春大麦两种。我国有北方春大麦区、黄淮以南秋播大麦区、青藏高原裸麦区三个大麦主产区。北方春大麦区为一年一熟春大麦区，因昼夜温差大，对籽粒碳水化合物积累有利，千粒重高。籽粒色泽光亮，皮薄色浅，发芽率高，是我国优质啤酒大麦生产潜力较大的基地。

2．按用途分类　大麦按用途分，可分为啤酒大麦、食用大麦(含食品加工)和饲用大麦三种类型。

啤酒大麦是皮大麦，皮大麦麦芽是酿造啤酒和威士忌的关键原料。大麦麦芽是酿造啤酒的主要原料，大麦的籽粒品质决定了麦芽的品质性状。在制麦芽过程中，其籽粒中生成多种酶，其中 α-淀粉酶和 β-淀粉酶是参与胚乳中淀粉酶水解最主要的酶，淀粉、蛋白质等都发生了某种程度的水解，使胚乳溶解，达到制啤要求。因此，啤酒大麦要求籽粒饱满、均匀，色泽鲜艳淡黄，籽粒颖壳薄，千粒重和蛋白质含量适中，麦芽有较多的浸出物及良好的蛋白水解酶和细胞溶解酶活性。

啤酒大麦的品质要求为：壳皮成分少，淀粉含量高，蛋白质含量适中，淡黄色，有光泽，水分含量低于 13%，发芽率在 95%以上。蛋白质含量是啤酒大麦的重要品质指标之一，由于啤酒大麦籽粒中的蛋白质在制麦和酿酒过程中要发生溶解，其含量多少和溶解的程度对啤酒酵母的营养、啤酒泡沫、啤酒口味、啤酒的稳定性至关重要，控制原料啤酒大麦的蛋白质含量对制麦工艺和麦芽浸出率至关重要。我国制定的优级啤酒大麦标准要求发芽率高于 97%、千粒重大于 42g、蛋白质含量低于 12%、浸出物高于 80%、籽粒直径大于 2.5mm 的数量不低于 80%。这些指标是为了保证其发芽多、发芽齐，并且发芽后能提出较多的浸出物，减少吨酒用粮量。西欧国家的标准为蛋白质含量为 9%～12%，不能高于 14%，否则籽粒硬质率高，溶解度差，浸出物少，酒易浑浊，保存期短。啤酒大麦的品质对啤酒的风味、口感和营养等有着重要的影响。其活性变化对麦芽品质有着重要的影响。

(二) 大麦籽粒的形态与结构

大麦籽粒(图 1-12)扁平，呈纺锤形。颖果由果皮、种皮、胚乳和胚组成。胚内淀粉粒很少或没有。糊粉层有 2～4 层细胞，糊粉层细胞大致呈立方形，含有明显的、复杂球形的糊粒，但无淀粉存在。胚乳位于颗粒的中部，充满各种大小的淀粉粒，淀粉粒被埋藏在蛋白质的基质中。

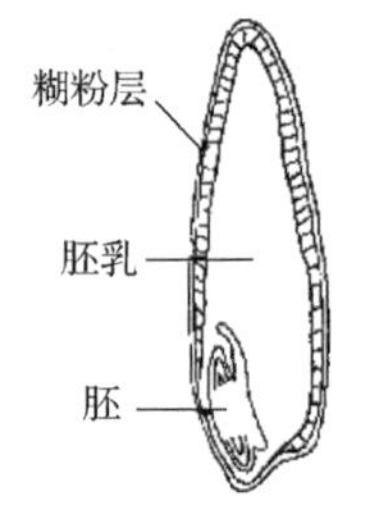

图 1-12　大麦籽粒的结构

(三) 大麦的营养价值

大麦与小麦的营养成分近似，但富含可溶纤维素。大麦籽粒的粗蛋白和可消化纤维均高于玉米和稻米，但色氨酸和赖氨酸匮乏，是缺价蛋白质。碳水化合物含量较高，钙、磷含量中等，含少量 B 族维生素。因为大麦含谷蛋白量少，所以不能用来制作面包，可做不发酵食物，在北非及亚洲部分地区喜用大麦粉做麦片粥。

(四)大麦的其他加工用途

1. 大麦茶 大麦茶是中国、日本、韩国等民间广泛流传的传统清凉饮料，将大麦炒至焦黄色，再经过煮沸饮用。其麦香浓郁，开胃，助消化。

2. 大麦若叶青汁 大麦若叶是取大麦生长到 20～30cm 的幼苗叶片，采用低温干燥及超微粉碎技术制成的。由于它对盐碱化土壤的适应性比小麦强，大麦若叶的碱性度高达66.5，含有 45%左右的天然食物纤维，富含叶绿素和超氧化物歧化酶(superoxide dismutase，SOD)，是一种纯天然健康食品。

二、高粱

高粱[*Sorghum bicolor*(L.) Moench]，属于禾本科高粱族高粱属，又称红粮、蜀黍，是世界上最古老的禾谷类作物之一，在世界粮食作物种植面积中占第五位。高粱产品用途广泛，经济价值高，在我国，高粱生产以粒用为主，是酿酒、制醋、提取淀粉、加工饴糖的重要原料，兼作饲用或用茎秆制糖、糖浆。高粱米是高粱碾去皮层后的颗粒状成品粮。

(一)高粱的分类

1. 按性状及用途分类 分为食用高粱、糖用高粱、帚用高粱。食用高粱谷粒供食用、酿酒。糖用高粱的茎秆可制糖或糖浆，生产乙醇；高粱壳可用来提取天然色素。

高粱籽粒作为酿造原料，可以生产白酒、乙醇、醋、饮料等。高粱籽粒适合酿造中国白酒，酿制的酒没有其他干扰味道，中国白酒中质量最高的品牌几乎都主要是用高粱酿造的。其酿造历史悠久，工艺水平高，如驰名中外的贵州茅台酒、五粮液、泸州老窖特曲、汾酒等。例如，泸州地区种植的糯红高粱，为糯质胚乳型，皮薄红润、颗粒饱满，耐蒸煮与翻造，糯性好，蛋白质含量适中，籽粒胚乳的角质率低，淀粉含量为 62.8%，特别是支链淀粉含量高(支链淀粉含量≥92%)，富含单宁、花青素等成分，其微生物酚元化合物可赋予白酒特有的芳香，且支链淀粉易糊化，糊化后黏性好、不轻易老化，是优良的酿酒原料。用其生产的泸酒出酒率高、品质好。由此酿造的“泸州老窖”被誉为“浓香鼻祖，酒中泰斗”。同时因糯红高粱的生命力甚强，耐旱耐涝，凡种即收，川南丘陵地带种植的糯红高粱基本不使用化学合成肥料，为纯天然绿色粮食。

2. 按颜色分类 高粱籽粒呈白色或灰白色、黄色、红色、淡褐色、黑色等颜色，以红色和白色为主。红高粱又称酒高粱，含单宁多，粗糙，适口性不好，主要用于酿酒；白高粱含丹宁少，角质多，粉质较好，食用品质好，可做米饭、磨粉、制作各种面食和做淀粉。

另外，按其性质分，有粳性和糯性两种，粒质分为硬质和软质。

(二)高粱籽粒的形态与结构

高粱籽粒的结构(图 1-13)由果皮、种皮、胚乳和胚组成。

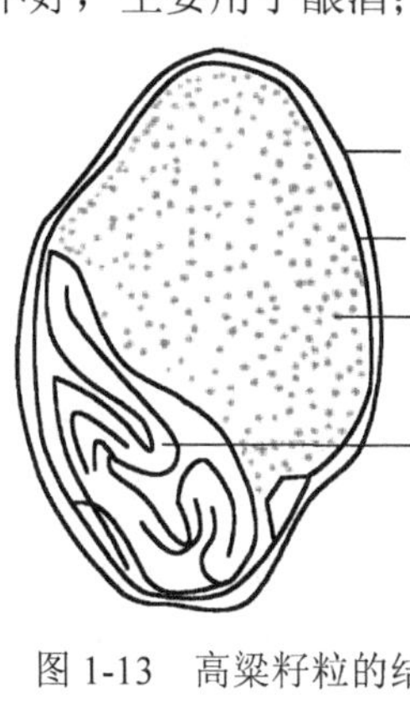

图 1-13 高粱籽粒的结构

1. 果皮和种皮 一般占种子总重的 12%左右。原粮经清理、脱壳、碾去皮层(多道碾白)后成为成品高粱米。由于加工除去了皮层，并含有碎米、糠粉等，极易吸湿发热霉变，不耐久储。种皮里含有多酚化合物——单宁。单宁有涩味，食用后会妨碍人体对食物的消化吸收，易引起便秘；加工粗糙的高粱米中含有较多的单宁，加工精度比较高时，可以消除单宁的不良影响，还可以提高蛋白质的消化吸收率。种皮含有不同种类和数量的色素，以花青素为主，其次是类胡萝卜素和叶绿素。

高粱的中果皮中含有淀粉粒，为1～4μm，较薄，在碾磨加工时出米率和出粉率比较高。

2．胚乳 高粱籽粒的胚乳分为糊粉层和淀粉层。糊粉层含有丰富的糊粉粒和脂肪。有的高粱品种的胚乳中含有大量的胡萝卜素，为黄胚乳高粱，其呈柠檬黄色，营养价值优于普通高粱。胚乳占籽粒总质量的82.3%。

3．胚 高粱籽粒的胚一般为淡黄色，占籽粒总质量的9.8%。

高粱籽粒的大小和饱满度常用千粒重表示，20g以下为极小粒，20～24g为小粒，25～29g为中粒，30～35g为大粒，35g以上为极大粒。

（三）高粱的营养组成特点

不同的高粱品种，其化学成分略有差别，主要成分是65%～70%的淀粉、9.75%～10.43%的蛋白质、3.00%～4.37%的脂肪、1.34%～3.40%的纤维素，但赖氨酸含量均不足。其中，高粱蛋白质含量略高于玉米，易消化的碱溶性蛋白质含量低于大米和小麦粉，不易消化的醇溶性蛋白质较多。蛋白质的氨基酸组成不均衡，缺乏赖氨酸和色氨酸，是一种不完全的蛋白质。醇溶蛋白质的分子间交联较多，蛋白质与淀粉间存在很强的结合键，致使酶难以进入分解，导致消化率低。籽粒中的单宁能与蛋白质和消化酶结合，也影响蛋白质和氨基酸的利用率。高粱米的营养价值不如大米和小麦粉；淀粉含量与玉米相当，但高粱淀粉颗粒受蛋白质的覆盖程度高，故淀粉的消化率低于玉米，有效能值相当于玉米的90%～95%；脂肪含量略低于玉米，脂肪酸中饱和脂肪酸也略高，亚油酸含量也较玉米稍低。因此，高粱加工的副产品中粗脂肪含量较高。

矿物质与维生素：高粱矿物质中钙、磷含量与玉米相当，磷为40%～70%，为植酸磷。高粱籽粒中核黄素含量较丰富，还含有维生素B_1、维生素B_6、泛酸、烟酸、生物素等。

三、粟

粟[*Setaria italica*（L.）Beauv.]，我国北方称为谷子，南方称为小米、粟米、黍、御谷等，被加工成食品、面条等。未脱壳籽粒则作饲用。中国最早的酒也是用小米酿造的。粟的品种繁多，颜色各异，俗称“粟有五彩”，有黄、白、杏黄、黄褐、青灰、红和黑色等。按照籽粒的颜色可分为6类：黄谷、红谷、白谷、黑谷、青谷和金谷等。其中，黄谷和白谷的数量最多，约占我国粟产量的90%。

（一）粟籽粒的形态与结构

粟的籽粒粒度小，呈圆形或椭圆形，因粒小仅为2mm左右，称为小米。千粒重仅为2.5～3.0g。分为胚、胚乳和种皮三部分。对粟的品质、大小、饱满程度的评价，常用千粒重表示，千粒重在3g以上者为大粒，2.0～2.9g者为中粒，在1.9g以下者为小粒。食用小米有粳和糯两种米质，我国栽培品种以粳性为主。粟的外层是壳，壳内为粟米，粟米的外层是皮层，皮层被碾去后，粟米胚乳主要由淀粉和蛋白质等成分组成。其淀粉颗粒形态多为椭球体和多角体（图1-14）。

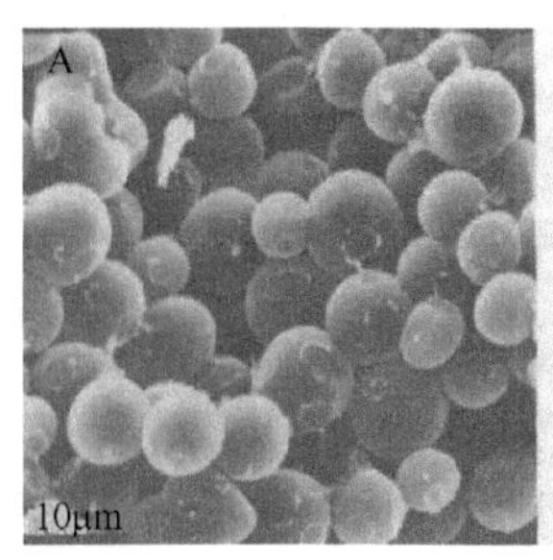

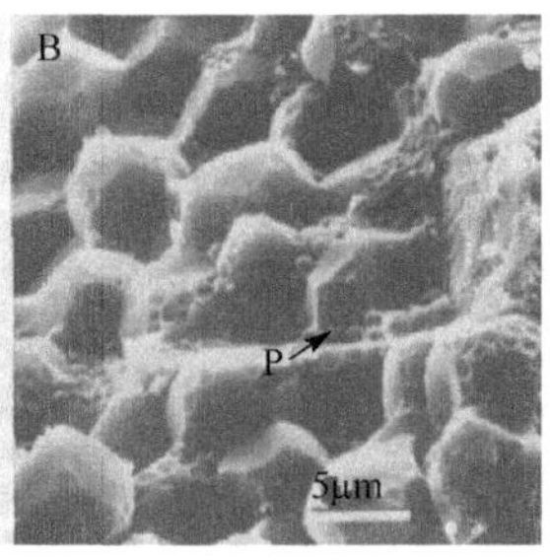

图 1-14　粟籽粒横切面的电镜图

A．不透明部分，可见空气间隙和球形淀粉粒；
B．玻璃质部分，无空气间隙，可见多边形的淀粉粒和蛋白质体（P）

（二）粟籽粒的化学成分

粟籽粒的蛋白质含量较高，特别是色氨酸、甲硫氨酸、谷氨酸、亮氨酸、苏氨酸的含量为其他粮食所不及，此外，还含有维生素 B_1、维生素 B_{12} 等，并富含矿物质钙、磷、铁、镁及硒等元素。不同粟品种籽粒间的营养品质差异显著。粗蛋白含量为 7.25%～17.50%，赖氨酸含量占蛋白质总量的 1.16%～3.65%；粗脂肪含量为 2.45%～5.84%，脂肪酸中 85% 为不饱和脂肪酸；富含微量元素硒，平均为 0.071mg/kg。

四、燕麦

燕麦（*Avena sativa* L.；oats），属于禾本科燕麦族燕麦属，是起源于我国的古老栽培作物之一。在我国日常食用的小麦、稻米、玉米等 9 种食粮中，以燕麦的经济价值最高，自古以来其就被认为是食疗兼备的优质营养粮食作物，也是重要的粮食作物和饲料。

（一）燕麦的分类

燕麦籽粒带稃壳，称为带稃型或皮燕麦；籽粒不带稃壳，称为裸粒型或裸燕麦。国外栽培的燕麦以皮燕麦为主，我国主要种植裸燕麦，也种植皮燕麦。裸燕麦在华北地区称为莜麦，西北地区称为玉麦，西南地区称为燕麦，有时也称莜麦，东北地区称为铃铛麦。

（二）燕麦籽粒的形态与结构

燕麦籽粒由皮层、胚乳和胚组成。一般千粒重为 14～25g，高于 30g 以上者为大粒。籽粒一般长 0.8～1.1cm，宽 0.16～0.32cm。燕麦是谷类中最好的全价营养食品之一，除富含 B 族维生素、烟酸、叶酸、维生素 H、泛酸等外，矿物质元素含量也很丰富，特别是蛋白质含量较高。

燕麦分为皮燕麦和裸燕麦两种类型。燕麦的糊粉层为两列细胞，在胚乳形成过程中糊粉层细胞的径向细胞壁增厚，形成麸皮中丰富的膳食纤维。胚乳中含有的淀粉颗粒小，为不规则形状的多角形，还有光滑的大型复合颗粒，平均粒径为 2～5μm，与大米淀粉粒度接近，可形成稳定的、富有延展性的凝胶体（图 1-15）。燕麦淀粉能使其产品呈现致密、滑润和奶油状结构。例如，其可用来制作糖果的糖衣和药片的赋形剂，制备高麦芽糖浆和果葡糖浆。

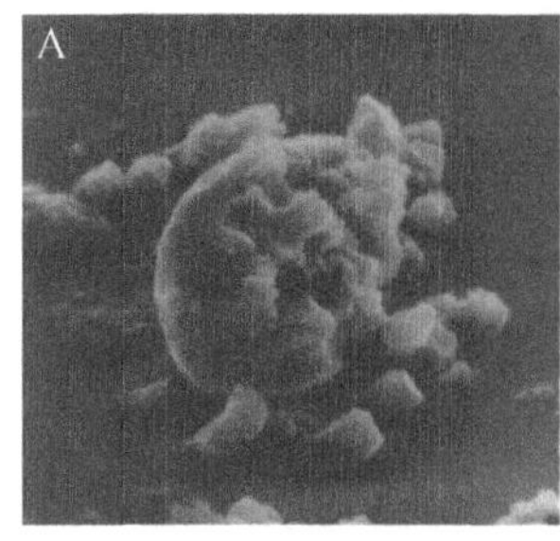

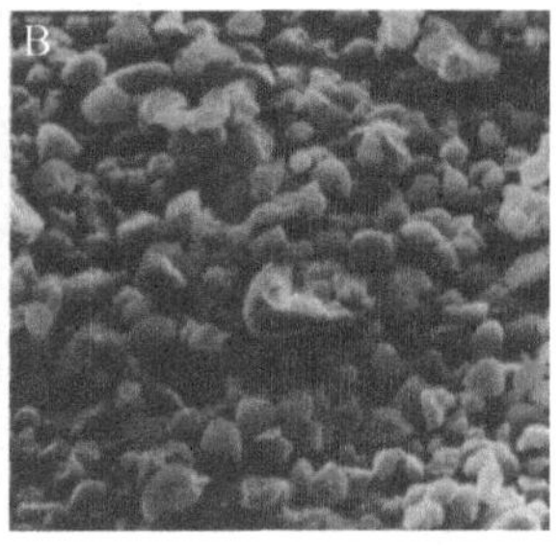

图 1-15 燕麦淀粉电镜图（200×）（新楠等，2013）
A. 燕麦复合颗粒淀粉；B. 燕麦多角形淀粉粒

（三）燕麦的营养组成特点及保健作用

燕麦营养丰富，尤其是含有丰富的膳食纤维，达到 17%～21%，其中可溶性膳食纤维主要是 β-葡聚糖，含有 0.9%的 β-葡聚糖，17.3%的蛋白质，60%的淀粉。

燕麦麸皮富含 70%以上的燕麦营养素，总膳食纤维高达 30%，其中可溶性膳食纤维约为 1/3，分别是小麦和玉米的 4.7 倍、7.7 倍，富含膳食纤维，能促进肠胃蠕动，利于排便，热量低，升糖指数低，降脂降糖。特别是作为亚糊粉层细胞壁的主要成分 β-葡聚糖，在细胞壁成分中占 85%以上，含量在所有谷物中最高。燕麦 β-葡聚糖是一种短链葡萄糖，相对分子质量为 5300～257 200，相对分子质量小，含有 β-1,3-糖苷键和 β-1,4-糖苷键；是公认的降血脂主要成分，其主要功能在于能够在不影响对人体有益的高密度脂蛋白（high-density lipoprotein，HDL）胆固醇情况下降低对人体有害的低密度脂蛋白（low-density lipoprotein，LDL）胆固醇和总血浆胆固醇；为降血脂的主要成分，可以通过清理胆固醇来保护人们的心脏和血管，减少罹患高血压、中风等疾病的风险。1997 年，美国食品药品监督管理局（The Food and Drug Administration，FDA）正式批准燕麦为首例保健食品，规定凡是从燕麦各个部分提取出的可溶性膳食纤维制成的食品，一律可以注册。

燕麦的蛋白质含量高，约为 17.3%，是小麦和稻米的 1.6～2.3 倍；赖氨酸含量高，为 680mg/100g，是大米、小麦的 6～10 倍。燕麦蛋白质含有人体必需的 8 种氨基酸，配比合理。

燕麦中脂类的含量为 3%～10%，取决于遗传性状、生长环境，明显高于其他谷物。燕麦脂类 90%以上集中分布在麸皮和胚乳中。燕麦脂类中脂肪酸主要是棕榈酸、油酸和亚油酸，其含量随不同品种的基因型和生长条件而异。

燕麦中的B 族维生素、烟酸、叶酸、泛酸都比较丰富。燕麦粉中富含维生素 E，为 15mg/100。此外，燕麦粉中还含有谷类食粮中均缺少的皂苷（人参的主要成分）。我国明代植物图谱《救荒本草》中对燕麦的医疗保健作用描述为，燕麦性味甘平，益脾养心、敛汗，可用于体虚自汗、盗汗或肺结核患者。在《唐・本草》中记载，燕麦对产期妇女有催乳作用，至今我国彝族的妇女在产期和哺乳期依然喝燕麦汤催乳和健身。

燕麦经过精细加工被制成麦片，使其食用更加方便，口感也得到改善，是一种低糖、高营养、高能食品，是深受欢迎的保健食品。

五、荞麦

荞麦（buckwheat）分为甜荞和苦荞。甜荞籽粒为三角状卵形，棱角较锐，果皮光滑，常呈棕褐色或棕黑色；苦荞籽粒呈锥形卵状，果上有三棱三沟，果皮较粗糙，常呈绿褐色和黑色。甜荞的千粒重为 15～38.8g，平均千粒重为(26.5±7.4)g；苦荞籽粒比甜荞小，千粒重为 12～24g，平均千粒重为(18.8±4.7)g。荞麦籽粒的果皮较厚，包括外果皮、中果皮和内果皮。在完全成熟后，整个果皮的细胞壁都加厚，且发生木质化以加强果皮的硬度，成为荞麦的“壳”。种皮中含色素，这使种皮的色泽呈黄绿色、淡黄绿色、红褐色、淡褐色等；胚乳是制粉的基本部分，荞麦胚乳组织结构疏松，呈白色、灰色或黄绿色，且无光泽；胚乳有明显的糊粉层，为品质良好的软质淀粉，无筋质，制作面食制品较困难。

六、薏米

薏米(coix seed；barley rice)，是薏苡的颖果。果壳薄、壳易碎的品种，内含米仁饱满，出米率为 60%～70%。

薏米仁表面有薄皮层，紧连的是糊粉层，内部是胚乳，含量占米仁的 80%以上。据测定，薏米仁的蛋白质、脂肪、维生素 B_1 及主要微量元素(磷、钙、铁、铜、锌)含量均比大米高，如蛋白质含量为 18.8%，约是大米 9.6%的 2 倍；脂肪含量为 6.90%，约是大米 1.20%的 5.80 倍。其中，8 种人体必需氨基酸是大米的 2.3 倍。

第六节　食用豆类及其品质

食用豆类是重要的粮食资源之一，我国人民自古便以食用豆类为食，在人们的膳食习惯中流传着“宁可一日无肉，不可一日无豆”的谚语。中医认为，绿豆清凉解毒，小豆消肿解毒，黑豆壮阳，蚕豆利湿健脾，豌豆利便解毒，扁豆健脾防癌等。我国食用豆类主要有蚕豆、豌豆、绿豆、小豆、豇豆和普通菜豆等，大豆和花生不包括在食用豆类之中。因此，食用豆类是药食同源食品用、菜用、饲用、工业用、药用的安全健康多用途的资源。

一、食用豆类的分类与营养价值

食用豆类的蛋白质含量一般为 20%～40%。其蛋白质的特点是：含量高、质量好、营养丰富，比禾谷类高 1～3 倍，比薯类高 5～15 倍；蛋白质/碳水化合物值为 1∶2.5，高于禾谷类 1∶(6～7)、薯类 1∶(10～15)的比例；蛋白质组分中，以球蛋白含量最高，占粗蛋白的 45%～66%，清蛋白占 5%～19%，醇溶蛋白占 0.5%～4%。赖氨酸含量较高，为 67.6～74.4mg/g 蛋白质，氨基酸组成齐全，比例均衡，除了含硫氨基酸偏低外，仍可称为全价蛋白质。脂类含量较低，为 1%左右，其中绿豆、赤小豆、扁豆在 1%以下；碳水化合物含量为 55%以上；还含有胡萝卜素、维生素 B_1、维生素 B_2、烟酸、维生素 E 等，相对于谷类而言，胡萝卜素和维生素 E 含量较高；矿物质含量为 2%～4%。食用豆类的营养含量见表 1-6。

表 1-6　食用豆类的营养含量(傅翠真等，1991)

食用豆类	蛋白质/%	脂肪/%	碳水化合物/%	热量/(mg/100g)	膳食纤维/%
绿豆	21.6	0.8	55.6	306	6.4
小豆	20.2	0.6	55.7	309	7.7
芸豆	21.4	1.3	54.2	292	8.3
蚕豆	24.6	1.1	49.0	314	10.9
小扁豆	25.3	0.4	55.4	331	6.5
豇豆	18.9	0.4	58.9	320	6.9
豌豆	23.0	1.0	54.3	301	6.8

从表 1-6 可以看出，7 种食用豆类的蛋白质平均值是其他粮种的 246%，脂肪低 2.1%，碳水化合物低 12.52%，热量低 102.66kcal[①]，膳食纤维高 3.21%，符合高蛋白、低脂肪、高纤维的健康食物源的要求，且含有丰富的矿物质和维生素 B_1 等营养物质。另外，食用豆类中含有单宁类物质，一般有轻度涩味，水煮后易脱涩。豆汤中的蛋白质可沉淀重金属，具有解毒作用。

二、豇豆属的种

豆科豇豆属主要包括绿豆、小豆和豇豆等。

(一)绿豆

绿豆呈圆柱形或球形，由种皮、子叶和胚三部分组成，长 3～8mm，宽 2～5mm，百粒重为 3～8g。种皮颜色分为深绿、浅绿、黄绿、黄、褐和蓝青色。在各色绿豆中又分为明绿豆(有光泽)和毛绿豆(无光泽)两种。绿豆可消肿通气，清热解毒。在炎热的夏天，人们会饮用绿豆汤进行消暑。而且其对重金属、农药中毒及其他各种食物中毒均有防治作用，可加速有毒物质在体内的代谢转化从而向外排泄。

绿豆中的蛋白质含量是小麦面粉的 2.3 倍，大米的 3.2 倍，甘薯的 4.6 倍。其中球蛋白占 53.5%，清蛋白占 15.3%，谷蛋白占 13.7%，醇溶蛋白占 1.0%。在绿豆蛋白质中，人体所需的 8 种必需氨基酸含量为 0.24%～2.00%，为禾谷类的 2～5 倍。绿豆中的淀粉含量约为 50%，仅次于禾谷类，其中支链淀粉为 71%、直链淀粉为 29%。另外，绿豆中还含有丰富的维生素、钙、磷、铁等矿物质，其中维生素 B_2 是禾谷类的 2～4 倍，维生素 B_1 是鸡肉的 17.5 倍；钙是禾谷类的 4 倍、鸡肉的 7 倍。因此，绿豆不但具有良好的食用价值，还具有非常好的药用价值。

将绿豆浸水可萌发出嫩芽，即绿豆芽。绿豆在发芽过程中，维生素C 会增加很多，而且部分蛋白质也会分解为人体所需的各种氨基酸，其中天冬氨酸的含量增加 146%。所以绿豆芽的营养价值比绿豆更大。

(二)小豆

小豆(*Vigna angularis* L.)，别名红小豆、赤豆、赤小豆、五色豆、米豆、饭豆、小菽、赤菽等。种子由种皮、子叶和胚三部分组成。种皮颜色有红、白、黄、绿、褐、黑、花纹和花斑等。种子长 4～5mm，宽 3～4mm，分为短柱形、长圆柱形和球形。百粒重为 6～12g。

小豆中的主要营养成分中，总淀粉为 53.17%，其中直链淀粉为 11.50%。蛋白质中人体必需氨基酸组成较全，但含硫氨基酸的含量较少，是第一限制性氨基酸。小豆是高蛋白、低脂肪、多营养的功能食品。籽粒中蛋白质与碳水化合物的比例为 1∶(2～2.5)，而禾谷类仅为 1∶(6～7)。

小豆是食品、饮料加工业的重要原料之一。小豆汤具有解渴和清热解暑的功效。用小豆与大米、小米、高粱米等煮粥，用小豆面粉与小麦粉、大米面、小米面、玉米面等配合成杂粮面，能制作多种食物，营养丰富。小豆可制作豆沙(湿沙、干沙)，出沙率为 75%。

(三)豇豆

豇豆(*Vigna unguiculata* L.)为一年生草本植物，别名角豆、姜豆、带豆、挂豆角等。

① 1cal=4.184J

其种子多为肾形，也有球形或近椭圆形的。种皮分光滑和皱纹(长豇豆)两种。种皮颜色有白、红、紫、黑、红白和黑白相间等。种脐明显。百粒重一般为5～30g。

豇豆富含维生素B、维生素C和植物蛋白质，鲜嫩豇豆含维生素C 22mg。种子含大量淀粉、脂肪、蛋白质、烟酸及维生素B_1、维生素B_2等。干豆荚含有大量的植物膳食纤维。

三、菜豆属的种

菜豆(*Phaseolus vulgaris* L.)，又称为芸豆、刀豆、架豆等，为一年生草本植物，主要包括普通菜豆、多花菜豆和利马豆等种类，以普通菜豆为代表。菜豆种子形状分为扁圆、卵圆、椭圆、肾、长筒等类型。颜色有白、绿、黄、灰、褐、紫、红、蓝、黑、褐、花纹(或花斑)等。菜豆种子有大、中、小三种，大粒种子的百粒重为50g以上，中粒为30～50g，小粒为30g以下。

菜豆中含有毒蛋白和皂素，前者具有凝血作用，后者能破坏红细胞的溶血素并对胃肠有强烈的刺激作用。特别是立秋后的菜豆，这两种物质含量增多。这两种物质必须在高温下才能被破坏，所以食用菜豆必须煮熟煮透。如果没有煮熟煮透，人食用后1～5h会引起中毒。

四、蚕豆属的种

蚕豆(*Vicia faba* L.)，一年生草本植物，又称为罗汉豆、胡豆、南豆、竖豆、佛豆等，主要包括大粒蚕豆、中粒蚕豆和小粒蚕豆。其种子为扁平椭圆形。籽粒颜色因品种而异，分为青绿、灰白、肉红、褐、紫、绿、乳白等颜色。蚕豆种子的长、宽、厚、粒色及种脐的形状、大小和颜色等，都是鉴别蚕豆品种的标准之一。

蚕豆营养价值丰富，蛋白质含量高，是仅次于大豆和小扁豆的高蛋白质作物，且蛋白质中氨基酸种类齐全，含8种人体必需氨基酸。因此，蚕豆是植物蛋白质的重要来源。其可食用，也可制酱、酱油、粉丝、粉皮，或作为蔬菜，还可作为饲料、绿肥和蜜源植物种植。

本章小结

本章主要讲述了粮食作物的一般结构；分别介绍了稻谷、小麦、玉米及大麦、高粱、粟、燕麦等其他谷类杂粮的结构与品质；介绍了豇豆属、菜豆属和蚕豆属等食用豆类的结构与品质。通过本章的学习，可以使学生对粮食作物的分类、结构和品质特点有所了解和掌握。

本章复习题

1. 如何评价粮食作物的品质？
2. 籼稻与粳稻在籽粒结构和加工品质方面有哪些区别？
3. 评价稻谷品质的因素指标有哪些？
4. 如何评价小麦的加工品质？
5. 为什么说玉米胚乳质地的硬度及透明度与淀粉颗粒形状、大小及蛋白质浓度有关？

第二章 粮食的化学组成

第一节 蛋 白 质

在食品蛋白质中，按照人体的需要及其比例关系，即所含必需氨基酸的量与所需蛋白质必需氨基酸的量相比，比值偏低的氨基酸称为限制性氨基酸。该氨基酸的不足，限制了人体对其他必需氨基酸和非必需氨基酸的利用。根据比值由小到大，分别称为第一限制性氨基酸、第二限制性氨基酸和第三限制性氨基酸。大多数谷物蛋白质中的氨基酸含量与比例不均衡，为半完全蛋白质或不完全蛋白质。一些常见谷物中的蛋白质与限制性氨基酸含量见表 2-1。

表 2-1 一些常见谷物中的蛋白质与限制性氨基酸含量

谷物名称	蛋白质含量/%	第一限制性氨基酸	第二限制性氨基酸	第三限制性氨基酸
大米	7～9	赖氨酸	甲硫氨酸	Thr
玉米	9～10	赖氨酸、甲硫氨酸	色氨酸	Arg
高粱	10～12	赖氨酸	精氨酸	Met
小麦	7.5～13	赖氨酸	苏氨酸	Arg
大麦	12～13	赖氨酸	甲硫氨酸	Arg

注：Lys.赖氨酸；Met.甲硫氨酸；Trp.色氨酸；Arg.精氨酸；Thr.苏氨酸

谷物蛋白质常用的分类方法是传统的奥斯本-门德尔(Osborne-Mendel)分离法。根据这一方法可将谷物蛋白质按其溶解性分为以下 4 类。

1)清蛋白类(albumins，Alb)：清蛋白又称为白蛋白，溶于水，加热会凝固，为强碱、金属盐类或有机溶剂所沉淀，能被饱和硫酸铵盐析。其为单链组成的球形、低分子质量单纯蛋白质。

2)球蛋白类(globulins)：不溶于水，溶于中性盐稀溶液，加热会凝固，为有机溶剂所沉淀，添加硫酸铵至半饱和状态时则沉淀析出。其为单链组成的低分子质量蛋白质。

3)醇溶蛋白类(prolamins)：也称为胶蛋白，不溶于水及中性盐溶液，可溶于 70%～90%的乙醇溶液，也可溶于稀酸及稀碱溶液，加热会凝固。该类蛋白质仅存在于谷物中，如小麦醇溶蛋白。醇溶蛋白由一条单肽链彼此之间通过分子内二硫键连接而成，在小麦、大麦、玉米和燕麦的种子中含量多，在水稻种子中含量少。

4)谷蛋白类(glutelins)：不溶于水、中性盐溶液及乙醇溶液，而溶于稀酸或稀碱溶液，加热会凝固。该类蛋白质仅存在于谷类籽粒中，常常与醇溶蛋白分布在一起，典型的例子是小麦谷蛋白。谷蛋白由多肽链分子间通过二硫键连接而成。谷蛋白在小麦、大麦的种子中含量很多，在玉米和燕麦种子中含量少。而在水稻种子中，谷蛋白则占多数。

谷蛋白和醇溶蛋白也叫贮藏蛋白。

不同谷物蛋白质的氨基酸组成也不同，赖氨酸是谷物蛋白质的第一限制性氨基酸。燕麦蛋白质和大米蛋白质中赖氨酸的含量高于其他谷物蛋白质，氨基酸比例合理，接近联合国粮食及农业组织/世界卫生组织(FAO/WHO)推荐的营养模式。豆类富含赖氨酸，但缺少甲硫氨酸。因此，可将谷类与豆类食品混合食用，以提高蛋白质的生物价。小麦蛋白质、玉米蛋白质、大米蛋白质、燕麦蛋白质、豌豆蛋白质等是目前最丰富、最廉价的蛋白质资源之一。它们不仅以天然形式存在于面包、糕点、米饭等大宗食品中，还以功能性食品的形式应用在生物活性肽、抗性蛋白、营养补充剂等中，如玉米降血压肽、玉米抗氧化肽等。不同谷物籽粒和食用豆类中蛋白质的主要组成见表 2-2 和表 2-3。

表 2-2 谷物籽粒中蛋白质的主要组成和赖氨酸含量 (%)

谷物名称	清蛋白	球蛋白	醇溶蛋白	谷蛋白	赖氨酸
小麦	5～10	5～10	40～50	30～45	2.3
大米	2～5	2～10	1～5	75～90	3.8
玉米	2～10	2～20	50～55	30～45	2.5
大麦	3～10	10～20	35～50	25～45	3.2
燕麦	5～10	50～60	10～16	5～20	4.0
高粱	5～10	5～10	55～70	30～40	2.7
黑麦	20～30	5～10	20～30	30～40	3.7

表 2-3 不同食用豆类中蛋白质的主要组成(干基，%)(傅翠真等，1991)

豆类名称	球蛋白		清蛋白		谷蛋白		醇溶蛋白	
	均值	占粗蛋白的比例	均值	占粗蛋白的比例	均值	占粗蛋白的比例	均值	占粗蛋白的比例
豌豆	14.08	54.00	3.66	14.00	1.43	5.50	0.29	1.10
绿豆	13.35	53.50	3.82	15.30	3.41	13.70	0.25	1.10
蚕豆	19.11	66.60	2.80	9.60	1.69	6.80	0.16	0.50
豇豆	11.53	45.20	3.84	15.10	3.38	13.30	0.50	2.10
小豆	12.10	51.00	3.32	14.00	2.88	12.00	0.47	2.00
菜豆	12.84	69.80	4.42	9.10	3.89	18.10	0.89	3.20

一、小麦蛋白质

(一)小麦蛋白质的分类

小麦以贮藏蛋白为主。其中，麦醇溶蛋白和麦谷蛋白约占籽粒蛋白质总量的 85%。清蛋白和球蛋白占籽粒蛋白质总量的 15%左右，主要是一些代谢过程中的酶类、抑制因子等，因此通常把小麦清蛋白和球蛋白称为代谢蛋白。

1. 麦醇溶蛋白和麦谷蛋白 麦醇溶蛋白(gliadin)，也称为麦胶蛋白，其分子质量为 31～74kDa，平均分子质量约为 40kDa，单链，水合时胶黏性极大，其抗延伸性被认为是造成面团黏合性和延展性的主要原因。

麦谷蛋白(glutenin)是自然界最大的蛋白质分子之一，内含 β 折叠结构较多，富含谷氨酰胺(Gln)和半胱氨酸(Cys)，是靠分子内和分子间的二硫键连接而成的非均质的大分子聚合体蛋白，由 17～20 个多肽亚基构成，呈纤维状。按照分子质量大小可以将麦谷蛋白分为高分子质量(HMW)和低分子质量(LMW)两类亚基。一般情况下，高分子质量麦谷蛋白亚基(HMW-GS)也称为A亚基，其分子质量是90～147kDa；低分子质量麦谷蛋白亚基(LMW-GS)分为B亚基、C亚基和D亚基，B亚基的分子质量是40～50kDa，为碱性蛋白质，是LMW-GS的主要成分，C亚基的分子质量是20～40kDa，D亚基的分子质量是50～70kDa，为酸性蛋白质。因此不同小麦品种的HMW-GS组成变异类型有限，而LMW-GS的组成差异却很大。麦谷蛋白赋予面团弹性。

当面粉加水被和成面团时，麦醇溶蛋白和麦谷蛋白按一定规律相结合，构成像海绵一样的网络结构，组成面筋的骨架。其中，HMW-GS主要是面筋网络的骨架，增强了面团强度，是面筋网络的主要组分，缺乏HMW-GS时，面筋不能形成连续的网状结构，将产生大量的空穴，面团强度大大降低；而LMW-GS则与之相连形成有细小枝杈的链状结构。麦醇溶蛋白在整个面筋网络结构中主要是作为填充空隙的簇状蛋白。因此，麦谷蛋白的组成与比例直接影响其最终的功能特性，尤其是LMW-GS含量是评价小麦粉优劣的主要指标。

小麦面筋蛋白质不具有生理活性，但具有形成面团的功能，其他成分，如脂肪、淀粉和水都包藏在面筋骨架的网络之中，可保持气体，这就使得面筋具有弹性和可塑性，从而生产出各种松软的烘焙食品。小麦面筋蛋白质可通过物理机械方法分离成蛋白质浓缩物，干燥后即为活性面筋粉，具有很强的吸水性、黏弹性、薄膜成型性、黏附热凝固性、吸脂乳化性等多种独特的理化特性，且具有清淡醇香或“谷物味”，在食品工业中具有广泛的应用价值。

2. 麦清蛋白和麦球蛋白　麦清蛋白和麦球蛋白主要是功能丰富的酶及酶抑制因子，对食物的功能，淀粉的积累，小麦蛋白质的级别、最终用途及颗粒的颜色等都具有重要的作用和影响。一般认为清蛋白和球蛋白与小麦的加工品质关系不太密切，而对小麦的营养品质有重要的影响。麦清蛋白的分子质量一般为12～60kDa，其中高分子质量清蛋白(HMW 清蛋白)的分子质量一般为45～65kDa，是由二硫键连接成的二聚体，主要由45kDa、60kDa、63kDa及65kDa 4个组分构成。麦球蛋白的分子质量一般为12～60kDa，其中麦清蛋白的分子质量为22～58kDa。

★延伸阅读

小麦面筋蛋白质为什么具有很强的吸水性和黏弹性？麦醇溶蛋白和麦谷蛋白都是高分子亲水性化合物，其核心部分由疏水性基团构成，外壳由亲水性化合物构成。当水分子与蛋白质的亲水基团互相作用时就形成水化物——湿面筋。水化作用由表及里逐步进行，当吸水胀润进一步进行时，水分子进一步扩散到蛋白质分子中，使吸水量大增。吸水后的湿面筋保持了原有的自然活性及天然物理状态，具有黏性、弹性、延伸性、薄膜成型性和乳化性等功能性质。

(二)小麦蛋白质的氨基酸组成

小麦籽粒蛋白质的含量及其氨基酸组成的平衡程度，尤其是人体必需氨基酸的组成比例是否平衡，是小麦籽粒营养品质好坏的重要指标。

清蛋白和球蛋白中赖氨酸、半胱氨酸的含量较高，而赖氨酸又是人体的第一限制性氨基酸，氨基酸组成也比较平衡，因此具有较高的营养价值。而醇溶蛋白和谷蛋白中谷氨酸、脯氨酸含量较高，但赖氨酸等人体必需氨基酸含量偏低，营养价值较差。普通小麦蛋白质的部分氨基酸组成见表2-4。

表 2-4　普通小麦清蛋白、球蛋白、醇溶蛋白和谷蛋白的部分氨基酸组成(摩尔分数)(王爱丽，2006)

品种	谷氨酸/谷氨酰胺/%	脯氨酸/%	甘氨酸/%	半胱氨酸/%	赖氨酸/%
清蛋白	21	10	7	3	3
球蛋白	16	7	9	4	4
醇溶蛋白	38	17	3	2	1
谷蛋白	31	12	3	1	2

有研究指出，某些非醇溶性蛋白(麦豆球蛋白和 HMW 清蛋白)也具有贮藏蛋白的性质和功能，HMW 清蛋白与β-淀粉酶的功能性质具有一致性关系，且它们的氨基酸组成较平衡，营养价值较高。因此，研究非醇溶性贮藏蛋白和醇溶性贮藏蛋白之间的关系，将更有利于改善小麦的营养品质和加工品质。

二、玉米蛋白质

玉米籽粒中蛋白质含量一般在 10%左右，其中 80%在玉米胚乳中，而另外 20%在玉米籽粒的胚中，因而玉米籽粒蛋白质可分为胚乳蛋白和胚蛋白，胚乳蛋白主要为贮藏蛋白，而胚蛋白则是具有生物功能的蛋白质。玉米籽粒中的胚乳同时有玻璃质和不透明部分，是由蛋白质的分配不同导致的。

1. 玉米蛋白质的氨基酸组成　就氨基酸组成而言，玉米蛋白质的异亮氨酸、亮氨酸、缬氨酸和丙氨酸等疏水性氨基酸及脯氨酸、谷氨酰胺等含量很高，赖氨酸和甲硫氨酸、色氨酸、精氨酸等必需氨基酸含量较低，它们分别为第一、第二和第三限制性氨基酸。玉米蛋白质中谷氨酸含量很高，氨基氮水平低，表明玉米蛋白质中的谷氨酸是以酸而不是以酰胺的形式存在的。玉米胚乳蛋白主要的氨基酸组成见表 2-5。

表 2-5　玉米胚乳蛋白主要的氨基酸组成(%蛋白质)

氨基酸	摩尔分数/%	氨基酸	摩尔分数/%	氨基酸	摩尔分数/%
赖氨酸(Lys)	0.96	甘氨酸(Gly)	1.36	异亮氨酸(Ile)	8.24
组氨酸(His)	0.87	色氨酸(Trp)	0.20	苏氨酸(Thr)	1.52
精氨酸(Arg)	1.56	谷氨酸(Glu)	12.26	酪氨酸(Tyr)	2.31
天冬氨酸(Asp)	3.21	丙氨酸(Ala)	4.81	苯丙氨酸(Phe)	3.09
缬氨酸(Val)	3.00	甲硫氨酸(Met)	1.05	半胱氨酸(Cys)	0.56
脯氨酸(Pro)	3.00	亮氨酸(Leu)	2.05	丝氨酸(Ser)	2.51

从营养学的角度讲，玉米蛋白质品质比起水稻和小麦籽粒中的蛋白质要差得多，消化率也低，蛋白质的利用率只有 57%左右。但玉米蛋白质对水及脂肪的吸附性很强，有很好的乳化性，可以作为蛋白质添加剂和营养补充剂来替代其他蛋白质。

2. 玉米醇溶蛋白　玉米籽粒粗蛋白中约 52%是人畜体内不能吸收利用的玉米醇溶蛋白(zein)，由于缺乏赖氨酸和色氨酸，其营养价值贫乏。

(1) 玉米醇溶蛋白的性质　玉米醇溶蛋白是一类由平均分子质量为 25～45kDa 的蛋白质组成的混合物，溶解性质独特，疏水性很强，不溶于水，也不溶于无水醇类。其最好的溶剂是乙醇水溶液与异丙醇水溶液，可溶于 60%～95%的醇类水溶液中，还能溶于 pH>11 的强碱、十二烷基硫酸钠(SDS)、高浓度尿素及丙二醇和乙酸等有机溶剂中。

玉米醇溶蛋白分为 α-玉米醇溶蛋白和 β-玉米醇溶蛋白两种，分别占醇溶蛋白的 80%和 20%。前者溶于 95%的乙醇；后者不溶于 95%的乙醇，而溶于 60%的乙醇。

(2) *玉米醇溶蛋白的应用*　玉米醇溶蛋白含较多疏水性氨基酸和含硫氨基酸，氨基酸组成决定了它可形成质密、均匀、透明的薄膜。其成膜性好，不需要任何交联剂即可形成阻氧、阻湿、耐热、耐油、抗静电、抗菌、可降解的蛋白质薄膜，是理想的包装材料。将玉米醇溶蛋白涂抹于新鲜羊肉、猕猴桃、核桃仁、榛子等干果之上，可延长这些食品的保质期，较好地保存所含营养物质，抑制干果中脂肪酸酸败等。由于玉米醇溶蛋白可食、有营养、可降解，将成为口香糖不可降解的胶基替代品。同时，玉米醇溶蛋白也是品质优良的缓释材料，可有效控制溶出时限，缓解添加剂挥发损失、活性物质不稳定、益生菌种失活等制约食品工业发展的问题。

由于玉米蛋白质组成复杂，口感粗糙，功能性质尤其是水溶性差，且玉米醇溶蛋白所成膜的机械性能差，严重限制了它在食品工业中的应用。常用的改性方法有化学法、物理法和酶法等，通过改性可改善或加强玉米醇溶蛋白的功能特性，拓宽其应用范围。

3. 玉米蛋白肽　虽然赖氨酸和色氨酸含量低，但玉米蛋白质中支链氨基酸和中性氨基酸含量均相当高，是植物蛋白质中非常少见的特色组成。以往，这一点成为利用玉米蛋白质的限制因素，但近年来成为深层次加工的依据。正是这种氨基酸组成的不平衡性使得玉米蛋白质具有独特的生理功能，通过使用蛋白酶控制一定水解度，可将玉米醇溶蛋白水解为多肽片段，获得具有多种生理功能的玉米活性肽。这些活性肽具有醒酒、降血压、抗氧化等功能性质。

例如，玉米蛋白质经酶处理后成为分子质量 6000Da 左右的肽，因含有的丙氨酸对减轻麻醉、防止酒醉有良好的效果，故称醒酒肽。它可使身体吸收乙醇的速度减慢，并能促进乙醇代谢，减少其毒性，大大降低由暴饮引起的急性乙醇中毒的发生率。玉米醇溶蛋白中含有高比例的异亮氨酸、亮氨酸、缬氨酸、丙氨酸等疏水性氨基酸及脯氨酸、谷氨酰胺等，含有很少的赖氨酸、色氨酸，这种不平衡的氨基酸组成是玉米为降血压肽良好来源的原因。由于玉米蛋白质为疏水性蛋白，选择合适的酶酶解可生产富含疏水氨基酸的疏水性肽，具有刺激肠高血糖素分泌、降低胆固醇、促进内源性胆固醇代谢亢进的作用。

三、大米蛋白质

大米中含有 7%～8%蛋白质，主要为碱溶性的谷蛋白。大米蛋白质大部分分布在糊粉层中，大米加工精度越高，碾去的糊粉层就越多，蛋白质损失也就越多。大米蛋白质具有极高的营养价值，过敏性低，无色素干扰，具有柔和、不刺激的味道，是人们日常膳食的重要蛋白质来源。

1. 大米蛋白质的氨基酸组成及营养特点　从生物价的角度考虑，大米蛋白质的氨基酸组成合理，含有人体所需的多种氨基酸，特别是赖氨酸的含量高于其他谷类，接近于理想模式。从大米蛋白质的氨基酸组成看，各组分之间差别较小。大米蛋白质具有优良的营养品质，主要表现在以下 4 个方面。

1) 与一般禾谷类蛋白质相比，大米蛋白质含赖氨酸、苯丙氨酸等必需氨基酸较多，80%以上的大米蛋白质为含赖氨酸高的谷蛋白，而品质差的醇溶蛋白含量低。

2) 大米蛋白质的氨基酸组成配比比较合理。大米蛋白质的必需氨基酸组成比小麦蛋白质、玉米蛋白质的必需氨基酸组成更加接近于 WHO 认定的蛋白质氨基酸最佳配比模式。大米蛋白质、小麦蛋白质和玉米蛋白质的必需氨基酸组成见表 2-6。

表 2-6　大米蛋白质、小麦蛋白质和玉米蛋白质的必需氨基酸组成　　(%)

必需氨基酸	大米蛋白质	小麦蛋白质	玉米蛋白质	WHO 模式
赖氨酸	4.0±0.1	2.52	2.00	7.0
胱氨酸	21.7±0.2	2.24	1.70	5.5
甲硫氨酸	2.2±0.3	2.11	1.30	4.0
异亮氨酸	4.1±0.1	3.59	4.20	4.0
亮氨酸	8.2±0.3	6.79	14.6	1.0
苯丙氨酸	5.1±0.3	4.75	3.20	5.0
酪氨酸	5.2±0.3	3.20	5.20	
色氨酸	1.7±0.3	1.32	0.60	
缬氨酸	5.8±0.4	4.22	5.70	
苏氨酸	3.5±0.2	2.87	4.10	

3) 大米蛋白质的利用率高。大米蛋白质与其他谷物蛋白质相比，生物价 (biological value，BV) 和蛋白质效用比率 (protein efficiency ratio，PER) 高。大米蛋白质的 BV 为 77，高于小麦蛋白质和玉米蛋白质的 67 和 60；大米蛋白质的 PER 为 1.36～2.56，高于小麦蛋白质和玉米蛋白质的 1.0 和 1.2。

4) 低抗原性。大米蛋白质的另一显著特点是低抗原性。许多植物蛋白质及动物源性蛋白质中含有抗营养因子，如大豆和花生中含有的胰蛋白酶抑制因子和凝集素等会对机体造成伤害，引发一些过敏或中毒反应，尤其是新生儿免疫力不足，对此极其敏感。而大米蛋白质中不存在类似致敏因子，安全等级高，它是唯一可以免于过敏试验的谷物。与大豆蛋白质、乳清蛋白相比，大米蛋白质的过敏性低，可以作为婴幼儿食品的配料。

2. 大米蛋白质的应用　大米蛋白质可作为食品添加剂，用于营养强化、冰淇淋、婴幼儿食品等。在以蛋白质为配料的产品中，蛋白质的功能特性往往比营养价值更为重要，大米蛋白质的功能性质直接决定其应用前景。

采用不同方法提取的大米蛋白质，其功能性质存在差异。目前国内对大米蛋白质提取方法研究较多的有碱法、酶法及复合提取法。研究发现，酶解大米蛋白质的持油性提高，乳化性及乳化稳定性增强，起泡性有所降低，起泡稳定性无显著差异。各蛋白质氨基酸组成较合理，种类齐全，富含谷氨酸和亮氨酸，赖氨酸含量较低。

四、燕麦蛋白质

燕麦中蛋白质的分配不同于其他谷物，燕麦胚乳中大部分贮藏蛋白属于可溶性球蛋白，醇溶蛋白含量较低，醇溶谷蛋白仅占总蛋白质的 10%～15%，占优势的是球蛋白，约占 55%，而谷蛋白占 20%～25%。球蛋白与醇溶蛋白的比例为 2∶1 以上。脱壳燕麦的蛋白质含量通常高于其他谷物，达 12.4%～24.5%。其中，赖氨酸及其他碱性氨基酸含量较高，蛋白质消化率及蛋白质净作用率 (NPM) 也较高，与联合国粮食及农业组织规定的标准蛋白质相比，燕麦的氨基酸平衡非常好，在谷物中是独一无二的。因此，燕麦蛋白质是禾谷类粮食中的优质蛋白质。去壳燕麦的氨基酸组成见表 2-7。

表 2-7　去壳燕麦的氨基酸组成(%蛋白质)

氨基酸	摩尔分数/%	氨基酸	摩尔分数/%	氨基酸	摩尔分数/%
赖氨酸	4.2	甘氨酸	4.9	异亮氨酸	3.9
组氨酸	2.2	甲硫氨酸	2.5	苏氨酸	3.3
精氨酸	6.9	谷氨酸	23.9	酪氨酸	3.1
天冬氨酸	8.9	丙氨酸	5.0	苯丙氨酸	5.3
缬氨酸	5.3	半胱氨酸	1.6	丝氨酸	4.7
脯氨酸	4.7	亮氨酸	7.4		

五、其他谷物蛋白质

高粱蛋白质在许多方面与玉米蛋白质相似，其醇溶蛋白含量为 17%。二者的主要区别在于醇溶蛋白的溶解性及交联醇溶蛋白的含量不同。

第二节　谷 物 淀 粉

参与谷物淀粉合成的酶很多，它们共同影响淀粉颗粒的结构和特性，包括直链淀粉和支链淀粉的比例。不同谷物中淀粉的含量不同，一般可以占到总重的 60%～75%，它是人体所需要热能的主要来源，也是食品工业的重要原料。各种谷物籽粒中的淀粉含量见表 2-8。

表 2-8　各种谷物籽粒中的淀粉含量(干基，%)

谷物名称	淀粉含量/%	谷物名称	淀粉含量/%
糙米	75～80	燕麦	50～60
普通玉米	69～70	大麦	56～66
小麦	58～76	荞麦	44
高粱	69～70	粟	60

一、直链淀粉与支链淀粉

谷物中贮藏的淀粉是由单一类型的葡萄糖单元组成的多糖，分为直链淀粉和支链淀粉两种成分，自然淀粉中直链淀粉和支链淀粉之比一般为(15～28)∶(72～85)，两者的比例因谷物品种而有差异。

1. 直链淀粉　直链淀粉基本上是一种线形或轻度分支的高聚物，仅由一条单链或几条长链通过 α-D-1，4-糖苷键连接而成，其链上只有 1 个还原性端基和 1 个非还原性端基，其线形聚合度(degree of polymerization，DP)为 1500～6000(图 2-1A)。天然直链淀粉分子呈现卷曲螺旋形状，分子中有 200 个左右葡萄糖基，相对分子质量为 1×10^5～2×10^5，每圈含有 6 个葡萄糖残基(图 2-2)。

2. 支链淀粉　支链淀粉是一种高度分支的大分子，从主链上再分出各级支链，各葡萄糖单位之间以 α-D-1，4-糖苷键连接构成它的主链，支链通过 α-D-1，6-糖苷键与主链相连(图 2-1B)。支链点间隔很远，平均每 180～320 个糖苷位有一个支链。分子中含 300～400 个葡萄糖基，相对分子质量大于 2×10^7，DP 为 7200，各分支呈螺旋形卷曲。支链淀粉以氢键缔合形成微晶束状结构，分支链平行排列，具有 C_B^A 型的结构特征，即一个支链淀粉有一个长链(或主链)。每个主链上存在着若干个支链，每个支链上还可能有若干级的分支，每个分支上有 1～2 个支链。不同来源的淀粉，其支链淀粉的 DP、平均链长等也不同(图 2-3)。

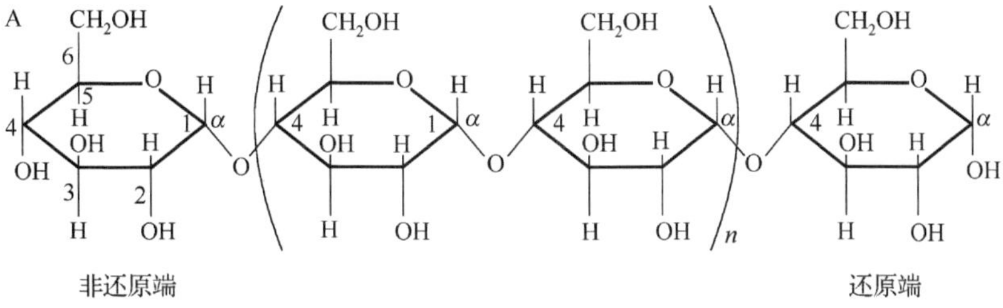

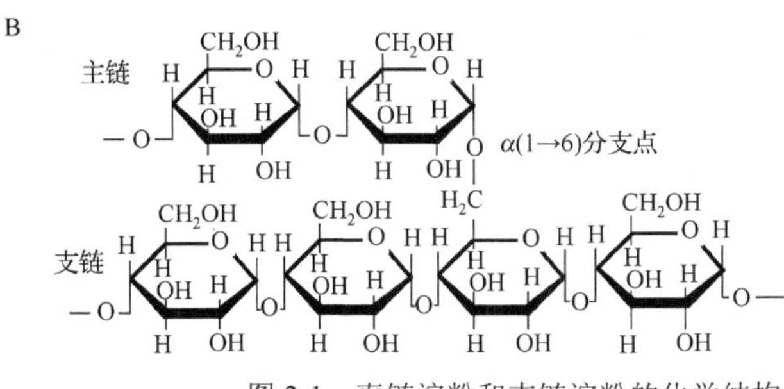

图 2-1　直链淀粉和支链淀粉的化学结构

A．直链淀粉；B.支链淀粉

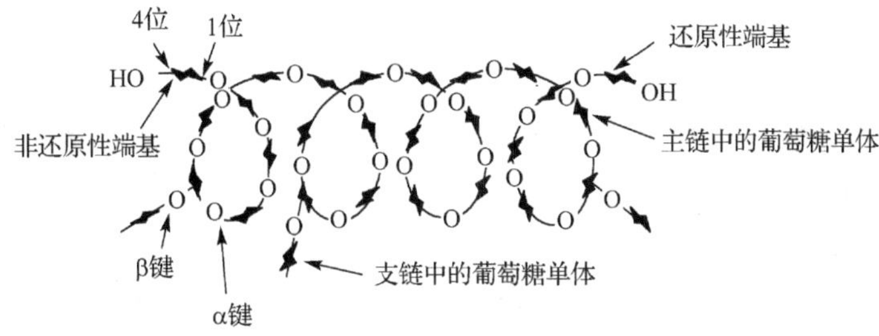

图 2-2　直链淀粉的螺旋结构

3．直链淀粉和支链淀粉的显色反应　直链淀粉和支链淀粉遇碘均呈颜色反应，直链淀粉为蓝色，支链淀粉为红褐色。DP 在 12 以下的短链遇碘不呈色，DP 为 12～15 的呈棕色，DP 为 20～30 的呈红色，DP 为 3.5～4 的呈紫色，DP 在 4.5 以上的呈蓝色。

直链淀粉与支链淀粉对碘的吸附能力是不同的。直链淀粉吸收碘量为 19%～20%，而支链淀粉吸收碘量不到 1%。应用 X 射线衍射分析证实，直链淀粉分子呈螺旋的卷曲状态，每 6 个葡萄糖残基形成一个螺圈，其中恰好容纳一个碘分子。

4．直链淀粉和支链淀粉的溶解性　直链淀粉难溶于水，溶液不稳定，凝沉性强。支链淀粉易溶于水，溶液稳定，凝沉性弱。直链淀粉能制成强度高、柔软性好的纤维和薄膜，而支链淀粉则不能。

5．直链淀粉和支链淀粉的分离　淀粉颗粒中的直链淀粉和支链淀粉能用几种不同的方法分离开，如醇络合结晶法、硫酸镁液分步沉淀法和其他方法等。醇络合结晶法是利用

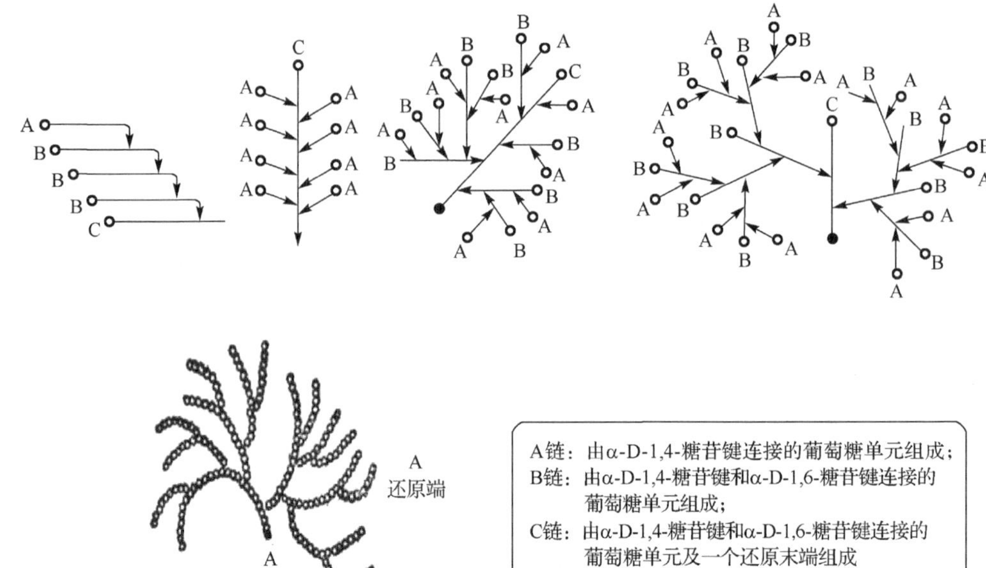

图 2-3　支链淀粉的几种分子模型

直链淀粉与丁醇、戊醇等生成络合结构晶体，支链淀粉存在于母液中，易于分离。这是实验室中小量制备的常用方法。硫酸镁液分步沉淀法是利用直链淀粉和支链淀粉在不同硫酸镁溶液中的沉淀差异，分步沉淀分离的。

二、淀粉粒的结构

淀粉分子在谷物中是以白色固体淀粉粒(starch granule)形式存在的，淀粉粒是淀粉分子的集聚体，不同谷物由于遗传及环境条件的影响，形成不同结构及性质的淀粉粒。淀粉粒的形态与分类如下。

(1)*根据淀粉粒的尺度分类*　由于淀粉粒结构较为复杂，通常依据尺度从大到小(或从小到大)分为不同的层次：颗粒结构(10μm)、轮纹结构(1～10μm)、层状结构(9～10nm)(图 2-4)及双螺旋结构(<9nm)。淀粉粒由有序的结晶区和无序的无定形区(非结晶区)两部分组成，结晶区的片层结构是由支链淀粉的双螺旋结构组成的。

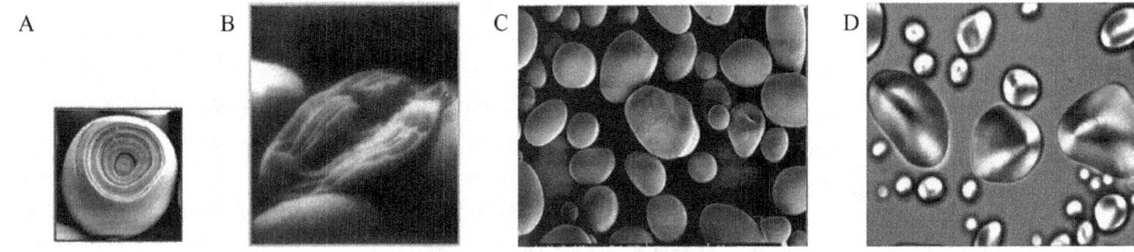

图 2-4　淀粉粒的结构

A，B. 轮纹结构；C. 颗粒结构；D. 层状结构

(2)*根据合成的时间、大小和形状分类*　根据双螺旋排列的不同，即根据合成的时间、大小和形状不同，淀粉又可以分为 A 型淀粉和 B 型淀粉两类。它们具有相同的双螺旋结构，但组合排列方式及分子内水分子含量不同。A 型淀粉粒较大、呈扁形(>10μm)，结构相对紧凑，内部含有 4 个水分子；B 型淀粉粒较小(<10μm)、呈球形，以左手双螺旋平行

聚集，构成六方体形，内部中空中心部位充满 36 个结构水。在质量上，A 型淀粉占胚乳淀粉的 50%～90%，而 B 型淀粉在数量上占 99%左右。

淀粉粒包含结晶区和无定形区，结晶区主要由支链淀粉分子以双螺旋结构形成，构成淀粉粒的紧密区不易被外力和化学试剂作用；无定形区主要以直链淀粉为主，也称为非结晶区，由松散的结构形成，容易受外力和化学试剂作用。淀粉粒在偏光显微镜下具有双折射性，在淀粉粒粒面上可看到黑色十字形，称为偏光十字。这说明淀粉粒是一种球晶，但同时又具有一般球晶没有的弹性变形的现象。据此可以分析淀粉粒内部晶体结构的方向。图 2-5 为用十字棱镜拍摄的小麦淀粉粒的光学显微镜图，图中显出马耳他十字。常见谷物支链淀粉的分子结构数据见表 2-9。

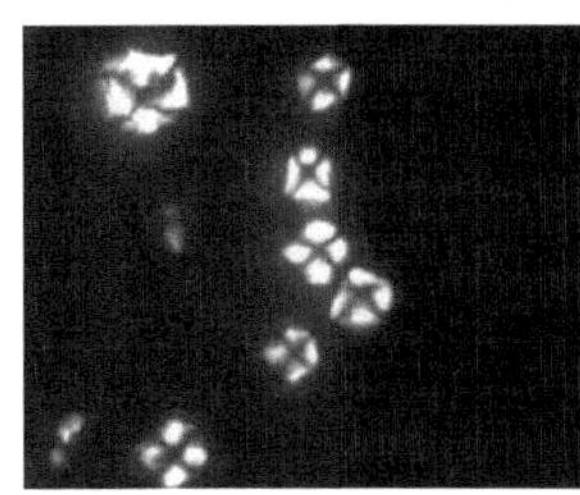
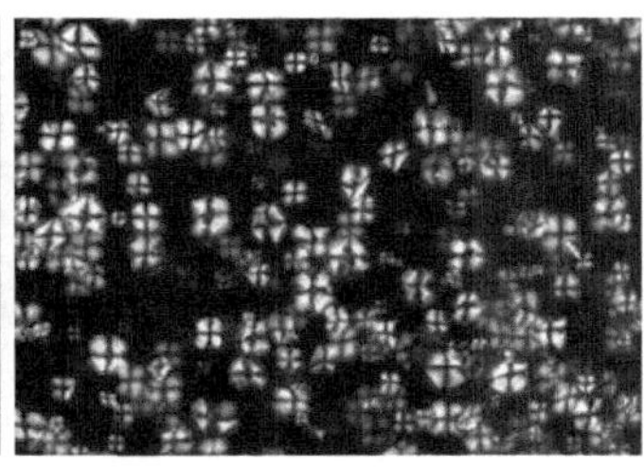

图 2-5　小麦淀粉粒的马耳他十字

表 2-9　常见谷物支链淀粉的分子结构数据

支链淀粉来源	平均链长/葡萄糖残基数	分支链长/葡萄糖残基数	支间距离/葡萄糖残基数	结晶度/%
玉米	25	18	6	39
小麦	23	16～17	5～6	36
马铃薯	27	18～19	7～8	25

★延伸阅读

淀粉晶体是怎样测出来的？采用 X 射线衍射分析技术可以获得淀粉的结晶结构、结晶度及无定形区的比例等。根据微晶粒度大小差异在 X 射线衍射曲线上表现出不同的衍射特征，将淀粉分成 A、B、C、V 4 种不同晶型结构。A 型淀粉分别在 2θ(2θ 为检测淀粉晶体的特征峰位置，根据 2θ 的不同，将淀粉晶体进行分类)为 15°、17°、18°和 23°处有 4 个强特征衍射峰；B 型淀粉在 2θ 为 5.6°、17°、22°和 24°处有较强的衍射峰；C 型为 A 型和 B 型的综合，和 A 型相比，在 2θ 为 5.6°处有 1 个中强峰；与 B 型相比，在 2θ 为 23°处显示 1 个单峰；V 型在 2θ 为 7.4°、13.0°、20.1°左右有明显的衍射峰。在淀粉的 X 射线的衍射图形中，可由 2θ 得出面间距 d，谱图上峰的宽度与结晶性有关，峰越宽，结晶度越大。

三、淀粉的理化性质

1．淀粉粒的大小和形状取决于其来源　不同来源的淀粉粒的大小和形状不同。在显微镜下观察，玉米和蜡质玉米淀粉呈多边形或圆形，马铃薯淀粉粒为椭圆形或球形，小麦淀粉粒呈扁平圆形或椭圆形，木薯淀粉粒呈圆形或截头的圆形等(图 2-6)。几种淀粉粒的性质见表 2-10。

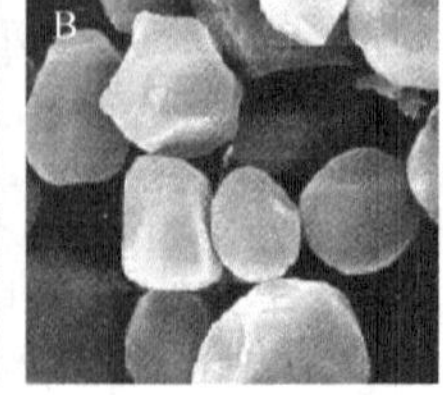

图 2-6　几种淀粉粒的扫描电镜照片(1000×)
A. 紫薯淀粉粒；B. 玉米淀粉粒；C. 马铃薯淀粉粒；D. 甘薯淀粉粒

表 2-10　几种淀粉粒的性质

指标	玉米淀粉粒	马铃薯淀粉粒	小麦淀粉粒	木薯淀粉粒	蜡质玉米淀粉粒
淀粉类型	谷物种子	块茎	谷物种子	根	谷物种子
颗粒形状	圆形或多边形	椭圆形或球形	扁平圆形或椭圆形	圆形或截头圆形	圆形或多边形
直径范围/μm	2～30	5～100	0.5～45	4～35	2～300
直径平均值/μm	10	23	8	15	10
比表面积/(m^2/kg)	300	110	500	200	300
密度/(g/cm^3)	1.5	1.5	1.5	1.5	1.5
每克淀粉颗粒数目($\times10^6$)	1300	100	2600	500	1300

2．直径　在所有的商品淀粉中，马铃薯淀粉的颗粒最大，小麦淀粉呈双峰的颗粒尺寸分布，最小的颗粒尺寸为 0.5～10μm，最大的颗粒尺寸为 10～45μm。在小麦淀粉中，大颗粒只占总数的 20%，而质量却占 90%。

3．密度和相对密度　淀粉的含水量取决于贮存的条件(温度和相对湿度)，一般密度约为 1.5g/cm^3，相对密度约为 1.5。在同样的贮存条件下，马铃薯淀粉的含水量较高。淀粉粒水分与周围空气中的水分呈平衡状态，空气干燥会散出水分，空气潮湿则会吸收水分。在相对湿度 20%时，各种淀粉水分含量为 5%～6%；在绝干空气中，相对湿度为 0，淀粉水分含量也接近于 0。在饱和湿度条件下，淀粉吸水量多，引起颗粒膨胀，玉米、马铃薯、木薯淀粉的吸水量分别达到 39.9%、50.9%、47.9%(干基淀粉计)。

4．淀粉的糊化作用　淀粉不溶于冷水，这是淀粉制造工业的理论基础。利用水磨法制淀粉，就是利用这一性质。先将原料打碎成糊(若原料为玉米一类籽粒粮则必须先行浸泡，然后湿磨破坏组织，使其成糊)，除去蛋白质及其他杂质，再使淀粉在水中沉淀析出。

将淀粉倒入冷水中，搅拌成乳白色、不透明的悬浮液，称为淀粉乳。停止搅拌则淀粉慢慢沉淀。将淀粉乳加热，到达一定温度(一般在 55℃以上)时，淀粉粒吸水突然膨胀，该变化发生在颗粒无定形区域，由于此无定形区域具有弹性，淀粉粒仍保持颗粒结构。随温度上升，吸收水分更多，体积膨胀更大，达到一定温度后，高度膨胀的淀粉粒间互相接触，变成半透明的黏稠糊状，称为淀粉糊。这种由淀粉乳转变成糊的现象称为淀粉的糊化，或 α 化。淀粉粒突然膨胀的温度称为“糊化温度”，又称糊化开始温度。几种谷物淀粉糊的性质见表 2-11。

不同品种的淀粉粒结构强度不同，吸水膨胀的难易程度也不同，其糊化温度有差异。即使同一品种的淀粉，因颗粒的不同糊化难易程度也存在差别，有的能在较低温度下糊化，有的则需要较高的温度才能糊化，相差约 10℃。较大的淀粉粒一般易糊化。玉米和小麦淀粉的糊化温度比马铃薯、木薯淀粉高。但高直链玉米淀粉糊化难，即使在沸水中加热也难以糊化，需要在有压力条件下用更高的温度加热。天然淀粉经改性后，由于大多都引进了亲水基团，比普通淀粉更容易糊化，胶化温度降低。

表 2-11　几种谷物淀粉糊的性质

指标	玉米	马铃薯	小麦	木薯	蜡质玉米
糊的黏性	中等	非常高	低	高	高
蒸煮后，获得同样热黏度，每份干淀粉与水结合的份数	15	24	13	20	22
糊的特征	短	长	短	长	长
糊的透明度	不透明	非常透明	模糊不透明	十分透明	颇透明
抗剪切能力	中等	低	中低	长	低
凝沉性(老化性能)	高	中	高	低	很低
糊化开始温度/℃	64～72	65～67	65～67.5	61～67	64～72

淀粉糊并不是真正的溶液，而是以高度膨胀颗粒呈不溶的胶体存在(除一部分直链淀粉溶于水中外)。淀粉糊化的本质是水分子进入微晶束结构，拆散淀粉分子间的缔合状态，淀粉分子或其集聚体经高度水化形成胶体体系。淀粉乳糊化后，颗粒的偏光十字消失，据此变化测定淀粉的糊化温度。

5．淀粉的溶解度和临界浓度　淀粉的溶解度是指在 95℃水中加热 30min 后，淀粉分子的溶解质量分数。根及块茎淀粉的蒸煮和溶解比普通谷物淀粉容易。如果 95℃膨胀后能吸收全部水分，形成均匀的糊，无游离水存在，则 100mL 水需要该淀粉的质量(干基计)，称为临界浓度。低于此临界浓度，则会有游离水存在。但配制一定黏度的淀粉糊时，不同谷物所需淀粉量不同，如需要马铃薯淀粉量为 0.1 时，玉米淀粉为 4.4。

6．淀粉的老化作用　淀粉的稀溶液在低温下静置一定时间后，溶液变浑浊，溶解度降低，有白色沉淀，水分析出，胶体结构被破坏。如果淀粉溶液浓度比较大，则沉淀物可以形成硬块而不再溶解，这是由于溶解状态的淀粉又重新凝结而沉淀，这种现象称为老化，也叫凝沉或退减。

淀粉老化作用的化学本质是，当温度逐渐降低时，溶液中的淀粉分子运动减弱，溶解的直链淀粉之间趋向于平行排列，相互靠拢，彼此以氢键结合形成大于胶体的质点而沉淀。即经氢键结成结晶性结构，增大到一定程度成白色沉淀下降，糊的胶体结构被破坏，水分析出。老化主要是由于淀粉分子间的结合，支链淀粉分子因为分支结构的特点不易发生凝沉，且对直链淀粉的凝沉还有抑制作用，使其凝沉性减弱。但是在高浓度或冷冰低温条件下，支链淀粉分子侧链间也会结合，发生凝沉。若要重新溶解，需要在 100～160℃条件下加热。在同样的浓度下，63～65℃不太容易发生老化，而小于 63℃和大于 66℃都是老化的敏感温区。

直链淀粉与支链淀粉的比例、分子的大小、淀粉稀溶液的浓度、无机盐类、溶液的 pH 和冷却速度等，都是影响老化作用的因素。例如，玉米淀粉含直链淀粉 27%，聚合度为 200～1200，凝沉性强。马铃薯淀粉含直链淀粉 20%，聚合度为 1000～6000，凝沉性弱。

7．淀粉的成膜特性　马铃薯和木薯淀粉糊所形成的膜，在透明度、平滑度、强度、柔韧性和溶解性等性质上比玉米和小麦淀粉糊形成的膜更优越，因而更有利于作为造纸的表面施胶剂、纺织的棉纺上浆剂及用作胶黏剂等。

四、淀粉的改性

1. 改性淀粉　天然淀粉具有冷冰不溶性、易老化、分散性差、耐药性和机械性差、缺乏乳化力、成膜性差和缺乏耐水性、不能形成稳定的胶体体系等缺陷。这些天然淀粉的属性和性能导致其在食品、医药等行业的应用受到了很大的限制。因此，需要通过淀粉改性来改善其性能。经过物理、化学或酶法处理，在淀粉分子上引入新的官能团或改变淀粉分子大小和淀粉粒性质，从而改变淀粉的天然特性，如水溶解特性、黏度、色泽、味道及流动性等，此种经过处理的淀粉或其制品，称为改性淀粉，也称为变性淀粉。

改性淀粉分为普通改性淀粉和功能性改性淀粉。普通改性淀粉是指目前能够工业化大批量生产的改性淀粉；功能性改性淀粉是指对人体有一定的生理及保健作用、环境友好型的淀粉基材料及对药物具有缓释性能的载体基质的材料，具有较高的附加值。

2. 淀粉的改性方法

(1) *物理改性*　淀粉的物理改性主要有热液处理、微波处理、电离放射线处理、超声波处理、球磨处理、挤压处理等。

(2) *化学改性*　淀粉的化学改性有酸水解、氧化、醚化、酯化和交联等方法。化学法是淀粉改性应用最广的方法。

酸水解改性淀粉具有较低的热糊黏度和较高的冷糊黏度比，并可以不受限制地变化。同原淀粉比较，酸水解改性淀粉有较低的碘亲和力、较低的固有黏度。其糊液对温度的稳定性减弱，受热易溶解，冷却则凝胶化。在食品工业上，酸水解改性淀粉用于生产胶冻软糖和胶姆糖，使糖果质地柔软，富有弹性，在高温条件下不收缩，不起砂，在较长时间内保持稳定。

氧化淀粉是淀粉在酸、碱、中性介质中与氧化剂作用，使淀粉氧化而得到的一种变性淀粉。氧化淀粉使淀粉糊化温度降低，热糊黏度变小而热稳定性增加，产品颜色洁白，糊透明，成膜性好，抗冻融性好，是低黏度高浓度的增稠剂。

淀粉羟丙基化是淀粉醚化的一种形式，可以减少淀粉的降解，改变淀粉的糊化温度、糊黏度等特性。研究羟丙基改性木薯淀粉对面团性质的影响，结果表明，添加改性淀粉的面团具有更好的黏弹性、柔软性，表现出更易成型性。

交联和酯化常被用来改性天然淀粉，特别是用于生产低水敏感材料。酯化可以通过羟基取代赋予淀粉产品疏水性，交联处理的目的是在淀粉粒的随机位置增加分子内部和分子间的联系。由于能够增加淀粉结构中交联的密度，交联处理也能够用于限制水分的吸收。

化学法也是目前应用较为成熟的淀粉处理方法，其优点在于淀粉处理量大，易于实现工业化进行大批量生产。但因化学试剂使用量大，容易造成环境污染，采用化学改性淀粉应用于食品行业中无法保证其安全性等问题，也限制了淀粉化学改性的应用。

(3) *生物改性*　生物改性也称为酶法改性，是指用各种酶处理淀粉，常用的酶有 α-淀粉酶、普鲁兰酶、糖化酶等。例如，α-环状糊精、β-环状糊精、γ-环状糊精、麦芽糊精、直链淀粉等都是采用酶法处理得到的改性淀粉。酶法改性条件温和，环保无污染，得到的改性淀粉健康、卫生，作为食品易于被人体消化吸收且具有特殊的生理功能。

(4) *复合改性*　复合改性是结合物理法、化学法、生物法等方法，采用两种或者两种以上的处理方法对原淀粉进行处理的一种新型改性方法。采用多种方法联合处理淀粉有助于更深层次地开发淀粉，以获得性能优异的变性淀粉。例如，采用复合改性原淀粉比单独使用交联或酯化改性原淀粉薄膜的脆性降低，抗机械拉伸性能增强，拓宽了淀粉薄膜在食品包装中的应用。

3. 改性淀粉在食品中的应用　改性淀粉已经被广泛应用在食品工业中，作为增稠剂、稳定剂、胶凝剂、黏结剂等，成为食品行业不可缺少的食品添加剂。其中，在面筋食品、膳食纤维食物及冷冻食品上，改性淀粉备受生产者的欢迎。

在方便面的生产上，用原淀粉产品缺乏稳定性，且油炸及高脂肪含量影响食品的质量及人们的健康。乙酰化马铃薯淀粉既提高了方便面的硬度又不会显著地影响凝聚力值，并且它可以部分替代用于生产方便面的低蛋白小麦面粉，减少脂肪的摄取；改性淀粉能降低面包的恶化率，提高口感，生产出具有特定性质的面包产品。将改性淀粉乙酰化己二酸双淀粉和羟丙基二淀粉磷酸酯应用在无麸质面包中，发现其体积和弹性明显增加，使烘焙制品保持柔软蓬松；在面团中加入改性淀粉，则面团具有更好的黏弹性、更易成型，面条口感细腻；将不同改性淀粉加入面条中，加入改性淀粉的面条黏度下降，保水性能增强，提高了淀粉质量，口感饱满。

五、α-淀粉

α-淀粉又称预糊化淀粉，是将原淀粉在一定量水存在下进行加热处理后而制得的。当生淀粉结晶区胶束全部崩溃时，淀粉分子形成单分子，并为水所包围(氢键结合)，而成为具有黏性的糊状溶液，处于这种状态的淀粉称为α-淀粉。其主要特点是能够在冷水中溶胀溶解，形成具有一定黏度的淀粉糊，糊化迅速，黏结力强，黏韧性高，使用方便，且其凝沉性比原淀粉小，在食品工业上，将α-淀粉用于增黏保形，改善糕点配合原料的质量，稳定冷冻食品结构等，尤其在方便食品产品中用量很大。

生产α-淀粉的方法之一是挤压法。利用塑料挤压成型机，将淀粉乳注入钢铁圆筒中，在120～160℃的温度下，用螺旋桨高压挤压；由顶端小轮以爆发式喷出，通过瞬时膨胀、干燥、粉碎，连续获得产品。这种方法基本不需要加水，能够用内摩擦热维持温度。同时原料的利用效率高，减少了费用，还可大大改变成品的组成性质和外观，用此法所得产品不易被微生物污染，很少破坏其中的维生素，因为它只需低费用的热源来蒸发干燥，所以较经济。

六、糊精

糊精(dextrin)，又称为玉米糊精、白糊精、焙炒淀粉。淀粉在受到加热、酸或淀粉酶作用下发生分解和水解时，将大分子的淀粉首先转化成为小分子的中间物质，这时的中间小分子物质，称为糊精。糊精是可溶性淀粉进一步分解的产物，将粉体加热到140～200℃得到的，又称为焙烧糊精。糊精按形态分为粉末糊精和无定形状糊精。粉末糊精有白色糊精和黄色糊精，与可溶性淀粉性质近似，分解度很低。无定形状糊精的外形与阿拉伯胶相似，分解度有所提高，一般为黄色或黄褐色。

糊精主要用于纤维的加工和整形、纸张表面上胶和粘涂料，用作水溶性涂料、各种黏结剂。白色糊精用作片剂、丸剂的填充料。

第三节　非淀粉多糖

非淀粉多糖(non-starch polysaccharide，NSP)是指淀粉以外的多糖，主要有纤维素、半纤维素、果胶等，是由若干单糖通过糖苷键连接成的多聚体，包括除α-葡聚糖以外的大部分多糖分子。其是膳食纤维的主要组分。

这类多糖的分类最初是根据提取和分离多糖的方法进行的，细胞壁经一系列碱提取后剩余的不溶物称为纤维素，溶在碱液中的物质称为半纤维素。非淀粉多糖一般分为三大类，即纤维素、非纤维多糖（半纤维素性聚合体）和果胶聚糖。其中非纤维多糖又包括木聚糖、β-葡聚糖、甘露聚糖、半乳聚糖等。考虑到非淀粉多糖的化学结构及生物功能，人们发现依据其溶解度分类有失精准。在谷物细胞壁中，一些非淀粉多糖以氢键松散地和纤维素、木质素、蛋白质结合，故溶解于水。因此，按照水溶性的不同，非淀粉多糖又可分为水溶性非淀粉多糖（soluble non-starch polysaccharide，SNSP）和不可溶性非淀粉多糖（insoluble non-starch polysaccharide，INSP）。一些非淀粉多糖以酯键、酚键、阿魏酸、钙离子桥等共价键或离子键牢固地和其他成分相结合，故难溶于水，称为不可溶性非淀粉多糖。水溶性非淀粉多糖包括阿拉伯木聚糖、β-葡聚糖、甘露聚糖和果胶质。

一、纤维素

纤维素（cellulose）是由葡萄糖组成的大分子多糖，不溶于水及一般有机溶剂，是植物细胞壁的主要成分。纤维素是自然界中分布最广、含量最多的一种多糖，占植物界碳含量的50%以上。纤维素是茎秆及皮壳的主要成分（占40%～50%），果皮约占30%，胚乳占0.3%左右。

纤维素大分子是由很多D-葡萄糖基环彼此间以β-1，4-糖苷键连接而成的，在葡萄糖单元的2、3、6位碳原子上各有一个羟基，使相邻分子或其他的物质稳定地结合形成氢键，构成的直链状高分子化合物没有分支，其分子聚合度为2000～6500（图2-7）。由于来源的不同，纤维素分子聚合度的范围很宽。由于人体内没有β-糖苷酶，不能对纤维素进行分解与利用，但纤维素具有吸附大量水分、增加粪便量、促进肠蠕动、加快粪便的排泄、使致癌物质在肠道内的停留时间缩短、减少对肠道的不良刺激的作用，从而可以预防肠癌发生。

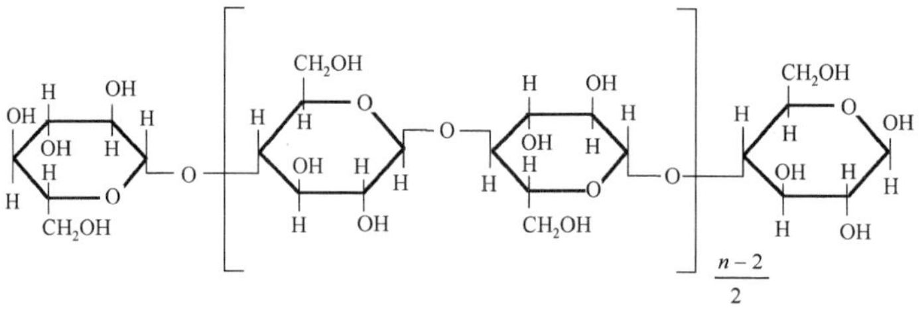

图2-7　纤维素的分子结构

常温下，纤维素既不溶于水，又不溶于一般的有机溶剂，如乙醇、乙醚、丙酮、苯等。它也不溶于稀碱溶液中。因此，在常温下，它是比较稳定的，这是因为纤维素分子之间存在氢键。纤维素能溶于氧化铜的铵溶液和氧化锌的浓溶液等。纤维素分子的葡糖苷键对无机酸非常不稳定，在酸性条件下很容易发生如图2-8所示的水解反应，引起大分子断裂，使纤维素聚合度降低。葡糖苷键对稀碱的作用相当稳定，当浓度达到10%时，纤维素才会膨胀产生碱性纤维素，后在水中水解生成水合纤维素，故纤维素耐碱不耐酸。这是因为某些酸、碱和盐的水溶液可渗入纤维结晶区，产生无限溶胀，使纤维素溶解。

纤维素的氧化作用，与氧化剂的类别、用量、氧化温度和时间有很大关系，改变这些条件，会生成化学结构和性质不同的氧化纤维素。

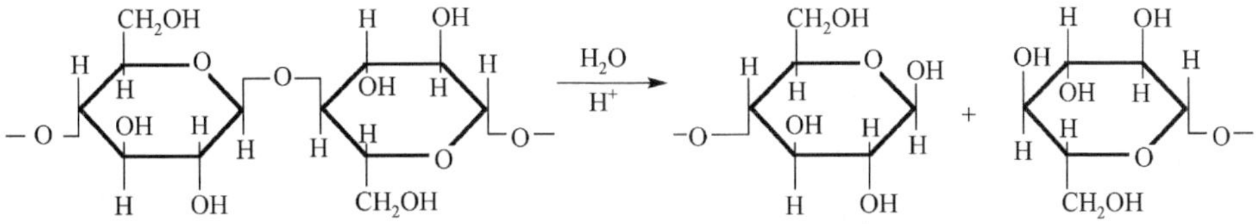

图 2-8　纤维素分子的酸性水解反应

纤维素通常与半纤维素、果胶和木质素结合在一起，其结合方式和程度对植物源食品的质地影响很大。

二、半纤维素、戊聚糖和寡糖

1. 半纤维素　半纤维素(hemicellulose)是指植物细胞壁中与纤维素共生、可溶于碱溶液，遇酸后远较纤维素易于水解的那部分植物多糖。半纤维素是构成植物细胞初生壁的主要成分，也是构成细胞壁和将细胞连接在一起的物质。构成半纤维素的糖基主要有 D-木糖基、D-甘露糖基、D-葡萄糖基、L-阿拉伯糖基、4-*O*-甲基-D-葡萄糖醛酸基、D-半乳糖醛酸基和 D-葡萄糖醛酸基等，还有少量的 L-鼠李糖、L-岩藻糖等。这些糖基的单糖聚合体分别以共价键、氢键、醚键和酯键连接，它们与伸展蛋白、其他结构蛋白、纤维素和果胶等构成具有一定硬度和弹性的细胞壁，因而呈现稳定的化学结构。半纤维素主要有多缩戊糖类、多缩己糖类和多缩糖醛酸类等三类。

半纤维素是一种无定形物质，DP 较低，多数为 80～120，分子质量比纤维素低得多。由于其分子质量较低，半纤维素对酸、碱和氧化剂的作用比纤维素更不稳定，多数能溶解于热碱液中。半纤维素具有亲水性，这将造成细胞壁的润胀，赋予纤维弹性。

半纤维素的化学结构多样，从β-葡聚糖到可能含有戊糖、己糖、蛋白质和酚类物质的多聚体，变化多样。半纤维素的化学组成不相同，导致有不同的水溶性和水不溶性。

2. 戊聚糖

(1) 戊聚糖的组成　根据戊聚糖(pentosan)在水中的溶解性可以将其分为水可溶性戊聚糖和水不可溶性戊聚糖两大类。这两种戊聚糖的分子结构相似，均由 D-吡喃木糖通过β-1,4-糖苷键构成木聚糖主链，L-呋喃阿拉伯糖基以寡糖侧链的形式在木糖的 C(O)-2 和 C(O)-3 位进行取代。阿拉伯糖寡糖侧链是以 2 个或者 2 个以上的阿拉伯糖单糖分子通过 1-2、1-3、1-5 键连接起来的。戊聚糖在小麦、黑麦、高粱等谷物中广泛存在。它是构成植物细胞壁的重要成分；大多数谷物的糊粉层细胞外薄壁和胚乳层细胞外薄壁的 60%～70%由戊聚糖构成。戊聚糖是一种很好的膳食纤维，在人体内不能被消化，具有良好的润肠通便功能。

(2) 戊聚糖的理化性质

1) 黏度特性：戊聚糖在水溶液中形成黏度较高的胶体溶液。它在水中可以自由伸展成螺旋状的棒状结构，很大程度上提高水溶液的黏度。高黏度的戊聚糖中阿魏酸的含量较高。面粉水提取物中戊聚糖对固有黏度的贡献要比可溶性蛋白质大得多。

2) 氧化交联性：戊聚糖的氧化交联性是指在氧化剂存在的情况下，戊聚糖在水溶液中相互交联形成复杂的三维网络结构。戊聚糖中的阿魏酸被认为是氧化凝胶的主要作用物质。

3) 酶解性质：戊聚糖在戊聚糖酶的作用下可以发生降解。戊聚糖酶的添加可以提高面团的机械调理性能，增大面粉烘焙和蒸煮产品的体积，延缓产品的老化。但是，过多的添加会使戊聚糖降解过度，造成面团发黏、面粉的烘焙和蒸煮品质下降。戊聚糖酶的酶制剂已被广泛地用于面包烘焙行业。

(3) *戊聚糖与小麦及其制品的关系*　小麦戊聚糖的分支程度相对较低，未被取代的木糖残基很多，单取代和双取代的数量相当。戊聚糖在阿拉伯糖的 C(O)-5 位上常有一酯键相连的阿魏酸，阿魏酸的存在对于戊聚糖的功能特性有重要的作用。在人类膳食中，小麦是重要的膳食纤维来源，膳食纤维含量为 5%～30%。小麦粉中含有 1.0%～1.5%的水溶性戊聚糖和 2.4%的水不溶性戊聚糖。

戊聚糖影响小麦粉质量。戊聚糖将蛋白质和淀粉黏结在一起。其含量及与其他物质结合的强弱直接影响小麦硬度。戊聚糖的含量和小麦粉精度呈显著的负相关，它和小麦的灰分含量有近似的分布。

戊聚糖影响面团吸水率。戊聚糖在面粉中的含量虽然很少，但它可以吸收相当于自身质量 4 倍的水分，戊聚糖所吸收的水分约占面团总吸水量的 20%。

戊聚糖影响面团的持气性能。戊聚糖的高黏度增加了面筋和淀粉膜的强度与延展性，使蛋白质泡沫的抗热破裂能力增强，提高了面团的持气性，从而使发酵过程中生产的 CO_2 扩散速率得到延缓，面制品的心质构更加细腻和均匀，同时增大面制品的体积。

3. 寡糖　寡糖(oligosaccharide)，也称为低聚糖，是由 2～10 个单糖形成的低度聚合糖。小麦中含 2.8%左右，其中葡聚糖 1.45%、蔗糖 0.84%、棉子糖 0.33%。小麦胚中总糖为 24%，主要为蔗糖和棉子糖。麸皮中总糖为 4%～6%，主要也是蔗糖和棉子糖。糙米中含 1.3%左右的糖，白米中为 0.5%，主要是蔗糖，还有葡萄糖、果糖和棉子糖等。燕麦、高粱中糖的水平与稻谷相当。寡糖是替代蔗糖的新型功能性糖源。

三、果胶物质

果胶(pectin)是一组聚半乳糖醛酸。在适宜条件下，其溶液能形成凝胶和部分发生甲氧基化(甲酯化，也就是形成甲醇酯)，其主要成分是部分甲酯化的 α-1, 4-D-聚半乳糖醛酸，是由半乳糖醛酸甲酯分子通过 α-1, 4-糖苷键连接而成的高分子化合物(图 2-9)。残留的羧基单元以游离酸的形式存在或形成铵、钾、钠和钙等盐。它的分子式为 $(C_6H_{10}O_7)_n$。果胶与纤维素、半纤维素共同存在于植物细胞壁中，起到粘连细胞的作用。果胶在植物体内有原果胶、果胶和果胶酸三种存在方式。

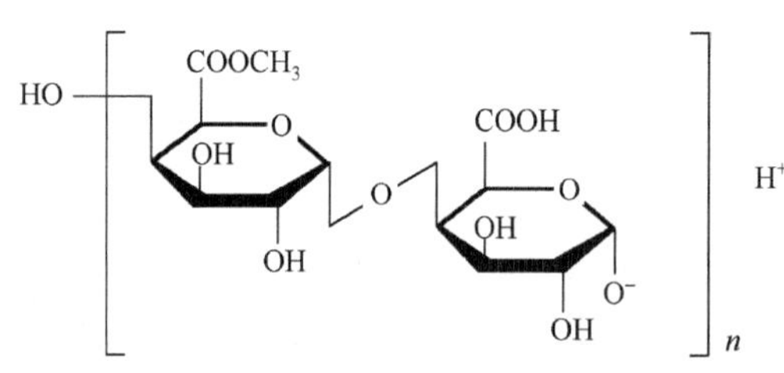

图 2-9　果胶的分子结构

果胶是原果胶的降解产物，分子质量比原果胶小，可溶于 20 倍水，形成乳白色黏稠状胶态溶液，呈弱酸性。遇乙醇或 50%的丙酮时沉淀。耐热性强，几乎不溶于乙醇及其他有机溶剂。用乙醇、甘油、砂糖糖浆湿润，或与 3 倍以上的砂糖混合可提高溶解性。果胶在酸性溶液中比在碱性溶液中稳定。

果胶能形成具有弹性的凝胶，不同酯化度的果胶形成凝胶的机制是有差别的。在可溶性果胶中加入酸或者糖时，会形成凝胶，在稀碱或果胶酶的作用下，其容易脱去甲氧基，形成甲醇和果胶酸(半乳糖醛酸)。

果胶酸是果胶的降解产物，分子质量进一步变小，果胶酸的分子由 100 多个半乳糖醛酸残基缩合而成，可溶于水，呈酸性，果胶酸在有糖存在时不能形成凝胶。

第四节　脂　　类

脂类(lipids)是油、脂肪、类脂的总称。一般把常温下是液体的称作油，而把常温下是固体的称作脂肪。脂肪由 C、H、O 三种元素组成。谷物中的脂类，根据化学特性可以分为中性脂类(neutral lipids)、极性脂类(polar lipids)，还含一定数量的游离脂肪酸(free fatty acid，FFA)，也是极性脂类。

中性脂类，即甘油三酯(triglyceride，TG)，也叫三酰甘油(triacylglycerol)(图 2-10)，由甘油和脂肪酸组成，是植物细胞贮脂的主要形式，简称脂肪。其中甘油的分子比较简单，而脂肪酸的种类和长短却不相同。脂肪酸分为饱和脂肪酸、单不饱和脂肪酸、多不饱和脂肪酸三大类。脂肪可溶于多数有机溶剂，但不溶于水，是一种或一种以上脂肪酸的甘油酯[$C_3H_5(OOCR)_3$]。三酰甘油在常温下(25℃)呈固态者称为脂；在常温下呈液态者称为油。

极性脂类也称结构脂类(structural lipids)，主要是糖脂(glycolipid)和磷脂(phospholipid)。

类脂，也称为脂质、复合脂质，其共同特点是都具有很长的碳链，但结构中其他部分的差异相当大。它们均可溶于乙醚、氯仿、石油醚、苯等非极性溶剂，不溶于水。常见的类脂化合物有蜡、萜类、甾族化合物、鞘脂类、类固醇及固醇等。

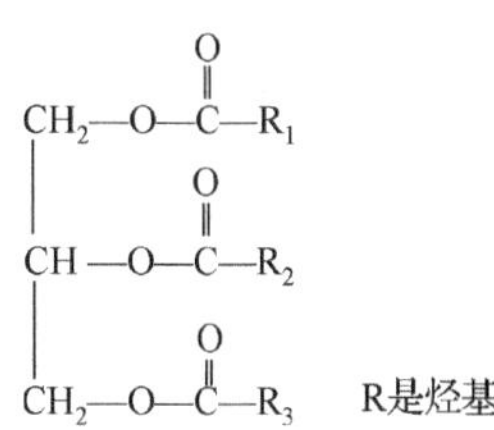

图 2-10　三酰甘油的分子结构

一、脂类的含量与分布

谷物中的脂类含量较少，小麦总脂类含量为 2.1%～3.8%，玉米、糙米和黑麦的总脂类含量分别为 4.1%、2.3%和 2.2%。由于品种及生长环境不同，谷物的脂类含量波动较大，如不同地区、不同品种的糙米中脂类含量一般在 1%～4%；而去除表皮层、胚芽和部分糊粉层后的大米脂类含量一般在 0.2%～2.0%，平均约为 0.8%。脂类对粮食的营养和粮食制品的工艺品质及粮食的耐贮性有重要影响。脂类在谷物、油料籽粒中的分布、含量和组成与食用品质和耐藏性有密切关系。一些谷物籽粒的油脂含量见表 2-12。

表 2-12　一些谷物籽粒的油脂含量

谷物名称	含量(以千粒重计)/%	谷物名称	含量(以千粒重计)/%
小麦	2.1～3.8	玉米胚	23～40
大麦	3.3～4.6	小麦胚	12～13
黑麦	2.0～3.5	米糠	15～21
稻米	0.86～3.1	高粱	2.1～5.3
小米	4.0～5.5	玉米	3～5

脂类含量在谷物籽粒中呈不均匀分布。胚中含量最高，为极性脂类；其次是种皮和糊粉层，最高可达糠麸干质量的 20%左右，在糊粉层和表皮层，部分脂肪颗粒可达 0.1～1μm，因此在谷类加工时易损失或转入副产品中。在食品加工业中常用其副产品来提取与人类健康有关的油脂，如从米糠中提取米糠油、谷维素和谷固醇，从小麦胚芽和玉米中提取胚芽油。这些油脂含不饱和脂肪酸达 80%，其中亚油酸约占 60%，在保健食品的

开发中常以这类油脂作为功能油脂来替代膳食中富含饱和脂肪酸的动物油脂，可明显降低血清胆固醇，有防止动脉粥样硬化的作用；在胚乳中含量极低，主要是结构脂类，储脂(depot lipid)很少。在胚乳层内部，脂类分布也不均衡，大部分分布在胚乳层的外周部；越往谷粒核心部，淀粉晶体越致密，脂类含量越低。例如，糙米中含有约 2.9%的脂类(粗油)，其中 51%分布在胚芽部分，32%在表层，只有 17%在胚乳层。脂肪含量随谷物碾制精度的提高而减少。

二、粮食储藏过程中脂类的变化

谷物的脂类具有独特功效。长期以来，对谷物的研究主要集中在谷物的淀粉特性、蛋白质特性等方面，对谷物脂类的研究报道较少，特别是对粮食陈化过程中其脂类和脂肪酸的变化，以及这些变化与人体健康的潜在关系。进一步分析和理清谷物及谷物储藏过程中脂类、脂肪酸特性及其代谢机理，对于人们了解日常膳食营养结构和水平，改进粮食作物育种指标体系，形成科学合理的粮食储藏、加工和消费方式都具有重要意义。

粮食的储藏特性决定了储藏后的食用品质。高温是粮食储藏过程中最不利的因素，不仅导致粮食品质劣变，还能致使谷物发芽。一般认为粮食中脂类降解是储藏过程中稻谷品质劣变的主要原因。粮食中的脂肪含量虽少于淀粉、蛋白质等成分，但最容易发生变化。用极性溶剂如正己烷处理大米，去掉部分脂质后在不同温度条件下储藏均无明显陈化发生，佐证了脂类变化是导致粮食陈化的主要因素之一。

粮食中脂类代谢和变化主要有氧化和水解两条途径：脂类中不饱和脂肪酸能被氧化产生醛、酮类羰基化合物；脂类被脂肪酶水解后产生游离脂肪酸，使脂肪酸值升高。因此，脂肪酸值是小麦常用的品质劣变指标，小麦在不良条件下贮藏，脂肪酸值会迅速上升。脂肪经氧化作用形成一些不稳定的过氧化物，过氧化物继续分解，最后形成具有异味的低分子醛、酮、酸类物质，使小麦变苦，具有油腻、糟糕的气味，完全失去食用价值，甚至带毒。

与粮食脂类变化有关的酶除脂肪水解酶外，还有脂肪氧化酶、半乳糖醛酸酶、磷脂酶。此外，粮食中过氧化氢酶、过氧化物酶、多酚氧化酶也是重要的判断粮食新鲜度的指标性酶。随着粮食贮藏时间的延长和陈化程度的加深，其脂肪酸值将逐渐增大，而过氧化氢酶、过氧化物酶、多酚氧化酶的活性逐渐降低。

玉米在贮藏过程中，三酰甘油从胚向胚乳移动，在不利的贮藏条件下，这种迁移更为明显。玉米经 18 个月的贮藏之后，胚乳的三酰甘油为原来的 3～4 倍。贮藏条件不同，会引起玉米脂类含量分布的变化，直接影响玉米粉的食用品质；小麦在高湿、高温条件下，脂类总量下降 40%，非极性脂类下降 25%左右，变质小麦极性脂类含量仅为正常小麦的三分之一。值得注意的是，小麦劣变时，极性脂类的分解比游离脂肪酸的生成更为迅速，这可能是粮食在贮藏过程中一个明显的劣变指标。

三、脂类对粮食加工品质的影响

脂类的含量和组成，关系到粮食及其制品的营养品质和工艺品质，特别是小麦粉的脂类组成与烘焙品质的关系尤为密切。

1. 非极性脂的影响　向脱脂小麦粉中添加非极性脂超过一定量，对面包的体积大小和面包心质地将有不良影响。当未经分离的非极性酯或三酰甘油加到脱脂小麦粉中时，烘焙的面包体积不增加。如果把游离脂肪酸，特别是亚麻酸加到正常小麦粉中时，由于脂肪酸对面粉淀粉和面筋都有损害，故对烘焙品质的影响很大。而极性酯能抵消非极性酯的破坏作用，改进面粉的烘焙品质。极性脂含量与面包体积的正相关，非极性脂和极性脂的比值(NL/PL)与面包体积的负相关，说明了极性脂对小麦粉的烘焙品质有改善作用，非极性脂则有损害作用。

2．极性脂的影响　极性脂主要是糖脂和磷脂。在面包烘焙过程中，极性脂能抵消非极性脂的破坏作用，改进烘焙品质。在极性脂中，糖脂，特别是双半乳糖二酰甘油，对面包体积的改进优于磷脂。此外，在极性脂中，糖脂对于促进面团的醒发和改进面包体积最为有效；在面团中，一部分糖脂结合到淀粉粒的表面，在烘焙温度下，形成蛋白质-糖脂-淀粉复合物，使面包心软化，并起着抗老化的作用；糖脂和磷脂都是良好的发泡剂和面团中的气泡稳定剂，特别是当有蛋白质存在时，其作用更为明显。

四、异戊二烯酯类

1．萜类　萜类不含脂肪酸，也不能被皂化，是一种异戊二烯的衍生物。萜类可根据异戊二烯的数目进行分类，由两个异戊二烯构成的萜类称为单萜，由 4 个、8 个异戊二烯构成的分别称为二萜、四萜等。粮食作物和油料作物中常见萜类有类胡萝卜素、维生素 E、维生素 K 等。

类胡萝卜素是胡萝卜素、番茄红素及其氧化物的统称，有 300 多种。在谷物、油料中最主要的类胡萝卜素有 α-胡萝卜素、β-胡萝卜素、γ-胡萝卜素、玉米黄素等，都由 8 个异戊二烯单位构成，胡萝卜素和叶黄素都是天然色素，易受氧化而脱色，油脂加热过程中颜色的变化可能与此有关。

小麦胚中含胡萝卜素较多，如硬质红色春小麦、硬质红色冬小麦和硬质小麦平均每克含胡萝卜素总量分别为 5.65mg、5.81mg 和 7.21mg。

2．甾醇类　甾醇类(sterol)属于脂类中的不皂化物，在有机溶剂中容易结晶。一般甾醇结构都有一个环戊烷多氢菲环。在环戊烷多氢菲的 AB 环之间和 CD 环之间各有一个甲基，称为角甲基。带有角甲基的环戊烷多氢菲称“甾”。

第五节　粮食作物中的酶

酶是活细胞内产生的具有高度专一性和催化效率的蛋白质，生物体在新陈代谢过程中，几乎所有的化学反应都是在酶的催化下进行的。谷物中存在不同类型的酶，它们影响着谷物加工品质和加工制品的食用品质，其中最具代表性的是 α-淀粉酶、植酸酶和脂肪酶。

一、α-淀粉酶

α-淀粉酶是谷物籽粒中常见的淀粉酶，主要集中在胚乳中，糊粉层中较少，胚中没有检测到 α-淀粉酶。在发芽谷物的糊粉层中存在的较多的 α-淀粉酶又称为糊精化酶。籽粒中的 α-淀粉酶以随机的方式从淀粉分子内部水解 α-1, 4-糖苷键，可将谷物中的淀粉水解成麦芽糊精、麦芽糖和葡萄糖等还原性糖及可溶性多肽等，使淀粉对碘呈蓝紫色的特异反应消失。随后，在 β-淀粉酶的互补作用下，淀粉粒最终被降解为麦芽糖和低分子质量的糊精。品种和环境对谷物中的 α-淀粉酶活性有较大的影响。

1. α-淀粉酶的酶学性质　α-淀粉酶(EC 3.2.1.1)全名为α-1,4-D-葡聚糖麦芽水解酶，广泛存在于谷物籽粒中。α-淀粉酶能够使底物溶液黏度急剧下降及引起碘反应的消失，能够无差别地随机切断α-1,4-糖苷键，该酶不仅可以作用于直链淀粉，还可以作用于支链淀粉。α-淀粉酶分解直链淀粉时产物以麦芽糖为主，分解支链淀粉时，产物除了生成麦芽糖和葡萄糖外，还会生成分支部分具有α-1,6-糖苷键的α-极限糊精。大麦中的α-淀粉酶具有水溶性和弱酸性，其分子质量约为50 000Da。

2. α-淀粉酶活性的变化与谷物籽粒品质的关系　α-淀粉酶活性在发芽籽粒中呈动态变化。在谷物籽粒发芽过程中，随着温湿度的增加，胚芽中合成植物激素赤霉酸从而诱导α-淀粉酶从头开始合成。α-淀粉酶是发芽过程中胚乳淀粉粒水解中的起始酶，是发芽过程中最先对淀粉和蛋白质降解的酶，活性水平对麦芽品质具有重要的作用。当α-淀粉酶将胚乳中的蛋白质和淀粉酶水解后，β-淀粉酶将α-淀粉酶的水解产物彻底分解。在籽粒的发芽过程中，β-淀粉酶是表达量最大的一个水解酶，其活性水平直接决定了蛋白质和淀粉的水解程度，对麦芽品质的影响大。

在贮藏过程中，α-淀粉酶活性是随着贮藏时间的延长而变化的，进而对谷物的食用品质产生一定的影响。由于谷物在贮藏过程中发生的生物化学变化主要是在各种酶的作用下进行的，谷物籽粒中酶活性减弱或丧失就会导致粮食的陈化，因此，α-淀粉酶活性的高低可作为判断其新陈度的重要指标之一。当稻谷贮藏时间过长，加工出来的陈米会由于本身α-淀粉酶活力的丧失，蒸煮品质下降，缺乏新鲜米饭特有的黏软口感。

在谷物籽粒发芽期间，胚乳主要营养物质——淀粉和蛋白质的释放涉及一系列来自糊粉层和盾片中的主要水解酶的作用，这些水解酶的活性对谷物制品的品质有显著的影响。在大麦籽粒发芽过程中，α-淀粉酶和β-淀粉酶是主要参与淀粉水解的酶。它们逐渐分泌至胚乳，降解胚乳中的淀粉和蛋白质为麦芽生长提供营养物质。麦芽品质除受原麦的遗传特性控制外，很大程度上与大麦籽粒发芽过程中这些水解淀粉酶的表达有关。

α-淀粉酶对谷物的食用品质有很大影响，如用发芽小麦制成的面粉制作面包，α-淀粉酶的水解作用会导致面包黏心。

二、植酸与植酸酶

1. 植酸的存在形式　植酸(phytic acid)，即肌醇六磷酸(inositol hexa phosphoric acid，IP6)，是一种包含6个磷酸基团的环状化合物，于19世纪中期首次被发现。植酸存在于植物的籽粒、块根和块茎中。植酸盐或植酸是植物中磷酸盐的主要存在形式，谷物和豆类中含量居多。小麦、稻米、玉米、高粱等谷物籽粒糊粉层中均含有植酸。

植酸在谷物籽粒内通常与钾、钙、镁等金属离子形成植酸盐(图2-11)，再与蛋白质形成具有单层膜的泡状小球，然后进一步聚集为球状体。此外，植酸还可以通过氢键与淀粉和脂肪作用，生成相应的复合体，但这一部分植酸在总植酸中所占比例尚未见报道。植酸主要存在于植物籽粒中，常存在于某些特定部位，如糊粉层、胚芽或子叶中。通常谷类中植酸含量为0.06%～2.20%(约占其干质量的1%)；豆类中植酸含量为0.2%～2.9%，高于谷类。此外，品种、成熟阶段和栽培条件的差异也会导致籽粒植酸含量的不同。

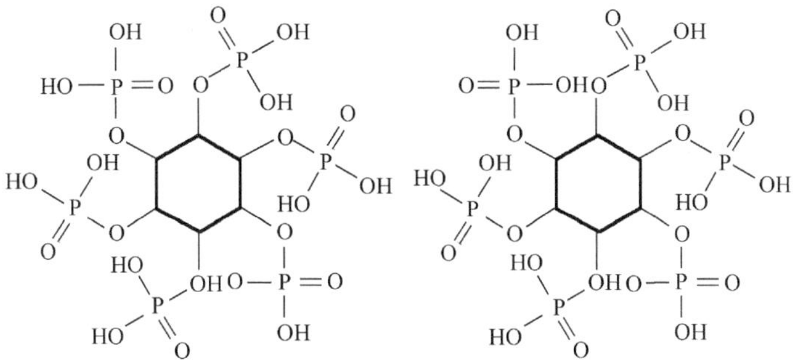

图 2-11　植酸钙的分子结构

谷物中的植酸含量很高，大多数谷物的植酸主要分布在糊粉层，也有少部分分布于胚芽。因此，制粉工艺对植酸含量的影响很大。几种谷物籽粒中植酸含量见表 2-13。

表 2-13　几种谷物籽粒中植酸含量(以干基计)　(%)

谷物名称	植酸含量	谷物名称	植酸含量	谷物名称	植酸含量
玉米	0.89	软小麦	1.13	糙米	0.89
大麦	0.99	燕麦	0.77		

★延伸阅读

植酸与人体健康：植酸是植物籽粒中对人体营养和健康影响程度最大的一种抗营养因子，能和某些矿质元素形成难以降解的植酸复合体，使蛋白质结构改变而产生凝聚沉淀作用，导致其溶解度和蛋白酶水解程度降低；植酸可螯合蛋白酶活性中心的金属离子，抑制胃蛋白酶、胰蛋白酶、胰凝乳蛋白酶活性，降低了蛋白质的降解效率。植酸通过氢键直接与淀粉链结合，也可通过蛋白质间接地与淀粉作用形成植酸-蛋白质-淀粉复合体，而不能被淀粉酶充分水解。同时，植酸可螯合淀粉酶活性中心的钙离子，使淀粉酶失活，影响淀粉的降解，导致人体血糖指数下降。因此，长期以全谷物食品和豆类食品为主食容易导致矿质元素缺乏，影响机体的正常代谢。但流行病学证实，以肉类、低植酸含量的精制谷物和豆类制品为主要食物来源的居民，其癌症、糖尿病、肾结石和冠心病的发病率高；在植酸摄入量较高的发展中国家则发病率较低。所以摄入适量的植酸有利于某些疾病的防治。

植酸的大量存在影响人体的营养平衡甚至健康，因此去磷酸化是提高植物籽粒营养价值的先决条件。植酸的降解方法主要分为物理法和生物法。物理法主要有机械处理、热处理、膜处理等。采用孵育、发芽、发酵等生物方法时，可激活植物籽粒或微生物中的植酸酶，从而降解植酸。

2．植酸酶　植酸酶是 1907 年由 Suzuki 等在玉米糠中发现的一种单体蛋白质，之后相继在多种动物、植物及微生物中检测到植酸酶的存在。植酸在植酸酶的作用下，其分子中的磷酸依次从肌醇环上水解下来，直至完全降解。植酸酶可以将植酸分子中的磷酸基团分步水解为磷酸和肌醇。酶促降解是目前降低谷物籽粒中植酸含量最有效的方法。谷物，如小麦、稻米、玉米及一些豆类作物中都含有植酸酶，可以使植酸水解，不仅促进钙的吸收，生成的肌醇还是人体的重要营养物质。不同谷物和谷物不同部位的植酸酶的活力不同。

三、脂肪酶

脂肪酶(lipase)是指能够水解酯键的酶类。粮食、油料，如小麦、玉米、稻米、高粱、大豆等一般都含有脂肪酶，一般在种子发芽后迅速产生。当种子发芽时，脂肪酶能与其他的酶协同发挥作用催化分解油脂类物质生成糖类，提供种子生根发芽所必需的养料和能量。

谷物在贮藏期间出现的一些问题与脂肪酶有关。例如，杂粮、玉米面等不耐贮藏，容易变苦；精度不高的面粉，由于脂肪含量较高，在贮藏期间受到脂肪酶的作用，不仅容易导致面粉食用品质的下降，而且会对面筋蛋白质和烘焙品质产生影响。

第六节　粮食作物中的其他物质

一、维生素

维生素(vitamin，V)是维持人和动物机体健康所必需的一类营养素，不能在体内合成(或合成量难以满足机体的需要)，必须由食物供给。维生素包括脂溶性维生素和水溶性维生素。脂溶性维生素有维生素 A(视黄醇)、维生素 D(钙化醇)、维生素 E(生育酚)、维生素 K(凝血维生素)；水溶性维生素有 B 族维生素、维生素 C(VC)、维生素 P(VP，也称为芦丁)。其中，B 族维生素包括维生素 B_1(硫胺素)，维生素 B_2(核黄素)，维生素 B_3(泛酸)，维生素 PP(烟酸)，维生素 B_6(吡哆醇及其醛、胺衍生物)，维生素 H(生物素)，维生素 B_9(叶酸)，维生素 B_{12}(钴胺素)等。在以上的维生素中，谷物中不含维生素 C、钴胺素、视黄醇等，但是谷物是大多数 B 族维生素，尤其是硫胺素、核黄素、烟酸的重要来源，谷物也是维生素 E 很好的来源。玉米中还含有 β-胡萝卜素。种子发芽时会出现维生素 C 及其含量增长的情况。

谷物中的维生素大多存在于谷物籽粒的糊粉层和种皮中，因此粮食制粉工艺对其营养品质的影响很大，尤其是对于维生素的影响。不同出粉率小麦粉的维生素组成见表 2-14。

表 2-14　不同出粉率小麦粉的维生素组成(干基)

营养素	出粉率/%					
	100	95	87	80	75	66
硫胺素/(μg/g)	5.8	5.4	4.8	3.4	2.2	1.4
核黄素/(μg/g)	0.95	0.79	0.69	0.46	0.39	0.37
维生素 B_6/(μg/g)	7.5	6.6	3.4	1.7	1.4	1.3
叶酸/(μg/g)	0.57	0.53	0.45	0.11	0.11	0.06
生物素/(μg/g)	116	108	106	76	46	25
烟酸/(μg/g)	25.2	19.3	10.1	5.9	5.2	3.4

(一)水溶性维生素

1. B 族维生素　谷类是人类主要的 B 族维生素来源。谷物中的 B 族维生素含量较多，主要分布在糊粉层和胚部，可随加工而损失，加工越精细损失越大。精白米、面中的 B 族维生素可能只有原来的 10%～30%。因此，长期食用精白米、面，又不注意其他副食的补充，易引起机体维生素 B_1 不足或缺乏，导致患脚气病，主要损害神经系统和血管系统，特别是孕妇或乳母若摄入维生素 B_1 不足或缺乏，可能会影响到胎儿或婴幼儿健康。

谷物籽粒中的维生素 B_1 主要存在于种子的外皮和胚芽中，谷物加工精度越高，维生素的损失量越大。一些谷物籽粒中维生素 B_1 的含量见表 2-15。

表 2-15　一些谷物籽粒中维生素 B_1 的含量　（单位：mg/100g）

谷物名称	维生素 B_1	谷物名称	维生素 B_1
小麦	0.37～0.61	糙米	0.30～0.45
麸皮	0.7～2.8	皮层	1.5～3.0
麦胚	1.56～3.00	胚	3.0～8.0
面粉		胚乳	0.03
出粉率 85%	0.3～0.4		
出粉率 73%	0.07～0.10	玉米	0.30～0.45
出粉率 60%	0.07～0.08	大豆	0.1～0.6

谷物中的维生素 B_2（核黄素）主要存在于种子的外皮和胚芽中。维生素 B_2 在体内经磷酸化作用可生成黄素单核苷酸（FMN）和黄素腺嘌呤二核苷酸（FAD），构成各种辅酶参与体内生物氧化过程，与酶蛋白结合形成黄素蛋白，若机体缺乏维生素 B_2，细胞内的氧化、还原作用减少，物质和能量代谢紊乱，将出现多种缺乏症状，以口角炎、舌炎、结膜炎及皮炎为特征。谷物加工精度越高，维生素 B_2 的损失量越大。全麦粉中维生素 B_2 的含量是 0.06～0.37mg/100g，麸皮中为 0.78～1.45mg/100g，麦胚中为 0.28～0.69mg/100g，标一粉中为 0.04～0.13mg/100g。

2. 维生素 C　维生素 C 又名抗坏血酸（ascorbic acid），它是含有内酯结构的多元醇类，具有可解离出 H^+的烯醇式羟基，因而其水溶液有较强的酸性。其可脱氢而被氧化，有很强的还原性，氧化型维生素 C（脱氢抗坏血酸）还可接受氢而被还原。维生素 C 含有不对称碳原子，具有光学异构体，自然界存在的、有生理活性的是 L 型抗坏血酸。维生素 C 主要来源于新鲜的水果和蔬菜中，谷物一般不含有维生素 C，但是在种子发芽时，会出现维生素 C 增长的情况。几种种子发芽时的维生素 C 增长情况见表 2-16。

表 2-16　几种种子发芽时的维生素 C 增长情况

发芽天数	小麦/（μg/g 干物质）	大豆/（mg/株）	豌豆/（mg/株）
0	0	0	0
2	0	0.55	0.89
3	—	1.28	未测
4	91	未测	2.28
5	166	2.06	未测

（二）脂溶性维生素

维生素 E（VE）是一种脂溶性维生素，其水解产物是生育酚，生育酚（tocopherol）含有一个 6-羟色环和一个 16 烷侧链，根据 5 位、7 位、8 位取代基不同而分类，天然的生育酚都是 d-生育酚（右旋型），它有 α、β、γ、δ 等 8 种同分异构体，其中以 α-生育酚的活性最强，能增加细胞的抗氧化作用，维持和促进生殖机能，具有一定的抗老化作用，还能改善脂质代谢，防止动脉硬化，降低血脂。一些谷物胚芽油中的维生素 E 含量见表 2-17。

表 2-17　一些谷物胚芽油中的维生素 E 含量

来源	含量/(mg/100g)	α-生育酚/(mg/100g)	β-生育酚/(mg/100g)	γ-生育酚/(mg/100g)
小麦胚芽油	279	192	87	—
大豆油	168	20	98	50
玉米油	102	12.6	89.4	—
米糠油	91	58	33	—
棉籽油	86	41	36	9
花生油	42	20	22	—

二、矿物质

谷类含矿物质 1.5%～3%，主要是钙和磷，并多以植酸盐的形式集中在谷皮和糊粉层中，消化吸收率较低。

三、粮食加工中的维生素和矿物质变化

矿物质元素在热处理过程中比较稳定。

蒸煮热加工可以导致损失约 40%的 B 族维生素，烘焙加工将导致叶酸损失较多。

蒸煮米加工过程中，稻谷经过 4～5h 的温水浸泡后，再高压蒸煮、干燥、碾米，在这个过程中，麸皮中的一些可溶性维生素将会进入胚乳中，这样不仅可以提高碾米质量，还可以减少营养物质再加工过程中的损失。

大米抛光工艺会去除大米表面的麸皮与胚芽部分，这样将导致 B 族维生素等营养物质的损失。

谷物食品营养强化：把谷物作为重要的营养素强化载体，是发达国家比较成熟的做法，我国的谷物营养强化从 2002 年开始也取得了较快的发展，目前小麦粉营养强化主要是硫胺素、核黄素、叶酸、盐酸、钙、铁、锌共 7 种微量营养素。营养强化加工会对谷物食品的色泽、风味等产生影响。营养强化小麦粉尽管含有与全谷物相当或含量更高的硫胺素、核黄素、盐酸、叶酸、铁、钙等强化的维生素和矿物质，但是全谷物粉中的纤维、微量元素、脂类与天然抗氧化剂等植物营养素是很难通过强化实现的。

本 章 小 结

本章主要从谷物本身的角度，介绍其中的蛋白质、淀粉、非淀粉多糖、脂类、酶类、维生素和矿物质等营养成分；同时从谷物加工的角度介绍了加工过程中谷物发生的各种化学变化。通过本章的学习，可以让学生对谷物的基本化学组分及加工中引起的化学变化有所了解和掌握。

本章复习题

1．请说明奥斯本-门德尔分离法的蛋白质分类方法。
2．请说明小麦蛋白质的组成。
3．小麦中各种蛋白质在形成面筋过程中起了什么作用？
4．评价小麦面筋蛋白质量优劣的方法。

5．玉米蛋白质的组成有什么不合理之处?
6．大米蛋白质的营养品质体现在哪里?
7．小麦、大米等谷物加工精度与其营养价值的关系如何?
8．直链淀粉与支链淀粉在分子结构上有什么区别?
9．什么叫淀粉的糊化作用?影响淀粉糊化作用的因素有哪些?
10．淀粉老化的化学本质是什么?
11．什么是淀粉的葡萄糖当量值?
12．变性淀粉按生产方法分，主要有哪几种产品?
13．谷物中常见的非淀粉多糖有哪些?
14．纤维素的分子链构成是怎样的?
15．请说明脂类物质的分类及定义。
16．生物酶类一般具有哪些共同的特性?

第三章 谷物清理

第一节 谷物清理的目的与要求

一、谷物清理的目的

1) 谷物中的杂质不仅影响其安全储藏，更重要的是给谷物加工带来很大的危害。

谷物中如含有石块、金属等坚硬杂质，在加工过程中易损坏机器，影响设备安全正常的工作；有些坚硬杂质与设备表面撞击摩擦产生火花而引起火灾或粉尘爆炸。

谷物中如含有体积大、质轻而柔软的杂质如包装物的绳头、布片、秸秆、杂草、纸屑等，进入机器时会阻塞喂料机构，使进料不均，降低进料速度和设备工艺效果，影响设备的效率。

2) 谷物中如含有泥沙、尘土等细小杂质，带入车间后造成粉尘飞扬污染环境，影响工人的身体健康。

3) 谷物中杂质混入成品中，则会降低产品的纯度，影响成品的质量。

例如，在生长期，雨水过多导致发芽、发霉的小麦粒和受虫害、病害的小麦粒都是小麦中的杂质，这些小麦粒的混入会影响面粉的气味和质量；由于选种不纯，一些杂草的种子也会混入小麦中，这些杂草的种子混入后会使制成的面粉形成黑点，影响面粉的色泽；泥土、砂石会使面粉牙碜；在贮藏期，小麦发热、发霉及一些杀虫剂的混入，会影响面粉的质量和气味。

因此加工的首要任务是清理除杂。

二、谷物清理的要求

在谷物加工过程中，清理后的谷物称为净谷物。例如，清理后的稻谷称“净谷”，清理后的小麦称“净麦”等。所谓“净”，并非完全干净，不含任何杂质。若将谷物中的杂质全都彻底地清除，是不可能的。所以谷物清理的最终要求就是将谷物清理到达到清理目的、满足工艺要求和产品质量要求的程度。

通常，谷物清理的要求用谷物清理后的工艺指标来描述。清理工艺指标主要包括谷物清理后的各类杂质允许标准限量，以及清理出来的杂质中的允许含粮标准限量。

不同的谷物清理后的含杂允许指标是不同的，不同的加工目的和产品种类，清理后的含杂允许指标同样应该有所区别。主要谷物清理后，一般的工艺指标要求如下。

1) 净谷工艺指标，含杂总量不得超过 0.6%。其中，含砂石不得超过 1 粒/kg；含稗不得超过 130 粒/kg。

2) 净麦工艺指标，尘芥杂质不超过 0.3%。其中，砂石含量不得超过 0.02%；其他异种粮谷(荞籽)不得超过 0.5%。

3) 净玉米工艺指标，尘芥杂质含量不得超过 0.3%。其中，砂石含量不得超过 0.02%。

第二节　谷物中的杂质

谷物加工前，需要经过多个环节，如种植、收获、脱粒、收购、晾晒、烘干等。这些环节中难免有多种多样的杂质混入其中。谷物中的杂质可按化学成分和物理性质分类。

一、按化学成分分类

1．无机杂质　无机杂质是指混入谷物中的泥土、砂石、砖瓦、金属等无机物质。

2．有机杂质　有机杂质是指混入谷物中的根、茎、叶、壳、野草种子、异种粮粒，以及无食用价值的生芽、带病斑、变质麦粒、虫尸、虫卵等有机物质。

二、按物理性质分类

1．按粒度大小分类　可分为 3 类。

大杂质：指留存在直径为 5.0mm 筛孔的筛面上的杂质。

并肩杂质：指穿过直径为 5.0mm 筛孔的筛面，留存在直径为 1.5～2.0mm 筛孔筛面上的杂质。

小杂质：指穿过直径为 1.5～2.0mm 筛孔的筛面的杂质。

2．按密度大小分类　可分为两类。

重杂质：指密度比谷物大的杂质。

轻杂质：指密度比谷物小的杂质。其主要包括灰尘、颖壳、不完整或未成熟粒、虫害损伤粒、碎屑等。

第三节　谷物清理的方法

一、筛选法

利用谷物与杂质粒度大小的不同进行清理的方法称为筛选法。粒度大小一般以谷物和杂质厚度、宽度不同为依据。筛选法需要配备有合适筛孔的运动筛面，通过筛面与谷物的相对运动，使谷物发生运动分层，粒度小、密度大的物质接触筛面成为筛下物。筛选法所用设备主要有初清筛、振动筛、高速振动筛、平面回转筛、圆筛、小方筛、组合筛等。其主要用于清除大杂质、中杂质和小杂质。

二、风选法

风选法清理的基本原理是利用谷物与杂质在空气动力学特性上的差异，通过一定形式的气流，使谷物和杂质以不同方向运动或飞向不同区域，使之分离，从而达到清理的目的。它们之间的空气动力学特性差异主要体现在悬浮速度和飞行系数的不同。风选法所用设备主要有吸式风选器、循环风选器和垂直吸风道等。其用于清除谷物中的轻杂，包括不完善粒和未成熟粒。

三、密度分选法

利用杂质和谷物密度的不同进行分选的方法称为密度分选法。密度分选法需要介质的参与，介质可以是空气和水。利用空气作为介质的称为干法密度分选法，干法密度分选法清理的原理是利用谷物和杂质在密度与空气动力学特性上的差异，通过筛面或其他形式的袋孔、凸台或凸孔(鱼鳞孔)工作面，并辅之以气流，首先促使谷物和杂质在运动中分层，再迫使它们往不同方向运动，使之分离，从而达到清理的目的。利用水作为介质的称为湿法密度分选法，即水洗密度分选法，因其存在耗水量大、污水难处理等问题，现已极少采用。干法密度分选法常用的设备有密度去石机、重力分级机等，湿法密度分选法常用的设备有去石洗麦机等。

四、精选法

利用杂质与谷物的几何形状和长度不同进行清理的方法称为精选法。利用几何形状不同进行清理需要借助斜面和螺旋面，通过谷物和球形杂质发生的不同运动轨迹来进行分离。利用长度不同进行清理需要借助有袋孔的旋转表面。短粒嵌入袋孔被带走，长粒留于袋孔外不被带走，从而达到分离的目的。常用的设备有滚筒精选机、碟片精选机、碟片滚筒精选机等。

五、磁选法

利用谷物和杂质铁磁性的不同进行清理的方法称为磁选法。谷物是非磁性物质，在磁场中不被磁化，因而不会被磁铁所吸附；而一些金属杂质(如铁钉、螺母、铁屑等)是磁性物质，在磁场中会被磁化而被磁铁所吸附，从而从谷物中被分离出去。磁选法常用的设备有永磁滚筒、磁钢、永磁箱等。

六、撞击法

利用杂质与谷物强度的不同进行清理的方法称为撞击法。发芽、发霉、病虫害的谷物、土块及谷物表面黏附的灰尘，其结合强度低于谷物，可以通过高速旋转构件的撞击使其破碎、脱落，利用合适的筛孔使其分离，从而达到清理的目的。撞击法常用的设备有打麦机、撞击机、刷麦机等。

七、碾削法

利用旋转的粗糙表面(如沙粒面)清理谷物表面灰尘或碾刮谷物麦皮的清理方法称为碾削法。碾削法常用的设备有剥皮机等。

八、光电分选法

光电分选法是利用谷物和杂质对光的吸收或反射、介电常数的不同进行分离的方法。其使用的设备为色选机。

第四节　除 杂 设 备

一、筛选

筛选机械是制粉厂中使用最普遍的一种清理设备。筛选机械的一般结构主要包括进料机构、筛体、振动与转动机构、减振或限振机构、筛体平衡机构、筛体支撑或悬吊装置、风选装置或吸风系统、出口和机架等。筛选机械的主要工作部件是一层或数层静止或运动的筛面。筛面根据筛理物料配备适当的筛孔，使物料在筛面上做相对运动，能穿过筛孔的小物料，称为筛下物；不能穿过筛孔的大物料，称为筛上物。

（一）筛面

1. 冲孔筛面 根据冲孔后筛面的截面形状，冲孔筛面分成平板冲孔筛面和波纹形冲孔筛面两种。平板冲孔筛面，也称冲孔筛板，冲孔后仍呈平整形状。筛孔形状常见的有圆形、方形、长方形、长圆形和三角形等。冲孔筛板是在薄钢板（低碳钢或中碳钢）上冲压许多带规律的、具有相同形状和大小的筛孔而成。冲孔筛板的特点是：耐磨性强，筛孔可根据要求冲成任意形状，筛孔形状基本上可保持不变，能起到比较精确的分离作用，但筛面上筛孔所占的面积较小，尤其是较小的筛孔易于堵塞。振动筛和平面回转筛大都采用冲孔筛板。波纹形冲孔筛面截面呈波浪形，也称沉孔筛面，如图 3-1 所示。筛孔形状有圆形和长方形两种，圆形孔呈漏斗状，上大下小；长方形孔呈凹槽状；这就是所谓的沉孔。相对于平板冲孔筛面而言，波纹形冲孔筛面更有利于需要直立穿过筛孔的物料获得更多的穿孔机会，筛分效果更好；筛面刚性更好，筛孔之间的间距可减小而不至于变形，因而单位流量可适当加大，而且筛孔不易堵塞。波纹形冲孔筛面的加工比平板冲孔筛面的要复杂，成本稍高，主要用于清理细长形杂质或带芒杂质等，如用在高速振动筛和圆筒回转筛上。

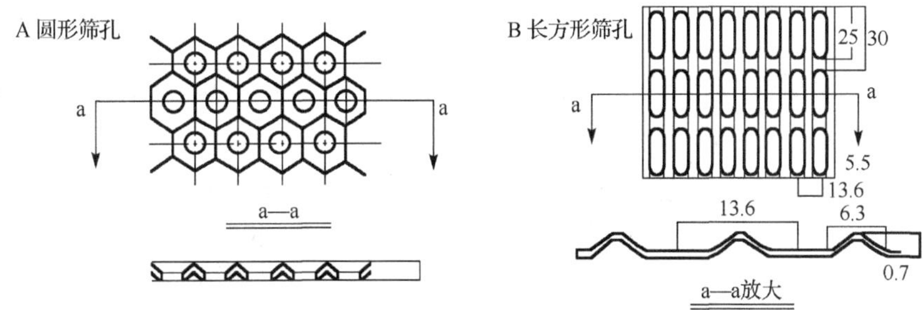

图 3-1 波纹形冲孔筛面（沉孔筛面）结构示意图（李新华和董海洲，2018）
筛孔的大小规格用实际尺寸（直径或边长），以 mm 表示

2. 编织筛网 一般是由镀锌钢丝或低碳钢丝编织而成，如图 3-2 所示。编织筛网的特点是：筛孔的有效面积大；筛孔用光滑的圆形金属丝编成，使物料容易穿过筛孔，而且金属丝具有移动性，使卡在筛孔上的物料稍受冲击就穿过筛孔，可减少堵塞现象。但金属丝易于移动，筛孔容易变形，而且筛面的牢固性较差。编织筛网一般用在高速振动筛、溜筛和六角回转筛上。

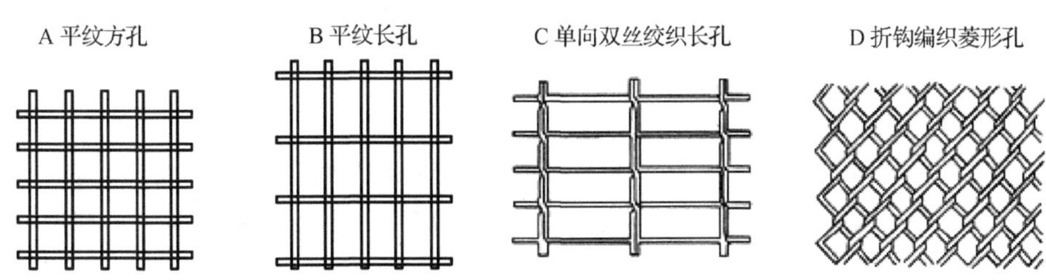

图 3-2 编织筛网编织方式和孔形示意图（李新华和董海洲，2018）

（二）初清筛

初清筛在其于毛麦入仓前，作初步清理使用，它带有吸风系统，能够消除草秆、麦穗、布片、绳头之类的大杂质，以及草屑、麦壳、灰土等轻杂质。图 3-3 为 SCY 型圆筒初清筛结构示意图。

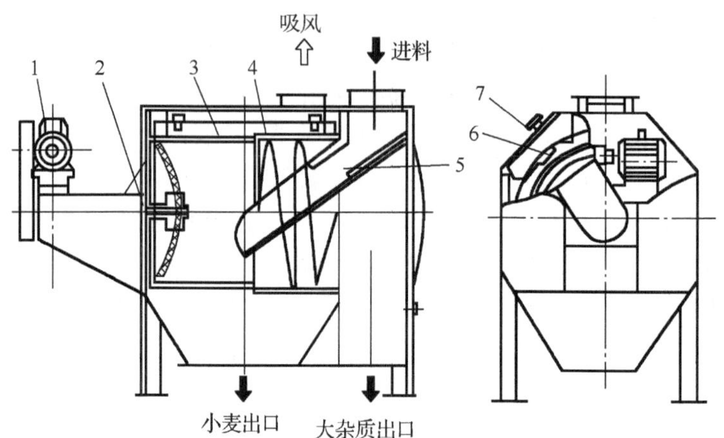

图 3-3　SCY 型圆筒初清筛结构示意图（周裔彬，2015）

1．电动机；2．传动轴；3．筛筒；4．导流螺旋；5．进料管；6．清理刷；7．检修门

（三）振动筛

用于毛麦入仓后作第一道筛理用，它采用做直线往复运动的倾斜筛面，并带有吸风装置，可以同时清理大、小杂质和轻杂质，其结构见图 3-4。

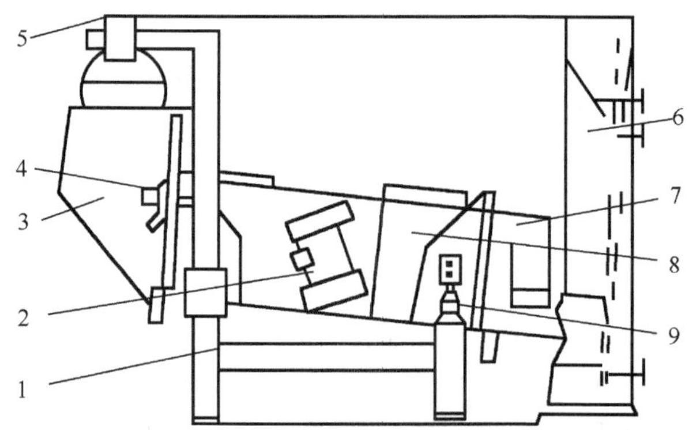

图 3-4　TQLZ 型振动筛结构示意图（周惠明和陈正行，2001）

1．机架；2．振动电机；3．进料箱；4．挡板；5．进料口；
6．垂直吸风道；7．卸料箱；8．筛体；9．中空橡胶垫

（四）平面回转筛和高速振动筛

用作第二、三道筛理。平面回转筛的倾斜筛面做水平式回转运动，高速振动筛的筛体振动频率远高于普通振动筛，这两种筛选设备能分离中、小杂质和轻杂质，对于清除小杂质效率更为显著，其结构如图 3-5 和图 3-6 所示。

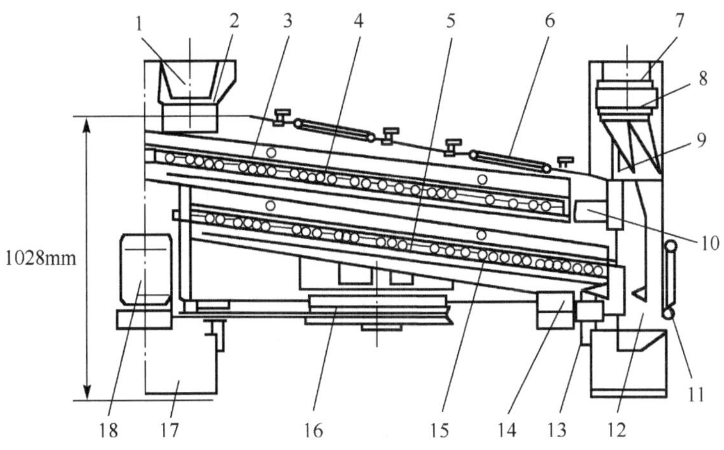

图 3-5 TQLM 型平面回转筛结构示意图(刘英，2005)

1．出料口；2．布筒；3．压紧机构；4．第一层筛面；5．第二层筛面；6．观察门；7．吸风管；8．布筒；9．吊杆；10．大杂溜槽；11．观察门；12．吸风道；13．限振器；14．小杂溜槽；15．筛体；16．振动器；17．机架；18．电动机

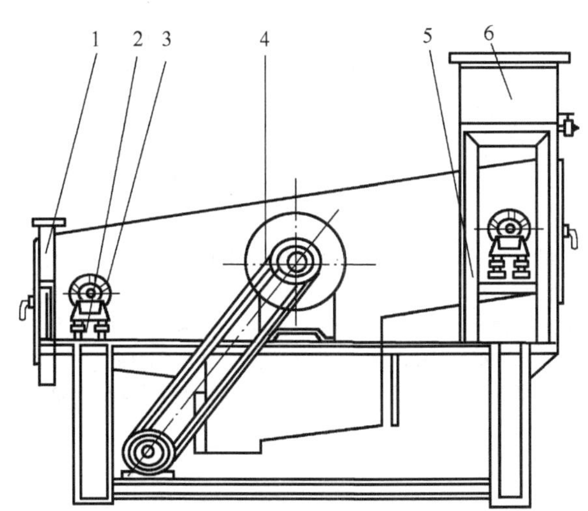

图 3-6 SG 型高速振动筛主要结构示意图(刘英，2005)

1．出料箱；2．支承机构；3．筛体；4．振动装置(可移式自衡振动器)；5．机架；6．进料机构

二、风选

制粉厂中使用的风选设备大都与其他设备组合在一起，如振动筛上的吸风除尘结构实际上就是一种风选设备。物料在风选中得以分离，主要取决于不同的物料在气流(自然空气流)中受力和运动状态的差异。运动状态主要与所用气流的形式相关。风选采用的气流形式有三种，即垂直上升气流、水平气流及倾斜向上气流。风选设备除按气流形式分类外，还可按含尘空气(含轻杂空气)的处理方式分为外吸式和循环式；按气体压力分为吹式和吸式两种。外吸式设备的气流由外部风网提供，含尘空气的除尘净化由外部风网处理。循环式设备的气流由自带风机提供，含尘空气在设备内净化并被循环使用。吹式设备内部的气压处于正压状态。吸式设备内部的气压处于负压状态。风选设备一般

结构组成包括进料、喂料、风选区、风道、出口、机架及其他等部分。垂直吸风风选器见图 3-7。

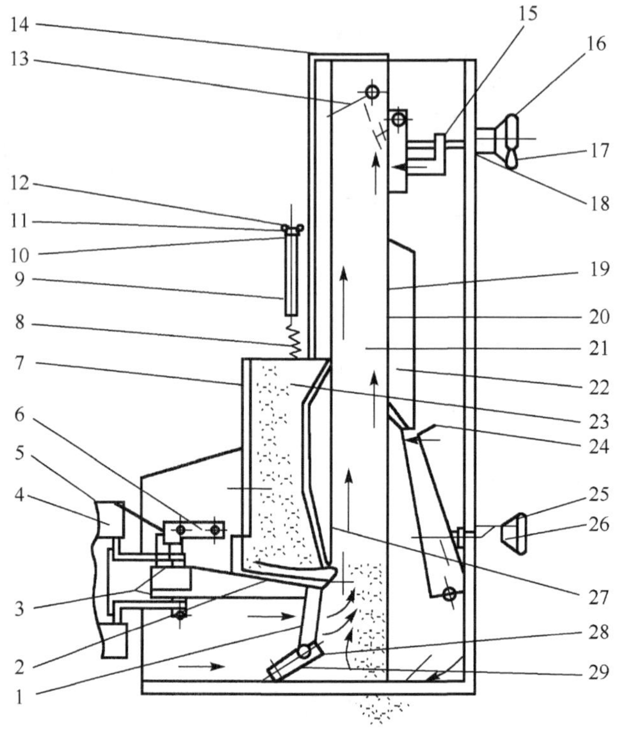

图 3-7　垂直吸风风选器(周惠明和陈正行，2001)

1．限位杆；2．橡胶衬板；3．丝杆；4．振动电机；5．橡胶块；6．支承装置；7．检查窗；8．弹簧；9．螺杆；10，20．胶垫；11．螺母；12．蝶形螺母；13．蝶阀；14．吸风口；15，18，25．小轴；16，17，24，26．手轮；19．观察窗；21．风道；22．隔板；23．进料箱；27．喂料槽；28．辊轮；29．限位器

三、去石

去石设备一般都是利用麦粒与石子的相对密度和悬浮速度或沉降速度的不同来进行分离的。根据所用介质的不同，可分为湿法去石和干法去石两类。去石机工作面(也称去石筛面)和振动筛筛面都呈一定倾斜角度，处理一定厚度的、有运动分层现象产生的物料，但振动筛的倾斜筛面上端是封闭的，物料不能排出，所以接触筛面的底层物料要么穿过筛孔，要么与上层物料一起运动到下端出口。底层物料颗粒在筛面振动的作用下，即使有沿筛面上行的趋势，也会受到相邻的或靠筛面上端方向的物料颗粒的阻挡。而去石机的倾斜工作面上端是开放的，底层物料可以沿工作面倾斜方向做上行下滑的往复运动。若每次往复中，上行路程大于下滑路程，就能逐步运动到工作面上端而最终排出。上层物料与其相反，最终运动到工作面下端而排出。

去石机的一般机构主要有进料机构、机体、机体悬吊或支撑装置、工作面倾斜角度调节机构、振动与转动机构、供风系统、出口、机架等。图 3-8 为 MTSC 型循环气流去石机结构示意图。

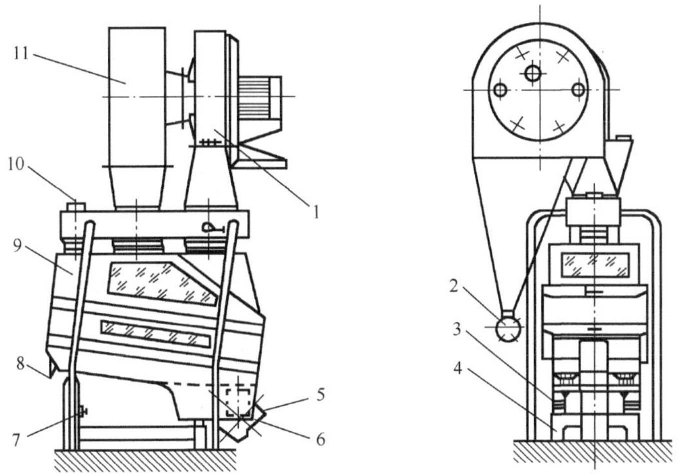

图 3-8 MTSC 型循环气流去石机结构示意图(刘英，2005)

1．风机；2．关风器；3．橡胶弹簧；4．机架；5．振动电机；6．谷物出口；
7．角度调节机构；8．出石口；9．机体；10．进料机构；11．沉降室

四、打麦

打麦的目的就是要打下麦粒表面黏附的灰尘、嵌在腹沟里的泥沙及麦毛和部分麦壳，并打碎强度低于麦粒的煤渣、泥块及虫蚀、病害变质麦粒等杂质以便利用吸风和筛理作进一步分离。打麦机械的工作原理，是在一个工作圆筒内利用高速旋转的金属打板对谷物进行打击，使谷物与固定的齿形工作面或花铁筛反复撞击和摩擦，麦粒之间也相互碰撞，以达到清理的目的。图 3-9 为卧式打麦机结构示意图。

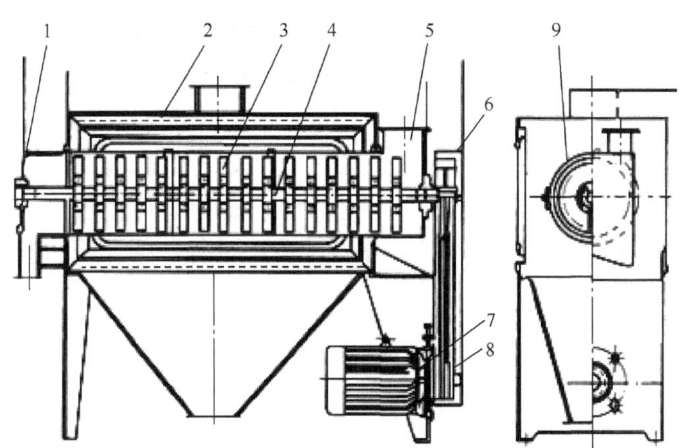

图 3-9 卧式打麦机结构示意图(周畜彬，2015)

1．出料口；2．机架；3．打板；4．主轴；5．进料口；6．皮带轮；7．电动机；8．电动机带轮；9．筛筒

五、精选

谷物中混有异种粮粒和杂草种子，由于它们的相对密度与谷物相似，其宽度和厚度也与谷物相近，因此难以除去。精选过程就是利用谷物与其颗粒的长度或形状的差异进行分选的过程。

精选机械有碟片精选机、滚筒精选机(结构如图 3-10 所示)和抛车三种，前两种是利用带有袋孔的工作面来分离长于或短于谷物的杂质，故统称为袋孔精选机。抛车是利用螺旋跑道工作面分离与谷物粒形不同的荞籽、豌豆等球形杂质，故又称螺旋精选机。

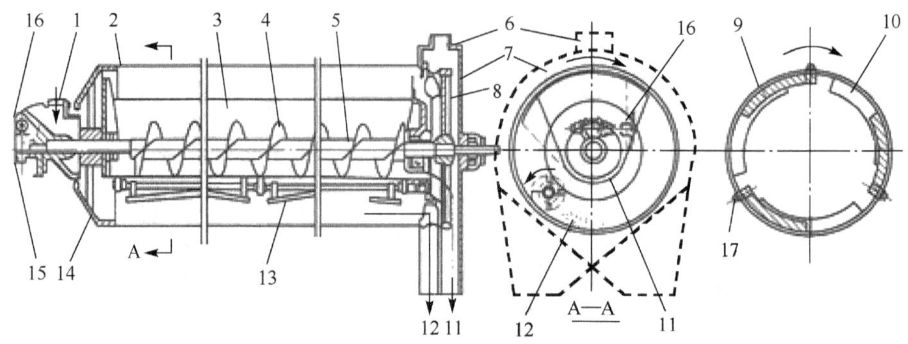

图 3-10　滚筒精选机结构示意图(刘英，2005)

1. 进料口；2. 滚筒；3. 收集槽；4. 绞龙；5. 主轴；6. 吸风口；7. 卸料端护罩；8，14. 端盖接头；9. 可调挡板；10. 固定挡板；11. 短粒出口；12. 长粒出口；13. 搅动器；15. 指示盘；16. 手轮；17. 螺钉

六、磁选

磁选设备是谷物加工中必备的、多处使用的分选设备，但其结构很简单，一般包括谷物通道、磁体装置和清杂装置或辅助装置等，通常无须配用动力装置。

通道即磁选设备或磁选装置的外壳体与磁体装置之间的空间，是磁场对物料作用而完成磁选任务的主要区域。壳体为矩形、圆柱体等形状；简易的磁选装置就直接安装于溜管。

磁体装置是核心工作机构，由磁体和薄钢板面板或薄钢板表面筒体组成。磁体分为永久性磁体和暂时性磁体两类，习惯上前者称为“磁钢”，后者称为“电磁铁”。电磁铁可以根据需要设计其磁极表面吸力，适应性强，尤其可用来清除弱磁性杂质，但需配备激磁电源。其结构复杂，造价高，操作维护较难。谷物加工中的磁选设备通常采用经久耐用、价格便宜的磁钢，如锶钙铁氧体，其剩磁强度大、十年内不需充磁，而且受外界振动影响小，适合于大平面多磁头磁路。但是其易碎、不耐磨，不宜与物料直接接触，故使用时其表面一般需罩以薄钢板。

磁选设备主要有永磁筒、永磁滚筒和平板式磁选器等，图 3-11 为 TXCY 型永磁滚筒结构示意图。

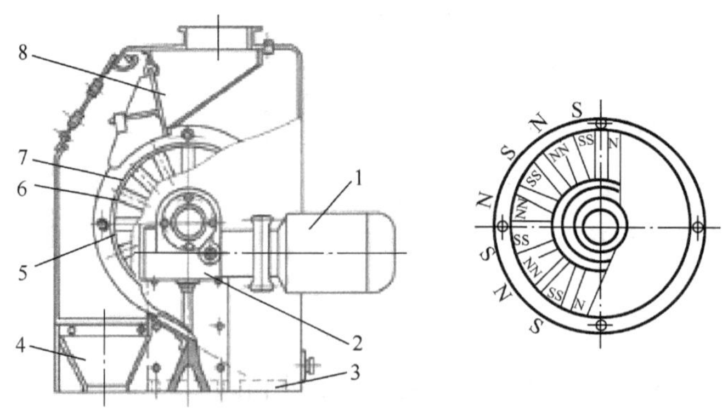

图 3-11　TXCY 型永磁滚筒结构示意图(刘英，2005)

1. 电动机；2. 减速器；3. 磁性杂质出口；4. 谷物出口；5. 隔板；6. 磁钢；7. 滚筒；8. 进料斗

本 章 小 结

基于除杂的基本要求，本章主要讲述谷物清理的主要方法、基本原理和主要设备。谷物清理的主要方法包括筛选、风选、密度分选、精选、磁选等。通过本章的学习，可以对基本的谷物清理方法有所了解和掌握。

本章复习题

1. 谷物清理的目的是什么？
2. 谷物中的杂质按照物理性质怎样分类？
3. 稻谷清理的方法有哪些，以及其原理和作用是什么？
4. 打麦的目的是什么？

第四章 稻谷制米

第一节 稻谷清理

一、稻谷的清理流程

稻谷清理工艺一般包括初清、称重、风选、筛选、除稗、去石、磁选、仓储和升运等环节，以及风网等配套工艺。

稻谷清理主流工艺的组成顺序，按照清理杂质的种类，一般是：①初清除大杂质(包括特大型杂质)。②风选、筛选相结合除大杂质、小杂质和轻杂质。③高速振动方式筛选除稗。④相对密度分选去石。⑤磁选除磁性杂质。

其中，初清之后，应配置较大容量的毛谷仓。清理工序完成后，应配置净谷仓。若有称重计量的要求(如便于生产考核、车间核算等)，可在毛谷仓或净谷仓之前设置自动秤等。由于稻谷加工的成品是大米，颗粒状，要求越完整越好，所以车间内一般不采用气力输送，也极少使用平运设备，以防止增加爆腰粒和破碎粒。稻谷清理的参考流程见图 4-1。

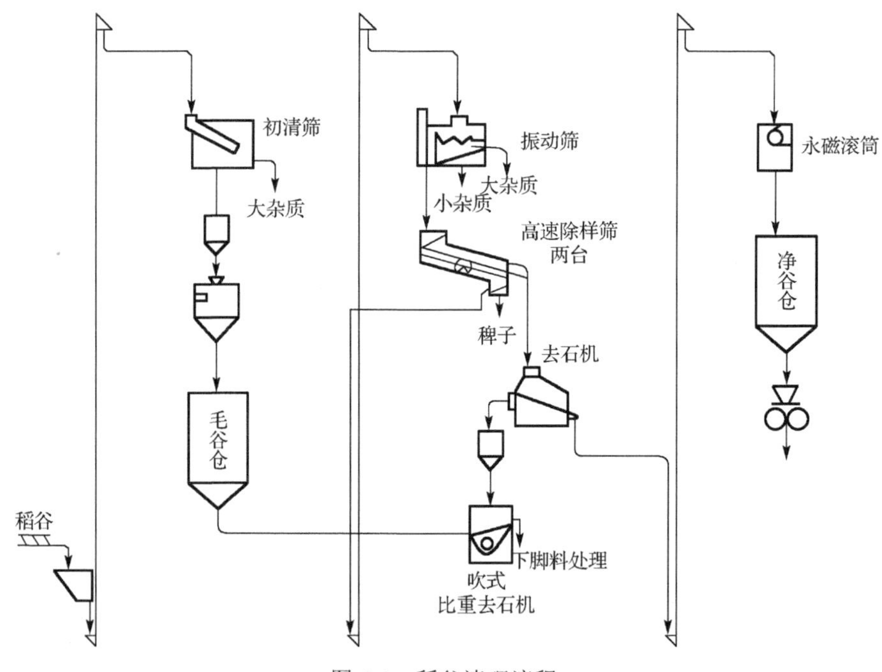

图 4-1 稻谷清理流程

二、稻谷清理工艺效果评价

评价稻谷清理工艺效果的指标有净粮提取率和杂质去除率。

净粮提取率=清理后净谷量/清理前净谷量

$$=G_2(1-S_2)/(1-S_1)\times 100\%$$

$$=(1-S_2)(S_3-S_1)/(1-S_1)(S_3-S_2)\times 100\%$$

杂质去除率=(清理前杂质含量–清理后杂质含量)/清理前杂质含量

$$=(G_1S_1-G_2S_2)/G_1S_1\times 100\%$$

$$=S_3(S_1-S_2)/S_1(S_3-S_2)\times 100\%$$

式中，G_1为清理前稻谷进口流量；G_2为清理后稻谷出口流量；G_3为清理下脚流量；S_1为清理前稻谷含杂率；S_2为清理后稻谷含杂率；S_3为下脚含杂率。

第二节　砻谷及砻下物分离

一、砻谷及砻下物分离的目的和要求

稻谷加工中脱去稻壳的工艺过程称为砻谷。脱去稻谷颖壳的机械称为砻谷机。若用稻谷直接碾米，不仅能源消耗高、产量低、碎米多、出米率低，而且成品色泽差、纯度和质量低、混杂度高。因此，现代化碾米工厂中，清理后获得的净稻均需进入砻谷机去除颖壳制得纯净糙米后，方才进行碾米。稻谷砻谷后的混合物称为砻下物。由于砻谷机本身机械性能及稻谷籽粒强度的限制，稻谷经砻谷机一次脱壳不能全部成为糙米，因此砻下物含有未脱壳的稻谷、糙米、谷壳及毛糠碎糙米和未成熟粒等。砻下物分离就是将稻谷、糙米、稻壳等进行分离，糙米送往碾米机械碾白。未脱壳的稻谷返回到砻谷机再次脱壳，而稻壳则作为副产品加以利用。

砻下物分离是稻谷加工过程中一个极为重要的环节，其工艺效果的好坏，不仅影响其后续工序的工艺效果，还影响成品大米质量、出米率、产量和成本。因此，稻谷砻谷时，在确保一定脱壳率的前提下，应尽量保持糙米籽粒的完整，减少籽粒损伤，以提高出米率和谷糙分离的工艺效果。具体要求是：稻壳中含饱满粮粒不超过 30 粒/100kg；谷糙混合物中含稻壳量不超过 0.8%；糙米含稻谷量不超过 40 粒/kg；回砻谷含糙量不超过 10%。

二、砻谷

为提高砻谷机的脱壳率，减少脱壳时的糙碎和糙米率，我们有必要了解稻谷的下列工艺特性：①粳稻的稻壳比籼稻的稻壳薄而松；②稻壳为两片，呈钩状包裹在糙米的四周；③稻壳与糙米间没有结合力；④稻谷两顶端稻壳与糙米间存在空隙。

砻谷是根据稻壳结构的特点(稻壳含水量低、脆性大)，借助于一定的机械力作用，对稻壳进行挤压和搓撕使稻壳分离。

(一)砻谷的基本原理

根据脱壳时的受力情况和脱壳方式，稻谷脱壳可分为挤压搓撕脱壳、端压搓撕脱壳和撞击脱壳三种。

1. 挤压搓撕脱壳　挤压搓撕脱壳(图 4-2)是指稻谷两侧受两个具有不同运动速度的工作面的挤压、搓撕作用而脱去颖壳的方法。谷粒两侧分别与甲、乙两物体紧密接触，并受到两物体的挤压(挤压力分别为 F_{j1} 和 F_{j2})。假设甲物体以一定速度向下运动(v_1)，乙物体静止不动(v_0)，甲物体则对谷粒产生一向下的摩擦力(F_1)，使谷粒向下运动，而乙物体对谷粒产生一向上的摩擦力(F_2)，阻碍谷粒随甲物体一起向下运动。这样，在谷粒两侧就产生了一对方向相反的摩擦力。在挤压力和摩擦力下，谷壳产生拉伸、剪切、扭转等变形，这些变形统称为搓撕效应。当搓撕效应大于谷壳的结合强度时，谷壳就被撕裂而脱离糙米，从而达到脱壳的目的。挤压搓撕脱壳设备主要有对辊式砻谷机和辊带式砻谷机。

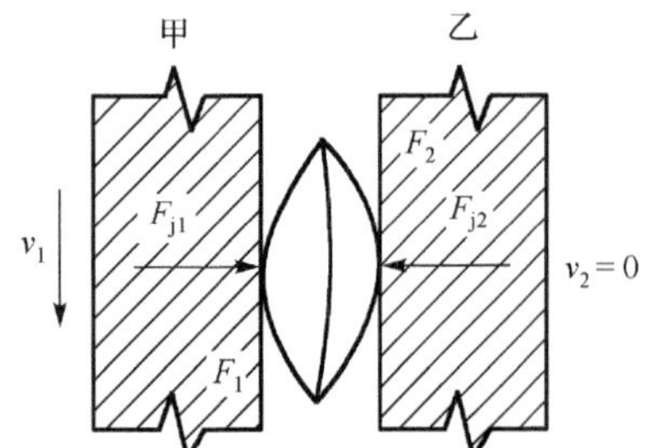

图 4-2　挤压搓撕脱壳示意图
F_1 代表甲物体对谷粒产生的摩擦力；
F_2 代表乙物体对谷粒产生的摩擦力；
F_{j1}、F_{j2} 代表两物体的挤压力

2．端压搓撕脱壳　端压搓撕脱壳是指谷粒两顶端受两个不等速运动工作面的挤压、搓撕作用而脱去颖壳的方法。如图 4-3 所示，谷粒横卧在甲、乙两物体之间，且只有一个侧面与其中一个物体(甲物体)接触。假设甲物体做高速运动，而乙物体静止，此时谷粒受到两个力的作用，一是甲物体对谷粒产生的摩擦力，另一个是谷粒运动所产生的惯性力，并形成一对力偶，从而使谷粒斜立。当斜立后的谷粒顶端与乙物体接触时，谷粒的两端部同时受到甲、乙两物体对其施加的压力，同时产生一对方向相反的摩擦力。在压力和摩擦力的共同作用下，稻壳被脱去。典型的端压搓撕脱壳设备是砂盘砻谷机。

3．撞击脱壳　撞击脱壳是指高速运动的粮粒与固定工作面撞击而脱去颖壳的方法。如图 4-4 所示，借助于机械作用力加速(v)的谷粒，以一定的入射角(A)冲向静止的粗糙面，在撞击的一瞬间，谷粒的一端受到较大的撞击力(F_N)和摩擦力(F)，当这一作用力(F_i)超过稻谷颖壳的结合强度时，颖壳就被破坏而脱去。典型的撞击脱壳设备是离心式砻谷机。

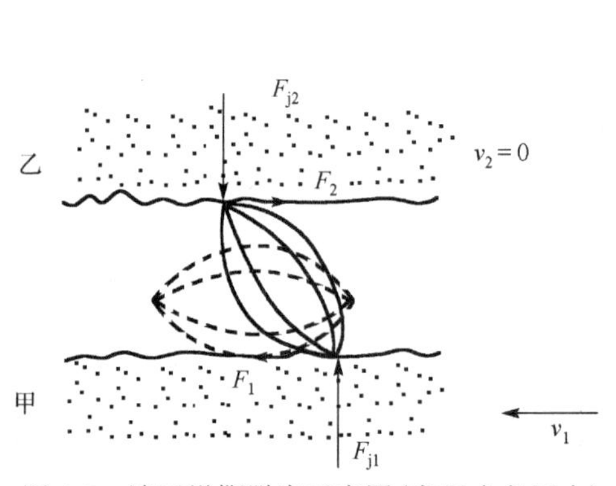

图 4-3　端压搓撕脱壳示意图(字母含义同上)

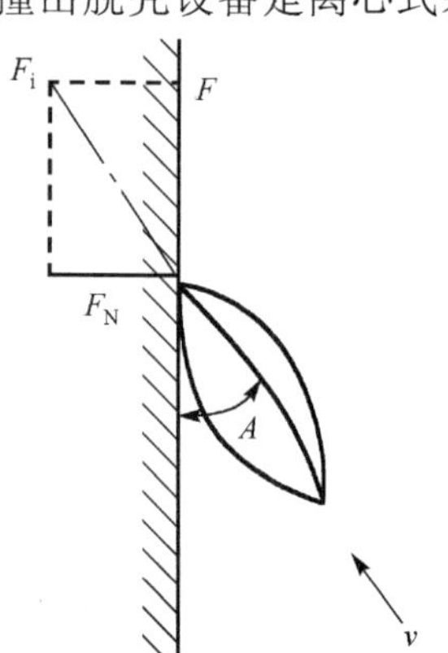

图 4-4　撞击脱壳示意图

(二)砻谷机的分类

根据脱壳原理和工作构件的特点，砻谷机相应地可分为以下 4 种。

1．胶辊砻谷机　基本工作构件是一对富有弹性的辊筒，两辊不等速相向转动，给稻谷以挤压力和摩擦力，使稻壳破裂，并与糙米分离。其特点是胶辊富有弹性，不易损伤米粒，碎米少，产量高，且脱壳率高，但胶辊使用寿命短，一般 100～150h 就需要更换。

2．辊带式砻谷机　辊带式砻谷机的基本工作构件是金属齿辊和无接头橡胶带，齿辊的线速度比胶带快，依靠挤压力和摩擦力使稻谷脱壳。

3．砂盘砻谷机　基本工作构件是两个砂盘，上盘固定，下盘转动，谷物在两砂盘间隙内受到挤压、剪切、搓撕、撞击等作用而脱壳。其特点是结构简单，造价低，不受季节

影响；缺点是出碎米率高。

4. 离心式砻谷机　又称甩谷机，基本工作构件为金属甩盘和在它外围的冲击圈，稻谷由甩盘抛射到冲击圈上，借撞击作用脱壳。这种砻谷机具有结构简单、操作方便、脱壳率不受稻谷粒度影响、造价低廉等优点；缺点是出碎米率较高。

第三节　谷壳分离与谷糙分离

一、谷壳分离

谷壳分离是指从砻下物中将稻壳分离出来的过程。砻下物经稻壳分离后，每 100kg 稻壳中含饱满粮粒不应超过 30 粒；谷糙混合物中含稻壳量不应超过 1.0%(胶砻为 0.8%)；糙米中含稻壳量不应超过 0.10%。

谷壳分离主要利用稻壳与谷糙在物理性质上的差异使之相互分离。由于稻壳与谷糙在悬浮速度上存在较大的差异，风选法是谷壳分离的首选方法。一般砻谷机的下部均带有谷壳分离装置，即砻下物流经分级板产生自动分级，稻壳浮于砻下物上层由气流穿过砻下物时带起，从而使稻壳从砻下物中分离出来。

二、谷糙分离

谷糙分离是对分离稻壳后的砻下物进行分选，使糙米与未脱壳稻谷分开。

(一)工作原理

谷糙混合物具有其特有的工艺性能。一般从宏观上来说，稻谷与糙米在粒度上存在差异，稻谷的粒度大于糙米；糙米的表面粗糙度小于稻谷；稻谷的弹性大于糙米；稻谷的悬浮速度小于糙米。因此根据稻谷与糙米粒度、密度、表面摩擦系数、弹性的不同，其混合物在运动中产生良好的自动分级，稻谷上浮而糙米下沉，沉于底层的糙米与筛面或其他形式的分离面充分接触而得以分离。

(二)分离方法

常用的谷糙分离方法主要有筛选法、密度分离法和弹性分离法三种。

1. 筛选法　筛选法是利用稻谷和糙米间粒度的差异及其自动分级特性，配备以合适的筛孔，借助筛面的运动进行谷糙分离的方法。常用的设备是谷糙分离平转筛。谷糙分离平转筛利用稻谷和糙米在粒度、密度、容重及表面摩擦系数等物理特性的差异，使谷糙混合物在做平面回转运动的筛面上产生自动分级，粒度大、密度小、表面粗糙的稻谷浮于物料上层，而粒度小、密度大、表面较光滑的糙米沉于底层。糙米与筛面接触并穿过筛孔，成为筛下物，稻谷被糙米层所阻隔而无法与筛面接触，不易穿过筛孔，成为筛上物，从而实现谷糙分离。

2. 密度分离法　密度分离法是利用稻谷和糙米在密度、表面摩擦系数等物理性质的不同及其自动分级特性，在作往复振动的粗糙工作面板上进行谷糙分离的方法。常用的分离设备是重力谷糙分离机。重力谷糙分离机利用稻谷与糙米在密度、表面摩擦系数等物理特性的差异，借助双向倾斜并作往复振动的粗糙工作面的作用，使谷糙混合物产生自动分级，稻谷“上浮”，糙米“下沉”，糙米在粗糙工作面凸台的阻挡作用下，向上斜移从工作面的斜上部排出。稻谷则在自身重力和进料推力的作用下向下方斜移，由下出口排出，从而实现谷糙的分离。

3．弹性分离法　弹性分离法是利用稻谷和糙米弹性的差异及其自动分级特性而进行谷糙分离的方法。常用的设备是撞击谷糙分离机（也称巴基机）。撞击谷糙分离机是利用稻谷和糙米的弹性、密度、摩擦系数等物理特性的差异，借助具有适宜反弹面的分离槽进行谷糙分离。谷糙混合物进入分离槽后，在工作面的往复振动作用下，产生自动分级，稻谷浮在上层，糙米沉在下层。由于稻谷的弹性大又浮在上层，因此与分离槽的侧壁发生连续碰撞，产生较大的撞击力使稻谷向分离室上方移动。糙米弹性较小，且沉在底部，不能与分离槽的侧壁发生连续碰撞，在自身重力和进料推力的作用下，顺着分离槽向下方滑动，从而实现稻谷、糙米的分离。

第四节　碾　　米

碾米的目的主要是碾除糙米的皮层。糙米皮层虽含有较多的营养素如脂肪、蛋白质等，但粗纤维含量高，吸水性、膨胀性差，食用品质低劣且不耐储藏。直接食用糙米将妨碍人体的正常消化。同时，糙米的吸水性和膨胀性都比较差，食用品质不佳，如用糙米煮饭，不仅所需要的蒸煮时间长、出饭率低，而且颜色深、黏性差、口感不好。

糙米去皮的程度是衡量大米加工精度的依据，即糙米去皮越多，成品大米精度越高。碾米过程中，在保证成品大米符合规定的质量标准的前提下，应尽量保持米粒完整，减少碎米，提高出米率和大米纯度，降低动力消耗。

一、糙米的工艺特性

碾米是整个稻谷加工工艺中非常重要的一个工序，它对成品质量、出米率都有着很大的影响。因此充分了解糙米的工艺特性，有助于提高碾米的工艺效果。

1）糙米的皮层强度小于胚乳的结构强度；

2）糙米中皮层与胚乳间的结合力小于胚乳的结构强度；

3）胚与胚乳间的结合力较小，所以碾米时胚易脱落；

4）糙米皮层颜色越深，其皮层结构的强度越大，与胚乳的结合越紧密。

二、碾米的基本方法和原理

碾米的基本方法可分为化学碾米法和物理碾米法两种。世界各国普遍使用的碾米方法是物理碾米法。物理碾米法又称作机械碾米或常规碾米，即运用机械设备产生的作用力对糙米进行碾白的方法。

（一）物理碾米法

按碾白作用力的特性，碾白方式分为摩擦擦离碾白和碾削碾白两种。

1．摩擦擦离碾白　摩擦擦离碾白是依靠强烈的摩擦擦离作用使糙米碾白的。糙米在碾米机的碾辊与碾辊外围的米筛所形成的碾白室内进行碾白时，由于米粒与碾白室构件之间和米粒与米粒之间具有相对运动，相互间便有摩擦力产生。当这种摩擦力增大并扩展到糙米皮层与胚乳结合处时，便使皮层沿着胚乳表面产生相对滑动并将皮层拉断、擦除，使糙米碾白。

摩擦擦离碾白所需的摩擦力应大于糙米皮层自身的结构强度和皮层与胚乳间的结

合力，而必须小于胚乳自身的结构强度，这样才能使糙米皮层沿胚乳表面擦离脱落，同时保持米粒的完整。以摩擦擦离作用为主进行碾白的碾米机主要有铁辊碾米机。此类碾米机的特点是：碾白压力大，碾辊的线速度较低，因此摩擦擦离型碾米机又称压力型碾米机。

摩擦擦离碾白所得米粒表面留有残余的糊粉层，形成光滑的晶状表面，具有天然光泽并半透明。残余的糊粉层保持了较多的蛋白质，像一层胚乳淀粉的薄膜。因此，摩擦擦离碾白具有成品精度均匀、表面细腻光洁、色泽较好、碾下的米糠含淀粉少等特点。但由于米粒在碾白室内所承受的压力较大，局部压力往往超过米粒的强度，故在碾米过程中容易产生碎米，碾制强度较低的糙米时更是如此。所以，摩擦擦离碾白适合加工结构强度大、皮层柔软的糙米。

2．碾削碾白　碾削碾白是借助高速旋转的且表面带有锋利砂刃的金刚砂碾辊，对糙米皮层不断地施加碾削力作用，使皮层被削去，糙米得到碾白。

碾削碾白的工艺效果主要与金刚砂表面砂粒的粗细、砂刃的坚利程度及碾辊表面的线速度有关。以碾削作用为主进行碾白的碾米机是立式砂辊碾米机和横式砂辊碾米机。这种碾米机的特点是：碾白压力小，碾辊的线速度较高，所以碾削型碾米机又称为速度型碾米机。

碾削碾白所得米粒表面粗糙，在凹陷处积聚了无数细微的胚乳淀粉颗粒和糠层的屑末，称为糠粉。米粒的反光漫射，虽然看起来比较白，却是无光泽的白。因此，碾削碾白碾制出的成品表面光洁度较差，米色暗淡无光，碾出的米糠片较小，米糠中含有较多的淀粉。但因在碾米时所需的碾白压力较小，故在碾米过程中产生的碎米较少，因此碾削碾白适宜于碾制籽粒结构强度小、表面皮层较硬的糙米。

实践证明，同时利用摩擦擦离作用和碾削作用的混合碾白，可以减少碎米率，提高出米率，改善米色，同时还有利于提高设备的生产能力，降低电耗。所以，目前我国使用的大部分碾米机基本上都属于混合碾白的类型。

(二)化学碾米法

化学碾米法是先用溶剂对糙米皮层进行处理，然后对糙米进行轻碾。用此法可同时获得白米和米糠。化学碾米过程中碎米少、出米率高、米质好，但投资大、成本高，溶剂来源、损耗、残留等问题不易解决，因而一直未推广。除上述方法外，还有利用纤维素酶分解糙米皮层，不经碾制即可使糙米皮层脱落而制得白米的方法。综上所述，化学碾米法包括纤维酶分解皮层法、碱去皮层法、溶剂浸提碾米法等，但真正付诸工业化生产的只有溶剂浸提碾米法。

溶剂浸提碾米法的清理和砻谷等工序与常规碾米法相同，不同之处在于去皮和副产品处理工序。常规碾米用摩擦擦离作用或碾削作用直接将糙米皮层碾除，而溶剂浸提碾米首先用米糠油将糙米皮层软化，然后在米糠油和(正)己烷混合液中进行湿法机械碾制。去除皮层后的白米还需经脱溶工序，利用过热己烷蒸汽和惰性气体脱去己烷溶剂，然后分级、包装，最终得到成品白米。从碾米装置排出的米糠、米糠油和己烷浆经沉淀容器沉淀，完成米糠油抽出和固体米糠离析的工作。沉淀后的米糠浆被泵入离心机脱去混合液，再用新鲜己烷浸渍抽提剩余米糠油，经再一次离心分离后，米糠被送入脱溶装置脱去溶剂，得到脱脂米糠。米糠油与己烷的混合液经蒸馏工序将米糠油与己烷分离得到米糠油。由该方法加工的产品实际上是成品白米、粗糠油和脱蜡米糠三种。

溶剂浸提碾米与常规碾米相比较有许多优点。例如，产生的碎米少，整米率增加 4%～5%，加工不良品质的糙米时尤其显著；碾米过程中米温低，米的表面及内部不受损伤；成品米的脂肪含量低，储藏稳定性较好，并便于白米进行上光，还能改善白米的发酵性能；成品米色较白，外观上具有相当的吸引力；直接生产出脱脂米糠，其脂肪含量仅为 1.5%，且色白、稳定、清洁，可供食用。但溶剂浸提碾米也有它不利的方面，如投资费用和生产成本较高、对操作者的技术要求较高等，因此一直得不到推广，目前仅美国有一家溶剂浸提碾米厂。

三、碾米设备

物理碾米法是运用机械设备产生的机械作用力对糙米进行去皮碾白的方法，所用的机械设备称为碾米机。碾米机的主要工作部件是碾辊。根据制造材料的不同，碾辊分为铁辊、砂辊(臼)和砂铁结合辊三种类型。而根据碾辊轴的安装形式，碾米机则分为立式碾米机和横式碾米机两种。立式碾米机多采用砂辊(臼)和铁辊，横式碾米机采用砂辊、铁辊和砂铁结合辊。碾辊的类型和安装形式不同，碾白作用的性质也就不同。

1．铁辊碾米机　属于擦离式碾米机，因碾白压力较大又称压力式碾米机。碾辊的线速度较低(5m/s)，碾白室容积小，常用于高精度米加工，多采用多机组合，轻碾多道碾白。

2．砂辊碾米机　属于碾削式碾米机，碾辊的线速度较大(15m/s)，又称速度式碾米机。

3．混合型碾米机　属于砂辊和铁辊结合的碾米机，以碾削为主、擦离为辅，碾辊的线速度为 10m/s，兼有前两者的优点，工艺效果好。

四、成品及副产品的整理

(一)成品整理

糙米被碾成白米后，表面往往黏附一些糠粉，且米温较高，并混有一定数量的碎米。为了提高成品大米的质量，利于安全储藏，在成品大米包装前应进行擦米除糠、晾米降温、分级除碎及成品整理等步骤。

1．擦米　擦米的主要作用是擦除黏附在白米表面的糠粉，使白米表面光洁，提高成品的外观色泽，有利于大米储藏及米糠回收利用。擦米与碾米不同，因为白米籽粒强度较低，所以擦米作用不应强烈，以防止产生过多碎米。出机白米经擦米后，产生的碎米率不应超过 1%，含糠量不应超过 0.1%。

国内外常用的擦米机均用棕毛、皮革或橡胶等柔软材料制成擦米辊。擦米辊四周围有花铁筛或不锈钢金属筛布，米粒在两者之间运动而被擦刷。也有使用铁辊擦米机将碾米和擦米组合起来的。

2．晾米　晾米的目的是降低米温，以利于储藏。尤其是在加工高精度大米时，米温要比室温高出 15～20℃，如不经冷却，马上打包进仓，容易使成品发热霉变，所以成品打包前须经过晾米工段。晾米一般都在擦米之后进行，并把晾米与吸除糠粉有机地结合起来。晾米要求米温降低3～7℃，爆腰率不超过3%。降低米温的方法有很多，如喷风碾米、米糠气力输送、成品输送过程的自然冷却等，其工作原理都是利用室温空气作为工作介质，带走碾制米粒机械能转换的热能。目前，使用较多的晾米专用设备是流化床，它不但可以降低米温，还兼有去湿、吸除糠粉等作用。

3. 成品分级 白米分级的目的是根据成品质量要求分离出超过标准的碎米。我国大米质量国家标准中有关碎米的规定是：留存在直径2mm的圆孔筛上，不足正常整米2/3的米粒为大碎米；通过直径2mm圆孔筛，留存在直径1mm圆孔筛上的碎粒为小碎米。各种等级的早籼米、籼糯米的含碎总量不超过35%，其中小碎米为2.5%；各种等级的晚籼米、早粳米的含碎总量不能超过30%，其中小碎米为2.5%；各种等级的晚粳米、粳糯米的含碎总量不能超过15%，其中小碎米为1.5%。世界各国把大米含碎率作为区分大米等级的重要指标。美国一等米含碎率为4%，六等米含碎率为50%；日本成品大米的含碎率分为5%、10%和15%三个等级。白米分级通常采用筛选设备进行。

4. 抛光 所谓抛光实质上是湿法擦米，它是将符合一定精度的白米，经着水、润湿以后，送入设备(白米抛光机)内，在一定温度下，米粒表面的淀粉胶质化，使得米粒晶莹光洁、不黏附糠粉、不脱落米粉，从而改善其储藏性能，提高其商品价值。但也可不加水进行抛光。

5. 色选 由于水稻储藏条件不利、霉菌侵染和成熟度差等原因，大米中会出现各种异色粒，清除异色粒主要采用色选机。大米色选机是利用光电原理，通过计算机分析物体外表颜色，区分物品优劣的机械，设备采用国际高新技术和高性能元器件，使用高灵敏性的双面光电感应器和高速的线扫描CCD(电荷耦合器件)数字摄像技术，结合高速计算机处理系统和高性能的空气喷射器，能确保精确分选出各种不良杂质。

(二)副产品整理

稻谷加工的副产品包括稻壳、米糠、碎糙米等，为了利于副产品的安全储藏和综合利用，通常将副产品由混杂的状态整理成相对纯净的状态。

1. 稻壳整理 稻壳整理通常采用风选法，从砻谷机吸出的稻壳由离心分离器收集后，进入稻壳分离器进行二次分离，这种方法具有较好的工作环境，但要求有沉降设备，另外设备投资、占地面积和动力消耗都很大。另一种方法是将风选和筛选结合起来，即在风选的流程中增加一道筛选，这样有利于将混杂在稻壳中的毛糠提取出来。据测定，毛糠中有高达30%的淀粉。

2. 未成熟粒和碎糙米的整理 未成熟粒是生长不完全的米粒，其组成与完善粒是相同的，但是强度小，在碾米时容易破碎而混入米糠中。碎糙米的机械强度比未成熟粒高一些，但因其粒度和断裂处的强度小，碾米时易破碎混入米糠中增加米糠的淀粉含量，影响米糠油的质量。

混在谷糙中的未成熟粒可在分离碎糙米的过程中分离出来，混在稻壳中的未成熟粒和碎糙米可在稻壳整理时被整理出来，带有稻壳分离装置的砻谷机在谷糙出口前还可以将未成熟粒和碎糙米分离出来，未成熟粒和碎糙米的整理也可以在谷糙混合物分离前进行。

第五节　特种米生产工艺

一、蒸谷米生产工艺

所谓蒸谷米(parboiled rice)就是把清理干净后的谷粒先浸泡再蒸，待干燥后碾米，此法出米率高，碎米少，容易保存，耐储藏，出饭率高，饭松软可口，可溶性营养物质增加，易于消化和吸收。胚乳质地较软、较脆的大米品种，碾制时易碎，以及出米率低的长粒稻谷，都适于生产蒸谷米。最早制造蒸谷米的目的，并不是提高营养价值，而是由于水稻产区在收获时经常有雨，稻谷不易晒干，为避免发芽霉变，采用蒸煮炒干等方法以利于储存和保管。而现在蒸谷米的加工则出于其营养的原因。

★延伸阅读

全世界稻谷总产量的20%被加工成蒸谷米。印度、泰国、马里等国家是蒸谷米的主要生产国；美国、意大利等国家也有生产。我国生产蒸谷米已有2000多年的历史，1949年之前都是由农家或手工作坊加工，大规模的现代化工厂生产则始于1965年浙江省湖州市粮油蒸谷米厂建成之后。我国曾在江苏、浙江等地建设了具有一定规模的蒸谷米生产厂，其产品主要出口中东阿拉伯国家。由于蒸谷米渗透了米皮的颜色，不像一般精白米具有洁白的外观，故在国内的销售量不大。

(一)蒸谷米的特点

稻谷经水热处理后，籽粒强度增大。加工时，碎米明显减少，出米率提高。糙出白率大致上可提高1%～2%，脱壳容易，砻谷机能可提高1/3。同时，蒸谷米的米糠出油率比普通大米的米糠出油率高。籽粒结构变得紧密、坚实，加工后米粒透明、有光泽。

胚乳内维生素与矿物质的含量增加，营养价值提高，维生素 B_1、维生素 B_2 的含量要比普通白米高4倍。此外，蒸谷米做成的米饭出饭率高，蒸谷后粳米较普通白米可提高出饭率4%左右，籼米可提高4.5%，蒸煮时留在水中的固形物少。

蒸谷米有利于保存，这是由于稻谷在水热处理中杀死了微生物和害虫，同时也使米粒丧失了发芽能力，所以储藏时可防止发芽、霉变，易于保存。但是，在米饭的色、香、味上，蒸谷米有它不足之处。例如，米色较深；带有一种特殊的风味，使初食者不是很习惯；米饭黏性差，不宜煮稀饭。

(二)蒸谷米的生产工艺与要点

蒸谷米的生产工艺流程如图4-5所示，除稻谷清理后水热处理(浸泡、汽蒸、干燥与冷却)以外，其他工序与普通大米生产工艺流程相本相同。

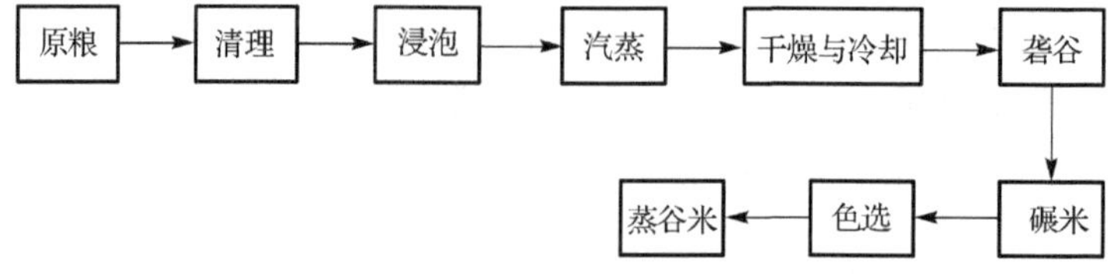

图4-5　蒸谷米的生产工艺流程

1．清理　稻谷中杂质的种类很多，如不除掉，浸泡时杂质分解发酵，污染水质，谷粒吸收污水会变味、变色，严重时甚至使营养价值减少到无法食用的程度。虫蚀粒、病斑粒、损伤等不完善粒汽蒸时将变黑，使蒸谷米质量下降。因此，在做好除杂、除稗、去石的同时，应尽量清除稻谷中的不完善粒，可采用洗谷机进行湿法清理。稻谷表面上的茸毛所引起的小气泡，将使稻谷浮于水面。为此，水洗时把稻谷倒入水中后使水旋转，消除气泡，以保证清理效果。

要想获得质量良好的蒸谷米，最好在稻谷清理之后按粒度与密度不同进行分级，这是因为浸泡和汽蒸的时间是随稻谷籽粒厚度而增加的。如果采用相同的浸泡和汽蒸时间，则薄的籽粒已全部糊化，而厚的籽粒只有表层糊化。如增加浸泡和汽蒸时间并提高温度，厚的籽粒虽能全部糊化，但薄的籽粒又因过度糊化而变得更硬、更坚实，米色加深，黏度降低，影响蒸谷米的质量。分级可首先按厚度的不同，采用长方孔筛或钢丝网滚筒进行，然后再按长度和密度的不同，采用碟片精选机和密度分级机等进行分级。

2．浸泡　稻谷在蒸煮前不经浸泡的加工方法称为干蒸谷法；蒸煮前用冷水或热水，在常压或减压下进行浸泡的加工方法称为浴蒸谷法。现代蒸谷米生产工艺通常采用后者。浸泡是稻谷吸水并使自身体积膨胀的过程。根据生产实践，淀粉全部糊化时，水分必须在30%以上。如稻谷吸水不足，水分低于30%，则汽蒸过程中稻谷蒸不透，会影响蒸谷米的质量。因此，浸泡的目的是使稻谷充分吸收水分，为淀粉糊化创造必要条件。浸泡处理必须迅速以避免发酵而破坏产品的色泽、口味、气味。

常压浸泡法基本上可分为常温浸泡和高温浸泡两种方法。

常温浸泡法中，有的是将稻谷倒入水槽中，浸湿后随即捞起，将湿谷堆起，进行闷谷，使水分逐渐向稻谷内部渗透，被籽粒吸收；有的是将稻谷置于水泥池内浸泡2～3d，然后进行汽蒸。但是，浸泡1d后稻谷开始发酵，2～3d后释放出难闻的气味，会影响蒸谷米的品质。

高温浸泡法为常用的方法，是预先将水加热到80～90℃，然后放入稻谷进行浸泡，浸泡过程中水温略低于淀粉的糊化温度(通常约为70℃)，浸泡3h可完全消除发酵带来的不利影响。东南亚的一部分现代化米厂和欧美的蒸谷米厂及国内蒸谷米厂都是采用高温浸泡法，使用的设备有罐组式浸泡器、平转式浸泡器等。但蒸煮米的色泽会随着浸泡时间和水温的增加而增加，也随着浸泡水的pH升高而变深，pH接近5时，色泽最淡。

减压浸泡时，稻谷置入真空浸渍器中，抽成真空，再放入60～70℃的温水中浸泡1～2h，浸泡时间依真空、水温、谷粒大小而定。

3．汽蒸　稻谷经过浸泡以后，胚乳内部吸收相当数量的水分，此时应将稻谷加热，使淀粉糊化。通常情况下，都是利用蒸汽进行加热，此即汽蒸。汽蒸的目的在于改变米胚乳的物理性质，保持渗入的养分，提高出米率，改进储藏特性和食用品质。蒸煮米的质量取决于吸水量、接触蒸汽的时间和蒸汽的温度或压力参数。

汽蒸的方法有常压汽蒸与高压汽蒸两种。

1)常压汽蒸是在开放式容器中通入蒸汽进行加热，采用100℃的蒸汽就足以使淀粉糊化。此法的优点是设备结构简单，稻谷与蒸汽直接接触，汽凝水容易排出，操作管理方便；缺点是蒸汽难以分布均匀，蒸汽出口处周围的稻谷受到的蒸汽作用比别处的稻谷大，存在汽蒸程度不一的现象，能耗大。

2) 高压汽蒸是在密闭容器中加压进行汽蒸。此法可随意调整蒸汽温度，热量分布均匀。容器内达到所需压力（0.7～1.41kg/cm^2），几乎所有谷粒都能得到相同的热量。但此设备结构比较复杂，投资费用比较高，需要增加汽水分离装置，操作管理也较复杂。

汽蒸使用的设备有蒸汽螺旋输送机、常压汽蒸筒、立式汽蒸器和卧式汽蒸器等。

4．干燥与冷却　稻谷经过浸泡和汽蒸之后，水分很高，一般为 34%～36%，并且粮温很高，约为 100℃。这种高水分和高温度的稻谷，既不能储藏也不能进行加工，必须经过干燥除去水分，然后进行冷却，降低粮温。干燥与冷却米时能得到最大限度的整米率。

国内蒸谷米厂的干燥方法主要采用急剧干燥的工艺和流态化的设备，并以烟道气为干燥介质直接干燥。介质温度很高（400～650℃），所以干燥时间较短，干燥产量较高。此法的主要缺点是：稻谷受烟道气的污染，失水不均匀，米色容易加深。

国外主要采用的蒸汽间接加热干燥和加热空气干燥将蒸谷的干燥过程分为两个阶段：在水分降到 16%～18%和其前为第一阶段，采用快速干燥脱水；当水分降到 16%～18%和其下为第二阶段，采用缓慢干燥效率或冷却。在进行第二阶段干燥之前，一般经过一段缓苏时间，这样不仅可以提高干燥效率，还能降低碎米率。

冷却过程实际上也是一种热交换过程，使用的工作介质通常为温空气，利用空气与谷粒之间进行热交换，达到降温、冷却的目的。只有当稻谷的温度稳定在室温，米粒已变硬呈玻璃状组织时才能碾制。

干燥与冷却的设备很多，国内常用的有沸腾床干燥机、喷动床干燥机、流化槽干燥机、滚筒干燥机和塔式干燥机及冷却塔等。

5．砻谷　稻谷经水热处理以后，颖壳开裂、变脆，容易脱壳。使用胶辊砻谷机脱壳时，可适当降低辊间压力、提高产量，以降低胶耗、电耗。脱壳后，经稻壳分离、谷糙分离，得到的蒸谷糙米入碾米机碾白。

6．碾米　蒸谷糙米的碾白是比较困难的，在产品精度相同的情况下，蒸谷糙米所需的碾白时间是生谷的 3～4 倍。蒸谷糙米碾白困难，不仅是因为皮层与胚乳结合紧密、籽粒变硬，还因为皮层的脂肪含量高。碾白时，分离下来的米糠由于机械摩擦热而变成脂状，引起米筛筛孔堵塞，米粒碾白时容易打滑，致使碾白效率降低。为了防止这种现象，应采取以下措施：①采用喷风碾米机，以便起到冷却和加速排糠的作用；②碾米机的转速比加工普通大米时提高 10%；③宜采用四机出白碾米工艺，即经三道砂辊碾米机、一道铁辊碾米机；④碾白室排出的米糠采用气力输送，有利于降低碾米机内的摩擦热。

应加强碾白后的擦米工序，以清除米粒表面的糠粉。这是因为带有糠粉的蒸谷米，在储藏过程中会使透明、鲜亮的米粒变成乳白色，影响蒸谷米的质量。此外，还需按成品含碎要求，采用筛选设备进行分级。国外还采用色选机清除带色米粒，以提高蒸谷米的商品价值。

二、强化米生产工艺

稻谷籽粒中营养素的分布情况很不平衡，在加工过程中不可避免地会损失大量的营养素，而这些营养素往往是人体所必需的，因而长期食用高精度大米就会引起某些营养素的缺乏症。目前，出于口感和商品外观的原因，人们越来越倾向于食用高精度的大米，而这又与某些营养素的摄取有矛盾。为了解决这个矛盾，有必要生产人工添加所需营养素的强化米(enriched rice)。

营养强化米是在普通大米中添加某些缺少的营养素或特需的营养素制成的成品米。目前，用于大米营养强化的强化剂有维生素、氨基酸及多种营养素。维生素强化剂主要是维生素 B_1，氨基酸强化剂主要是赖氨酸和苏氨酸，多种营养素主要是指维生素 B_1、维生素 B_2、维生素 B_6、维生素 B_{12}，以及甲硫氨酸、苏氨酸、色氨酸、赖氨酸等。食用营养强化米时，有的按 1∶200(或 1∶100)的比例与普通大米混合煮食，有的与普通大米一样直接煮食。

生产营养强化米的方法有很多，归纳起来可分为外加法、内持法与造粒法。内持法是借助保存大米自身某一部分的营养素达到营养强化目的的，蒸谷米就是以内持法生产的一种营养强化米。外加法是将各种营养强化剂配制在溶液中后，由米粒吸进去或涂覆在米粒表面，具体有浸吸法、涂膜法、强烈型强化法等。造粒法则将几种粉剂营养素与米面粉混合均匀，在双螺杆挤压蒸煮机中经低温造粒成米粒状，按一定比例与普通大米混合煮食。

(一)浸吸法

浸吸法是国外采用较多的强化米生产工艺，强化范围较广，可添加一种强化剂，也可添加多种强化剂，其工艺流程如图 4-6 所示。

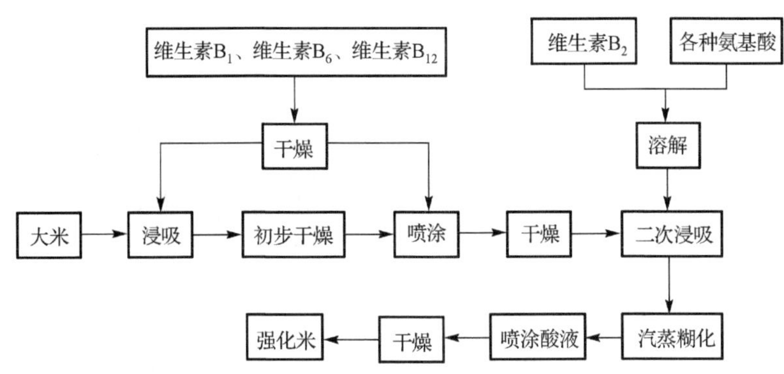

图 4-6　浸吸法生产强化米工艺流程

1. 浸吸与喷涂　先将维生素 B_1、维生素 B_6、维生素 B_{12} 称量后溶于含 0.2%复合磷酸盐的中性溶液中(复合磷酸盐可用多磷酸钾、多磷酸钠、焦磷酸钠或偏磷酸钠等)，再将大米与上述溶液一同置于带有水蒸气保温夹层的滚筒中。滚筒轴上装置螺旋叶片，起搅拌作用，滚筒上方靠近米粒进口处装有 4～6 只喷雾器，可将溶液洒在翻动的米粒上。此外，也可由滚筒另一端吹入热空气，对滚筒内米粒进行干燥。浸吸时间为 2～4h，溶液温度为 30～40℃，大米吸附的溶液量为大米质量的 10%，浸吸后，鼓入 40℃热空气，启动滚筒，使米粒稍稍干燥，再将水吸尽的溶液由喷雾器喷洒在米粒上，使之全部吸收，最后鼓入热空气，使米粒干燥至正常水分。

2. 二次浸吸　将维生素 B_2 和各种氨基酸称量后，溶于复合磷酸盐中性溶液中，再置于上述滚筒中与米粒混合进行二次浸吸。溶液与米粒之间的比例及操作和一次浸吸相同，但最后不进行干燥。

3. 汽蒸糊化　取出二次浸吸后较为潮湿的米粒，置入连续蒸煮器中进行汽蒸。连续蒸煮器为具有长条运输带的密闭卧式蒸柜，运输带以慢速向前转动，运输带下面带有两排蒸汽喷嘴，蒸柜上面两端各有蒸汽罩，将废蒸汽通至室外。米粒通过加料斗以一定速度加至运输带上，在 100℃蒸汽下汽蒸 20min，使米粒表面糊化，这对防止米粒破碎及减少水洗时营养素的损失均有好处。

4. 喷涂酸液及干燥　将汽蒸后的米粒仍置于滚筒中，边转动边喷入一定量的 5%乙酸溶液，然后鼓入 40℃的低温热空气进行干燥，使米粒水分降至 13%，最终得到营养强化米。

(二)涂膜法

涂膜法是在米粒表面涂上数层黏稠物质，这种方法生产的营养强化米，淘洗时维生素的损失比不涂膜的减少 50%以上，其工艺流程如图 4-7 所示。

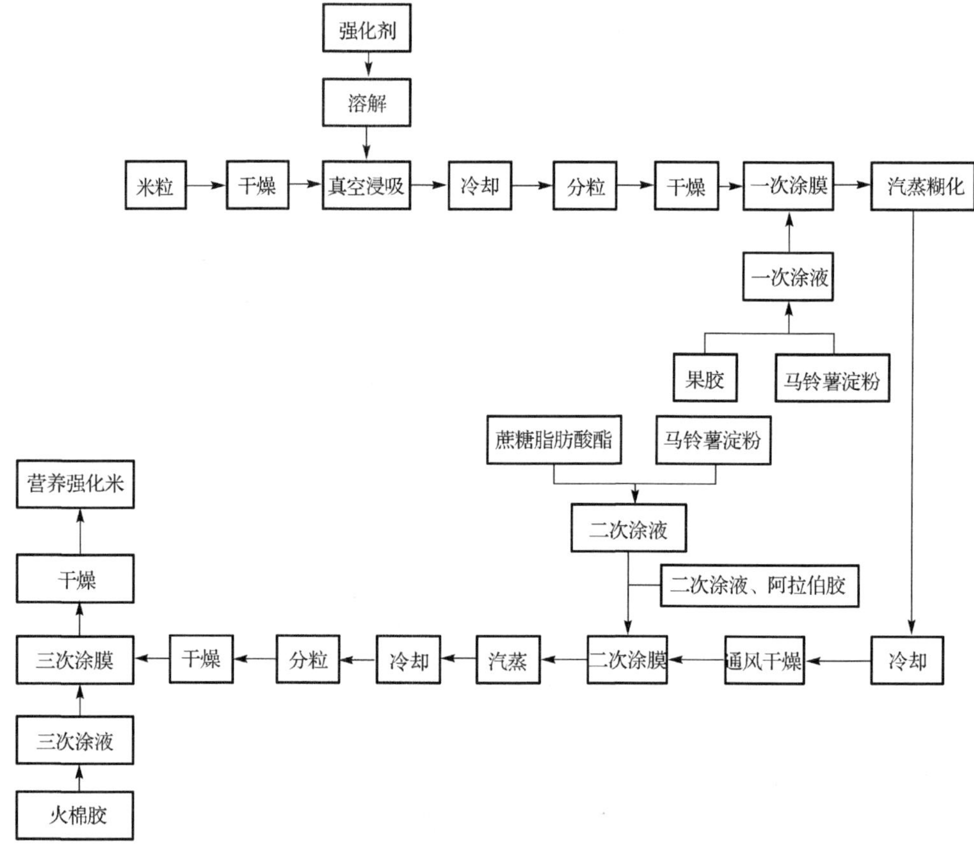

图 4-7　涂膜法生产强化米工艺流程

1. 真空浸吸　先将需强化的维生素、矿物质盐、氨基酸等按配方称量，溶入 40kg 20 ℃的热水中。大米预先干燥至水分为 7%，取 100kg 干燥后的大米置于真空罐中，同时注入强化剂溶液，在 8×10^4Pa 真空度下搅拌 10min，米粒中的空气被抽出后，各种营养素即被吸入内部。

2. 汽蒸糊化与干燥　自真空罐中取出上述米粒，冷却后置于连续蒸煮器中汽蒸 7min，再用冷空气冷却。使用分粒机使黏结在一起的米粒分散，然后送入热风干燥机中将米粒干燥至含水分 15%。

3. 一次涂膜 将干燥后的米粒置于分粒机中，与一次涂膜溶液共同搅拌混合，使其溶覆在米粒表面。一次涂膜溶液的配方是：果胶 1.2kg、马铃薯淀粉 3kg 溶入 10kg 50℃热水中。

一次涂膜后，将米粒自分粒机中取出，送入连续蒸煮器中汽蒸 3min，通风冷却。接着在热风干燥机内进行干燥，先以 80℃热空气干燥 30min，然后降温至 60℃连续干燥 45min。

4. 二次涂膜 将一次涂膜并干燥后的米粒，再次置于分粒机中进行二次涂膜。二次涂膜的方法是：先用 1%阿拉伯胶溶液将米粒湿润，再与含有 1.5kg 马铃薯淀粉和 1kg 蔗糖脂肪酸酯的溶液混合浸吸，然后与一次涂膜工序相同，进行汽蒸、冷却、分粒、干燥。蔗糖脂肪酸酯是将蔗糖和脂肪酸甲酯用碳酸钙作催化剂，以甲基甲酸胺作溶剂，在减压下反应，浓缩，再用精制乙醇结晶制成。

5. 三次涂膜 二次涂膜并干燥后，接着便进行三次涂膜。将米粒置于干燥器中，喷入火棉乙醚溶液 10kg(火棉胶溶液与乙酸各 50%)，干燥后即得营养强化米。

(三)强烈型强化法

强烈型强化法是国内研制的一种大米强化工艺，比浸吸法和涂膜法工艺简单、设备少、投资省、上马快，便于大多数碾米厂应用，其工艺流程如图 4-8 所示。

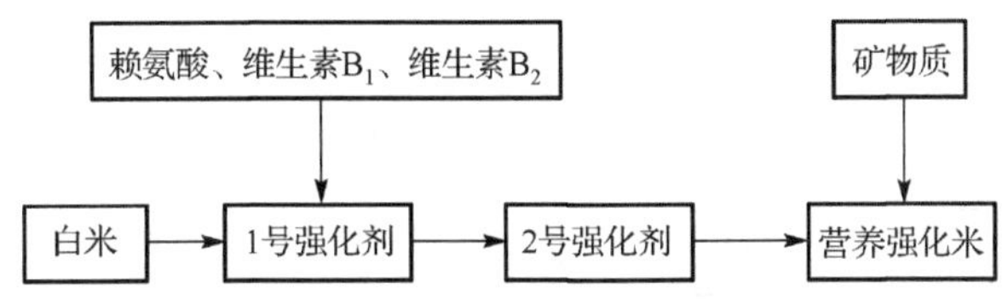

图 4-8 强烈型强化法生产强化米工艺流程

该流程只需两台大米营养强化机，所组成的强化系统工艺简单，可实现赖氨酸、维生素、矿物质盐等多种营养素对大米的营养强化。据测定，赖氨酸的强化率可达 90%以上，维生素的强化率可达 60%～70%，矿物质盐的强化率可达 80%。

强烈型强化法是将各种营养渗入米粒内部或涂覆于米粒表面。将大米和按标准配制的营养素溶液分次加入各强化机内，在米粒与强化剂混合并受强化机剧烈搅拌过程中，利用强化机内的工作热(60℃左右)，使各种营养素迅速渗入米粒内部或涂覆于米粒表面。同时使强化剂中的水分迅速蒸发，经适当缓苏，便能生产出色、香、味与普通大米相同的营养强化米。食用时，不用淘洗便可直接炊煮。

(四)造粒法

该法是由日本研制的一种强化米加工方法，是将经过 60 目筛的米粉与营养强化剂按一定比例混合均匀，水分含量控制在 30%～35%，采用双螺杆挤压蒸煮机，调节进料速度、螺杆转速、工作温度(100℃以下)、出料口切刀转速，使挤出的物料糊化而不膨胀，近似大米的形状，然后经风干(水分保持在 14%)、冷却、筛理得到可包装出售的人工制作的营养强化米(图 4-9)。

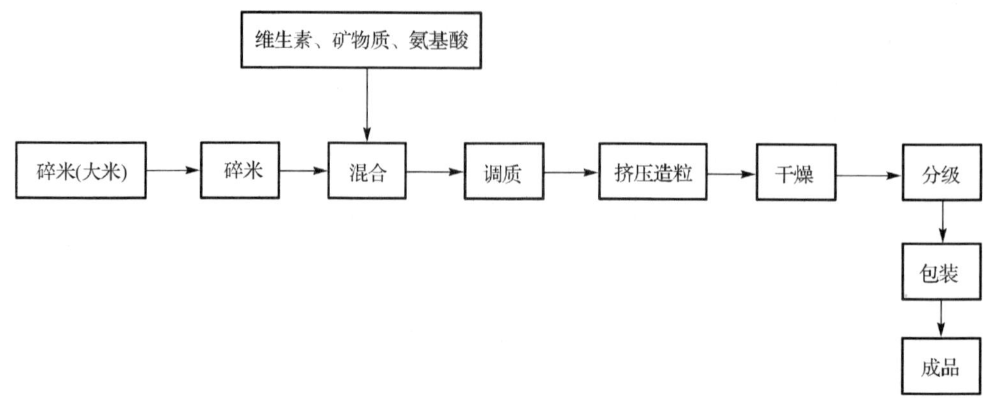

图 4-9　造粒法生产营养强化米工艺流程

三、水磨米生产工艺

水磨米是我国一种传统的精洁米产品，素有水晶米之称，为我国大米出口的主要产品。水磨米生产工艺的关键在于将碾米机碾制后的白米继续渗水碾磨，产品具有含糠粉少、米质纯净、米色洁白、光泽度好等优点，因此可作为免淘洗米食用。

水磨米生产工艺流程如图 4-10 所示，其中碾白工序、擦米工序与加工普通大米相同，下面就渗水碾磨、冷却、分级等工序加以介绍。

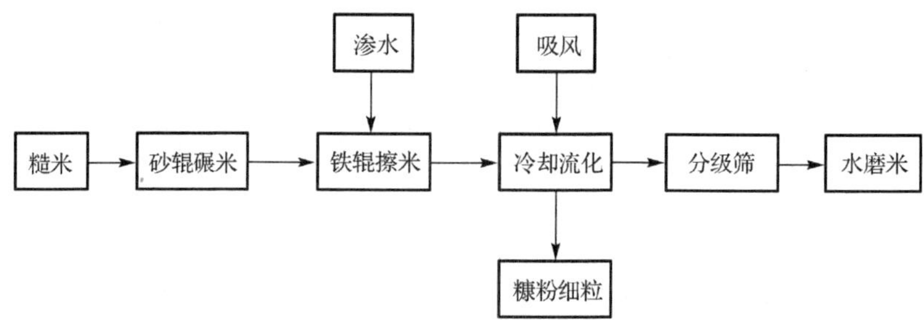

图 4-10　水磨米生产工艺流程

1. 渗水碾磨　渗水碾磨不同于碾米机对米粒的碾白作用，它只对米粒表面进行磨光，因此米粒在机内所受的作用力极为缓和。碾磨中渗水的目的主要是利用分子在米粒与碾磨室工作构件之间、米粒与米粒之间形成一层水膜，有利于使米粒被碾磨得光滑细腻，如同磨刀时加水的作用一样。渗水的另一目的是借助水的作用对米粒表面进行水洗，使黏附在米粒表面上的糠粉去净。为了提高渗水碾磨的工艺效果，碾磨时最好渗入热水。因为热水可以加速水分子的运动，使水分子迅速地渗透到米粒与碾磨室工作构件之间、米粒与米粒之间，更好地起到水磨作用。此外，热水有利于水分的蒸发，不使水分向米粒内部渗透，以保证大米不因渗水碾磨而增加水分。

渗水碾磨目前尚没有定型的专用设备，一般使用铁辊碾米机，但需将碾米机出口拆除、退出米刀，转速调至 800r/min。渗水装置是在铁辊碾米机出口一端的米筛上装一个至少 8mm 的喷水头，喷水孔直径为 3mm，喷水头装在米筛中部偏上 1/3 处，外接皮水管，可调节流量。渗水量视大米品种与原始水分而定，以米粒纵沟内的糠粉能除净为准，一般为大米流量的 0.5%～0.8%。此外，也可将双辊碾米机下部的擦米室改进后用于渗水碾磨。

改进的要点是，在擦米室出料口的一张米筛上钻一圆孔，插入内径 3～4mm 钢管，钢管另一端用胶管与水箱相连。擦米室前端进行擦米，后段进行渗水碾磨。

2．冷却 为了降低渗水碾磨后的米温，水磨米需进入流化槽内进行冷却。流化槽的主要工作部件是冲孔底板。冲孔底板上的孔眼有的位置密一些，有的位置疏一些，从而使水磨米由进料斗向出料斗移动的同时，接受自下而上的室温空气的冷却作用。使用流化槽进行冷却时，不仅可降低水磨米温度、使水磨米失去水分，还可以吸走米流中的浮糠。冷却流化槽宽 400mm、长 2500mm，用 B24 低压风机吸风，风量为 4200m^3/min。流化槽工作时，风量要适当，以使水磨米在底板上呈流化状态，呈波浪形前进，米粒与室温空气充分接触。

3．分级 渗水碾磨后的水磨米中常夹有糠块粉团，应在冷却后进行筛理，上层筛面用 5×5 孔/25.4mm，下层筛面用 14×14 孔/25.4mm，分别筛去大于米粒的糠块粉团和细糠粉。使用的设备有溜筛、振动筛等。

四、免淘洗米的生产工艺

免淘洗米是一种炊煮前不需淘洗的大米。而这种大米不仅可以避免在淘洗过程中干物质和营养成分的大量流失，而且可以简化做饭的工序、节省做饭的时间，同时还可以节约淘米水，避免污染环境。目前，世界上一些发达国家都生产和食用免淘洗米，并在此基础上进一步对大米进行氨基酸或维生素的强化，以提高大米的营养价值。国内很多地区已生产并销售免淘洗米。

免淘洗米必须无杂质、无霉，才能在炊煮前免于淘洗。此外，为了提高免淘洗米的食用品质和商品价值，还应尽可能地减少不完善粒、腹白粒、心白粒及全粉质粒的含量，减少异种粮粒的含量，提高成品的整齐度、透明度与光泽。

免淘洗米精度相当于特等米标准，此外米粒表面要有明显光泽。含杂除允许每千克免淘洗米含砂石不超过 1 粒以外，还要求断糠、断稗、断谷，不完善粒含量小于 2%，每千克成品中的黄粒米少于 5 粒，成品含碎率小于 5%，并不含小碎米。

★延伸阅读

研究表明，米粒在水中淘洗时，随水流失的米糠及淀粉占 2%左右。营养成分损失也很大，其中损失无氮浸出物 1.1%～1.9%、蛋白质 5.5%～6.1%、钙 18.1%～23.3%、铁 17.7%。

（一）免淘洗米生产工艺流程

生产免淘洗米的原料既可以是稻谷也可以是普通大米，无论是哪种原料，加工时都离不开白米抛光这一基本工序。目前，国内生产免淘洗米大都是在原有加工普通大米的基础上，增加部分设备进行的。以标一米为原料生产免淘洗米的工艺流程如图 4-11 所示。

（二）免淘洗米生产工艺的要点

1．除杂 根据我国大米质量标准，标一米中允许含有少数的稻谷、种子及矿物质，为了保证免淘洗米断谷、断稗的要求，必须首先清除标一米中所含的杂质，常用的设备是平面回转筛、密度去石机等。

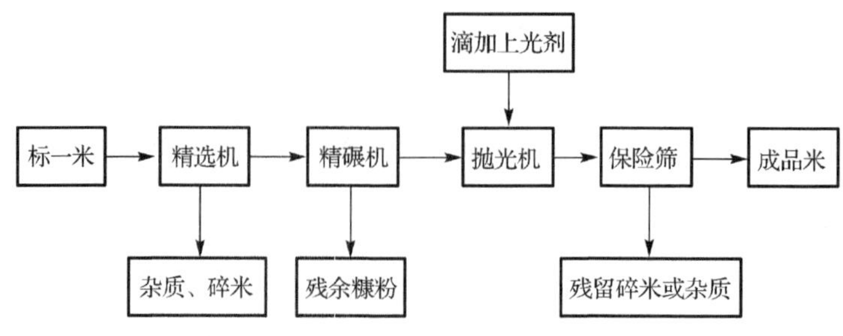

图 4-11　免淘洗米生产工艺流程

2. 碾白　碾白的目的是进一步去除米粒表面的皮层，使之精度达到特等米的要求，使用的设备有砂辊喷风碾米机、铁辊喷风碾米机等。

3. 抛光　抛光是生产免淘洗米的关键工序，它能使米粒表面形成一层极薄的凝胶膜，产生珍珠光泽，外观晶莹如玉，煮食爽口细腻。在抛光的过程中可通过加水或含有葡萄糖的上光剂，以溶液状态滴加于抛光机内。

抛光的设备是大米抛光机。MP-18/15 大米抛光机总体结构如图 4-12 所示，主要由上抛光室、下抛光室、溶剂箱、输液管等组成。上抛光室由直径 150mm、长 580mm 的铁辊与外围的米筛组成，白米通过上抛光室可以清除表面 60%以上的浮糠，使米粒表层淀粉粒暴露，并使白米温度上升 15℃左右。下抛光室由无毒尼龙抛光辊和外围的米筛组成，尼龙抛光辊直径为 180mm，长度为 660mm。抛光剂由溶剂箱经溶剂开关、输液管滴入下抛光室内。白米经下抛光室抛光后，表层的淀粉便产生预糊化作用，形成一层极薄的凝胶膜。国产的 MP-18/15 大米抛光机的产量为 0.6t/h，所需动力为 7.5kW。

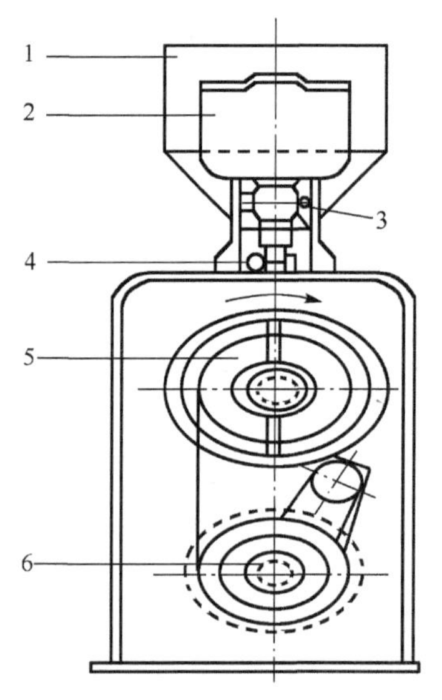

图 4-12　MP-18/15 大米抛光机总体结构
（李新华和董海洲，2016）
1．进料斗；2．溶剂箱；3．溶剂开关；4．溶剂微调开关；5．上抛光室；6．下抛光室

4. 分级　成品分级主要是将抛光后的大米进行筛选，除去其中的少量碎米，按成品等级要求分出全整米和一般的免淘洗米。目前广泛使用的设备是平面回转筛、振动筛等。

五、留胚米加工

留胚米(rice with remained germ)全名为留存胚与糊粉层的勿淘米，商业名称为全营养保鲜米或全营养活性米。留胚米顾名思义，是大米的胚与糊粉层得以最大限度地留存，含胚芽率高(米胚保留率在 80%以上)、损坏率低的香米才能成为留胚米(图 4-13)。一般都是采用胚芽米机现磨质量很高的大米。众所周知，大米都经由稻谷碾轧、去壳、去皮后方能食用。传统的碾米技术，采用石磨、砂辊碾轧，为了得到精米，反复碾轧，在去除糠皮的同时，把米的精华部分“胚芽”也随之去除了，殊不知“胚芽”含有丰富的维生素、植物纤维和人体所必需的微量元素。而留胚米却保留了大部分胚芽，因此它有以下主要特点。

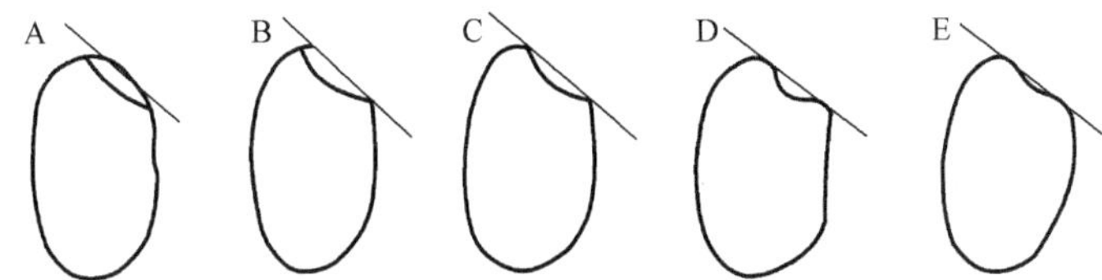

图 4-13　大米留胚程度判别(李新华和董海洲，2016)
A. 全胚米，米胚保持原有的状态；B. 平胚米，保留的米胚与米嘴的切线相平；
C. 半胚米，保留的米胚低于米嘴的切线；D. 残胚米，米胚仅残留很小一部分；E. 无胚米，米胚全部脱落

1) 保留大量营养成分。胚芽乃是生出新的生命的部分。糙米所具有的种种营养就集中于此，也可以说胚芽是营养的宝库，留胚米是保留胚芽的米，也就保留了糙米的主要营养成分。

2) 节约稻谷资源。由于保留了胚芽，每 100kg 稻谷可以多出 10kg 左右的留胚米，增加了大米产量，也就增加了收入。

3) 可以降低能源成本。生产留胚米时不需用耗能大的碾米设备，使得能耗大为降低，节约了能源成本。

4) 食用品质较好。留胚米的食用品质优于糙米，糙米的营养成分虽很充足，但由于包围了一层坚硬的种皮(外皮)，因此不但不美观，在炊煮时也颇费事，同时也极不容易消化。而留胚米的食用品质就比糙米好得多。

5) 保质期长。留胚米生产工艺中经过高效灭菌，采用真空包装或充气包装，使其陈化、抗霉速率降到最低，其防陈抗腐能力大大增强，也就大幅度延长了保质期。

尽管留胚米有种种优越性，但是它的食用品质比起精白米来还是要稍逊一筹，口感不及精白米。另外，它的生产工艺过程也会长一些。

留胚米的生产方法与普通大米基本相同，需经过清理、砻谷、碾米三大过程。为了使留胚率在 80%以上，碾米时必须采用多机轻碾，即碾白道数要多，碾米机内压力要低。使用的碾米机应为砂辊碾米机。金刚砂辊筒的砂粒应较细(46#、60#)，碾白时米粒两端不易被碾掉，胚容易保留。砂辊碾米机的转速不宜过高，否则胚容易脱落，应根据碾白的不同阶段，使转速由高向低变化。一般情况下，转速应在 1000m/s^2 以下。碾米机的配置有单机循环式与多机连续式。单机循环式是在一台碾米机上装有循环用料斗，米粒经过 6～8 次循环碾制而得到留胚米。这种加工方式的效率低，但占地面积小、设备投资低。多机连续式是将 6～8 台碾米机并列串联，使米粒依次通过各道碾米机碾制而得到胚米。这种加工方式适合大规模生产，但占地面积大、投资高。现国内已研制开发成功立式碾米机，经其加工的大米留胚率在 80%以上。

留胚米因保留胚很多，在温度、水分适宜条件下，微生物容易繁殖。因此，留胚米常采用真空包装或充气(二氧化碳)包装，防止留胚米品质降低。

六、配制米加工

将品种、食用品质各异的大米按一定比例混匀而成的成品米即配制米。配制米是大米加工过程中的一个环节，将不同品种、品质的稻谷加工成的配方基础米存放在散装仓内备用，根据市场需要，按比例配制成大米产品。由于配制米多种大米品质的互补作用，大米食用品质得到改善，食味更符合消费者的嗜好，产品质量稳定。此外，通过使用大米配制

技术，能更合理地利用稻米资源，降低生产成本。

生产配制米有两种方法：一种是先将稻谷或糙米进行搭配和加工。此法的优点是不需要一定数量的配米仓与混合设备，投资较少，但由于原料粒度、水分、表面性质差异较大，对配制米工艺效果的影响较大。另一种是将加工好的大米按一定比例混匀，目前国内多采用此法，其工艺流程见图 4-14。

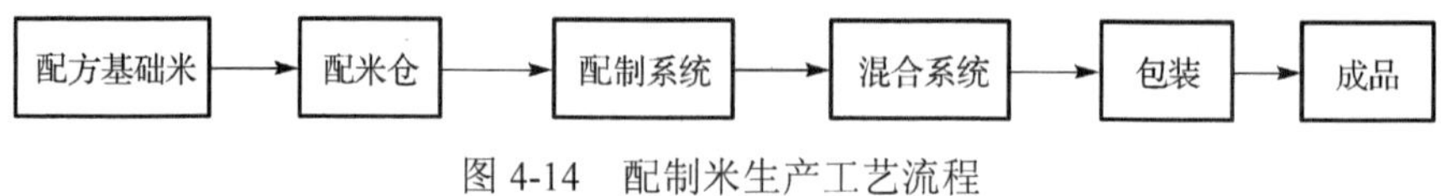

图 4-14　配制米生产工艺流程

配制米的关键工序是配料和混合。一般要求按设定的配方准确配料，具有良好的混合均匀度，并要求作业过程中不增碎、不损伤米粒表面。具体技术指标为：配制米精度误差不超过 1.0%，混合均匀度变异系数不超过 5.0%，增碎率不超过 1.0%。

本 章 小 结

稻谷制米包括清理、谷壳分离、谷糙分离、碾米、成品及副产品的整理等工艺过程。本章内容包括稻谷清理的方法及原理、砻谷及砻下物的分离、碾米的过程及其碾米机的工作原理，同时还讲述了稻米营养强化方法、蒸谷米的加工技术、免淘洗米的加工技术等，并让学生理解稻谷精深加工的目的和意义。

本章复习题

1. 稻谷中胚乳的主要成分是什么？
2. 稻壳占净稻谷质量的百分率是什么？
3. 稻谷籽粒在何温度时米粒的强度最大？
4. 稻谷制米时，擦除黏附在白米表面的糠粉，使白米表面光洁，提高成品的外观色泽，有利于大米储藏及米糠回收利用的步骤是什么？
5. 试述稻米碾白的两种方法及其原理。
6. 通过比较蒸谷米生产时常温浸泡和高温浸泡的区别来分析高温浸泡的优点。

第五章 小麦制粉

第一节 小麦制粉概述

一、小麦制粉的基本原理

小麦皮层组织主要含纤维素、半纤维素和少量的植酸盐，人体不能消化吸收，并且对面制品的品质有不良影响，在制粉过程中应除去小麦皮层组织。糊粉层含有蛋白质、B族维生素、矿物质和少量的纤维素，其营养成分丰富。但是糊粉层的蛋白质不参与面筋的形成，糊粉层也对面包、面条等面制食品的口感、外观等产生不良影响。所以，在制粉过程中原则上应除去糊粉层。小麦胚的营养极为丰富，但小麦胚中脂肪酶和蛋白酶含量高、活性强，会影响面粉的储藏期。小麦胚对食品品质也会产生不良影响。故在制粉过程中应将小麦胚提出。胚乳中主要含有淀粉和面筋蛋白，它们是组成具有特殊面筋网络结构面团的关键物质，使面筋能够制出品种繁多、造型优美、符合人们习惯的各种可口面制食品。因此，胚乳是制粉所要提取的部分。

综上所述，小麦制粉的目的是将小麦中的胚乳与皮层和胚分开，并把胚乳研磨到一定细度，根据这一目的，小麦制粉的最佳方法是剥皮制粉，但是麦粒结构特殊，皮层和胚乳组织之间没有明显的分离层，且结合紧密，加上麦粒上有腹沟，占表皮的1/4～1/3，本身形状很不规则，所以不能做到完全剥皮。因此，现代制粉的原理是采用破碎麦粒，逐渐研磨、多道筛理的方式来分离麸皮和胚乳(面粉)。即根据小麦皮层的结构紧密而坚韧，而胚乳组织疏散而松软，在相同的压力、剪力和削力下，两者粉碎后产生的颗粒大小程度不同，同时结合筛理的方式来分离，达到除去麸皮、保留面粉的目的。

二、小麦制粉的生产过程

小麦经过清理和水分调节，成为适合制粉的净麦。根据小麦制粉的目的，虽然制粉方法多种多样，但目前世界上通用的制粉方法是先破碎麦粒，然后逐步研磨，将麸片上的胚乳刮下，同时将胚乳研细成粉。制粉的设备包括研磨、清粉、筛理等设备。研磨设备的作用是将小麦破碎，然后从麸片上剥刮胚乳，最后将胚乳破碎成粉。常用的研磨设备有辊式磨粉机、撞击磨及辅助研磨的松粉机等。清粉设备的作用是将粒度大小相同的麦心、麦渣和小麸片在气流的辅助作用下按质量进行分级。清粉常用的设备是清粉机。筛理设备的作用是将研磨后的物料按粒度大小进行分级，同时筛出面粉。筛理常用的设备有高方平筛、圆筛，以及辅助筛理的打麸机和刷麸机。

小麦粉的生产过程包括破碎、在制品整理、分级、同质合并及面粉后处理等过程。所谓在制品就是制粉过程中的中间产品，而同质合并就是将不同系统中质量相同的在制品合并在一起进行处理。图5-1是小麦制粉的基本生产过程。

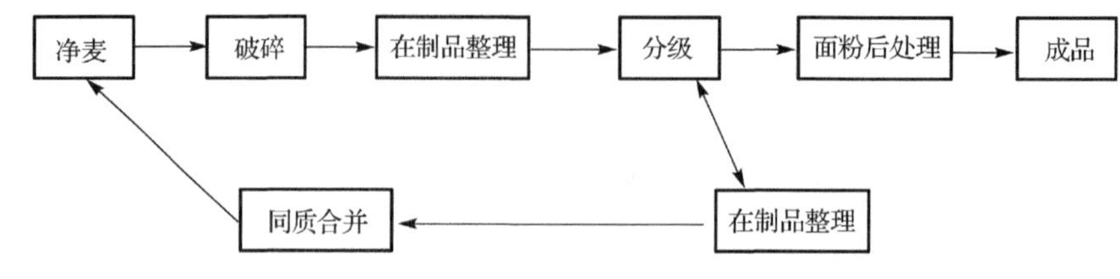

图 5-1　小麦制粉的基本生产过程

1. 破碎　破碎过程的任务主要有两点：其一是破碎小麦，剥刮皮层上的胚乳，使皮层和胚乳分离，该过程中应尽可能保证小麦麦皮的粒度，防止麦皮过碎混入面粉中，降低面粉的质量；其二是将胚乳破碎成粒度符合要求的面粉。破碎过程中用到的主要设备有辊式磨粉机、麦心撞击磨、麸皮撞击磨等。

2. 分级　分级过程的任务主要也有两点：一是及时分离出粒度达到要求的面粉，目的是减少后路的负荷，防止面粉被过度研磨而使质量降低；二是对在制品按粒度进行分级，目的在于使磨粉机对不同粒度的物料进行分类破碎。分级过程中使用到的主要设备有高方平筛、振动圆筛、离心圆筛、打板圆筛等。

3. 在制品整理　在制品整理的任务如下：为了提高面粉的质量，对重要的在制品按质量进行分级，该任务主要由清粉机来完成；为了减轻磨粉机的负荷，提高面粉质量，对质量好的在制品进一步破碎，该任务主要由强力松粉机来完成；为了提高分级效果，对研磨后的物料进行松散，该过程由打板松粉机来完成；为了提高工艺效果和出粉率，及时对黏附在后路皮层上的胚乳进行分离，该过程主要由打麸机或刷麸机来完成。

4. 同质合并　同质合并的任务是对不同品质的在制品分类合并，以便分别研磨从而提高工艺效果。同质合并使用到的设备主要有各种输送设备和溜管。

5. 面粉后处理　现代化的面粉厂中，面粉后处理(或称成品整理)是非常重要的过程。通过面粉后处理，可以生产出符合消费者要求的面粉，根据消费者的要求，可以对面粉进行搭配、强化和品质改良。

三、小麦粉的质量标准

小麦粉的品质是指小麦粉的理化指标、面团特性、食用品质特性的总和，它是衡量小麦粉的加工质量、卫生指标、食品制作性能的综合指标。

(一)通用粉的质量标准

在我国国家标准中，通用粉的等级主要以加工精度来区分，通用粉分强筋小麦粉、中筋小麦粉和弱筋小麦粉。强筋小麦粉的湿面筋含量要求≥30%，蛋白质含量要求≥12%；弱筋小麦粉的湿面筋含量要求≤24%，蛋白质含量要求≤10%；而中筋小麦粉介于两者之间。一般而言，高筋小麦粉适合制作面包；中筋小麦粉适合制作馒头、面条等中式食品；低筋小麦粉适合制作饼干和糕点。

中筋小麦粉又分强中筋小麦粉和弱中筋小麦粉，每个品种分为一级粉、二级粉、三级粉、四级粉共 4 个等级。强筋小麦粉和弱筋小麦粉分别分为一级粉、二级粉、三级粉共三个等级。表 5-1 和表 5-2 是通用粉的国家质量标准。

表 5-1 中筋小麦粉的质量指标

指标	强中筋小麦粉				弱中筋小麦粉			
	一级	二级	三级	四级	一级	二级	三级	四级
灰分含量(以干物质计)/%	0.55	0.65	0.75	1.10	0.55	0.70	0.85	1.10
面筋量/%	≥28.0				≥24.0			
面筋指数	≥60				—			
蛋白质含量(干基)/%	≥12.2				≥10.0			
稳定时间/min	4.5～7.0				2.5～5.0			
降落数值/s	≥200				≥200			
加工精度	按实物标样				按实物标样			
粗细度	CB36 全通过，CB42 留存≤10%				CB30 全通过，CB36 留存≤10%			
含砂量/%	≤0.02				≤0.02			
磁性金属物含量/(g/kg)	≤0.003				≤0.003			
含水量/%	≤14.5				≤14.5			
脂肪酸值(以干物质计)/(mg KOH/100g)	≤50				≤50			
气味、口味	正常				正常			

注：“—”为不检验项目

表 5-2 强筋小麦粉、弱筋小麦粉的质量指标

指标	强筋小麦粉			弱筋小麦粉		
	一级	二级	三级	一级	二级	三级
灰分含量(以干物质计)/%	0.55	0.65	0.75	0.55	0.65	0.75
面筋量/%	≥32.0			<24.0		
面筋指数	≥70			—		
蛋白质含量(干基)/%	≥13.5			<10.0		
稳定时间/min	≥7.0			—		
吹泡 *P* 值	—			≤40		
吹泡 *L* 值	—			≥90		
降落数值/s	450～200			≥150		
加工精度	按实物标样			按实物标样		
粗细度	CB30 全通过，CB36 留存≤10%			CB30 全通过，CB36 留存≤10%		
含砂量/%	≤0.02			≤0.02		
磁性金属物含量/(g/kg)	≤0.003			≤0.003		
含水量/%	≤14.5			≤14.5		
脂肪酸值(以干物质计)/(mg KOH/100g)	≤50			≤50		
气味、口味	正常			正常		

注：“—”为不检验项目

(二)专用粉的质量标准

专用粉是相对于通用粉而言，针对不同面制食品的加工特性和品质要求而生产的小麦粉。专用粉种类很多，一般常见的有面包粉、饼干粉、饺子粉、馒头粉、面条粉、蛋糕粉、自发粉、汤用粉、面糊粉等。每一种专用粉根据加工相应的面制食品时的工艺技术与条件、饮食消费习惯、配方、地域等还可以细分。随着经济的发展和人民生活水平的提高，高质

量和多品种的面制食品的需求量日益增大，按食品的种类和质量要求，生产不同适应性的专用粉，以供给家庭、作坊和大型面制食品加工企业使用，已经成为我国面粉工业发展的方向和重点。

表 5-3 为各种专用粉的质量标准。对于专用粉而言，加工精度不是其分等的唯一指标，灰分含量、湿面筋含量、面筋筋力稳定时间及降落数值等面团流变特性指标在分等中占有重要地位。表 5-3 所示的专用粉质量指标数据显示，专用粉的储藏性能指标及含砂量、磁性金属物含量与通用粉相应的质量指标相同，灰分指标则至少要达到二级粉以上水平，品质指标比通用粉要求要严格。

表 5-3 各种专用粉的质量标准

专用粉	等级	含水量/%	灰分含量(以干物质计)/%	粉色麸星	粗细度	湿面筋含量/%	面筋筋力稳定时间/min	降落数值/s	含砂量/%	磁性金属物含量/(g/kg)	脂肪酸值(湿基)	气味、口味	制品品质评分/分
面包	1 2	<14.5 <14.5	<0.50 <0.70	按照实物标准样品对照检验	全部通过 CB30，留存 CB42 不超过 10.0%	>34.0 >32.0	>9.0 >6.0	250～350 250～350	<0.02 <0.02	<0.03 <0.03	<80 <80	正常 正常	>85 >75
面条	1 2	<14.5 <14.5	<0.55 <0.70	按照实物标准样品对照检验	全部通过 CB30，留存 CB42 不超过 10.0%	>28.0 >26.0	>4.0 >3.0	>200 >150	<0.02 <0.02	<0.03 <0.03	<80 <80	正常 正常	>85 >75
馒头	1 2	<14.0 <14.0	<0.55 <0.70	按照实物标准样品对照检验	全部通过 CB30，留存 CB42 不超过 10.0%	>26.0 >24.0	>3.5 >2.0	>250 >200	<0.02 <0.02	<0.03 <0.03	<80 <80	正常 正常	>85 >75
饺子	1 2	<14.5 <14.5	<0.55 <0.70	按照实物标准样品对照检验	全部通过 B30，留存 CB42 不超过 10.0%	>32.0 >28.0	>3.5 >2.0	>250 >200	<0.02 <0.02	<0.03 <0.03	<80 <80	正常 正常	>85 >75
酥性饼干	1 2	<14.0 <14.0	<0.50 <0.70	按照实物标准样品对照检验	全部通过 CB30，留存 CB42 不超过 10.0%	22.0～26.0 22.0～28.0	<2.0 <2.5	— —	<0.02 <0.02	<0.03 <0.03	<80 <80	正常 正常	>85 >75
发酵饼干	1 2	<14.0 <14.0	<0.50 <0.70	按照实物标准样品对照检验	全部通过 CB30，留存 CB42 不超过 10.0%	26.0～32.0 26.0～32.0	<2.0 <1.5	250～350 250～350	<0.02 <0.02	<0.03 <0.03	<80 <80	正常 正常	>85 >75
蛋糕	1 2	<14.0 <14.0	<0.50 <0.70	按照实物标准样品对照检验	全部通过 CB30，留存 CB42 不超过 10.0%	18.0～23.0 18.0～24.0	<1.5 <2.0	>250 >250	<0.02 <0.02	<0.03 <0.03	<80 <80	正常 正常	>85 >75
酥性糕点	1 2	<14.0 <14.0	<0.50 <0.70	按照实物标准样品对照检验	全部通过 CB30，留存 CB42 不超过 10.0%	18.0～23.0 18.0～24.0	<1.5 <2.0	>150 >150	<0.02 <0.02	<0.03 <0.03	<80 <80	正常 正常	>85 >75
自发	2	<13.0	<0.70	按照实物标准样品对照检验	全部通过 CB30，留存 CB42 不超过 10.0%	>26.0	>2.5	>300	<0.02	<0.03	<80	正常	>75

注：“—”为不检验项目

(三)我国小麦品质指标与其他主要产麦国的比较

各国小麦品质分级标准，无论分几等、几级，实际上归为三类，即强筋小麦粉、中筋小麦粉和弱筋小麦粉。由于各国情况不同，对品质性状指标的选择稍有不同。我国小麦品质总的特点是蛋白质、面筋含量适当，但质量较差。根据 1982～1984 年北京粮食科学研究所等相关机构的我国商品小麦品质测定报告资料和各国的小麦年报，结合近年来的有关资料，按蛋白质含量(干基)、质量、面团形成时间、拉伸面积等指标进行比较，可看出如下差异。

1)与国外相比，我国小麦籽粒蛋白质从量的水平上虽有差距，但相差不大。

我国冬小麦蛋白质含量与国外冬小麦相比属中等水平，在有些情况下，基本接近外国小麦。一般美国硬冬麦的蛋白质含量为 12.3%～15.5%；澳大利亚硬冬麦的蛋白质含量为14.9%，标准冬麦为 12.5%；阿根廷冬小麦的蛋白质含量为 14.8%；我国北方冬小麦的蛋白质含量为 13.9%～14.1%，南方冬小麦的蛋白质含量为 12.5%～13.2%。

我国春小麦的蛋白质含量居中下等水平。加拿大春小麦的蛋白质含量为 14.3%～15.8%；美国硬红春小麦的蛋白质含量为 13.6%～14.0%，苏联春小麦的蛋白质含量为14.3%～17.3%。我国春小麦的蛋白质含量为 13.2%～13.7%。可见，我国冬小麦和春小麦的蛋白质含量与国外的差距并不太悬殊。

2)与国外相比，我国小麦籽粒蛋白质质量差距较大，导致小麦加工品质不好。

从反映面团品质的面团形成时间和拉伸面积来看，我国小麦的筋力偏弱。大部分小麦主产国硬冬麦的面团形成时间为 3.5～8.7min，拉伸面积为 100～180cm^2，我国冬小麦的面团形成时间为 1.8～2.5min，拉伸面积为 53.9～63.9cm^2；大部分小麦主产国春小麦的面团形成时间为 4.3～10.4min，拉伸面积为 110～175cm^2，我国春小麦的面团形成时间为 2.6～2.7min，拉伸面积为 48.6～50.6cm^2。

和国外小麦相比，蛋白质含量同等质相差很大，我国小麦加工品质相差很大，尤其是蛋白质含量在 15%以下时，更是如此。例如，苏联强力小麦蛋白质含量为 14%以上，澳大利亚上等硬质小麦规定为 14.2%，如若想让我国小麦的品质达到国外上述小麦相同的品质特性，其蛋白质含量需达 15%～16%甚至以上，即一般应提高 2 个百分点。这说明目前我国小麦仅以蛋白质含量来衡量小麦品质是不确切的。我国小麦品质改良的方向应是在提高蛋白质含量的基础上，重点提高蛋白质质量，提高小麦的加工品质。

总的来看，我国冬小麦的蛋白质含量不算太低，但筋力较弱，品质较差；我国春小麦的蛋白质含量还是偏低，同时筋力也较弱。这种状况虽然在近几年有一定的改进，但仍然与国外小麦有相当的差距。这也给我们开发生产专用小麦粉带来了一定的困难。

第二节 小 麦 清 理

一、小麦搭配

(一)小麦搭配的目的

小麦制粉的原料来源、产地、品种、水分、面筋、籽粒品质等都比较复杂，对生产过程、产品质量及各项技术指标的稳定性有一定的影响。小麦搭配就是将各种原料小麦按一定比例混合搭配，其目的在于：①保证原料工艺性质的稳定性。原料工艺性能一致，可使生产过程和生产操作相对稳定，避免由原料变化而引起的负荷不均、粉路堵塞等故障发生。②保证产品质量符合国家标准。例如，红麦与白麦搭配，可保证面粉色泽(面粉的白色)；高面筋含量与低面筋含量搭配可保证产品达到适宜的面筋含量；灰分含量不同的小麦搭配，可得到符合规定灰分含量的面粉。③合理使用原料，提高出粉率。原料搭配可避免优质小麦及劣质小麦单纯加工造成浪费及与国家标准不符等问题。适当地搭配，可在保证面粉质量的前提下得到最高的出粉率。

(二)小麦搭配的原则

搭配时，应根据面粉质量和品质要求，搭配不同的小麦，使之能磨制出符合质量要求的面粉。在进行小麦搭配时，首先应考虑面粉色泽和面筋质，其次是灰分、水分、含杂及其他项目。搭配的各批小麦，水分差别不宜超过 1.5%；含杂多的小麦要单独清理再搭配。

(三)小麦搭配的计算

小麦的搭配比例应根据面粉的某一质量指标来确定，搭配数量可用反比例方法来确定(表 5-4，表 5-5)。

表 5-4　小麦搭配比例计算方法

指标	甲种麦	乙种麦	混合小麦
白麦含量/%	90	40	64
与混合小麦的白麦差/%	90−64=26	64−40=24	
混合麦比例	24	26	24+26=50
搭配比例/%	24/50×100%=48%	26/50×100%=52%	100%

表 5-5　三批小麦搭配的计算方法

指标	甲种麦	乙种麦	丙种麦	混合小麦
面筋含量(湿面筋)/%	32	24	22	25
与混合麦面筋差：				
甲、乙麦组成时	32−25=7	25−24=1		
甲、丙麦组成时	32−25=7		25−22=3	
混合麦比例	1+3=4	7	7	4+7+7=18
搭配比例/%	4/18×100%=22.2%	7/18×100%=38.9%	7/18×100%=38.9%	100%

(四)小麦搭配的方法

小麦搭配一般采用下麦坑搭配、毛麦仓搭配和润麦仓搭配。小厂多采用下麦坑搭配，大型仓多在毛麦仓出口或润麦仓出口搭配。用配麦器控制搭配比例，配麦器有容积式和重量式两种。

二、小麦清理流程

(一)制订小麦清理流程的依据

1. 入磨净麦质量标准　尘芥杂质不超过 0.02%，粮谷杂质不超过 0.5%(已脱壳的异种粮粒在目前阶段暂不计入)，不应含有金属杂质。小麦经过清理后，灰分降低不应少于 0.06%。入磨净麦水分应使生产出的成品面粉水分符合国家规定的标准。

2. 原粮小麦的质量　原粮小麦的品种、质量不可能是一成不变的，为此，清理流程的设计，要考虑到小麦含杂质的多少、硬麦与软麦的比例和水分含量的高低等因素，宜采用较完善的清理设备和水分调节设备。在实际生产中，对含杂少、水分高的小麦，可调节分流装置，不必经过每道设备。

就我国小麦产区而言，南方产麦区的小麦一般含荞籽、泥块多，含砂石少，毛麦水分较高，处理此类小麦一般不考虑洗麦机，而是加强筛选打麦、除荞和干法去石。华北地区小麦含砂石、泥灰较多，很少含有荞籽，毛麦水分低，清理这类小麦时应加强吸风、去石和洗麦工序，一般不考虑去荞设备。春麦产区的小麦含水分、砂石、野草种子多，加工这类小麦时应加强筛选、精选和去石工序；冬季气温低，小麦需经预热加温再进行水分调节。

感染黑穗病、麦角菌、赤霉病等病害的小麦，对人体健康的影响极大，因此在清理时必须高度注意。对感染赤霉病和黑穗病的小麦，应加强打麦，打碎受病虫害严重而强度减弱的麦粒，并加强筛选、风选，以达到有效清理的目的。小麦中含有麦角菌时，可采用密度分级机进行有效的清理。受虫害的小麦，宜采用撞击机杀虫，并加强筛理和吸风，除去虫尸和昆虫碎片。小麦中如有线虫病的麦粒，其长度较正常小麦粒短，但宽度相似，采用筛选不易清除，用带孔精选机清除比较有效。

在我国的小麦品种中，软麦多于硬麦，在加工硬麦时，需增加着水量和润麦时间。

3．工厂规模和制粉种类　一般情况下，工厂规模大，生产的面粉精度要求高，其清理流程相对要完善些。而小型加工厂生产的面粉对精度要求较低，同时受到投资条件和厂房空间的限制，清理流程相对简单，在此情况下，可选用结构紧凑、具有多种功能且工艺效果较好的组合清理设备，以保证基本的清理工序和必要的清理道数。

（二）制订小麦清理流程的要求

各道工序齐全，清理设备数量适宜，工艺顺序合理。

本着“先易后难，先无机后有机”的原则安排工艺顺序。

对危害大、含量多的杂质，如砂石、荞籽、赤霉病麦粒等要特别加强清理。

流程应有一定的灵活性，以适应原料含杂的变化。

应有完善的水分调节设施，保证入磨小麦的水分达到工艺要求。

应有完善的小麦搭配加工设施，使入磨净麦品质指标基本达到成品面粉的质量要求。

尽量采用系列化、标准化、通用化且高效的先进清理设备。

本着保证环境卫生、提高除杂效率的原则，合理设计通风除尘网络。

（三）清理流程举例

毛麦→下麦井→初清筛→垂直吸风道→永磁滚筒→自动秤→立筒库→毛麦仓→配麦器→自动秤→振动筛→密度去石机→碟片滚筒精选机→螺旋精选机→磁钢→打麦机→平转筛→强力着水机→润麦仓→磁钢→打麦机→平转筛→永磁滚筒→喷雾着水机→净麦仓→净麦秤→皮磨。

三、小麦水分调节

小麦的水分调节是在制粉前利用水、热、时间三种因素的作用，通过加水和经过一定的润麦时间使小麦的水分得到重新调整，改善其物理、生化和制粉工艺性能，以获得更好的制粉工艺效果。

(一)小麦水分调节的物理及生化变化

小麦加水后，会发生下列物理及生化变化：①小麦的水分增加，各麦粒有相近的水分含量和相似的水分分布，且有一定的规律。②皮层首先吸水膨胀，糊粉层和胚乳而后吸水膨胀，由于三者吸水膨胀的先后顺序不同，即会在麦粒横断面的径向方向产生微量位移，使三者之间的结合力受到削弱。这对皮层和胚乳的分离，粉从皮层上剥刮下来都是十分有利的。③皮层吸水后，韧性增加，脆性降低，增加了其抗机械破坏的能力。因此，在研磨过程中便于保持麸片完整和刮净麸片上的胚乳，有利于保证面粉质量与提高出粉率。此外，麸片的完整也有利于筛理和打麸工作的进行。④胚乳的强度降低。胚乳中所含的淀粉和蛋白质是交叉混杂在一起的。蛋白质吸水能力强(吸水量大)，吸水速度慢；淀粉粒吸水能力弱(吸水量小)，吸水速度快。二者吸水速度和能力的不同，膨胀的先后和程度的不同，从而引起淀粉和蛋白质颗粒位移，使胚乳结构松散，强度降低，易于磨细成粉，有利于降低动力消耗。⑤湿面筋的产出率随小麦水分的增加而增加，但湿面筋的品质弱化。⑥蛋白分解酶的活性、游离氨基酸的含量、糖化活性、蔗糖和各种还原糖的含量都有变化，但对制粉工艺的影响不大。

(二)小麦水分调节的工艺效果

小麦经水分调节后，将达到以下工艺效果。

1)使入磨小麦含有适宜的水分，以适应制粉工艺的要求，保证制粉过程的相对稳定，便于操作管理。这对提高生产效率、出粉率和产品质量都十分重要。要求水分均匀性控制在0.2%以内。

2)保证面粉水分符合国家标准。小麦过干会造成面粉水分过低，使制粉厂遭受损失；反之，小麦过湿会造成面粉水分过高，不仅会影响消费者的利益，还将影响面粉的储藏管理。

3)使入磨小麦有适宜的制粉性能。小麦经水分调节后，皮层韧性增加，胚乳内部结构松散，皮层及糊粉层和胚乳之间的结合力下降，有利于制粉性能的改善。但小麦水分过高，会使制粉过程中在制品的流动性下降，造成筛理和流动的堵塞，影响制粉的正常生产。所以，从改善制粉性能考虑，入磨小麦也应有适宜的水分。

小麦在加水后，必须迅速混合，并通过一定的机械作用使水分开始向内部渗透，使小麦颗粒有一定的持水性。一般小麦水分调节的着水设备由加水装置和着水设备两部分组成。小麦水分调节设备一般有水杯着水机、强力着水机和着水混合机。同时，小麦经过加水后，水分由外向里渗透需要一定的时间，一般为16～24h，这里小麦润麦所需的时间是由一定仓容的仓来保证的，此仓称为润麦仓。

(三)小麦水分调节的设备与方法

小麦水分调节过程包括加水(“着水”)、水分分散、静置(“润麦”)三个环节。着水是向小麦中加水，并使水分均匀地分布在麦粒的表面。润麦是让着了水的小麦静置一段时间，使水分从外向里渗透、扩散，在麦粒内部建立合理的水分分布。

小麦水分调节分为室温水分调节和加温水分调节。室温水分调节是在室温条件下，加室温水或加温水(低于40℃)；加温水分调节分为温水调质(46℃)和热水调质(46～52℃)。加温水分调节可以缩短润麦时间，对高水分小麦也可进行水分调节，在一定程度上还可以改善面粉的食用品质，但所需设备多、费用高。广泛使用的小麦水分调节方法是室温水分调节。室温水分调节工艺简单，完全能满足制粉工艺的要求。

小麦水分调节设备主要有着水机和润麦仓。着水机包括强力着水机、着水混合机及喷雾着水机等。润麦仓的作用在于小麦着水之后，使水在小麦内部有一定的渗透时间，以达到调节水分的目的。一般情况下，润麦后软麦和硬麦的水分含量分别为15%和16%。润麦时间为12～24h。

小麦的水分调节一般安排在毛麦清理工段之后。如果小麦的初始水分含量很低，可以采用连续两次水分调节的方法，也可以在毛麦清理之前进行预着水。

第三节　小麦制粉工艺

小麦制粉一般都需要通过清理和制粉两大流程。将各种清理设备(如初清、毛麦清理、润麦、净麦等)合理地组合在一起，构成清理流程，称为麦路。清理后的小麦通过研磨、筛理、清粉、打麸和松粉等工序，形成制粉工艺的全过程，称为粉路。

一、研磨

小麦的研磨是制粉过程中最重要的环节，研磨效果的好坏将直接影响整个制粉的工艺效果。研磨机械有盘式磨粉机、锥式磨粉机和辊式磨粉机，其中辊式磨粉机是目前制粉厂的主要研磨机械。物料在通过一对以不同速度相向旋转的圆柱形磨辊时，依靠磨辊的相对运动和磨齿的挤压、剥刮和剪切作用，物料被粉碎，将清理和润麦后的净麦剥开，把其中的胚乳磨成面粉，并将黏结在表皮上的胚乳剥刮干净。

(一)研磨的基本方法

研磨的任务是通过磨齿的互相作用将麦粒剥开，从麸片上刮下胚乳，并将胚乳磨成具有一定细度的面粉，同时还应尽量保持皮层的完整，以保证面粉的质量。研磨的基本方法有挤压、剪切、剥刮和撞击4种。

1．挤压　挤压是通过两个相对的工作面同时对小麦籽粒施加压力，使其破碎的研磨方法。挤压力通过外部的麦皮一直传到位于中心的胚乳，麦皮与胚乳的受力是相等的，但是通过润麦处理，小麦的皮层变韧，胚乳间的结合能力降低，强度下降。因而在受到挤压力之后，胚乳立即破碎而麦皮仍然保持相对完整，因此挤压研磨的效果比较好。水分不同的小麦籽粒，麦皮的破碎程度及挤压所需要的力会有所不同。一般而言，使小麦籽粒破坏的挤压力比剪切力要大得多，所以挤压研磨的能耗较大。

2．剪切　剪切是通过两个相向运动的磨齿对小麦籽粒施加剪切力，使其断裂的研磨方法。磨辊表面通过拉丝形成一定的齿角，两辊相向运动时齿角和齿角交错形成剪切。比较而言，剪切比挤压更容易使小麦籽粒破碎，所以剪切研磨所消耗的能量较少。在研磨过程中，最初受到剪切作用的是小麦籽粒的麦皮，随着麦皮的破裂，胚乳也逐渐暴露出来并受到剪切作用。因此，剪切作用能够同时将麦皮和胚乳破碎，从而使面粉中混入麸星，降低了面粉的加工精度。

3．剥刮　剥刮在挤压和剪切的综合作用下产生。小麦进入研磨区后，在两辊的夹持下快速向下运动。由于两辊的速差较大，紧贴小麦一侧的快辊速度较高，使小麦加速，而紧贴小麦另一侧的慢辊则对小麦的加速起阻滞作用，这样在小麦和两个辊之间都产生了相对运动和摩擦力，两辊拉丝齿角相互交错，从而使麦皮和胚乳受剥刮分开。剥刮能在最大限度地保持麸皮完整的情况下，尽可能多地刮下胚乳粒。

4．撞击　通过高速旋转的柱销对物料的打击，或高速运动的物料对壁板的撞击，使物料在物料和柱销、物料和物料之间反复碰撞、摩擦，使物料破碎的研磨方法称为撞击。一般而言，撞击适用于研磨纯度较高的胚乳。同挤压、剪切和剥刮等研磨方式相比较，撞击生产的面粉破损淀粉含量减少。由于运转速度较高，撞击的能耗较大。

研磨就是运用上述几种研磨方法，使小麦逐步破碎，从皮层将胚乳逐步剥离并磨细成粉。研磨的主要设备为辊式磨粉机和撞击磨。撞击磨多为引进厂家使用，但是由于撞击磨研磨时温度较高，物料冷却后容易产生水汽，筛理时易产生糊筛现象，因此撞击磨的使用逐步减少。目前，辊式磨粉机被绝大多数厂家所采用。

(二)研磨设备

辊式磨粉机的工作原理是利用一对相向差速转动的圆柱形磨辊，同时对送入研磨区的物料产生一定的挤压力和剪切力，由于两辊转速不同，物料在经过研磨区时，受到挤压、剪切、剥刮等综合作用，使物料破碎，麸片上胚乳被逐步剥刮，麦心被磨细成粉。

目前的辊式磨粉机一般为复式磨粉机，即一台磨粉机有两对以上的磨辊。目前我国面粉企业所采用的磨粉机基本上为复式磨粉机。复式磨粉机有四辊磨和八辊磨两种。辊式磨粉机主要由磨辊、喂料机构、控制系统和轧距调节机构、传动系统、轧距吸风装置、磨辊清理机构、出料系统、机架等组成。按照控制系统的控制方式，磨粉机一般可分为液压控制(液压磨)和气压控制(气压磨)两种。由于液压磨存在漏油等现象容易污染生产环境，因此目前大多数面粉厂使用的是气压磨。

1．磨粉机的主要结构

(1)磨辊　磨辊是磨粉机的主要工作部件，磨辊的转速较高，承受的工作压力较大，为使磨辊能满足工艺上的要求，制造磨辊的材料要求具有一定的强度、韧性、耐磨性和适当的摩擦性能。磨辊的表面要有足够的强度和硬度，并具有良好的导热性能以使研磨时产生的热量散出，使磨辊的温度不致过高。磨辊的辊体是用两种以上金属离心浇铸而成，外层为硬度高的冷硬合金铸铁，厚度为辊体直径的8%～13%，硬度为肖氏66～78HS；内层为优质铸铁HT200-350。外层化学成分除铁外，还含有碳、硅、锰、铬、镍、铜、磷、硫等元素。磨辊的轴是用45号钢先粗加工，经调质处理后，再压入辊体内，并进行静平衡和动平衡校验。磨辊两端半轴对称，靠压力装入辊体，称“半轴压合空心磨辊”。

按照磨粉机的作用，磨辊分“齿辊”和“光辊”两种。齿辊是在圆柱面上用拉丝刀切削成磨齿，用于破碎谷物，剥刮麸片上的胚乳，一般被用于皮磨和渣磨系统。光辊则经磨光后喷砂处理，得到绒状的微粗糙表面，常用于磨制高等级面粉时的心磨系统，将胚乳粒磨细成粉和处理细小的连粉麸屑。光辊工作时研磨压力较大，磨辊会轻微弯曲，密辊发热也比较严重，发热会导致磨辊膨胀，尤其是在靠近轴承的地方，发热最厉害，膨胀程度也最大。轻微弯曲和发热膨胀会导致磨辊出现两头粗、中间细的现象，为了避免这种情况，光辊一般加工成带有一定锥度或中凸度的形状，如图5-2所示。

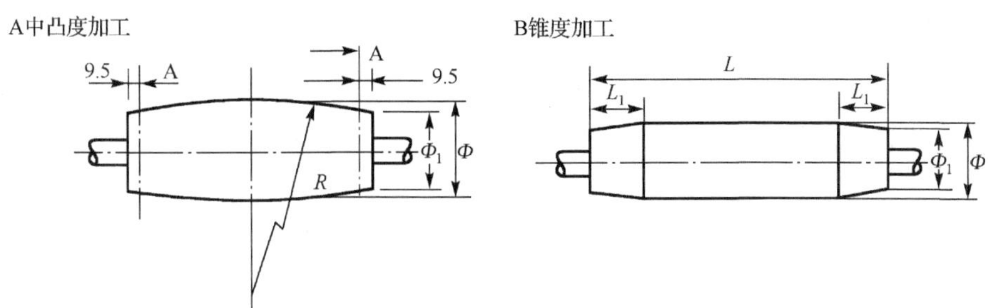

图 5-2　光辊的外形(周裔彬，2015)

Φ_1和Φ为直径；L 和 L_1 为长度；R 为半径；A 为工作面。图中数字单位为 mm

(2)喂料机构　喂料机构是磨粉机的重要组成部分，其主要作用是：①控制入机流量，根据来料多少，在一定范围内自动调节入机流量，保持生产的连续性。②使物料均匀地分布在磨辊的整个长度上，充分发挥磨辊的作用，提高研磨效果。③将物料以一定的速度准确地送入研磨区，提高单机产量，保证研磨效果。④与磨辊的离合闸动作联锁，合闸时喂料，离闸时停料，以减少磨辊磨损，提高使用寿命。

物料能否连续而均匀地进入磨辊工作区，取决于喂料机构的构造、喂料辊的尺寸、表面形状及运动参数。磨粉机的喂料机构包括一对喂料辊和一个喂料活门。如果待研磨的物料是散落性较差的麸片，则采用活门装在前喂料辊上方的形式；反之，对于粗粒等散落性较好的物料则采用活门装在后喂料辊上方的形式。喂料辊的表面状态由被研磨物料的粒度和性质决定，喂料辊的形状有纵向梯形齿、锯形齿或方尖牙、桨叶式螺旋、双向螺旋齿 4 种，见图 5-3。根据磨粉机所研磨的物料不同，喂料辊的形状也不相同。

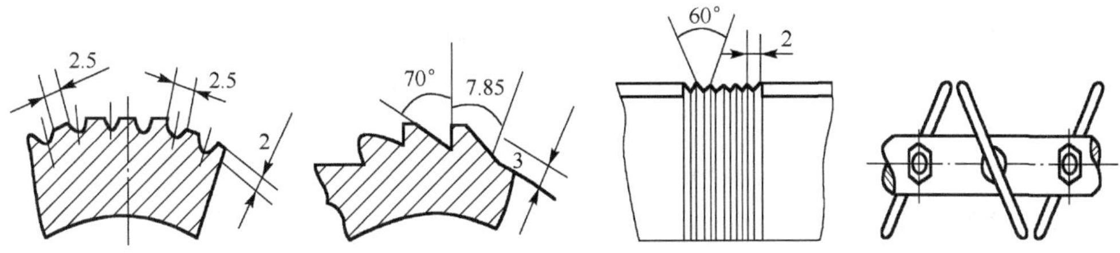

图 5-3　喂料辊的形状(刘英，2005)

图中数字单位为 mm

皮磨系统进机物料的性状从前路到后路变化较大。一皮磨研磨的是小麦，为了使抛出的麦粒能形成均匀的薄层，喂料辊采用较大的梯形齿槽，以增加摩擦和限制小麦的滚动。一皮磨以后的各道皮磨的物料是破碎的、附有胚乳的麦皮，麦皮的大小和厚度从前路到后路逐渐变小和变薄，物料的容重逐渐变小，流动性逐渐变差。因此，前喂料辊采用桨叶式螺旋输送，两端桨叶旋向相反，使物料能从中间向两端散开，并采用较快的转速，以增加其拨动能力。后喂料辊则采用方尖牙或尖锯齿形的齿槽，齿尖顺着运动方向，使物料能够分散开，准确均匀地喂入磨辊。

渣磨和心磨的进机物料从前路到后路的变化比皮磨小得多，形状基本上都是颗粒，粒细而重，流动性比带胚乳的麦皮好。据此设计的喂料辊表面性状是后喂料辊采用较密的梯形齿，前喂料辊采用密而细的双向螺纹齿槽，以增加拨动能力，并使物料由中间向两端推进。

喂料辊的转速是有一定要求的，不同的研磨物料，其喂料辊的转速各不相同。一般而言，一皮磨由于小麦的流动性较好因而转速较低；粗皮磨由于物料流动性较差，对喂料辊的转速要求也比较高，特别是后喂料辊的转速不能低，以保证粗麸片能推到两端，使物料能均匀地分布在全部长度的磨辊上，且厚度一致。细皮磨喂料辊的转速一般低于粗皮磨。渣磨、心磨的喂料辊转速一般也比较高，因为物料颗粒较细，后路心磨物料又有一定的黏性，所以应适当地提高转速。喂料辊前辊的转速较快，后辊较慢，一般而言前辊和后辊转速之比为(1.14～3)∶1。

(3) 控制系统和轧距调节机构　磨粉机的喂料和松合闸可以通过控制系统自动控制。以气压自动控制系统为例：磨粉机运转正常后，从玻璃进料筒进料，筒内的感应板或料位器受到感应，通过控制系统使喂料辊合闸运转。物料继续增多，控制系统内产生的压力增大，这一压力推动气动换向阀，从而使离合闸气缸活塞推出，使磨辊合闸。当料位器上感受不到物料时，则通过控制系统在拉簧的作用下使喂料装置关闭，同时带动气动换向阀切换，使离合闸气缸动作，磨辊离闸。

现代先进磨粉机的控制系统可以采用电动控制。电动控制系统也称全自动控制系统，磨辊的松合、喂料辊的离合、轧距的调节及机器的停止与转动全部由计算机电子控制系统和电动机来完成，并可通过PLC(可编程控制器)和计算机在控制室进行操作与监控，也可以根据物料变化进行自动调节。

轧距调节机构是调节物料研磨程度的工作构件，根据工艺和设备保护要求，轧距调节机构应具有以下功能：两磨辊整个长度间的间距可以调整；两磨辊任何一端的间距也能灵活地调整；磨粉机正常工作时，如落入硬物，两磨辊能让其通过后恢复正常的工作：当物料中断时，两磨辊能迅速松开，以免两磨辊碰击损坏磨齿。

松合闸机构的作用是在开机或停机时，使下面的慢辊靠拢或离开上面的快辊，通常快辊的轴线是固定的。松合闸机构包括离合轧气缸、慢辊轴承臂、偏心支轴、转臂等。松合闸机构和控制系统相连接。喂料活门打开，喂料辊开始喂料，磨粉机慢辊离合闸的气缸活塞被推出，通过偏心轴带动慢辊轴承臂，慢辊即可靠拢快辊，完成合闸研磨物料。反之，当物料停止进入机内时，离合闸气缸活塞反向运动，慢辊即可离开快辊。

轧距调节机构可以进行精密轧距调节和单边轧距调节。精密轧距调节可以满足生产中所需要的对轧距的少量精密控制。当转动调节手轮时，连杆即可带动慢辊缓慢向快辊靠拢，完成精密控制。磨辊两端的轧距调节手轮能够进行单独调节，可实现单边控制，每转一圈相当于磨辊轧距变化0.2mm(不包括热胀因素)。

(4) 传动系统　磨粉机的传动包括快辊的传动、快慢辊间的传动、喂料辊前后辊间的传动。

磨粉机的快辊由电动机通过三角带传动。快慢辊间的传动称为差速传动，由快辊带动慢辊。目前差速传动形式有链条、双面圆弧同步齿形带、齿楔带等三种。链条通过不同的链轮、链条进行传动。链条传动对调节链条的张紧程度、保持链轮齿中心处于同一平面、润滑油的使用及防漏等方面的要求较高，而且体积大、噪声大，因此国内只有少数液压磨粉机在使用。双面圆弧同步齿形带传动不仅能满足两磨辊中心距的变化要求，而且无须传动箱和润滑油；运转时噪声低、震动小。因此，目前大多数磨粉机采用这种传动形式。但当磨辊启动过快或超负荷时，同步齿形带有时会磨损，正常运转时有时会跑偏。齿楔带传动除了具备同步齿形带的优点外，还能避免正常运转时的跑偏现象，是一种新型的传动方式。喂料辊的传动有两种形式：一种是通过无级调速电机直接驱动；另一种是通过安装在快辊或慢辊轴上的皮带轮用皮带传动。喂料辊之间的传动通常采用单面同步齿形带或齿轮，由前辊带动后辊。

(5)*轧距吸风装置*　磨辊的吸风冷却可以借助磨下物料的风运系统。对于齿辊，磨粉机的结构除在磨辊上方的观察门与机身之间留有进风缝外，没有其他设计。对于光辊，还需设计轧距吸风装置。

在磨辊高速相向旋转时，磨辊表面的空气随着磨辊的旋转逐渐向磨辊结合处接近，并逐渐被压缩形成向上反射的紊流，这种紊流称为"泵气"。泵气会对喂料薄层产生干扰，使物料散乱、不均匀，流量降低，尤其对心磨和尾磨系统的影响最为显著。为了消除泵气的影响，在磨粉机内部设置了轧距吸风装置，见图 5-4。轧距吸风装置由活动导板、前辊上盖板、后喂料板构成喂料通道，由后辊上盖板、密封板、风道盖板、封板、下挡板和慢辊共同组成风道，磨辊旋转时产生的泵气在风道的吸力下沿着风道进入出料管，与磨下物一起被吸入接料器。风道的风量可通过两侧墙板上方孔的大小及补气接料器的补风量大小调节，挡板和出料斗的间隙应根据磨下物的流量来调节，一般为 12～14mm，以减少气体从此进入出料管。出料斗应始终保持负压状态。

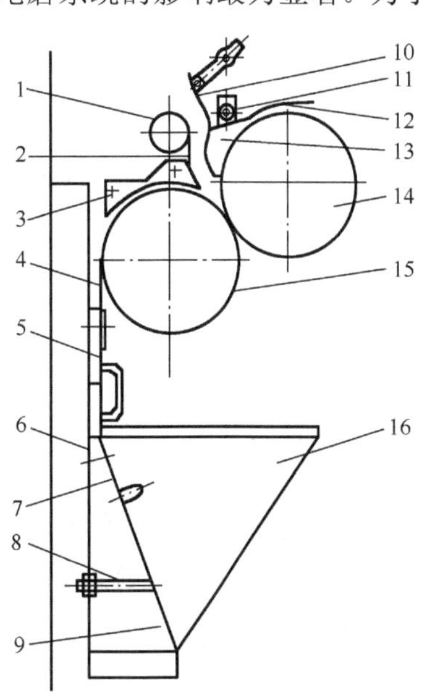

图 5-4　轧距吸风装置(刘英，2005)

1. 前喂料辊；2. 后喂料板；3. 后辊上盖板；4. 密封板；5. 风道盖板；6. 封板；7. 下挡板；8. 调节杆；9. 调节挡板；10. 活动导板；11. 螺栓；12. 前辊活盖板；13. 前辊上盖板；14. 前辊(快辊)；15. 后辊(慢辊)；16. 出料斗

(6)*磨辊清理机构*　磨辊在工作时，特别是当原料水分较高而轧距较小时，表面和齿槽内会粘有粉质物料。磨辊清理机构的作用就是清理这些黏附在磨辊表面的粉质物料，保持辊面的正常状态，保证研磨效果。对于黏附在磨辊表面的黏附物，一般使用刷子或刮刀贴紧辊面完成清理。刷子最初应用于齿辊的清理，后来逐渐代替刮刀也应用于光辊。制作刷子的材料有树根、棕、猪鬃、禽毛管、尼龙丝等。刷子固定在磨粉机墙板内侧的刷架上，利用弹簧或螺钉使之始终与磨辊表面保持接触状态。

刮刀主要应用于光辊的清理，用薄的合金钢板制成，对刮刀与磨粉机的接触要求比较严格，磨辊整个长度上的接触压力必须均匀。由于对刮刀的制造和调整技术要求都较高，其逐渐被刷子所代替。

(7)*出料系统*　磨粉机的出料有两种方式：一种是从出料斗出来后，进入溜管流入提料管；另一种是在磨粉机内部设置磨膛吸料装置，见图 5-5。磨膛吸料装置底部设有锅形接料器，锅底中央有一个向上的突锥，该突锥可以对物料起导流作用。突锥的上方是吸料管，吸料管外面装有套管，构成一个环形进风道，可使物料均匀地进入吸料管。两对磨辊

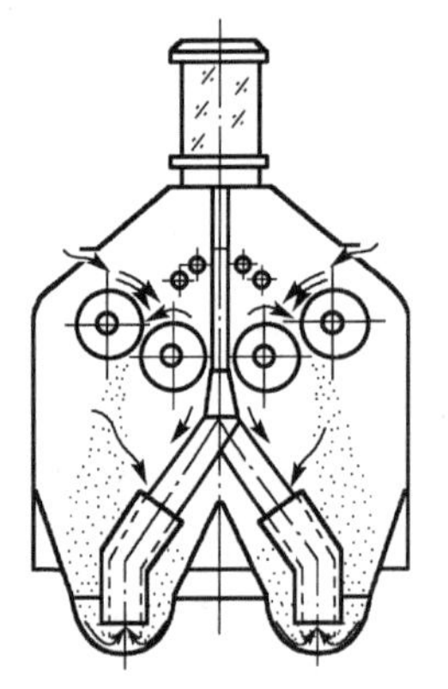

图 5-5　磨膛吸料装置(周斎彬，2015)

的两根吸料管，分别从进料筒的两侧穿过磨顶，接通气力输送网络。

采用磨膛吸料的磨粉机可安装在底楼，从而可减少制粉车间的楼层数，节约投资，但气力输送的阻力要大一些，动力消耗也较高，物料堵塞时不易清理。为了方便排除故障及清理，底层地面可开地槽或把磨粉机适当架高。同时，为了及时了解磨粉机是否堵料，磨膛吸料的磨粉机磨膛内可以安装声光防堵装置，当磨膛内物料堵塞时，防堵装置发出声光信号，使磨辊自动松轧，喂料装置停止工作，当故障排除时磨辊自动复位，喂料装置正常工作。

(8) 机架　磨粉机的机架有铸铁机架和钢板机架两种。铸铁机架的所有传动机件、调节件等都封闭在铸铁外壳内，外表只露操作手柄、按钮和仪表。铸铁机架具有较好的减震性能。使用激光切割机加工的钢板机架的精度高、外表美观、质量轻。新型设备中采用不锈钢和铸铁结合，既有较好的减震性能，又卫生、美观。

2. 磨的种类

(1) 皮磨　尽量保持麸皮完整的情况下破碎麦粒，并刮净皮层上的胚乳。皮磨分为前路皮磨和后路皮磨。第一道皮磨负责研碎麦粒，以后各道负责将较大麸片上的胚乳刮净。各道皮磨在工艺上构成皮磨系统，皮磨系统一般由 4 或 5 道组成，多采用齿辊，其道数的设置与小麦原料的情况和出粉率有关，生产上根据工艺要求，控制各道皮磨的研磨效果。皮磨过程一般是逐步进行，以便得到最佳的分离效果，这样有利于使刮下物料的各种特性相对明显，以利于进一步处理。

(2) 渣磨　用于处理从第一道皮磨下来的带有部分皮层的较大胚乳颗粒，用轻碾的方法碾除麦渣颗粒上的皮层，然后将麸皮和胚乳颗粒分流到其他系统进行研磨处理。一般只设一道或不设。生产等级粉或为了分离胚乳，可设渣磨。使用渣磨有以下优点：①经分级和筛理后的渣进入清粉机可以进一步提高质量，生产颗粒粉时尤其应该这样。②从清粉机后部出来的物料可以进入渣磨系统做进一步处理，使各种物料分开，所获得的纯净的胚乳可以并入前面清粉机分出的纯净物料中。③渣磨齿形的改变可以影响产品的粒度。④渣磨磨辊的成功运用在很大程度上取决于它缓和的研磨作用。

(3) 心磨　心磨是将从皮磨和渣磨下来的粗细麦心(不含皮层或含皮层极少的胚乳颗粒)研磨成面粉。各道心磨组成心磨系统，一般采用光辊。根据工艺要求，心磨的道数多少不同，各道心磨组合构成心磨系统。磨粉机的辊间压力比较大，磨辊接触长度占总磨辊接触长度的 55%～60%。

(三) 研磨效果的评定

1. 剥刮率　剥刮率是指物料由某道皮磨系统研磨、经高方平筛筛理后，穿过粗筛的数量占物料总量的百分比。生产中常以穿过粗筛的物料流量与该道皮磨系统的入磨物料流量或一皮磨物料流量的比值来计算剥刮率。例如，取 100g 小麦，经一皮磨研磨之后，用 20W 的筛格筛理，筛出物为 40g，则一皮磨的剥刮率为 40%。

测定除一皮磨以外其他皮磨的剥刮率时，由于入磨物料中可能已含有可穿过粗筛的物料，因此实际剥刮率应按下式计算。

$$K=\frac{A+B}{1-B}\times 100\%$$

式中，K 为该道皮磨系统的剥刮率，%；A 为研磨后粗筛筛下物的物料量，%；B 为物料研磨前，已含可穿过粗筛的物料量，%。

2．取粉率　取粉率是指物料经某道系统研磨后，粉筛的筛下物流量占本道系统流量或一皮磨流量的百分比。其计算方法与剥刮率类似。磨制等级粉时测定各系统的取粉率的筛号一般为 12XX（112μm）。

3．粒度曲线　粒度曲线可体现研磨后不同粒度物料的分布规律。该曲线的横坐标表示筛孔尺寸，单位通常为 μm，纵坐标表示对应筛面所有筛上物的累计百分比，横坐标原点对应的筛上物累计量为 100%。粒度曲线的测定方法有两种：一种是质量法，即在磨下物中取样，通过检验筛筛理后分别称重求得；另一种是流量法，即在粉路测定时测定平筛各出口物料流量后求得。若平筛的筛理效率较高，两种方法所得曲线应重合，若差别过大则说明平筛的筛理效率较低。

粒度曲线所反映的主要是磨粉机的研磨效果，其形状、位置与筛网的规格无关。而原料的性质及磨辊的表面状态对粒度曲线的形状有影响，原料为硬麦、磨下物中粗颗粒状物料较多时，曲线大多凸起。研磨原料为软麦、磨下物中细颗粒状物料较多时，曲线一般下凹。

由于一般粒度曲线的弯曲度较小，近乎一条直线，在对磨下物进行粗略的估算时，为了使用方便，所有皮磨的粒度曲线都可近似看作直线，该直线称为皮磨理论粒度曲线。对于皮磨理论粒度曲线而言，剥刮率增加，曲线的斜率变大。

制粉厂制粉效果达到最佳状态时所绘制的粒度曲线，称为最佳粒度曲线。最佳粒度曲线可较准确地反映出对应磨粉机的研磨状态及各在制品的分配情况，若预先设定好在制品数量，通过最佳粒度曲线可以确定对应的平筛筛网规格。因此最佳粒度曲线既可指导操作，又是粉路技术参数选配的主要参考依据。

（四）影响磨粉机研磨效果的因素

影响磨粉机研磨效果的因素较多，包括被研磨物料的因素（小麦的工艺品质）、研磨设备的因素（磨辊的表面技术参数、磨辊的圆周速度和速比、研磨区的长度等）及操作因素（轧距、磨辊的吸风与清理、磨粉机的单位流量等）。

1．物料因素

（1）*物料的硬度*　由于物料的硬度不同，物料在粉碎过程中便呈现出不同的特性（脆性和韧性）。玻璃质含量高的小麦，在磨齿钝对钝排列时，在最初的一瞬间，立即被破碎成数块。玻璃质含量低的小麦，具有一定的韧性，即使采用锋对锋排列时，破碎的一瞬间是先产生塑性变形，然后才被破碎的。因此，加工硬麦（玻璃质含量高）时，它的研磨过程与操作情况和加工软麦（玻璃质含量低）的不同。加工硬麦时粗粒粗粉多、面粉少、麦皮易轧碎，同时动力消耗较高，设备的生产率较低。

（2）*物料的水分*　不同品种和类型的小麦，必须经过合适的水分调节（润麦），以改变小麦的结构力学特性，使小麦符合制粉工艺的要求。谷物科学家曾就小麦的水分、润麦时间对小麦结构力学特性和制粉效果的影响进行过研究。研究结果表明，对于红冬麦而言，当润麦时间为 16h、入磨小麦水分在 16%时，小麦的结构力学特性最符合制粉要求，皮磨系统产生的粗粒和粗粉数量最多，质量最好(灰分低)。磨制的面粉灰分也最低，而研磨时单位动力消耗较少。因此，小麦在磨粉时应有适宜的水分和润麦时间，这样在研磨过程中由于表皮韧性增加，麦皮与胚乳间的结合力减弱，胚乳与麦皮容易分开，麸片保持完整，面粉质量和出粉率提高，达到较佳的研磨效果。物料的水分过大或过小，都会直接影响研磨效果。水分过大，则麸片上的胚乳不易刮净，导致出粉率降低，产量下降，动力消耗增加，同时磨辊易产生缠辊现象。水分过小，则形成的麦渣多、面粉少，麸皮碎而面粉中麸星含量增多。

2．研磨设备因素

(1) *磨辊的表面技术参数*

1) 齿数：研磨物料的粒度、物料的性质及要求达到的粉碎程度决定磨辊的齿数。一般而言，入磨物料的颗粒大或磨出物较粗，齿数就少；入磨物料的颗粒小，齿数就多。

2) 齿角：不同的制粉方法、研磨效果要求不同时，需采用不同的齿角，而且在整个工艺过程中，根据各自的研磨要求，各道研磨系统也使用不同的齿角。一般而言，在入磨流量和其他参数不变的情况下，齿角增大，剥刮率增加，动耗增加，面粉的品质提高。物料的研磨效果不仅取决于齿角的大小，还和磨齿的“前角”关系较大。所谓前角，是指与物料接触并对物料进行破碎的那个角，由于磨辊排列方式不同，它可以是锋角，也可以是钝角。

3) 斜度：在其他参数不变的情况下，磨齿斜度越大，磨齿交叉点之间的距离越小，交叉点越多，物料在研磨时受到的剪切作用则会增加，粉碎作用也会增强。斜度增加时，剥刮率有所下降，产品质量下降，但单位耗电量降低。当研磨干而硬的小麦时，为防止麦皮过碎，应比研磨软而湿的小麦所采用的磨齿斜度小。

4) 排列：采用钝对钝排列方式，物料落在慢辊钝面上，同时受到快辊钝面的剥刮作用。因此研磨作用较缓和，物料受剪切力小而挤压力大，磨下物中麸片多，麦渣和麦心少而面粉多，面粉的颗粒细、含麸星少，但动力消耗较高。采用锋对锋排列方式，磨齿对物料的剪切力强，粉碎程度高，麸片易碎，麦心多而细粉少，但是动力消耗低。一般情况下，加工干而硬的小麦时，采用钝对钝排列方式；加工湿而软的小麦时，采用锋对锋排列方式。

(2) *磨辊的圆周速度和速比* 如果一对相向转动的磨辊是同一线速度，那么物料在研磨工作区域内，只能受到两辊的挤压作用而被压扁，不会被粉碎。因此，在制粉过程中，一对磨辊应有不同的线速度，并结合磨辊表面的技术特性，使研磨物料达到一定的研磨程度。通常磨辊快辊转速为 450～600r/min，最低的为 350r/min，前路皮磨采用较高的转速，后路心磨系统的转速最低。

小麦在研磨时，从麸片上剥刮胚乳主要是依靠快辊磨齿进行的。速比越大，研磨作用越强，这是因为在齿辊上，当其他条件不变时，研磨物料的粉碎程度与“作用齿数”相关。所谓作用齿数，是指物料在研磨区内，快辊工作表面对物料作用的齿数。作用齿数越大，研磨效果越强。

(3) *研磨区的长度* 研磨区是指物料落入两磨辊间(开始被两磨辊攫住)，到物料被研磨后离开两磨辊为止，即从起轧点到轧点之间的区域。物料在研磨区内才能受到磨辊的研磨作用，研磨区的长短与研磨效果的关系很大，研磨区长，物料受两磨辊研磨的时间就长，破碎的程度就强。

3．操作因素

(1) 轧距　两磨辊中心连线上，两磨辊表面之间的距离即轧距。改变两磨辊之间的距离是磨粉机生产操作的主要调节方法。轧距对粉碎程度的影响最大，轧距越小，研磨作用越强，动力消耗越高，磨粉机的流量相应减小。

(2) 磨粉机的喂料方式　研磨效果的好坏在很大程度上与喂料机构的结构、喂料速度及喂料的均匀程度等有关。如果喂料机构操作正确，可使物料均匀一致地分布在整个磨辊长度上。喂料不均，物料在整个辊长度上厚薄不一，必然使研磨效果降低，粉碎程度不匀，同时料层过厚容易使磨辊局部磨损，造成整个磨辊长度上轧距不一致。喂料辊的位置必须保证物料能准确地进入研磨区，其速度要和磨辊的线速度相配合，这样就不会出现喂料过快造成物料在研磨区有堆积现象，或者不会由于喂料速度过慢，磨粉机生产量降低。

(3) 磨辊的吸风与清理　物料被磨辊粉碎时，部分机械能转为热能，使得磨辊和物料发热，有时磨辊表面温度高达 60～70℃。这样就会引起水汽凝结，在磨粉机机壳表面、溜管及运输设备中形成粉块。此外，还会引起筛理效率降低，应筛出的面粉不能筛净又重新回到磨粉机中，降低了磨粉机的产量。磨辊温度过高，还会使蛋白质变性，麦皮受热失去水分，变得脆而易碎，混入面粉从而影响面粉品质。为了吸去磨粉机研磨时产生的热量、水汽和粉尘，必须进行吸风除尘，一般每对 1m 长磨辊的吸风量为 5～6m^3/min。

(4) 磨粉机的单位流量　磨粉机的单位流量是指该道磨粉机每厘米磨辊接触长度、单位时间内研磨物料的质量，以 kg/(cm·h)表示。各道磨粉机的单位流量，因制粉方法和每道磨粉机的作用而不同。将制粉厂加工原料的质量除以全部磨辊的总接触长度，称为磨粉机总平均流量，单位以 kg/(cm·24h)表示。磨制标准粉时，磨粉机总平均流量为 150～200kg/(cm·24h)；磨制高质量的面粉时，因研磨道数较长，磨粉机总平均流量降低为 85～100kg/(cm·24h)。现在也有的用每 24h 加工 100kg 小麦所耗用磨辊长度来衡量磨粉机总平均流量大小，单位为 mm/(100kg 小麦·24h)。

(五) 小麦品质和面粉要求与研磨效率的关系

1．小麦品质与研磨效率的关系　小麦品质对研磨效果的影响主要体现在两个方面：小麦的角质率(硬度)和水分调节情况。角质率高的小麦在磨齿作用下，在最初一瞬间立即被破碎成数块，被磨齿切削成光滑的棱面，表现出脆性。所以在加工硬麦时，粗粒多，细粉少，麦皮容易被轧碎，动力消耗较多。粉质率高的小麦在磨齿作用下，在最初的一瞬间，各部分并不出现明显的棱面，裂痕不整齐，先是产生塑性变形，然后被磨碎。

入磨的小麦应有适宜的水分含量和足够的润麦时间。这样在研磨过程中，由于麦皮韧性增加，麦皮与胚乳的结合力减弱，胚乳与麦皮容易分开，麸皮保持完整，以提高小麦粉的质量和出粉率。另外，由于胚乳强度降低，在研磨时容易成粉，可以减少心磨的研磨道数，减少动力消耗。如果入磨小麦水分过多，则麸皮上的胚乳不容易刮净，磨辊表面容易出现粉环，导致出粉率和产量下降、动力消耗增加；如果入磨小麦水分过少，渣多、粉少、麸皮碎，粉的质量会差。

2．面粉要求与研磨效率的关系　在磨制低等粉时，对面粉的要求不高，但对出粉率的要求则较高。要求提净小麦胚乳，同时允许少量麸皮进入面粉。在研磨时可加大研磨强度，增加剪切力，可以适当地缩短粉路。如果磨制高等级面粉，要求粉内尽量不含麸皮，这样对细小的连粉麸就不得不进行多次剥刮，增加研磨次数，产量也要随之降低。在同一粉路研磨不同规格的等级粉时，粉路要进一步加长，研磨次数要多，磨辊的配置要满足需要，工艺难度较大。

二、筛理

(一)筛理工作的任务和要求

1. 筛理工作的任务　在制粉过程中，小麦经过磨粉机研磨后，获得颗粒大小不同及质量不一的混合物。为了保证研磨效果，必须将这些中间在制品混合物按粒度大小进行分级，以送往相应的下道磨粉机分级研磨，同时及时分离出成品面粉，以保证面粉的质量。

制粉厂一般采用筛理的方法来达到分级筛粉的目的，通常使用的筛理设备为平筛和圆筛。常用的平筛有高方平筛、双仓平筛、挑担平筛等。挑担平筛由于存在筛格大而笨重、更换筛格困难、容易串粉等缺点，目前的面粉厂都较少使用。双仓平筛的筛格层数少，筛理面积较小，分级种类较少，因而多用于小型机组或充当面粉检查筛。目前面粉厂使用的筛理设备绝大多数为高方平筛。常用的圆筛主要为振动圆筛。振动圆筛的筛理面积小，分级种类少(只能分为筛上物和筛下物)，但在打板的配合下，筛理作用较强。振动圆筛一般只用于筛理黏性较大的吸风粉和打麸粉。

根据制粉工艺的要求，筛理工作主要有以下 4 项任务。

1) 及时筛出各道磨粉机研磨后所产生的面粉，防止面粉过分研磨影响面粉的质量，尤其是对于心磨系统，该任务尤为重要。

2) 在对面粉有不同等级要求的生产中，各道研磨后的面粉凡有条件分等的，筛理工作应能按质量分等。

3) 根据粉路的简易与复杂程度，筛理工作应将筛出面粉后的混合物按粒度分成相应等级的在制品。

4) 要求按粒度分级的各类在制品整齐不混，且数量适应各道磨粉机的容量。

筛理工作较好地完成上述 4 项任务，就能使各系统物料流量、质量得当。磨粉机的平均负荷也将降低。

2. 筛理工作的要求　对于能完成筛理工作的高方平筛应有下列具体要求。

1) 分级、取粉的级数要多，并可调整。

2) 能够容纳较高的物料流量，在常规的工艺条件波动范围内不会堵塞。

3) 不窜粉、不漏粉。窜粉、漏粉的情况有：①筛格内部；②筛格之间；③筛格与筛箱(包括筛门)之间；④物料上、下通道之间；⑤筛仓之间；⑥筛仓与外界。情况①～⑤会使成品粉不合格或减少优质粉的产量；情况⑥会污染工作环境，造成物料损失。

4) 筛格加工精度高，长期使用不变形。

5) 筛体的隔热性能良好，内部不结露，不积垢生虫。

(二)各系统物料的筛理特性

现代的制粉工艺采用分级研磨，同质合并，各系统研磨的物料特性并不相同。充分了解各系统物料的筛理特性，可以合理配备筛面和安排筛路，使物料得以更有效的分离。

1．皮磨系统物料的筛理特性 前路皮磨系统物料的特性是容重大、颗粒大小相差悬殊且形状不同、温度较低。前路皮磨的物料中麸片上含胚乳多而硬，麦渣的颗粒大，麸屑少，因而前路皮磨的物料散落性大，自动分级性能良好。在筛理过程中，麸片、粗粒容易上浮，粗粉和面粉容易下沉，故麸片、粗粒、粗粉和面粉容易分离。后路皮磨由于麸片经逐道研磨，混合物料麸多粉少，粗粒含量极少。这种物料容重低、流动性差、粒度差异较前路皮磨小。混合物料中麸片上含粉少而软，粗粒的颗粒小，麸片、粗粒、面粉相互间的粘连性较强，自动分级性能差，麸片、粗粒和面粉不容易分离，物料需要较长的筛理路线和筛理时间。中路皮磨物料的筛理特性介于前路物料和后路物料之间。

2．渣磨系统物料的筛理特性 渣磨系统的磨下物以胚乳为主，研磨后的物料含麦皮少，含粗粒、粗粉多。物料粒度相差较小，散落性中等，有较好的自动分级性能。粗粒、粗粉和面粉容易分离。

3．心磨系统物料的筛理特性 心磨系统的物料含有大量胚乳，颗粒小，粒度范围相差不大。由于心磨系统的物料含麸片少、含粉多，因而混合物料的散落性小，特别是后路心磨更甚。物料经过研磨后，胚乳被粉碎成大量的面粉，心磨系统的任务主要以筛粉为主。

4．尾磨系统物料的筛理特性 尾磨系统物料以连麸粉粒为主，粒度较小，同时第一道尾磨物料中含有麦胚。物料的散落性和流动性与中后路心磨相似。如需提胚，则要采用较稀的筛孔将麦胚筛理出来。

5．粉及吸风粉 用刷麸机(打麸机)处理麸片上残留的胚乳所获得的刷麸粉，以及从气力输送系统的除尘器所获得的吸风粉的特点是粉粒细小而黏性大，容重低而散落性差。物料在筛理时，不易自动分级。一般采用筛理效果较强的振动圆筛来处理吸风粉和打麸粉。

(三)筛的种类

1．按照筛子的大小和用途分类

(1)*粗筛* 将皮磨磨下物料中的麸片分离出来的筛面称为粗筛。一般用 10～20W(筛号单位)的钢丝筛网分离粗麸皮，用 24～26W 的钢丝筛网分离细麸皮。

(2)*分级筛* 将麦渣、麦心按粒度大小进行分级的筛面称为分级筛。

(3)*粉筛* 分离面粉的筛面称为粉筛。加工标准粉用 54～72GG(型号)的绢筛，特等粉用 9～11XX(型号)的双料绢筛。

2．按照筛网的种类分类

(1)*金属丝筛网* 金属丝筛网通常由镀锌低碳钢丝、软低碳钢丝和不锈钢钢丝制成，由于金属丝具有强度大、耐磨性好、不会被虫蛀等特点，故金属丝筛网有经久耐用等优点。但由于金属丝没有吸湿性，很容易被水汽与粉粒糊住筛孔，并且容易生锈。此外，由于金属丝有延展性而易使筛孔变形，并且很难拉成很细的丝，金属丝筛网一般制成筛孔较大的筛网。镀锌低碳钢丝筛网由于颜色光亮，故常称作白钢丝筛网，多用于粗筛和分级筛；软低碳钢丝筛网由于丝黑而粗、强度大，常称作黑钢丝筛网，常用于刷麸机。近年来，不锈钢或准不锈钢钢丝网被广泛采用，由于其强度大、筛孔不易变形、延伸性小、使用寿命长，正逐步取代上述两种金属筛网。

金属丝筛网的规格以一个汉语拼音字母和一组数字表示其具体型号。字母表示金属丝的材料。例如，Z 表示镀锌低碳钢丝筛网；R 表示软低碳钢丝筛网。字母后面的数字表示每 50mm 筛网长度或宽度上的筛孔数。制粉厂常用的镀锌低碳钢丝筛网的规格见表 5-6，常用的软低碳钢丝筛网的规格见表 5-7。

表 5-6　制粉厂常用的镀锌低碳钢丝筛网的规格

筛网型号	经纬方向筛孔密度/(孔数/50mm)	公称筛孔大小/mm	金属丝公称直径/mm	相当于旧规格
Z20	20	1.95	0.55	10W
Z24	24	1.63	0.45	12W
Z28	28	1.44	0.35	14W
Z32	32	1.21	0.35	16W
Z36	36	1.09	0.30	18W
Z40	40	0.95	0.30	20W
Z44	44	0.85	0.28	22W
Z48	48	0.76	0.28	24W
Z52	52	0.71	0.25	26W
Z56	56	0.67	0.22	28W
Z60	60	0.61	0.22	30W
Z64	64	0.58	0.20	32W
Z68	68	0.54	0.20	34W
Z72	72	0.49	0.20	36W

表 5-7　制粉厂常用的软低碳钢丝筛网的规格

筛网型号	经纬方向筛孔密度/(孔数/50mm)	公称筛孔大小/mm	金属丝公称直径/mm	相当于旧规格
R68	68	0.46	0.28	34W
R72	72	0.41	0.28	36W
R76	76	0.41	0.25	38W
R80	80	0.38	0.25	40W
R84	84	0.35	0.22	42W
R88	88	0.32	0.22	44W
R92	92	0.32	0.22	46W
R96	96	0.32	0.20	48W
R100	100	0.30	0.20	50W

(2) 非金属丝筛网　非金属丝筛网是指由非金属材料制成的筛网，目前小麦粉厂使用的非金属丝筛网主要有尼龙筛网、化纤筛网、蚕丝筛网和锦纶与蚕丝交织筛网。蚕丝筛网有以下几个优点：①坚韧而有弹性；②蚕丝有吸湿性，可减少水汽在筛格上的结露现象，从而避免糊筛；③蚕丝的表面涂有化学药品，可使筛网增加导电能力，避免细小粉粒在筛理时产生静电，从而黏附在筛面上降低筛理效率。蚕丝筛网的缺点是较易磨损，用久后易起毛，价格较贵。锦纶与蚕丝交织筛网又称锦蚕交织筛网，这种筛网具有耐磨性好、强度高、延伸性小、筛孔清晰等特点，耐磨强度可比蚕丝筛网提高 50%～100%。

(四) 筛理设备

1. 高方平筛　高方平筛一般由进料装置、筛箱、出料底格、压紧装置、传动机构、吊挂装置等组成，图 5-6 为高方平筛的一般结构图。

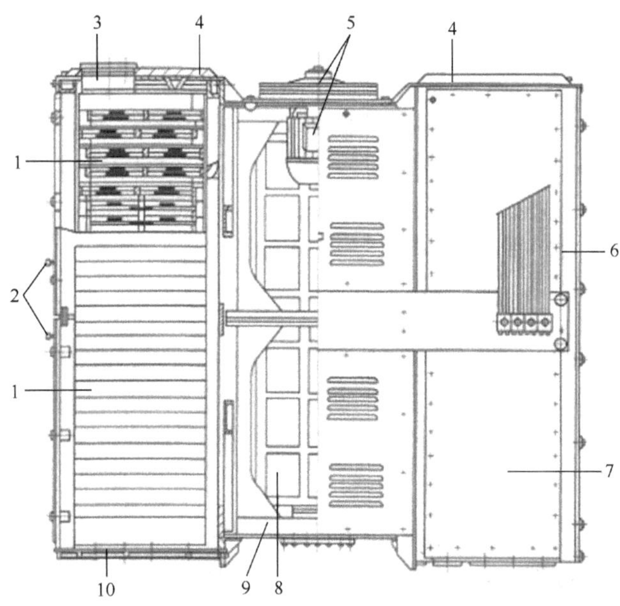

图 5-6　高方平筛的结构(周惠明和陈正行，2001)

1. 筛格；2. 仓门把手；3. 进料口；4. 筛格压紧装置；5. 驱动机构；6. 吊杆；7. 筛箱；8. 偏重块；9. 中部机架；10. 出料口

(1) 进料装置　高方平筛的每一仓顶的盖板(顶格)就是高方平筛的进料装置，它与进料承接板以布筒法兰连接。

(2) 筛箱　高方平筛的筛箱被分隔成若干个独立的工作单元，每个单元称为 1 仓式，故有 4 仓式、6 仓式和 8 仓式平筛。高方平筛筛格呈正方形，每仓平筛中可叠加 20～30 层(有的 16 层)。物料经进料装置后散落于筛格的筛面上，连续筛理分级后物料经内、外通道落入底格出口流出。筛格在高方平筛筛箱内的安装方式有叠加式和抽屉式，中国大多数采用叠加式。筛格多用木材烘烤后制作。筛格由筛框格和筛面格组成。筛面格嵌在筛框上部，便于取出更换，见图 5-7。高方平筛筛格的尺寸一般为 640mm×640mm，有些筛格已增大为 740mm×740mm。

(3) 出料底格　高方平筛的出料底格位于每仓筛格的最后一层，它的作用是将各个方向上的筛出物严格分开，并使其按工艺设计分别进入筛箱下面各个不同的出口流出。底格结构如图 5-8 所示。底格上②、④、⑥三个出口固定为筛格外下落物料的出口，直径为 155mm，适合麸皮或粗物料流出；其他出口直径为 115mm，适合容重大的物料流出。③、⑤固定为筛格内物料出口。

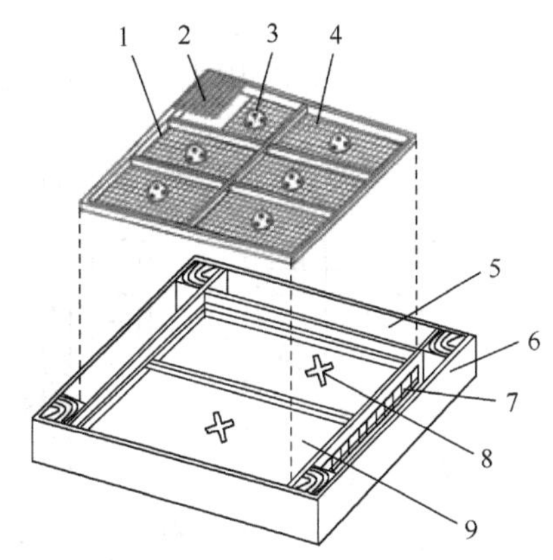

图 5-7　叠加式筛格(周裔彬，2015)

1. 筛面格；2. 筛理筛网；3. 清理块；4. 钢丝筛网；5. 内通道；6. 筛框；7. 钢丝栅栏；8. 推料块；9. 收集底板

(4) 压紧装置　高方平筛在运动时筛格必须压紧，这样可防止串料和串粉。筛格的压紧装置包括水平压紧装置和垂直压紧装置。

(5) 传动机构　高方平筛的传动机构安装在两筛箱中间的传动钢架上。电动机通过皮带带动主轴旋转，主轴上固定有可调节的偏重块，偏重块旋转所产生的离心惯性力使筛体回转。目前使用的高方平筛传动机构中偏重块主要有两种形式，即单偏重块和双偏重块。

(6) 吊挂装置　为了保证筛体的垂直平面圆运动，高方平筛采用吊装形式来支承筛体结构，如图 5-9 所示。吊装材料为藤条、玻璃钢或钢丝绳。

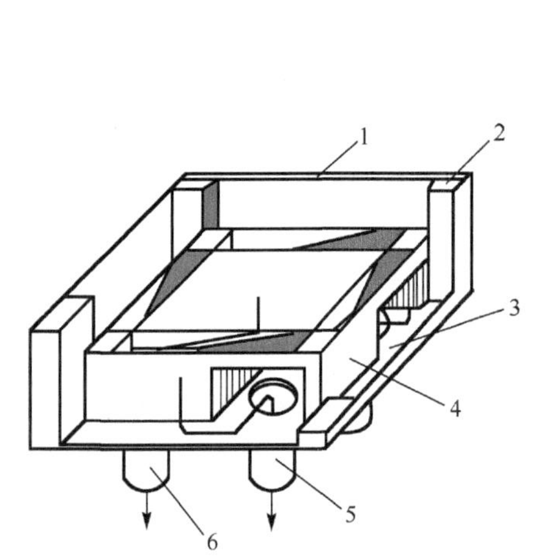

图 5-8　筛仓中的底格(周裔彬，2015)

1. 筛箱隔板；2. 立柱；3. 筛箱底板；4. 底格；5. 外通道出料孔；6. 内通道出料孔

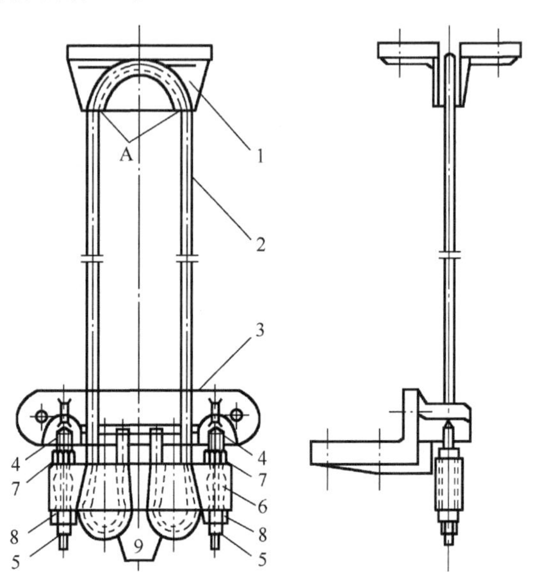

图 5-9　高方平筛的吊挂装置(刘英，2005)

1. 吊挂上座；2. 钢丝绳；3. 吊挂下座；4. 螺孔；5. 螺杆；6. 钢绳架；7，8. 螺母；9. 楔形压板。A 指剖切线的位置

2. 双筛体平筛　双筛体平筛由两个筛体组成，筛体通过吊杆悬挂在金属结构的吊架上，吊架固定于地面，如图 5-10 所示。两筛体中间设有电动机和偏重块，增减偏重块的质量可调节筛体的回转半径。每个筛体可叠加 6～10 层筛格，筛格直接叠置在筛底板上，没有筛箱，靠四角的 4 个压紧螺栓及手柄将其压紧。双筛体平筛筛格层数少，筛路简单，体积较小，安装方便，多用于面粉检查筛和小型制粉厂的筛理分级。

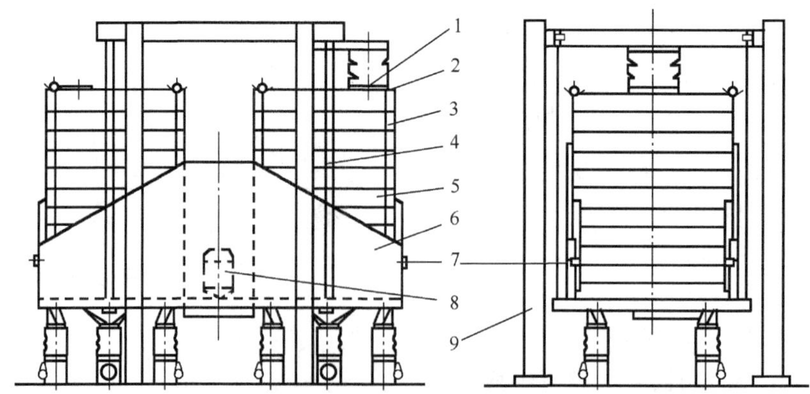

图 5-10　FSFS 型双筛体平筛结构示意图(刘英，2005)

1. 进料筒；2. 压紧手柄；3. 压紧螺栓；4. 玻璃钢吊杆；5. 筛格；6. 筛体；7. 水平压紧装置；8. 传动机构；9. 吊挂钢架

3．挑担平筛　挑担平筛有 4 个筛体，每个筛体内有 2 仓或 3 仓。每个仓体可以设置 10 余个长方形筛格，结构如图 5-11 所示。

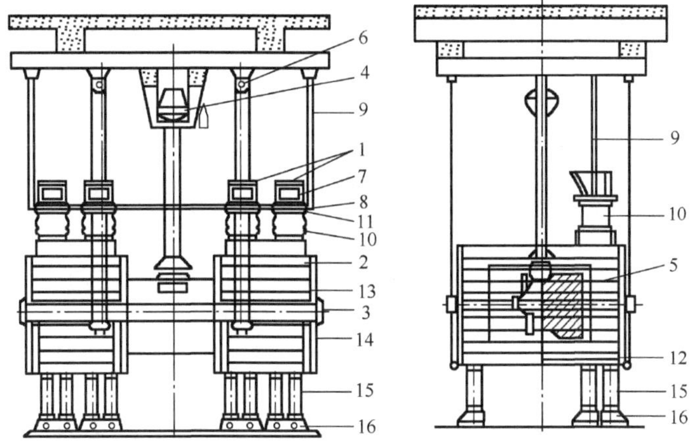

图 5-11　挑担平筛结构示意图(李新华和董海洲，2018)

1．进料机构；2．筛体；3．金属机架；4．传动装置；5．平衡重；6．承吊钢绳滑轮；7．进料箱；8．进料支承板；9．长螺栓；10，15．绒布筒；11．法兰圈；12．螺栓；13．角钢；14．槽钢；16．接料盒

4．小型平筛　小型平筛是小型磨粉机的组成部分，只有一个筛体，筛格为长方形，四角有下吊杆支座，筛体悬挂在钢架下，筛体做平面回转运动。

5．立体振动圆筛　立体振动圆筛的结构如图 5-12 所示，其主要构件为吊挂在机

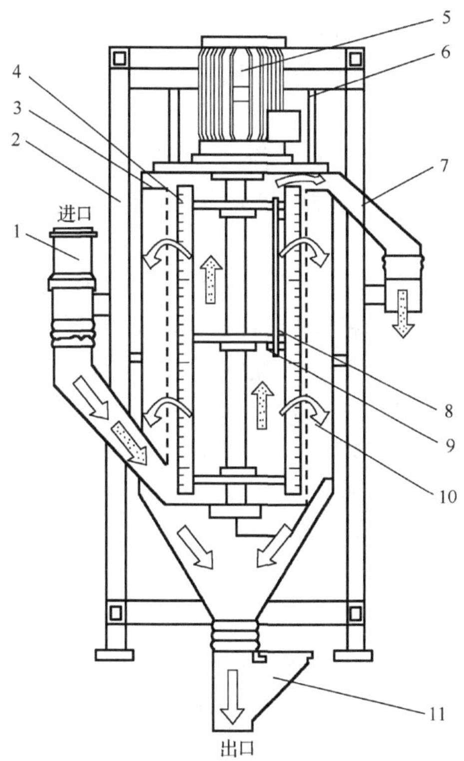

图 5-12　立体振动圆筛结构示意图(刘英，2005)

1．进料口；2．机架；3．筛体；4．打板；5．电动机；6．吊杆；7．筛上物出口；8．偏重块；9．调节螺栓；10．筛筒；11．筛下物出口

架上的筛体。筛体中部是一打板转子，外部为圆形筛筒。转子主轴的一侧装有偏重块，使筛体产生小振幅的高频振动。打板转子圆周均布 4 块条形打板，打板向后倾斜一定角度，上面安装有许多向上倾斜的叶片，叶片间隔排列呈螺旋状。物料自下方进料口进入筛筒内，在打板的作用下甩向筛筒内表面，细小颗粒穿过筛孔，从下方出口排出，筛筒内物料被逐渐推至上方出料口排出。立体振动圆筛的筛筒一般采用锦纶筛网。

6．小型打板圆筛　小型打板圆筛是磨粉机的配套筛理设备，其作用与平筛相同，但工作原理与平筛有所不同。小型打板圆筛主要由前后轴承架、主轴、筛筒、外壳、打板等组成。打板具有一定的倾斜角度，物料在圆筛内的运动是靠打板推动的。当主轴旋转时，能产生一定的风力。进入圆筛内的物料由打板抛向筛面，并供给打板风力，强迫粒度小于筛孔的物料通过。小型打板圆筛配有棕刷，起清理筛面的作用。

（五）筛理路线安排的原则

1．高方平筛的筛路　物料在平筛中筛理分级时流动的路线称为筛路。筛路由多种形式的筛格组合而成。

筛路组合的原则主要有以下几点。

1）根据制粉工艺的要求，确定各筛路分级物料的种类，合理安排筛分的级数。

2）本着先易后难的原则确定分级次序，将数量多、容易筛分的物料先筛分出去，这样可有效地减少后续分级物料的料层厚度。在皮磨系统一般应先提出麸皮、粗粒，然后再筛面粉；心磨系统的面粉比例较高（60%～70%），筛理应先筛出面粉，然后再进行在制品分级。

3）根据筛分物料的粒度、筛理性质、筛孔大小、含应筛出物数量的多少，以及穿过筛孔的难易程度等因素确定合适的筛理长度。防止产生物料少、筛路长，筛理“过枯”或物料多，筛路短而筛理不透的现象。

4）参考筛分物料的出料口位置，确定各层筛格的形式和排列方向，并依据筛箱内部的总高度、各层筛格物料的流量（筛上物和筛下物量）确定各层筛格的高度。

2．各系统筛路

（1）*前路皮磨及重筛筛路*　通常将制粉流程中的 1 皮、2 皮称为前路皮磨。前路皮磨研磨后物料中麸片、粗粒、粗粉及面粉的粒度差异悬殊，物理特性差别大，在筛理过程中容易分离。皮磨的剥刮率越小，麸片越大、数量也越多，筛理时一般先用粗筛将其分离出去，然后用分级筛依次分出大、中、小粗粒，筛理长度为 2.5～3m（5～6 层），最后筛净面粉。根据流量和分级数量，可选用不同的皮磨筛路。由于分级种类较多，而每仓平筛筛理长度有限，可设置重筛进行连续筛理。重筛的作用是将面粉筛净，并进一步分级。

（2）*中后路皮磨筛路*　中后路皮磨是指 3 皮及其以后的各道皮磨。中后路皮磨筛理的物料含麸皮较多，容重较小，黏性较大，流动性变差，粒度差异也不如前路显著，因此物料在筛面上形成运动分层较困难。与此对应，中后路皮磨物料的分级种类依次相对减少。由于中后路皮磨的物料含粉较少，因此一般可不设重筛。

（3）*渣磨筛路*　渣磨的研磨物料为前路皮磨分出的麦渣或清粉机分出的连麸胚乳颗粒，研磨后物料中含有少量细麸、面粉及较多的麦心和粗粉。物料颗粒大小相差较小，有一定的散落性能。设计筛路时，应先将细麸筛分出去。

（4）打麸粉和吸风粉筛路　打麸粉或刷麸粉为从麸片上打（刷）下的细小粉粒，混有少量麸屑，黏性较大。吸风粉为粉间除尘系统沉降下来的物料，其黏性大、粒度小。因此，打麸粉和吸风粉筛理较为困难，一般采用振动圆筛进行筛理。

（5）前路心磨筛路　前路心磨是指1～3道心磨系统，前路心磨是粉路中主要的出粉部位，筛理物料中的面粉含量达50%以上，因此筛路中需配置较长的粉筛。由于研磨物料中或多或少混有少量麸屑，为减少下道心磨的麸屑含量，需设置分级筛将其筛分出去。前路心磨的筛路应具备如下特点：筛面的80%以上为粉筛，分级筛仅用20%，一般不用粗筛；由于物料细、含粉多，一定要有足够的筛理长度；由于物料中没有粗麸片，粉筛磨损小，可采用先筛粉后分级的筛路以提高筛粉效率；可以采用双进口，降低料层厚度，提高筛理效率。

（6）后路心磨筛路　后路心磨筛路一般指心磨系统的最后2～3道。后路心磨筛理的物料含粉量降低，麦心质量变差，一般不再分级。

（7）尾磨筛路　尾磨筛理的物料中含有麸屑、少量麦胚、质量稍差的麦心、粗粉和面粉。若单独提取麦胚，因麦胚多被压成片状，一般先将其筛出，再筛出麸屑。若不提麦胚，直接用分级筛筛出麸屑（麦胚混在麸屑中）。

（8）双料双进口筛路　筛理物料流量较小时，多将两个系统组合在一仓中筛理，根据筛分物料的种类不同，组合的形式有多种，但最多只能分出7种物料。

（9）检查筛筛路　面粉检查筛的作用是将筛理时因筛网破损或窜仓而混入面粉中的物料筛分出，因此筛路设计时应考虑将面粉全部筛出，只留少量筛上物。

（六）筛理效果的评定

高方平筛筛理效率的高低，可以通过筛净率和未筛净率来评定。

1．筛净率　筛净率是指实际筛出物的数量占应筛出物的数量的百分比。筛净率可按下式计算。

$$\eta = \frac{q_1}{q_2} \times 100\%$$

式中，η 为筛净率，%；q_1 为实际筛出物的数量，%；q_2 为应筛出物的数量，%。

2．未筛净率　未筛净率是指应筛出而没有筛出的物料的数量占应筛出物的数量的百分比。未筛净率可按下式计算。

$$H = \frac{q_3}{q_2} \times 100\%$$

式中，H 为未筛净率，%；q_3 为应筛出而未筛出物的数量，%。由于 $q_3=q_2-q_1$，故 $H=1-\eta$。

评定某一仓平筛的筛理效率时，需对该仓中的粗筛、分级筛、细筛及粉筛逐项进行评定。在实际筛理过程中，筛孔越小，物料越不易穿过，越难以筛理。为简化起见，一般仅评定该仓粉筛的筛理效率。

三、清粉

（一）清粉的目的

清粉是制粉生产中的一道工序。在磨制高精度面粉的粉路中，清粉系统几乎是不可缺少的组成部分。这是因为清粉系统对提高面粉的质量和扩大优质面粉的数量比例起着十分重要的作用。经皮磨、渣磨系统研磨筛理分级后，分出的粗粒和粗粉多为从麦皮上剥刮分离出的胚乳颗粒，需进一步研磨成粉。但其中或多或少含有一些连麸胚乳粒和细碎麸皮，其含量随粗粒和粗粉的提取部位、研磨物料特性及粉碎程度等因素的变化而变化。如果混合物直接送往心磨研磨，在胚乳颗粒被磨碎成粉的同时，必然使一些麦皮随之粉碎，从而降低面粉质量，尤其降低前路心磨优质面粉的出品率和质量。因此，生产高等级面粉时，需将粗粒和粗粉进行精选。精选之后，分出的细碎麸皮被送往相应的细皮磨，连麸胚乳颗粒被送往渣磨或尾磨，胚孔颗粒被送往前路心磨。制粉工艺中，精选粗粒和粗粉的工序就是清粉。

清粉的具体目的如下。

1）提出前路皮磨系统粗粒、粗粉中的麸屑并将其送入后路皮磨（或尾磨）研磨，以降低粗粒、粗粉的灰分。

2）将提出麸屑的粗粒、粗粉按密度、粒度进行分级，使大小不同的胚乳颗粒分开，连麸胚乳颗粒与纯净胚乳颗粒分开，以便按质量合并入磨，这是提高面粉质量、提高高精粉出率的有力措施。

3）根据需要，还可以依靠清粉系统，提纯小粗粒，得到“砂子粉”或“通心粉”的面粉产品，用来制作通心面。

（二）清粉机的工作原理

清粉机主要由喂料机构、筛体、筛格、出料机构、传动机构、风量调节机构等 6 部分组成。清粉机是利用筛分、振动抛掷和风选的联合作用，将粗粒、粗粉混合物进行分级。清粉机筛面在振动电机的作用下做往复抛掷运动，落在筛面上的物料被抛掷向前，气流自下而上穿过筛面、料层，对抛掷散开的物料产生一向上的、与重力相反的作用力，使得物料在向前推进的过程中，自下而上按以下顺序自动分层：小的纯胚乳颗粒、大的纯胚乳颗粒、较小的混合颗粒、大的混合颗粒、较大的麸皮颗粒及较轻的麦皮。各层间无明显界限，尤其是大的纯胚乳颗粒与较小的混合颗粒之间区别更小。选取合适的气流速度，使较轻的颗粒处于悬浮和半悬浮状态，较重的颗粒接触筛面，再通过配置适当的筛孔将上述分层物料依次分为：前段筛下物、后段筛下物、下层筛上物、上层筛上物和吸出物。图 5-13 是清粉机的工作原理。

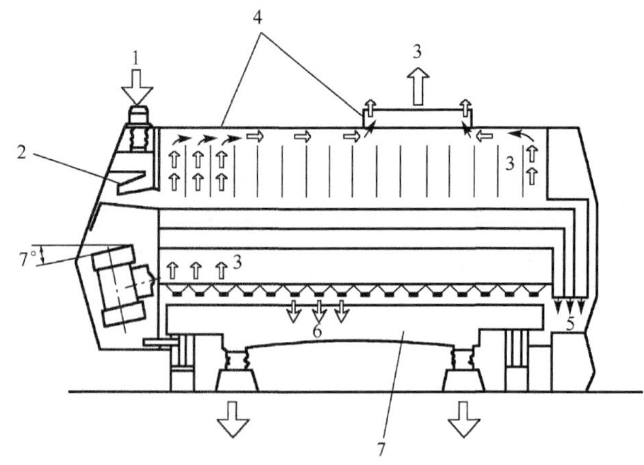

图 5-13　清粉机的工作原理（周惠明和陈正行，2001）

1. 进料口；2. 喂料机构；3. 吸入空气；4. 吸风罩；5. 筛上物出口；6. 筛下物出口；7. 振动收集槽

四、打(刷)麸和松粉

打(刷)麸和松粉是制粉工艺中必不可少的辅助环节。打(刷)麸的目的是将麸片上的残留胚乳打下，提高成品出粉率；松粉的目的是将压成片状的面粉松散，尽快将符合要求的面粉筛分出去，防止面粉过度研磨而品质下降。打(刷)麸使用的设备是打麸机或刷麸机；松粉使用的设备为撞击松粉机或打板松粉机。在配粉过程中，通过撞击松粉机可以起到杀灭虫卵的作用。

(一)打(刷)麸

小麦在制粉过程中，经磨粉机逐道研磨，除获得成品面粉之外，还得到片状的或屑状的麸皮，在其内还残留着一些胚乳。继续使用磨粉机剥刮这些胚乳是不适宜的，因为它使麸皮更加细碎，却不能有效地刮净胚乳，即使刮下，其质量也较低，而且动力消耗较高，不经济。为此，对麸片采用擦刷、打击等办法来弥补磨粉机的不足，使得黏附在麸片上的或混杂于其中的胚乳分离。在目前许多的制粉工艺过程中，打(刷)麸机的应用并不局限于处理末道筛分出的麸皮，也常用于处理送往下一道皮磨的麸片，一般在前、中路的皮磨前使用一道或二道打(刷)麸机，以加强皮磨系统的剥刮作用，降低麸片的含粉量。完成打(刷)麸的机械是打麸机和刷麸机。

1．打(刷)麸设备　打(刷)麸机的主要工作机构是立式或卧式的工作圆筒及其筒内装有打板(或刷帚)的转子。打麸机的工作圆筒为冲孔筛板。刷麸机的工作圆筒为软低碳钢丝布或冲孔薄钢板。打(刷)麸过程中，穿过筛孔的物料称为打(刷)麸粉，把其中的一部分细粉筛出来，可以并入成品。

打麸机主要由箱型机壳、打板转子、半周多边形筛和传动机构组成。其结构见图 5-14。打麸机在工作时，物料沿打板转子的切线进入机内，在高速旋转的打板作用下，将麸片撞击在缓冲板或筛面上，受到强烈的打击与摩擦，使麸片上黏附或残留的胚乳得到分离，穿过筛孔落入集料斗。为保证打麸机有较好的工艺效果，避免粉尘飞扬，需外接吸风装置，并最好采用下吸风。在设备不能装下吸风时，可改用上吸风。两台设备在安装时，可采用背靠背排列，以节省占地面积。打板转子上设有可调节的打板 4 块，打板有较高的圆周速度(20～26m/s)，安装后需进行动平衡校验。打板呈锯齿形，锯齿的扭转角度为 12°～15°。打板边缘与多边筛内切圆的最大距离

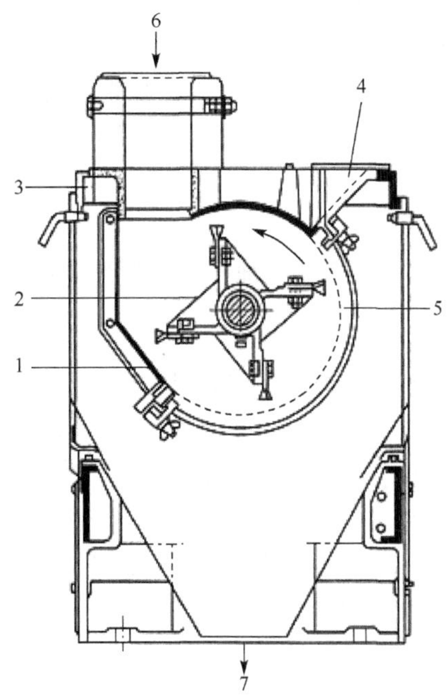

图 5-14　卧式打麸机结构示意图(周惠明和陈正行，2001)
1．缓冲板；2．打板转子；3．检查门；4．吸风口；
5．冲孔箱；6．进料口；7．打麸粉出口

为7.5mm（打麸机筛筒直径为300mm）。

刷麸机的结构如图5-15所示。刷麸机工作时，物料由装置在外筒上盖板的进料口进机，落在转子的上部圆盘上，受离心力的作用甩向筛筒内表面，沿筛筒下落，此时受到刷帚的擦刷作用，最后由底部的出口排出。穿过筛孔的麸粉落在外筒的底部，由装在筛筒上的刮板送至出口。

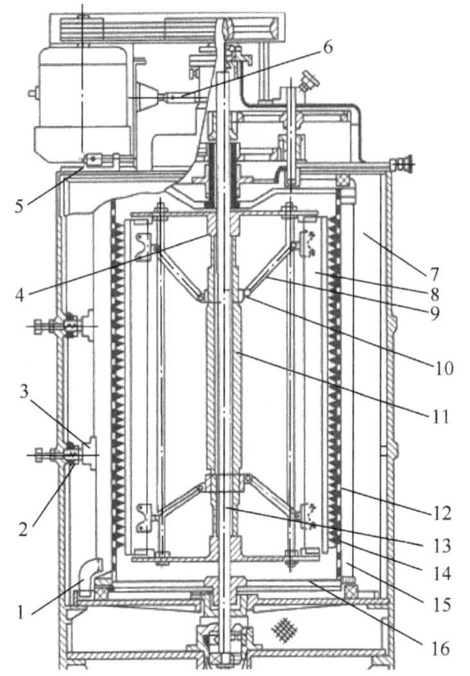

图5-15　刷麸机结构示意图（刘英，2005）

1. 刮板；2. 振动器；3. 筛筒敲打器；4. 上部圆盘；5，6. 张紧螺杆；7. 上部支架；8，15. 板条；9. 撑杆；10. 螺母；11. 长套管；12. 刷子；13. 主轴；14. 筛筒；16. 下部支架

2. 影响打（刷）麸机工艺效果的主要因素

（1）流量　物料流量大，麸片上所含的粉不易除净，效率不高；流量小则作用强烈，筛出物质质量较差。一般流量为每平方米筛理面积处理麸片0.5～1.2t/h。

（2）打板和刷帚圆周速度　打板和刷帚圆周速度是影响打（刷）麸效果的主要因素，速度高则打（刷）麸效果好，产量高而电耗增加，一般打板圆周速度为20～26m/s，刷帚圆周速度为12～13m/s。

（3）打板斜度　对于打麸机而言，打板的斜度与打麸效果有较大关系。打板的锯齿斜度大，则物料推进快，产量增加，而打麸效果降低。

（4）打板或刷帚与筛面的间距　打（刷）麸工作间距小，则作用强烈，容易将残留在麸皮上的胚乳处理干净，但易损坏筛面，筛出物质量变差。间距过大，则打（刷）麸作用减弱，效率降低。

（5）筛面情况　筛面不能有破损或堵塞，并有良好的吸风作用，以提高打（刷）麸效果。

（二）松粉

在小麦制粉过程中，从皮磨系统获得的粗粒和粗粉，经磨粉机光辊研磨，受到挤压力和剪切力后，不仅被粉碎成能穿过粉筛的面粉，而且形成一定数量的粉片和预破损的胚乳颗粒。后者通过松粉机的打击和撞击作用，便可进一步得到粉碎，较容易被研磨成面粉。对粗粒和粗粉的研磨，采用两阶段研磨，即物料先经磨粉机光辊研磨，再进入松粉机进一步研磨，可提高粗粒与粗粉的成粉率，缩短研磨道数，节约动力消耗。松粉机可分为两类，即撞击松粉机和打板松粉机。

五、粉路的设计

利用研磨、筛理、清粉、打麸和松粉等设备，将经过清理工序得到的适于制粉条件的干净小麦磨制成面粉的整个生产过程称为制粉工艺流程，简称粉路。

制粉厂的粉路，对于产量、产品质量、出粉率、动力消耗及单位产品成本的影响极大。因此，按照小麦制粉的基本规律，正确地组织制粉工艺流程，合理地选配设备及其技术参数，是制粉厂取得良好工艺效果的重要因素。

(一)粉路设计的原则

在制订粉路时，必须遵循以下基本原则。

1)整个工艺流程应该是连续性生产，各种设备之间尽量做到密切配合、紧密衔接、相互协调，以达到正常而稳定生产的目的。

2)粉路的研磨系统和道数，应根据制粉厂的生产规模、产品的质量要求、原料的性质和电耗指标等因素来确定，以保证把小麦中的胚乳剥刮干净。

3)粉路中各道设备的配备，应根据各路物料的性质及其数量来安排，做到设备负荷均衡而且合理。既能充分发挥设备的效能，又要保证生产的安全性。

4)粉路中的在制品(带胚乳的麸片及未磨细的麦心)处理。应根据粉路各系统和道数的组成情况，尽量使大小相近、质量基本相同的物料合并进入同一研磨系统内。做到分工合理以提高工艺效果。

5)粉路中的各道研磨系统应避免出现回路，应做到逐道研磨、循序后推，以保证生产效率和产品质量。

6)吸风粉、成品打包应设有一定容量的缓冲仓，设备的配备和选用应考虑原料、气候、产品的变化。工艺要有一定的灵活性。

按照以上原则组合粉路，还应确定相适应的技术特性和操作指标，使生产能正常地进行，达到设计的预计目的。

(二)常用的制粉方法

1. 前路出粉法 前路出粉法，顾名思义是在系统的前路(1 皮、2 皮和 1 心)大量出粉(70%左右)，整个粉路由 3～4 道皮磨、3～5 道心磨系统组成。生产面粉等级较高时还可以增设 1～2 道渣磨。小麦经研磨筛理后，除大量提取面粉外，还分出部分的麸片(带胚乳的麦皮)和麦心，由皮磨和心磨系统分别进行研磨和筛理，胚乳磨细成粉，麸皮剥刮干净。在前路出粉法中，通常不使用清粉机，磨辊全部采用齿辊。前路出粉法的流程比较简单，使用设备较少，生产操作简便，生产效率较高，但面粉质量差。前路出粉法在磨制标准粉时使用较广泛，目前已较少采用。

2. 中路出粉法 中路出粉法是在整个系统的中路(1～3 心)大量出粉(35%～40%)，而前路皮磨的任务不是大量出粉，而是给心磨和渣磨系统提供麦心和麦渣。整个粉路由 4～5 道皮磨、7～8 道心磨、1～2 道尾磨、2～3 道渣磨和 3～4 道清粉等系统组成。小麦经研磨筛理后，除筛出部分面粉外，其余在制品按粒度和质量分成麸片、麦渣、麦心等物料，分别送往各系统处理。麸片送到后道皮磨继续剥刮，麦渣和麦心经过清粉系统分开后送往心磨和渣磨处理，尾磨系统专门处理心磨系统送来的小麸片。在中路出粉法中，大量使用光辊磨粉机，并配备各种技术参数的松粉机。中路出粉法的主要特点是轻研细分、粉路长、物料分级较多、单位产量较低、电耗较高，但最大的优点是面粉质量好。目前，大多数制粉厂采用的制粉方法为中路出粉法。

3. 剥皮制粉法 剥皮制粉法是在小麦制粉前，采用剥皮机剥取 5%～8%的麦皮，再进行制粉的方法。采用剥皮制粉法，在中路出粉法的基础上，皮磨系统可缩短 1～2 道，心磨系统可缩短 3～4 道，但渣磨系统需增加 1～2 道。皮磨和心磨系统的缩短是由剥去部分皮层，中后路提心数量减少，以及通过 2～3 次润麦，心磨物料强度降低所造成的。采用剥皮制粉法，可以大大简化工艺。尤其处理一些发芽陈麦时，采用剥皮制粉法可以提高面粉质量。剥皮制粉法的主要特点是粉路简单，操作简便，单位产量较高，面粉粉色较白，但麸皮较碎，电耗较高，剥皮后的物料在调质仓中易结拱。目前，有部分制粉厂采用剥皮制粉法进行生产。

第四节 小麦粉后处理

小麦粉后处理是面粉加工的最后环节，这个环节包括面粉的收集与配制、面粉的修饰与营养强化及称量与包装等。在现代化的面粉加工厂，小麦粉后处理是必不可少的环节。通过小麦粉后处理，可以达到如下目的。

1) 稳定面粉质量：通过基本粉源的搭配，使制粉厂生产出的成品面粉在品质上保持稳定，满足食品加工厂对面粉品质稳定的需求。

2) 增加面粉品种：通过基本粉源不同比例的搭配，以及通过在小麦粉后处理中加入各种修饰剂、改良剂、营养强化剂，可以得到不同品质的面粉，满足食品工业的不同需求。

3) 提高面粉质量：在小麦粉后处理中设有杀虫机，可以击杀虫卵，防止面粉在储藏过程中生虫；通过添加修饰剂和品质改良剂，可以改善面粉的粉色和品质。

一、小麦粉后处理的设备

小麦粉后处理的设备主要有杀虫机、粉仓、仓底振动卸料器、混合机等。

1. 杀虫机 小麦经过研磨和筛理后，制成的面粉中存在一定数量的虫卵，这些虫卵在环境条件适宜时就会孵化成幼虫，这些虫卵的存在会影响面粉的储藏品质，因此必须将这些虫卵杀死。杀虫机的工作原理与撞击松粉机类似，杀虫机主要由物料进口、甩盘、撞击圈和传动装置组成。

2. 粉仓 粉仓一般采用钢筋混凝土结构，与车间形成一个整体。截面可以是圆形或矩形。为避免小麦粉结拱，截面对边之间的距离不得少于 1.5m，边长以 2.5～3m 较多，长宽比不得大于 2:1，仓高以不超过 25m 为宜(麸皮仓的高度宜不超过 15m)。仓壁表面应处理得非常光滑，以便物料顺利向下滑动。壁面可先磨光，然后上涂料，涂料应符合卫生要求，一般采用环氧树脂、聚氨酯树脂。容量小的散装仓、打包仓可采用钢板仓。若使用钢板仓，应在金属被清理无尘后涂两层虫胶清漆作为保护层。粉仓仓顶应设粉尘爆炸泄爆口，并设爆炸降压板，当仓内压力达到 0.15kg/cm^2 时，降压板应爆破。

3. 仓底振动卸料器 仓底振动卸料器是一种物料给料装置，它应用于粉仓的底部，通过振动，使面粉均匀流出。仓底振动卸料器的工作原理是通过振动电机产生振动力，使振动器及内部的球面活化器随之振动，并将振动力通过活化器呈放射状传向物料，从而破坏仓内物料产生的起拱现象，使物料均匀、连续、不断地排出。振动电机停止振动，排料停止。仓底振动卸料器主要由振动电机、卸料斗、卸料盘、连接法兰、密封圈等组成。

4. 混合机 混合机的主要作用是将多种不同质量的面粉及添加的微量物质混合均匀。卧式混合机的混合效率高、卸料迅速，因而在制粉厂的小麦粉后处理中得到广泛应用。常用的卧式混合机为卧式环带混合机和双轴桨叶混合机。卧式环带混合机主要由转子、上下机体、出料门、出料控制机构等组成。双轴桨叶混合机主要由转子、桨叶、出料机构和机壳组成。两个转子并行排列在同一水平面内，旋转方向相反。转子上安装有多个桨叶，桨叶带动物料旋转，使物料得以快速充分混合。

二、小麦粉后处理的方法

(一) 面粉的收集

将从高方平筛筛出的面粉，按质量分别送入几条集粉绞龙，然后经过检查筛、杀虫机、称重送入配粉车间，成为基本面粉。不同系统的面粉，其质量和烘焙品质有所差别。一般来说，前路皮磨和前路心磨面粉的灰分较低，白度较好。渣磨和前路心磨的面粉从胚乳中心制得，其面筋含量比其他系统要低，但面筋质量较好，纤维素含量也最低，因而烘焙特性相对较好。从后路皮磨和后路心磨制得的面粉来自小麦胚乳的外围部分，面粉的面筋和纤维素含量较高，面筋质量相对较差，烘焙性能不如前路面粉。

(二) 配粉

两种或两种以上质量不同、理化指标不同的面粉按一定比例混合后，得到一种混合的面粉，这个过程称为配粉。在工艺上，配粉就是根据用户对小麦粉质量的要求，结合配粉仓内基本粉的品质，算出配方，再按配方上的比例用散存仓内的基本粉配制出要求的小麦粉。配粉的做法是将各种小麦生产的小麦粉作为基本粉放在散存仓内，根据需要用这些基本粉来配制所需要的小麦粉，这样可以提高均匀性、保证品质的稳定性。

配粉系统由基本粉收集、保质处理、基本粉散存、成品小麦粉配制、成品小麦粉打包和散装发放、面的输送、吸尘及管理等环节构成。

基本粉散存是配粉的前提，基本粉是配粉的基础，其指标的稳定性直接影响成品面粉的品质。在基本粉散存过程中，首先要将基本粉收集起来，不同原料(如蛋白质数量和质量不同，降落数值不同等)加工成的小麦粉要分别收集起来；将同一种原料的不同加工精度(粉色、灰分等)和不同蛋白质数量及质量的小麦粉分别收集起来。

基本粉在进散存仓前要进行一些处理，包括磁选、检查、计量、杀虫等，以保证成品粉的质量。

(三) 面粉的修饰

1. 熟化　小麦胚乳含有叶黄素、类胡萝卜素等黄色素，所以新制面粉颜色略黄。经过 2～3 周储藏后，缓慢的空气氧化作用使色素破坏，面粉颜色变白。另外，新磨制面粉中的半胱氨酸和胱氨酸含有未被氧化的巯基(—SH)，这种巯基是蛋白酶的激活剂。被激活的蛋白酶强烈分解面粉中的蛋白质，从而造成筋力降低、黏度增加，经过一段时间储存后，巯基被氧化而失去活性，面粉中蛋白质不被分解，面粉烘焙性能也因而得到改善。这就是面粉的自然熟化。

新磨制的面粉在 4～5d 后开始“出汗”，进入面粉的呼吸阶段，发生某种生化作用，而使面粉熟化。通常在 3 周后结束，在出汗期间，面粉很难被制作成质量优良的制品。除氧气外，温度对面粉的熟化也有影响。高温会加速熟化，低温会抑制熟化。一般以 25℃左右为宜。实验发现，温度在0℃以下时，生化特性和熟化反应大大降低。

2．氧化、漂白与增筋　面粉增筋的常用方法有氧化法、添加活性面筋法(谷朊粉)、乳化法(增加不同组分之间的交联键，以改善最终产品的内部组织结构)等，常用的增筋方法为氧化法。小麦粉蛋白质中含有很多巯基，这些巯基在受到氧化作用后会形成二硫键，筋性增加，因此对面粉的氧化处理可以增加面粉的筋力，改善面筋的结构性能。此外，氧化剂还具有抑制蛋白酶的活性和增白的作用。添加的氧化剂能够释放原子态的氧，使面粉中的β-胡萝卜素等色素氧化，从而改善面粉的色泽。

目前市场上常用的有维生素C和偶氮甲酰胺。

偶氮甲酰胺(azodicarbonamide，ADA)也叫偶氮二甲酰胺，是一种黄色至橘红色结晶性粉末，具有漂白和氧化双重作用，是一种速效面粉增筋剂。其功能与小苏打类似，本品自身与面粉不起作用，当将其添加于面粉中加水搅拌成面团时，能快速释放出活性氧，此时面粉蛋白质中氨基酸的巯基(—SH)被氧化成二硫键(—S—S—)，使蛋白质链相互连接而构成立体网状结构，改善面团的弹性、韧性、均匀性，从而很好地改善面制品的组织结构和物理操作性质，使生产出的面制品具有较大的体积和较好的组织结构。根据《食品添加剂使用标准》(GB 2760—2011)的规定，偶氮甲酰胺的功能是面粉处理剂，使用范围是小麦粉，最大使用量为0.045g/kg。面筋王(复配)增筋剂：每100kg面粉中加10～20g。最佳用量应对不同品质的小麦粉做流变学特性及烘焙实验后确定。建议使用微量喂料机在面粉中定量均匀分配，或在和面时溶于水后均匀添加，以使偶氮甲酰胺与小麦粉混合均匀。实际上，偶氮甲酰胺本身不致癌，但其在高温分解过程中，可能会产生致癌物氨基脲。因此，新加坡、澳大利亚、日本等国都已禁用，在没有禁用的国家，添加量也有严格的标准要求。不过，目前各地的标准不一。欧盟很早就禁止偶氮甲酰胺作为面粉处理剂使用，2005年又禁止其作为发泡剂在食品包装中使用。但美国、巴西、加拿大及中国则允许在安全范围内使用它。虽然目前偶氮甲酰胺的添加在我国合法，但也存在争议，由于监管困难，企业实际添加量很难控制，建议食品和餐饮企业尽量不用，特别是婴幼儿食品尽量不用。

维生素C，即抗坏血酸，在所有面筋改良剂中，是唯一的还原剂。它在干面粉状态并不起作用，但面粉经搅拌成面团后，由于面粉过氧化氢酶(catalase，也称催化酶)的作用，可将抗坏血酸变成脱氢抗坏血酸，因而具有氧化作用。一般经过短时间的搅拌，面团中的L-抗坏血酸就有70%转变成脱氢抗坏血酸。在搅拌过程中，由于氧气充足，会产生脱氢反应。

★延伸阅读

近些年关于面粉化学增白和改良剂的争议颇多。过去人们大量使用溴酸钾，目前其已被世界卫生组织和FDA认定具有较强的致癌性，欧美早已禁用；而后卫生部(现为卫生健康委员会)等部门于2011年3月1日正式发布公告，撤销食品添加剂过氧化苯甲酰、过氧化钙，自2011年5月1日起，禁止生产、在面粉中添加这两种物质。而偶氮甲酰胺是当今国际上公认的可安全用于食品的面粉改良剂。

3．降筋　大多数糕点、饼干不需要面筋筋力太强，因而需要弱化面筋。常用的减筋方法为还原法。也可通过添加淀粉和熟面粉来相对降低面筋筋力。还原剂是指能降低面团筋力，使面团具有良好可塑性和延伸性的一类化学物质。它的作用机理是破坏蛋白质分子中的二硫键成硫氢键，使其由大分子变为小分子，降低面团筋力和弹性、韧性。常用的还原剂有 L-半胱氨酸、亚硫酸氢钠和山梨酸等，近些年来我国饼干工业中常用焦亚硫酸钠作为饼干面团改良降筋剂。

焦亚硫酸钠比亚硫酸盐有更强烈的还原性，作用与亚硫酸钠相似，饼干中的残留量应小于 0.1g/kg。使用前将其配制成 20%的溶液，在面团调制过程中，分次加入未成熟的面团中。由于亚焦硫酸钠在面团调制过程中释放的二氧化硫对面团筋力的削弱作用，在面粉筋质强度和韧度较大时少量加入，可以防止饼干成品筋力过大而造成的变形。韧性面团可根据面粉筋力情况酌量加入，而一般在油糖比例高的酥性面团和甜酥性面团中尽量不使用，这是因为油糖的加入本身已经阻止了面筋蛋白质的吸水膨胀，防止了大量面筋的形成，无须再加入焦亚硫酸钠。

4．酶制剂

(1) 淀粉酶 (amylase)　面粉中的淀粉酶对发酵食品如面包、馒头的生产等有一定的作用，一定数量的淀粉酶可以将面粉中的淀粉分解成可发酵糖，为酵母提供充足的营养成分，保证其发酵能力，且水解产物的还原糖有利于面包着色。正常面粉中 β-淀粉酶的含量即可满足需要，而 α-淀粉酶活性常常不足，可以添加富含 α-淀粉酶的物质如大麦芽、发芽小麦粉等以增加其 α-淀粉酶活性。面粉中的 α-淀粉酶活性可以采用 Brabender 公司的 α-淀粉酶的活性测定仪进行测定。

(2) 葡萄糖氧化酶 (glucose oxidase)　葡萄糖氧化酶最先于 1928 年在黑曲霉和灰绿青霉中被发现，具有较宽的 pH 适应范围，在 pH4.5～7.0 时，酶活力稳定，在较宽温度范围 (30～60℃) 内，温度对葡萄糖氧化酶活力的影响不显著。葡萄糖氧化酶能显著改善面粉粉质特性，延长稳定时间，减小弱化度，提高评价值，增大抗伸阻力，减弱延伸性。葡萄糖氧化酶加强面筋蛋白质的三维空间网状结构，强化面筋，生成更强、更具有弹性的面团，形成更大的面包体积，从而使烘焙质量得到提高。葡萄糖氧化酶作为一种强筋剂用于面粉中，氧化面筋蛋白质中的巯基 (－SH) 形成二硫键 (－S－S－)，从而增强面团的网络结构。另一些研究表明，葡萄糖氧化酶氧化作用的对象是面粉中水可提取部分，主要是水溶性戊聚糖。产生的过氧化氢在面粉中过氧化物酶作用下，产生自由基，促进水溶性戊聚糖氧化胶凝作用。戊聚糖氧化胶凝特性主要是由于戊聚糖中阿魏酸参与氧化交联反应，阿魏酸通过氧化交联形成较大的网状结构，增强面筋网络的弹性。

(3) 木聚糖酶 (xylanase)　面粉中非淀粉多糖主要为戊聚糖 (化学组成为阿拉伯木聚糖)，其在面粉中的含量很少 (占面粉干基的 2%～3%)，但对面团的流变学性质和面包的品质起着重要的作用。1968 年，Kulp 首次报道戊聚糖酶对面包品质的影响。目前，非淀粉多糖水解酶 (特别是木聚糖酶) 在焙烤工业中的应用引起了人们的广泛关注。在面包加工过程中适量添加戊聚糖酶 (主要是木聚糖酶)，不仅能提高面团的机械加工性能，而且可以消除发酵过度的危害，增大面包体积，改善面包心质地及延缓老化等。木聚糖酶能够通过降解面团中的阿拉伯木聚糖来改善产品品质。当与淀粉酶复合使用时，这种效果会更明显。江正强等探讨了耐热木聚糖酶在面包焙烤中的作用，发现添加一些耐热木聚糖酶能使面包体积的最大增加量达 40%～60%。

关于木聚糖酶如何在面包制作过程中起作用，机理尚不清楚，较为普遍被人们接受的观点是水溶性阿拉伯木聚糖(WE-AX)利于面包品质的改善，而水不溶性阿拉伯木聚糖(WU-AX)则有不利影响。除了提高面包的体积、面包瓤的组织结构和柔软性，添加适量的木聚糖酶还能提高面团发酵的稳定性、面筋网络的机械耐性及炉内胀发性。在黑麦面包的制作过程中，添加木聚糖酶的优点更明显，面团的体积在发酵过程中明显增大，同时醒发时间显著减少。添加木聚糖酶对面团的不利影响是 WU-AX 的过度降解会导致面团持水力下降。当酶的浓度很低时，这种影响会由于面团黏性的增加而消除。而当酶的浓度很高时，搅拌后面团的松弛性和黏性就成为限制性因素。当酶的添加量很小时，会降低面包体积，但这种作用在酶的添加量增加时，会由于 WU-AX 降解的增加而消除。与对 WU-AX 具有特异性作用的木聚糖酶相比，WE-AX 的水解及伴随而来的面团持水能力的下降主要是出现在面团发酵过程中。这表明，尽管在搅拌后能够得到一个很好的面团，但是面团会在发酵过程中趋于松弛，特别是在酶的添加量过大时，导致面团失败。

(4) *脂加氧酶*(lipoxygenase)　该酶在面团中有双重作用，一是氧化面粉中的色素使之褪色，令面包内部组织洁白；二是氧化不饱和脂肪酸使之形成过氧化物，过氧化物可氧化蛋白质分子中的巯基，形成分子内或分子间二硫键，并能诱导蛋白质分子聚合，使蛋白质分子变得更大，从而提高了面团筋力。

脂加氧酶是一种氧化还原酶，由于脂加氧酶在大豆中含量最高，常从大豆中提取它。在面粉中加入脂肪和大豆粉后，脂肪经脂加氧酶作用所生成的氢过氧化物起着氧化剂作用。在后者作用下，面筋蛋白质巯基被氧化成二硫键，这对于强化面团中蛋白质，即面筋蛋白质三维网络结构是必要的。面团在无氧条件下形成时，结合脂肪增加是由于在游离脂和面筋之间形成疏水键。当面团在空气中混合时，在脂加氧酶作用下与不饱和脂肪酸产生氧化中间物进入面筋蛋白非水区域，使巯基被氧化，这会引起蛋白质构象变化和带电基团转向蛋白质表面。原来脂蛋白胶束结构中疏水结合转换成亲水结合使水分子有可能进入蛋白质结构和释出结合脂肪。脂加氧酶的重要性在于防止脂肪结合，这就保证外加起酥脂肪能有效改进面包体积和柔软度。在促使面筋蛋白质氧化过程中，氧化脂肪中间物也起重要作用。因此，脂加氧酶对面包质量的改进作用可能通过两条不同途径，即在面筋蛋白质中形成二硫键，从而改变面团流变性；通过面筋蛋白质氧化而增加面团中游离脂肪数量而实现的。另外，脂加氧酶可通过耦合反应破坏胡萝卜素双键结构，从而可漂白面粉，改善面粉色泽。

(5) *脂肪酶*(lipase)　面粉成分中含有 1%～2%脂肪，其中大部分是甘油三酯。脂肪酶催化甘油三酯水解生成甘油二酯、甘油一酯或甘油。应用于面粉工业的脂肪酶来源于微生物，它能调整面团性能，如改进面团流变性，增加面团过度发酵时的稳定性，增加烘焙膨胀性以使面包有更大体积，内部结构均匀，质地柔软。研究发现，脂肪酶可显著改善面粉流变学特性，提高面包品质及延缓面包老化。在面粉中适量添加脂肪酶可使面粉抗伸阻力和能量明显增加，而延伸性也有所增加。脂肪酶对面团的强度有明显的改善作用，且可解决加入强筋剂后面粉延伸度变得过小的问题。

★延伸阅读

谷氨酰胺转氨酶简称TG酶，英文名为transglutaminase，中文别名为转谷氨酰胺酶。它是一种可催化蛋白质多肽发生分子内和分子间共价交联的酶，这种交联能改善蛋白质的结构和功能，对蛋白质的性质如发泡性、乳化性、稳定性、热稳定性、保水性和凝胶能力等有显著效果，进而改善食品的风味、口感、质地和外观等。

本 章 小 结

小麦制粉一般都需要经过清理和制粉两大流程。本章内容包括小麦制粉的基本原理、小麦制粉的生产过程及相关设备、小麦粉的质量标准、小麦粉后处理方法等。通过本章的学习，为学生后续粮食食品中面制品加工的学习奠定良好的基础。

本章复习题

1．根据小麦的皮色、粒质和播种季节可将其分为哪几类？
2．小麦籽粒的组织结构包括哪些部分？各部分的主要化学成分是什么？
3．小麦品质包括哪些内容？小麦制粉品质的评价方法有哪些？
4．各类小麦的制粉特性有何不同？
5．专用小麦粉和普通小麦粉的主要区别是什么？
6．小麦中的杂质有哪些类型？各有什么特性？
7．小麦清理的意义、方法和清理应达到的要求是什么？
8．水分调节的意义、机理和方法是什么？
9．什么是小麦的搭配？如何制订搭配方案？小麦搭配的主要设备是什么？
10．什么是麦路？什么是粉路？
11．小麦研磨的工艺过程是什么？主要设备有哪些？影响研磨的主要因素有哪些？
12．什么是筛分？什么是筛路？影响筛分的因素有哪些？
13．小麦粉后处理常用的酶制剂有哪些？

第六章 面制食品加工

第一节 原辅材料

一、小麦粉的化学成分

1. 碳水化合物 碳水化合物是小麦粉中含量最高的化学成分，约占小麦粉的75%，主要包括淀粉、糊精、纤维素及各种游离糖和聚戊糖。在制粉过程中，纤维素和聚戊糖大部分被除去，因此纯面粉的碳水化合物主要是淀粉、糊精和少量糖。

(1) *淀粉* 淀粉是小麦和面粉中最主要的碳水化合物，小麦籽粒中的淀粉以淀粉粒的形式存在于胚乳细胞中，占小麦粉的65%～70%。小麦被加工成面粉的过程中，由于磨粉机磨辊的切割、挤压等机械力的作用，不可避免地会使部分淀粉粒被破坏，出现裂纹和碎片，受到伤害的淀粉粒称为损伤淀粉。损伤淀粉易水解，生成糊精、多糖及单糖，而单糖是酵母发酵的碳源，同时也是美拉德反应(Maillard reaction)的物质基础，所以损伤淀粉含量高的发酵类面制品产气速度快，且易着色；损伤淀粉还易糊化，从而增加面粉吸水率，通常损伤淀粉的吸水率是普通淀粉的2.5倍。但是若损伤淀粉含量过高会使面团的黏度大，产气速度过快，组织不均匀，发酵制品体积小、气味差。

(2) *单糖和寡糖* 约占小麦粉的2.5%，包括葡萄糖、果糖、蔗糖、棉子糖等(表6-1)，是酵母的碳源，又是焙烤面食色、香、味形成的基质。

表6-1 小麦中单糖和寡糖含量 (%)

样品	葡萄糖	果糖	蔗糖	棉子糖	总量
小麦	0.02～0.03	0.02～0.04	0.57～0.80	0.54～0.70	1.31～1.42

(3) *戊聚糖* 1927年在小麦粉中分离得到了一种黏胶状非淀粉多糖——戊聚糖，即阿拉伯木聚糖(arabinoxylan，AX)。根据溶解性可将阿拉伯木聚糖分为水溶性(WE-AX)和水不溶性(WU-AX)两类，占小麦粉的2%～3%，其中20%～25%是水溶性的。流变学实验表明，水溶性和水不溶性戊聚糖均不利于面筋蛋白质网络结构的形成。然而，另外的研究却认为，WE-AX对焙烤品质具有积极的作用，WE-AX的影响取决于其数量，少量的WE-AX可增大面包的体积。这是由于少量的WE-AX可吸附并包裹在蛋白膜表面，增强了蛋白膜的弹性和延伸性，使其免受破坏，延缓了气体的扩散，增强了面团中气孔的持气能力，维持了气室的结构，有助于增大面包体积；而过量的WE-AX则会降低面包的体积。因此，WE-AX对面包品质的影响不确定。但通常认为WU-AX对面包的品质有严重的破坏作用。烘焙过程中，包裹在气孔上的WU-AX会阻碍气体释放，导致面包心气孔大小不均匀，从而影响烘焙品质。

(4) *纤维素* 精度较高的小麦粉纤维素含量约为0.2%。

2. 蛋白质 小麦粉中的蛋白质含量为8%～14%，虽然其含量不是最多的，但是对小麦粉的应用起着至关重要的作用。

以溶解性为基础的分类：20 世纪初(1907 年)，奥斯本(Osborne)根据溶解性的不同将小麦籽粒中的蛋白质分为清蛋白、球蛋白、麦醇溶蛋白和麦谷蛋白(详见第二章粮食的化学组成)。其中，麦醇溶蛋白占总量的 40%～50%，麦谷蛋白占 30%～40%，球蛋白占 6%～10%，清蛋白占 3%～5%。麦醇溶蛋白和麦谷蛋白可以与水结合，形成面筋，称为面筋蛋白质。麦醇溶蛋白多由非极性氨基酸组成，故水合时有良好的黏性和延伸性，但缺乏弹性，影响面筋的延伸性。麦谷蛋白由 17～20 条多肽链构成，呈纤维状，影响面筋的弹性。奥斯本-门德尔分离法分类方法的缺点是由该方法获得的组分具有广泛的异质性，组分之间有相互重叠的现象，或者说难以获得高纯度的组分。

由于小麦蛋白质是多种蛋白质组分的混合物，仅靠溶解度差别将其分离不太现实。例如，乙醇水溶液在提取麦醇溶蛋白的同时也能提取少部分的麦谷蛋白。小麦蛋白质按分子质量大小可分为单体蛋白质(monomeric protein)和聚合蛋白质(polymeric protein)。单体蛋白质主要包括麦醇溶蛋白(gliadin)、清蛋白(albumin)和球蛋白(globulin)，它们没有分子间的二硫键(disulfide bond)，只有分子内的二硫键。聚合蛋白质主要包括麦谷蛋白聚合物(glutenin polymer，GP)、高分子质量清蛋白(主要是 β-淀粉酶及丝氨酸蛋白酶抑制剂)和高分子质量球蛋白[麦豆球蛋白(triticin)]三种蛋白质组分。这些蛋白质组分都是通过分子内和分子间二硫键连接形成的。

3. 脂质　小麦中的脂质主要由不饱和脂肪酸组成，是小麦中的微量成分，占籽粒质量的 3%～4%。其中，25%～30%在胚中，22%～33%在糊粉层中，4%在外果皮中，其余的 40%～50%在淀粉性胚乳组分中。在糊粉层和胚中，70%的脂质是由中性脂质组成的(主要是三酰甘油)。在淀粉胚乳中，大约 67%的胚乳脂质是淀粉脂质，即极性脂质。极性脂质是糖脂和磷脂的复合物，游离极性脂质中糖脂比磷脂多，而结合极性脂质中磷脂较多，39%是淀粉粒以外的各部分中的脂质，称为非淀粉脂质。小麦与其他谷物不同，其脂质含量变动范围不大。但在硬红春小麦、硬红冬小麦、软红冬小麦和硬粒小麦之间，以及大粒型和小粒型之间有差异。

小麦粉中脂肪的含量很少，为 1%～2%。脂质面粉在储藏过程中，甘油酯在裂脂酶、脂肪酶作用下水解形成脂肪酸。高温和高水分含量可促进脂肪酶的作用，因而在高温、高湿季节，面粉易酸败变质。酸败变质的面粉的焙烤蒸煮品质差，面团的延伸性降低，持气性减弱，面包或馒头的体积小，易开裂，风味不佳。研究表明，面粉中的类脂是构成面筋的重要部分。例如，卵磷脂是良好的乳化剂，使面包、馒头组织细腻、柔软，延缓淀粉老化。

4. 酶　小麦和面粉中含有多种酶，包括蛋白酶和肽酶、淀粉酶、脂肪酶、脂加氧酶、植酸酶、抗坏血酸氧化酶等。

(1)*蛋白酶和肽酶*　面粉中含量少，且处于活性被抑制状态。发芽麦面粉蛋白酶活性较高。谷胱甘肽、半胱氨酸等硫基化合物是蛋白酶的激活剂。出粉率高、精度低的面粉或用发芽小麦磨制的面粉，因含激活剂或较多的蛋白酶，会使面筋软化而降低面包、馒头的加工性能。蛋白酶对蛋白质的降解，对酸发酵产品，如苏打饼干(一种发酵饼干)和酸面包的制作是有利的。这种酶解作用有时也用于高筋粉生产馒头或挂面时降低面筋筋力。肽酶的作用是在发酵期间产生可溶性的有机氮，供酵母利用。

(2)*淀粉酶*　小麦粉中的淀粉酶按照作用方式主要分为 4 类，即 α-淀粉酶、β-淀粉酶、葡萄糖淀粉酶和脱支酶，主要是 α-淀粉酶和 β-淀粉酶。α-淀粉酶耐热，在 55℃时活性达到最高，在加热到 70℃时仍能对淀粉起水解作用，当温度超过 95℃时，α-淀粉酶才钝化。其不仅在面团发酵阶段起作用，而且在面包入炉烘焙后，仍在继续进行水解作用。其在正常小麦粉中含量极少，可以通过添加一定数量的 α-淀粉酶制剂或加入麦芽粉等来提高。例如，美国、英国、加拿大等大多数欧美国家都将真菌 α-淀粉酶添加到面包粉中来提高 α-淀粉酶的活性。β-淀粉酶的热稳定性不如 α-淀粉酶，作用温度为 25～40℃，当加热到 70℃时，其活力减少 50%，几分钟后钝化，只能在面团发酵阶段起水解作用。正常小麦粉中 β-淀粉酶含量即可满足需要。

发酵食品的优劣主要取决于面团发酵形成二氧化碳的数量和保持二氧化碳的能力，后者取决于面筋的数量和质量，而前者取决于酵母。酵母的生长和活动主要以淀粉酶和麦芽糖酶降解淀粉形成的糖分和小麦粉中原有的糖分为养料，使糖类转化为乙醇和二氧化碳，充满在面团的面筋网络结构里，使面团内部呈蜂窝状孔隙，从而制成海绵结构的食品。α-淀粉酶和 β-淀粉酶的共同作用，将损伤淀粉并将其分解成麦芽糖和葡萄糖，提高酵母活性，加快酵母发酵速度，增大面包、馒头的体积，并改善发酵面制食品的风味和结构。

(3) *脂肪酶*　是一种对脂质起水解作用的酶。其在面粉储藏期间，将增加游离脂肪酸的数量，使面粉酸败。由于小麦籽粒内的脂肪酶活力主要集中在糊粉层，因此精制的高等粉比含糊粉层多的低等粉储藏稳定性好。

(4) *脂加氧酶*　是催化不饱和脂肪酸过氧化反应的一种氧化酶。催化反应伴随着胡萝卜素的耦合氧化反应，将胡萝卜素由黄色变成无色，这对面包、馒头的制作是有益的。脂加氧酶在小麦粉中的数量很少，它的主要来源是全脂大豆粉。全脂大豆粉广泛用作面包、馒头、挂面的添加剂，可改善制品的组织结构和风味。

(5) *植酸酶*　是一种能水解植酸的酯酶。植酸能整合二价金属离子，如 Ca^{2+}、Fe^{2+}、Mg^{2+}形成不溶性的植酸盐，阻止了二价金属离子在体内的吸收。植酸酶能将植酸水解成肌醇（一种维生素）和磷酸，从而提高了二价金属离子在体内的消化吸收率。

(6) *抗坏血酸氧化酶*　小麦粉中的抗坏血酸氧化酶可催化抗坏血酸氧化成脱氢抗坏血酸，脱氢抗坏血酸具有一定的氧化作用，可将面筋蛋白质分子中的巯基氧化成二硫键，促进面筋网络结构的形成。小麦粉中较高含量的抗坏血酸氧化酶可缩短面团的调制时间。

5．矿物质　灰分是存在于小麦中的矿物质，在小麦各组成部分中分布极不均匀，在皮层中最多，糊粉层的灰分高达 10%，胚乳中含量最低，见表 6-2。小麦籽粒中 Zn、Fe 含量低，生物有效性差。所以，小麦粉的灰分含量越低，表明面粉的精度越高。我国国家标准也将灰分作为检验小麦粉质量的重要指标之一。由于灰分本身对面粉的焙烤蒸煮特性影响不大，且灰分中都是一些对人体有重要作用的矿质元素，随着人们营养意识的提高和对可食资源充分利用的需要，将灰分含量作为面粉质量标准之一逐渐失去它的必要性。近年来，特别是在欧洲，普遍采用粉色试验代替灰分试验，倡导者认为粉色是更有意义的指标。

表 6-2　小麦各组织的灰分含量（姚惠源，1999）　　(%)

指标	皮层（包括糊粉层）	胚乳	胚
灰分（占干重）	7.30～10.8	0.35～10.80	5～6.7
质量（占麦粒）	14.5～18.5	78～84	2～3.9

6．水分　水分广泛分布于各类谷物及其制品中，小麦粉水分占13.5%±0.5%。面粉中的水分绝大部分呈游离状态，面粉水分的变化也主要是游离水的变化，它在面粉中的含量受环境温度、湿度的影响。结合水以氢键与蛋白质、淀粉等亲水性高分子物质相结合，在面粉中含量相对稳定。

7．维生素　小麦和小麦粉中主要的维生素是B族维生素、烟酸、泛酸和维生素E，维生素A的含量很少，几乎不含维生素C和维生素D。维生素主要集中在糊粉层和胚芽部分。出粉率高、精度低的面粉维生素含量高于出粉率低、精度高的面粉。低等粉、麸皮和胚芽的维生素含量最高。小麦粉本身含有的维生素较少，在焙烤蒸煮过程中又会损失一部分维生素，为了弥补面粉中维生素的不足，常在面粉中添加一定量的维生素，以强化小麦粉的营养。

二、油脂

（一）面制食品中常用的油脂

应用于面制食品中的油脂包括植物油、动物油和改性油。

1．植物油　植物油有大豆油、花生油、芝麻油、葵花籽油、菜籽油、棉籽油、椰子油、玉米油、米糠油、棕榈油。其共同特征为不饱和脂肪酸含量高，常温下为液态，易氧化。但植物油中的特例为椰子油和棕榈油。椰子油在常温下呈固态，熔点为24～27℃，凝固点为21～23℃，脆性固体会骤然变为液体；棕榈油为半固态油脂，熔点为17～24℃，饱和脂肪酸占50%，不饱和脂肪酸占45%。应用植物油制备的制品口感爽滑，但起酥性差，产品易走油(面团或其产品在放置过程中，油脂游离析出的现象)，保质期短。

★延伸阅读

棕榈油是植物油中品质最差的一种，它含反式脂肪酸，长期食用不利于人体健康。棕榈油饱和脂肪酸的含量超过50%，营养品质比猪油还差。当温度降低时，它会与猪油一样凝结成白色固体。长期食用棕榈油会造成人体血清饱和脂肪酸摄入过量，导致胆固醇、甘油三酯、低密度脂蛋白升高，从而引发心脑血管疾病。

2．动物油　动物油包括猪油(大油)、奶油(黄油)、牛油和羊油。其共同特征为饱和脂肪酸含量高、熔点高、起酥性好、可塑性好、杂质含量高、易腐败，所以需低温储存。

奶油是从牛乳中分离加工出来的。丁酸使其具有特殊的乳脂香味，又称黄油。其熔点为28～34℃，凝固点为15～25℃。奶油中含有较多的饱和脂肪酸甘油酯和磷脂，所以它是天然的乳化剂。

猪油的熔点为36～42℃，起酥性好。

牛油和羊油有特殊香味，牛油的熔点为40～46℃，羊油的熔点为43～45℃，不易被人体消化。

3．改性油

(1)氢化油　油脂氢化就是将氢原子加到动植物油不饱和脂肪酸的双键上，生成饱和度和熔点较高的固体酸性油脂。其通常为白色、无臭、无味，具有良好的可塑性、起酥性、稳定性。它的熔点为31～36℃，凝固点<21℃。氢化油的硬度与氢化度和固/液相值成正比，与固体晶体大小成反比。氢化油可直接被使用，也可用于生产人造奶油和起酥油。

★延伸阅读

氢化油多应用在超市、速食店和西式快餐店，用其炸出的薯条、鸡肉，做出的蛋糕、饼干、冰淇淋不易被氧化(变质)且风味好。但其油脂的饱和度增加，将比动物饱和脂肪酸对健康更不利，会加快动脉硬化，增加人类心血管病患病率。有调查表明，人造黄油摄入量越多，患心脏病的危险性就越大。此外，氢化油还会增加血液黏稠度和凝聚力，使人容易产生血栓；孕期或哺乳期妇女食用氢化油过多，还会影响胎儿和新生儿的生长发育。一般的脂肪被吃进身体里7d就代谢了，反式脂肪被吃进身体里50d才可以代谢，这就是为什么有些快餐会导致肥胖的原因。

(2)起酥油　指以精炼油、植物油、氢化油或这些油脂的混合物为原料，添加乳化剂等，经混合、冷却、塑化加工而成的具有良好可塑性、起酥性及乳化性的固态或流动性的专用油脂。其分为全氢化起酥油和掺合起酥油(包括动植物掺合起酥油和全植物掺合起酥油)。全氢化起酥油的稳定性好，乳化能力强，能吸收150%～200%的水。其制作工艺如下。

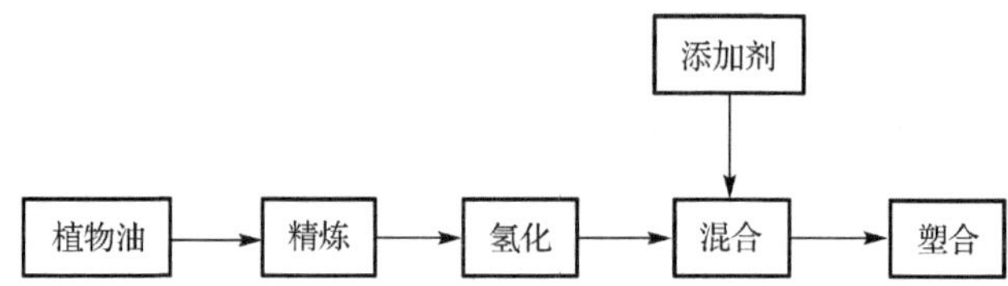

掺合起酥油有过度的不饱和键，稳定性差，乳化能力低，能吸收25%～50%的水。

(3)人造奶油　以氢化植物油为原料，添加适量的乳或乳制品、色素香料、乳化剂、防腐剂、抗氧化剂、食盐和维生素及适量水，经混合、乳化等工序加工而成。人造奶油和起酥油的主要区别在于起酥油中没有水相。

(二)油脂在面制食品中的作用

1．油脂在面包中的作用　油脂在面包中最重要的作用就是作为面筋和淀粉之间的润滑剂，起到润滑面筋的作用；还可以增加面团的烤盘流散性，利于醒发时体积的膨胀；改善面团的操作性能——表皮不易风干；使面包表皮变得柔软。其添加量为4%～10%。

2．油脂在饼干、糕点中的作用

(1)起酥性　油脂在空气中经高速搅拌起泡时，空气中的细小气泡被油脂吸入。当面团成型后进行烘焙时，油脂受热流散，气体膨胀并向两相的界面流动。此时由化学疏松剂分解释放出的二氧化碳及面团中的水蒸气，也向油脂流散的界面聚结。制品碎裂，成为片状(或椭圆形)的多孔结构，使体积膨大、酥松。起酥性能为起酥油>人造奶油>奶油、猪油>植物油。

固态油比液态油的起酥性好。固态油的表面张力较小，油脂在面团中呈条片状分布，覆盖面粉颗粒表面积大，起酥性好；液态油表面张力大，油脂在面团中呈点、球状分布，覆盖面粉颗粒表面积小，起酥性差。此外，油脂用量、温度及鸡蛋、乳化剂、乳粉等原料均会影响油脂的起酥性。

油脂的起酥性、可塑性、稠度及塑性范围等重要性质都和固体脂肪指数(SFI)有关。

固体脂肪指数是指油脂(如人造奶油和起酥油)在一定的温度下含有固态油脂的比率。SFI值为 40～50 时油脂过硬，基本没有可塑性；SFI 值<5 时油脂过软，接近液态油。人造奶油与起酥油的 SFI 值一般为 15～20。

(2)增塑作用　油脂能覆盖于面粉颗粒的周围并形成油膜，降低面粉吸水率，限制面筋的形成。由于油脂的隔离作用，已形成的面筋不能互相黏合而形成大的面筋网络，也使淀粉和面筋之间不能结合，从而降低了面团的弹性和韧性，增强面团的塑性。

(3)油脂的充气性　油脂在空气中经高速搅拌起泡时，空气中的细小气泡被油脂吸入，这种性质称为油脂的充气性。充气性是糕点、饼干、面包加工的重要性质。油脂的充气性对食品质量的影响主要表现在酥类糕点和饼干中。

三、糖和糖制品

(一)面制食品中常用的糖和糖制品

白砂糖是食糖中含蔗糖最多的，蔗糖熔点为 185～186℃，无还原性，但在一定条件下，可水解为具有还原性的葡萄糖和果糖。白砂糖磨成粉或水溶后使用。绵白糖中蔗糖含量大于 98%，可直接使用。

饴糖又称米稀、净糖、麦芽糖浆，由碎米、山芋淀粉或玉米淀粉添加大麦芽或淀粉酶制备得到。其主要成分为麦芽糖 50%～60%和糊精 10%～20%。饴糖中的麦芽糖熔点较低，为 102～103℃，对热敏感，糊精的黏度大，持水性强，所以饴糖易着色，利于保持产品的柔软性。淀粉糖浆又称液体葡萄糖、化学稀、糖稀，是淀粉通过酸和酶的作用所得。其主要成分为糊精 29.6%、三糖和四糖 16.2%、麦芽糖 16.6%、葡萄糖 17.6%。其中葡萄糖的熔点为 146℃，具有还原性，因此保水性强。转化糖浆是由蔗糖经过酸水解成葡萄糖和果糖得到的。其中果糖的熔点为103～105℃。果葡糖浆的主要成分也是葡萄糖和果糖，但它是淀粉经过酶水解制得葡萄糖后再经过异构酶作用得到果糖的。此外，蜂蜜的主要成分与转化糖浆和果葡糖浆一样，因此它们都具有易着色、持水性强的工艺特性。

(二)糖和糖制品在面制食品中的作用

焦糖化反应：糖类在加热到其熔点以上的温度时，分子与分子之间互相结合成多分子的聚合物，并焦化成黑褐色的色素物质——焦糖，并具有一种焦香味。焦糖化反应说明糖对热的敏感性。果糖、麦芽糖、葡萄糖对热非常敏感，易成焦糖。

褐色反应：也称美拉德反应，是指氨基化合物(如蛋白质、多肽、氨基酸及胺类)的自由氨基与羰基化合物(如酮、醛、还原糖等)的羰基之间发生的羧-氨反应。其最终产物是黄黑色素的褐色物质，故称褐色反应。在褐色反应中除产生色素物质外，还产生一些挥发性物质，形成面包、糕点特有的烘焙香味。这些成分主要是乙醇、丙酮酸、丙酮醛、乙酸、琥珀酸、琥珀酸乙酯等。

此外，糖和糖制品的作用还包括通过降低渗透压、反水化作用来降低面团筋力；酵母营养剂，但添加量大于 6%时，渗透压会对酵母产生抑制作用；含糖多的面包在焙烤时着色快，可以缩短焙烤时间，因而可以保存更多的水分于面包内，是柔软剂，且还原性糖有较大的吸湿性；在制作蛋糕过程中，能够增加蛋液的黏稠度，是泡沫稳定剂；氧气在糖溶液中的溶解量比水溶液低得多，因此糖溶液具有抗氧化性，并且有些糖具有还原性。

四、蛋

鸡蛋包括蛋壳、蛋白和蛋黄，比例为1∶6∶3，可食部固形物为25%左右。蛋白主要分为稀薄蛋白(外、内)和浓厚蛋白(中间)。新鲜鸡蛋蛋白含量越高，浓厚蛋白含量越高，浓厚蛋白是使鸡蛋具有起发性的主要成分。蛋黄是各种颗粒分散在连续相中。这个系统含有类脂化合物，其中70%是甘油三酸酯。各种颗粒物质组成25%的蛋黄干物质，主要是卵黄高磷蛋白和卵黄脂磷蛋白。连续相含有75%的蛋黄干物质，主要是卵黄磷脂蛋白和球蛋白。胆固醇和卵磷脂也存在于蛋黄中，是天然的乳化剂。

蛋在面制食品中具有以下工艺性能。

1) 改善面制食品的色、香、味和营养价值。在面包、糕点的表面涂上一层蛋液，经焙烤后，通过美拉德反应，呈诱人的金黄色，表皮光亮，外形美观。加蛋的面包、糕点成熟后具有悦人的蛋香味，并且结构疏松多孔，体积膨大而柔软。在蒸包馅料中，将蔬菜和鸡蛋拌在一起，成熟后具有良好的风味和营养价值。

2) 蛋的凝固性。蛋白在热的作用下可变性凝固，形成坚实的结构，不仅可协助面粉形成制品的骨架，而且有利于制品的成型。用筋力弱的面粉或添加豆面的面粉生产挂面时，通过加入适量的蛋液来强化制品的骨架结构。蛋糕的柔软、蓬松结构主要取决于用蛋量和蛋的搅拌质量。

3) 蛋白的起泡性。蛋白是一种亲水胶体，具有良好的起泡性，在糕点生产中具有特殊的意义，尤其是在西点的装饰方面。蛋白经过强烈搅打，可将混入的空气包围起来形成泡沫，在表面张力作用下，泡沫成为球形。由于蛋白胶体具有黏性，将加入的其他辅料附着在泡沫的周围，使泡体变得浓厚坚实，增加了泡沫的机械稳定性。制品在焙烤时，泡沫内气体受热膨胀，增大了产品体积，使产品疏松、多孔并且具有一定的弹性和韧性。

蛋白的主要成分是蛋白质，具有表面张力和蒸气压低等特性。经搅打能包入大量空气，产生泡沫体系。将蛋白与蛋黄分开，观察蛋白表面，与空气的接触界面凝固，形成皮膜。蛋白在搅打过程中可以分为4个阶段：第一阶段，蛋白经搅打后呈液体状态，表面浮起很多不规则的气泡；第二阶段，蛋白搅拌后渐渐凝固起来，表面不规则的气泡消失，而形成许多均匀的细小气泡，蛋白洁白而有光泽，手指勾起时形成一细长尖锋，在指上不下坠，这一阶段有时也称湿性发泡阶段；第三阶段，蛋白继续搅拌，达到干性发泡阶段，颜色雪白而无光泽，手指勾起时呈坚硬的尖锋，此尖锋倒置也不会弯曲；第四阶段，蛋白已完全形成球形凝固状，用手指无法勾起尖锋，此阶段也称棉絮状阶段。

4) 蛋黄的乳化性。蛋黄中磷脂含量较高，且磷脂具有亲油和亲水的双重性质，是一种理想的天然乳化剂。它能使油、水和其他原料均匀地分布在一起，促进制品组织细腻、质地均匀、疏松可口，并具有良好的色泽。

五、乳及乳制品

乳中99.8%以上的糖为乳糖，不被酵母利用，是一种剩余糖。面制食品中常用的乳及乳制品有鲜乳、乳粉、炼乳、干酪等。乳在面制食品中的工艺性能如下。

1) 鲜乳具有良好的风味。国外传统的面包和糕点使用的乳品大多是鲜乳。但由于鲜乳具有不便运输和储存、易变质的缺点，目前面制食品生产中一般用乳粉来代替鲜乳。

2) 改善制品的色、香、味。乳及乳制品中含有乳糖，它是一种还原性双糖，不被酵母发酵，在面团中作为剩余糖，在制品焙烤时发生焦糖化作用和美拉德反应，使产品上色较快。在焙烤食品中添加乳制品可使产品具有乳品所特有的香味。

3) 提高制品的营养价值。面粉是面制食品的主要原料，但面粉在营养上的先天不足是赖氨酸十分缺乏，维生素含量相对较少。乳粉中含有丰富的蛋白质和几乎所有的必需氨基酸，维生素和矿物质也很丰富。

4) 改善面团的加工性能。乳粉中含有的大量蛋白质，可提高面团的吸水率、搅拌耐力和发酵耐力，特别是对于低筋面粉，效果更为明显。

5) 改善制品组织结构，延缓制品老化。由于乳粉增强了面筋筋力，改善了面团发酵耐力和持气性，因而含有乳粉的制品组织均匀、柔软、疏松并富有弹性。添加乳粉增加了面团的吸水率和成品面包体积，使制品老化速度减慢。

6) 调节发酵过程。发酵过程中会产生酸性物质，使面团酸度增加。乳粉中含有大量的蛋白质，对面团发酵过程中 pH 的变化具有缓冲作用，使面团不会发生太大的波动和变化，保证面团的正常发酵。淀粉酶的最适 pH 为 4.7，乳粉可以缓冲发酵中增加的酸度，从而抑制了淀粉酶的活性，使面团发酵速度放慢。乳粉可刺激酵母内酒精酶的活性，提高了糖的利用率，增加气体的产生量。

六、水

水是面制食品加工中不可缺少的原料，不同面制食品制作中加水量差别较大。用水的数量和质量既影响面制食品的加工工艺，又影响成品质量。正确认识和使用水是保证面制食品质量的关键。对于面包、馒头等发酵面制食品的生产，一般采用中等硬度的水(8°～12°)。水硬度太高，易使面筋硬化，面团韧性过强，抑制酵母发酵，成品体积小，口感粗糙；水过软，面团吸水率低，黏度大，持气性下降，易塌陷，产品质量差。用硬度为 4°的水生产饼干，饼干不易变形，制作挂面，挂面的弹性大，断条率低。面制食品用水的 pH 一般以 6～8 为宜，面包用水略偏酸性，饼干、挂面用水略偏碱性。水在面制食品中的作用包括：使蛋白质吸水、胀润形成面筋网络，构成骨架，使淀粉吸水糊化；水化作用；溶解各种干性原辅料，使各种原辅料充分混合，成为均一一体的面团，起溶剂作用；调节和控制面团的软硬度及温度；促进酵母生长和酶解反应；延长制品的保鲜期；传热介质。

七、盐

食盐在面制食品加工中主要有以下工艺性能：①提高面制食品的风味。盐与其他风味物质相互协调、相互衬托，使产品的风味更加鲜美、柔和。②调节控制发酵速度。盐的用量超过 1%时，对面制食品产生明显的渗透压，对酵母发酵有抑制作用，降低发酵速度。因此，可通过增加或减少盐的用量，来调节控制面团的发酵速度。③增加面筋筋力。盐可以使面筋质地细密，增强面筋的主体网状结构，使面团易于扩展延伸。④可改善面食的内部色泽。实践证明，添加适量食盐的面包、馒头瓤心比不添加的白。⑤食盐的添加量应根据所使用面粉的筋力，配方中糖、油、蛋、乳的用量及水的硬度具体确定。食盐一般是在面团即将形成时添加，称为后加盐法。

八、疏松剂

凡能使烘焙食品体积膨胀、结构疏松的食品添加剂(辅料)均称为疏松剂。其分为化学疏松剂和生物疏松剂。

(一)化学疏松剂

1. 小苏打 即碳酸氢钠，分子式为 $NaHCO_3$，俗名小起子或面起子，产气原理如下式。

$$2NaHCO_3 \longrightarrow Na_2CO_3+H_2O+CO_2\uparrow$$

$$NaHCO_3+H^+ \longrightarrow Na^++H_2O+CO_2\uparrow$$

加热时的产气量为 261cm^3/g。其优点包括分解温度较高，≥60℃；产气速度适中，制品组织均匀。其缺点为产物 Na_2CO_3 为碱性制品，制品 pH 升高，颜色发黄，口味变差；与油脂发生皂化反应。膨胀方式为横向、水平方向，俗称起横劲。

2. 碳酸氢铵或碳酸铵 俗称臭碱、大起子、臭起子，产气原理如下式。

$$(NH_4)_2CO_3 \longrightarrow 2NH_3\uparrow+H_2O+CO_2\uparrow$$

$$NH_4HCO_3 \longrightarrow NH_3\uparrow+H_2O+CO_2\uparrow$$

产气量为 700cm^3/g。其优点为产气量大，无碱性物质残留。其缺点为分解温度低，产物 NH_3 有异味，不适合于水分含量高的制品。膨胀方式为竖向、竖劲，适用于拔高产品。

3. 发粉 又称为发酵粉、泡打粉、焙粉，是由小苏打、酸或酸式盐及填充剂所组成的复合疏松剂。酸式盐包括酒石酸氢钾、磷酸氢钙、明矾等。填充剂为淀粉。通过中和反应产生气体。其优点为残留物无异味，使用方便，无须先溶解。其缺点为膨胀力小，不能用于低档蛋糕(含蛋量<60%)。根据所用酸式盐的不同分为快速发粉(酒石酸钾)、慢速发粉(明矾、酸式磷酸盐)和复合发粉(酒石酸钾、明矾、酸式磷酸盐)。

(二)生物疏松剂

酵母能够使面团或制品体积膨胀、疏松；赋予产品特殊风味；改良面团，促进面团的成熟；提高营养价值(维生素 B 含量)。酵母产品的种类及其使用方法如下。

1. 鲜酵母 又称浓缩酵母或压缩酵母，是酵母菌种经扩大、培养、分离、压榨而成的。其优点为发酵耐力好，产品风味好；缺点为发酵力低(≥650mL)，活性和发酵力不稳定，不易贮存，储存条件为 0～4℃，酵母死亡易产生谷胱甘肽，使用方便，需活化。

2. 干酵母 又称活化干酵母，由鲜酵母经低温干燥而成。其优点为发酵力较大(≥1000mL)，活性和发酵力稳定，常温下可贮存 1 年，对糖及抑菌剂的耐性比鲜酵母好。其缺点为使用不方便，需活化且时间长，温度范围小(30～40℃)，含有较多的还原物如谷胱甘肽等，使用量略高时，制品有一股酵母味。

3. 即发活性干酵母 又称速溶酵母，是鲜酵母在流化床中经高温快速干燥而成的(加有乳化剂)。其优点为发酵力大(1300～1400mL)，活性和发酵力稳定，耐贮存，常温下可贮存 2～3 年。其缺点为发酵耐力差，不能与冷水(<15℃)接触。

影响酵母活性的因素包括温度、pH、渗透压、酵母营养剂，以及制作过程中添加的油脂。酵母发酵最佳温度为 27～30℃，最适 pH 为 5～6。当糖添加量≥6%时，开始抑制酵母的活性；糖添加量≥10%时，明显抑制；糖添加量≥30%时，会产生强烈抑制作用，所以糖用量通常≤18%。盐用量≥1%时开始抑制，盐用量≥2%时强烈抑制，所以盐用量通常≤1.5%。酵母的营养剂包括碳源、氮源、无机盐(铵盐、生长素)等。由于油膜的阻隔作用会限制酵母的生长，面包生产中油脂用量≤10%。

九、乳化剂和食品胶

(一)乳化剂

乳化剂是一种表面活性剂，具有两亲结构。乳化剂的亲水亲油平衡值(HLB值)表示乳化剂亲水性或亲油性的强弱。HLB 值越低亲油性越强，HLB 值越高亲水性越强。一般 1 表示亲油性最大；以 40 表示亲水性最大。根据乳化剂的亲水亲油性可将其分为亲水性强的、水溶性的、水包油型乳化剂(油/水或 O/W)和亲油性强的、油溶性的、油包水型乳化剂(水/油或 W/O)。

乳化剂在面制食品中具有如下作用。

1. 抗老化作用　乳化剂抗老化保鲜的作用与直链淀粉和自身的结构有密切关系。直链淀粉呈螺旋结构，每螺旋含有 6 个葡萄糖残基，它是一种长链分子。乳化剂被紧紧包在直链淀粉螺旋结构里形成强复合物。

2. 提高泡沫的稳定性　用于蛋糕、蛋白糖。加入乳化剂后，乳化剂吸附在气-液界面上，增加了液膜的机械强度，降低了界面张力，增加了液体和气体的接触面积，有利于发泡和泡沫的稳定。

3. 提高面团和糖坯的可操作性　面团柔软不硬；糖坯滑爽不黏，柔软。

4. 提高面团的机械冲击力　乳化剂能与面筋蛋白质互相作用形成复合物，即乳化剂的亲水基结合麦胶蛋白，亲油基结合麦谷蛋白，使面筋蛋白质分子互相连接起来由小分子变为大分子，进而形成结构牢固、细密的面筋网络。

5. 提高面团的发酵耐力，培养持气能力　常用的乳化剂包括磷脂、单甘酯、蔗糖酯等。商品磷脂主要是大豆磷脂，主要成分为卵磷脂、脑磷脂、肌醇磷脂。膏状、粉状产品呈黄褐色。吸湿性强，不溶于水，与水形成乳胶体。

(二)食品胶

食品胶又称为增稠稳定剂，它能改善或稳定食品的物理性质或组织状态，延缓烘焙食品的老化速度。常用的食品胶包括琼脂、明胶、果胶、海藻酸钠等。琼脂也称琼胶，俗称洋藻、冻粉，属于植物多糖，是从石花菜、江蓠等江藻类植物中提取的，为无色透明的条状或白色、淡黄色的片状、粉状。琼脂溶胶的凝固温度为 28～40℃，凝胶熔点为 80～100℃。不溶于冷水，微溶于热水。≥0.5%的溶液煮沸冷却到 40℃以下，形成坚实的凝胶。≥1.0%的溶液形成凝胶后，≥93℃才熔化。琼脂的热稳定性较好，耐热(能耐 110℃)。琼脂的凝胶性受酸和盐的影响，在加热条件下受酸和盐的作用会分解成还原糖，凝胶性能消失。明胶是由动物胶原蛋白经部分水解得到的高分子多肽聚合物，白色、淡黄色，半透明薄片、颗粒或粉末。不溶于冷水，但能吸水膨胀，吸水量可达 5～10 倍；溶于热水。浓度为 0.5%溶液冷却后方可成有弹性的凝胶。凝胶有起泡性，特别是在凝固温度附近，起泡性最强。极易受酸、碱及细菌的破坏、水解。果胶为由 D-半乳糖醛酸聚合成的直链多糖，分为：高甲氧基果胶(普通果胶)，甲氧基含量为 7%～14%，酯化度为 60%～80%；低甲氧基果胶，甲氧基含量≤7%，酯化度≤50%。果胶不易溶解或分解于水中。果胶的凝胶特性与分子质量和酯化度有密切关系。分子质量大，凝胶强度高。酯化度高，凝胶速度快。甲氧基含量大，凝胶力强。海藻酸钠又称藻朊酸钠、褐藻酸钠，属于多糖，为白色或淡黄色粉末，相对分子质量为 240 000，能缓慢溶于水，形成稳定的黏稠液。海藻酸钠溶液遇酸会形成凝胶状沉淀。海藻酸钠与钙离子形成的凝胶具有耐冻结性。

十、配方的表示方法

（一）面粉百分比配方（焙烤百分比）

在配方中面粉永远是 100，其他成分都按照面粉的百分之多少来表示，配方中各成分之和大于 100，面粉百分比配合使用方便，计算准确，容易掌握。

（二）百公斤成品配方

百公斤成品配方又称实际百分比配方。其以单元总和百分比为 100%，每一材料百分比小于 100%。国外应用较少。

第二节　面包的加工

（本节视频）

一、面包生产基本工艺流程

根据发酵方法的不同，面包生产可分为快速发酵法、一次发酵法和二次发酵法等。其流程如图 6-1 所示。

★延伸阅读

埃及人最早发现并采用了发酵的方法来制作烘焙食品——面包，当时古埃及人已经知道用谷物制备各种食品。例如，将捣碎的小麦粉掺水和马铃薯及盐拌在一起调制成面团，然后放在土窑内烘烤，很可能当时有一些面团剩余下来，自然地利用了空气中的野生酵母，产生了发酵，当人们用这些剩余的发酵面团制作食品时，惊奇地发现得到了松软而有弹性的面包。最初埃及人所使用的烤炉是一种用泥土筑成的圆形烤炉，它上部开口，使空气保持流通，底部生火，待炉内温度相当高时，将火熄灭，拨出炉灰，将调好的面团放入炉底，利用炉内余热烤熟。用这种炉烤出的面包风味纯正、香气浓郁，很受消费者欢迎，这种工艺一直流传至今。

二、面团的调制

（一）面团搅拌的目的

面团搅拌有以下目的：①使各种原辅料均匀地混合在一起，形成质量均一的整体；②加速面粉吸水、胀润形成面筋的速度，缩短面团形成时间；③扩展面筋，使面团具有良好的弹性和延伸性，改善面团的加工性能。

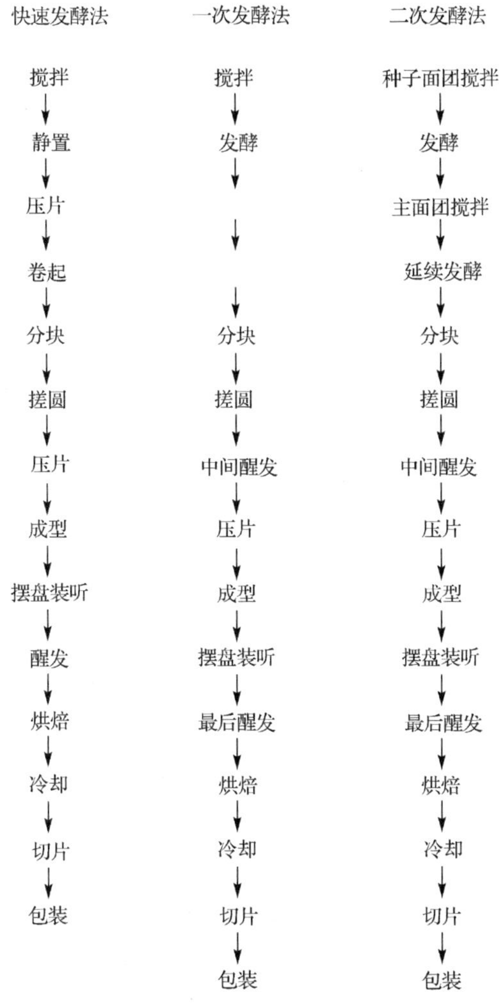

图 6-1　面包生产工艺流程图

(二)调粉的顺序

将面团搅拌过程中面团的物性变化划分为以下 6 个阶段。

1．原料混合阶段　此阶段为面团搅拌的第一阶段。小麦粉等原料被水调湿，似泥状，并未形成一体，且不均匀，水化作用仅在表面发生一部分，面筋没有形成，用手捏面团，甚硬，无弹性和延伸性，很黏。

2．面筋形成阶段　此阶段水分被小麦粉全部吸收，面团成为一个整体，已不黏附搅拌机壁和钩子，此时水化作用大致结束，一部分蛋白质形成了面筋。用手捏面团，仍有黏性，手拉面团时无良好的延伸性，易断裂，缺少弹性，表面湿润。

3．面筋扩展阶段　随着面筋形成，面团表面逐渐趋于干燥，较光滑和较有光泽，出现弹性，较柔软，用手拉面团，具有了延伸性，但仍易断裂。

4．搅拌完成阶段　此时面筋已完全形成，外观干燥，柔软而具有良好的延伸性。面团随搅拌机的钩子转动，并发出拍打搅拌机壁的声音；面团表面干燥而有光泽，细腻整洁而无粗糙感。用手拉取面团，具有良好的延伸性和弹性，面团非常柔软。此阶段为最佳程度，应立即停止搅拌，开始发酵。

5．搅拌过度阶段　如搅拌完成阶段不停止，继续搅拌，面筋超过了搅拌的耐度，开始断裂。面筋胶团中吸收的水又溢出，面团表面再次出现水的光泽，出现黏性，流动性增强，失去了良好的弹性。用手拉面团时，面团粘手而柔软。面团到这一阶段会对制品的质量产生不良影响。

6．破坏阶段　若继续搅拌，则面团变成半透明并带有流动性，黏性非常明显，面筋完全被破坏。从面团中洗不出面筋，用手拉面团时，手掌中有一丝丝的线状透明胶质。

（三）面团的弹性与延伸性

在构成蛋白质的氨基酸中含有半胱氨酸和胱氨酸，每 100g 蛋白质含有 12mol 半胱氨酸。麦胶蛋白和麦谷蛋白均含有二硫键，前者在分子内，后者在分子内和分子间(主要在分子间)；二者含二硫基多肽键的相对分子质量也不同，前者为 3.6×10^4～5.0×10^4，而后者为 6.0×10^4～13.3×10^4，而且高相对分子质量的含量多，由此形成了两者对面团物性的贡献不同。前者赋予面团延伸性；而后者则赋予面团弹性。面团形成过程中发生着复杂的化学变化，其中最重要的是面筋蛋白质的含硫氨基酸中(如半胱氨酸和胱氨酸等)巯基和二硫基之间的变化。这种变化是面团形成的主要原因。它们之间交换反应的模式如下。

$$R_1—S—S—R_2+R_3—SH═R_1—S—S—R_3+R_2—SH$$

也就是说蛋白质 $R_1—S—S—R_2$ 与蛋白质 $R_3—SH$ 发生交联，而且这种交联在空气中适度搅拌的条件下不断进行，达到完成阶段时则形成网状结构。

面筋蛋白质的流变学性质(也指它的黏度、弹性和聚合性质的综合特性)是使面团具有良好烘焙性能的主要原因。麦谷蛋白是其亚基通过分子间二硫键交联形成的相对分子质量高达几百万的纤维状大分子聚合物，为面团提供弹性。麦胶蛋白是以单肽键(分子质量很小)通过分子内二硫键、氢键和疏水作用形成球状，为面团提供延伸性或流动性。另外，剩余蛋白质在亚基组成上与麦谷蛋白相似，可能通过分子间二硫键形成交联程度更大的不溶性三维网状结构。这样，小麦粉加水搅拌的面团，是以面筋为中心的网状结构。其他成分，如淀粉、脂肪、低分子糖、无机盐和水填充在面筋网络结构中，形成较稳定的薄层状网络，具有良好的黏弹性和延伸性，从而使面团具有持气性，能够保住发酵过程中产生的 CO_2，在面团内形成微细气泡。

三、发酵

发酵可以使酵母大量繁殖；改善面团的加工性能，使之具有良好的延伸性，降低弹韧性，为面包的最后醒发和烘焙时获得最大的体积奠定基础；产生二氧化碳气体，促进面团体积膨胀，使面团和面包得到疏松多孔、柔软似海绵的组织和结构；同时还能够使面包具有诱人的风味。

（一）发酵机理

1．发酵过程中碳水化合物变化(糖类水解)　如下式。

1)
$$\underset{\text{淀粉}}{(C_6H_{10}O_5)_n} + 1/2nH_2O \longrightarrow \underset{\text{麦芽糖}}{1/2n(C_{12}H_{22}O_{11})}$$

2）

$$C_{12}H_{22}O_{11} + H_2O \longrightarrow 2C_6H_{12}O_6$$

麦芽糖　　　　葡萄糖

酵母可分泌麦芽糖酶。

3）

$$C_{12}H_{22}O_{11} + H_2O \longrightarrow C_6H_{12}O_6 + C_6H_{12}O_6$$

蔗糖　　　　葡萄糖　果糖

蔗糖酶是一种由酵母分泌的酶。

在面团发酵中，当各种糖共存时，其被利用的顺序是不同的，酵母在发酵中首先利用葡萄糖进行发酵，而后才利用果糖。当葡萄糖、果糖、蔗糖三者共存时，葡萄糖先被利用，其次则利用蔗糖转化后生成的葡萄糖，其结果是蔗糖比最初存在于面团中的果糖先被发酵。这样随着面团发酵的进行，葡萄糖和蔗糖的含量降低，果糖的浓度则有所增加，但到一定比例时，也会因受酵母作用而降低。麦芽糖与上述三种糖共存时，被利用的较迟，是发酵后期才被利用的糖。

2．发酵初期的有氧呼吸　如下式。

$$C_6H_{12}O_6 + 6O_2 \longrightarrow 6CO_2\uparrow + 6H_2O + 674\text{kcal}$$

3．发酵后期乙醇发酵　如下式。

$$C_6H_{12}O_6 \longrightarrow 2C_2H_5OH + 2CO_2\uparrow + 24\text{kcal}$$

4．乳酸发酵　乳酸发酵是面团发酵中经常发生的过程。面团中的酸度约有70%来源于乳酸，25%来源于乙酸。乳酸的积累虽然增加了面团的酸度，但它与乙醇发酵中产生的乙醇发生酯化作用，形成了面包的芳香物质，改善了面包的风味。酵母菌和乳酸菌的共存比例是2∶1。但乳酸菌浓度相当大时会对酵母发酵具有抑制作用。

$$C_6H_{12}O_6 \longrightarrow 2CH_3CHOHCOOH + 20\text{kcal}$$

5．乙酸发酵　通常发生在乙醇发酵之后。乙酸发酵会给面包带来刺激性和酸味，给面包带来恶臭味。

$$CH_3CH_2OH + O_2 \longrightarrow CH_3COOH + H_2O + 20\text{kcal}$$

6．风味物质的形成　面团发酵目的之一，是通过发酵形成风味物质，在发酵中形成的风味物质大致包括：①乙醇，是经过乙醇发酵形成的；②有机酸，以乳酸为主，并含有少量的乙酸、蚁酸和酪酸等；③酯类，是由乙醇与有机酸反应而生成的带有挥发性的芳香物质；④羰基化合物，包括醛类、酮类等多种化合物。羰基化合物的生成是一个复杂过程，面粉中脂肪或配方中奶粉、奶油、动物油、植物油等油脂中不饱和脂肪酸被面粉中脂肪酶和空气中的氧气氧化成过氧化物。这种过氧化物又被酵母中的酶所分解，生成复杂的醛类、酮类等羰基化合物，是面包具有特殊芳香的原因之一。

由于反应过程复杂，只有经过较长时间发酵的面团才可能产生较多的羰基化合物。因此，无发酵工序的快速发酵法缺乏发酵香气，而二次发酵法生产的面包发酵香气充足。在发酵过程中产生的微量的羰基化合物有乙醛、丙醛、丁醛、戊醛及糠醛等。

其他醇类有丙醇、丁醇、异丁醇、戊醇、异戊醇等。酵母本身具有一种特殊的香气和味道，由于被配方中的其他配料所稀释，而不能为人们所鉴别，有关学者认为此种香气来源于酵母脂肪。能产生的芳香物质，在各种面包中至少已经鉴定出 211 种。

面团发酵，在很大程度上耗尽了面团中所形成的游离氨基酸，使面包在烘焙期间参与美拉德反应的基质大大减少。因此，由过度发酵的面团所制作的面包黯然失色，主要是在较长时间内的发酵过程中消耗了大量氨基酸所引起的。除面包酵母外，某些细菌对形成良好的面包风味也是十分必要的。

(二)发酵过程中流变学及胶体化学结构的变化

面团发酵中产生的气体形成膨胀压力，使面筋延伸，这种作用就像缓慢的搅拌作用一样，使面筋不断发生结合和切断。蛋白质分子也就不断发生着巯基和二硫键的相互转换，有些部位形成新键。发酵过程中所产生的二氧化碳气体被保留在蛋白质的三维空间网状结构之中。当发酵中产生更多的气体时，包裹在稀薄蛋白膜中的气泡得以伸展，此种施于蛋白质网状结构的机械作用能引起键合的进一步变化。当面团发酵成熟时，相邻近的蛋白质链之间键合的位置，即蛋白质网状结构的弹韧性和延伸性之间处于最适当的平衡状态，此时即发酵完成阶段。如果继续发酵，就会破坏这一平衡，面筋蛋白质网状结构断裂，二氧化碳气体逸出，面团发酵过度。

四、面团整形

面团整形包括分块计量、搓圆、中间醒发、压片、成型与摆盘工序。

1. 分块计量　按成品的质量要求，把发酵好的大块面团分割成小块。要求轻快(但不能过快，否则容易损伤面筋)，主食面包分块的时间为 10～30min，最好≤15min；点心面包分块的时间为 20～40min，最好≤20min。醒发损失率为 1%，烘焙损失率为 8%～10%，所以面块应为成品重的 110%左右。

2. 搓圆　又称滚圆，能够形成皮膜，产品表面光滑，不漏气。但是要注意不宜撒粉太多，否则会起皱纹。

3. 中间醒发　又称为预醒发或静置。能够松弛面筋，降低弹性、韧性；增加延伸性和柔软性。理想温度为 27～29℃，理想湿度为 70%～75%，理想时间为 12～18min。

4. 压片　能够排除大气泡，促进面筋结合，改善面包的纹理结构。要压光、压细，但是要注意压延比，压延比过大时面筋会撕裂。

5. 成型与摆盘　分为手工与机械两种。烤盘通常需要预处理，俗称为炼盘。炼盘要在 260～280℃条件下烤制 30min，摆盘(装听)时烤盘要冷却到 32℃以下，理想温度为 25～32℃。除特殊产品外，一般摆盘时面胚接缝向下。

五、醒发

醒发就是将整形后的面包坯在较高温度、湿度条件下，使酵母充分产气，让面包坯起发到一定程度，形成面包基本形状的过程。醒发可以缓解面包坯成型后的紧张状态，增加延伸性；使面包坯进一步膨胀；进一步积累风味物质。

醒发温度一般为 30～43℃；理想温度为 38～40℃。温度过高表皮会裂，油脂液化；温度过低醒发得慢，时间长，易产酸。醒发湿度一般为 80%～90%，理想湿度为 85%。湿度过高会出现气泡、白斑、塌顶、香气不足；湿度过低时会表面干裂、体积小、皮厚。醒发时间为 55～65min。

醒发完成时体积为原坯体积的 2～3 倍，面坯表面薄而透明，有光泽。醒发不足时体积小，产品顶皮厚；醒发过度时会塌顶、出现气眼、内部组织粗糙，表皮过白，味酸。

六、烘焙过程中生坯—成品的变化

1．面包在烘焙过程中的水分变化 在烘焙过程中，面包中发生的最大变化是水分的大量蒸发，面包中的水分不仅以气态方式与炉内蒸汽进行交换，也以液态方式向面包中心转移。当烘焙结束时，原来水分均匀的面包坯会成为水分不同的面包。

当冷的面包坯被送入烤炉后，热蒸汽在面包坯表面很快发生冷凝作用，形成薄薄的水层。这一小部分水一部分被面包坯所吸收。这个过程发生在入炉后的 3～5min。因此，面包坯入炉后的 5min 之内看不见蒸发的水蒸气。主要原因是在这段时间内面包坯内部温度才只有大约 40℃。同时，面包有一个增重过程，但随着水分蒸发，面包质量迅速下降。

面包皮的形成过程如下：在 200℃的高温下，面包坯的表面剧烈受热，在很短时间内，面包坯表面几乎失去了所有的水分，并达到了与炉内温度相适应的水分动态平衡。这样就开始形成了面包皮。当面包坯表层与炉内达到平衡温、湿度时，就停止了蒸发，因而这层就很快加热到 100℃以上，故面包皮的温度都超过 100℃。由于面包表皮与瓤心的温差很大，表皮层的水分蒸发很强烈，而里层向外传递的水分小于外层的水分蒸发速度，因而在面包坯表面开始形成了一个蒸发区域(或称蒸发层或干燥层)，随着烘焙的进行，这个蒸发层就逐渐向内转移，使蒸发区域慢慢加厚，最后就形成了一层干燥无水的面包皮。蒸发层的温度总是保持在 100℃，它外面的温度高于 100℃，里边的温度接近 100℃。

面包皮各层的温度也有所不同，越靠近外面温度越高，越靠近蒸发层温度越低。面包皮的厚度受烘焙温度和时间的影响。由于面包的水分蒸发层是平行面包表面向里推进的，它每向里推进一层，面包皮就加厚一层。故烘焙时间越长，面包皮就越厚。为了保证面包质量，在烘焙过程中，必须遵守烘焙温度和时间的规定。随着面包表面水分的蒸发，形成了一层硬的面包皮。这层硬的皮阻碍着蒸汽的散失，加大了蒸发区域的蒸汽压力；也由于面包瓤内部的温度低于蒸发区域的温度，加大了内外层的蒸汽压差。于是，就迫使蒸汽向面包内部推进，遇到低温就冷凝下来，形成一个冷凝区。随着烘焙时间的延长，冷凝区域逐渐向中心转移。这样面包外层的水分便逐渐移向中心。

2．面包在烘焙过程中的微生物学变化 面包坯入炉后的 5～6min 内，随着温度的不断提高，酵母的生命活动更加旺盛，进行着强烈的发酵并产生大量 CO_2 气体。当面包坯内达到 35～40℃时，发酵活动达到高潮，45℃后其产气能力下降，50℃以后酵母发酵活动停止并开始死亡。酵母在面包坯入炉后 5～6min 之内的强烈发酵活动，是面包入炉后体积迅速增大的主要原因。面包中的酸化微生物主要是乳酸菌。各种乳酸菌的耐热性不同，嗜温性的为 35℃左右，嗜热性的为 48～54℃。同酵母一样，其生命活动也随着面包坯内温度上升而加快。当超过最适温度后其生命力就逐渐减退，大约60℃时全部死亡。有人认为，直到烘焙结束，在面包的中心部位还残存着个别活的微生物。

3．面包在烘焙过程中的生物化学和胶体化学变化　面包在烘焙过程中发生着多种生物化学和胶体化学变化。

(1) 淀粉糊化　需要指出的是，在面团发酵阶段，面筋是面团的骨架，而在焙烤时由于面仅有软化和液化的趋势，则不再构成骨架。面包坯中的淀粉随着温度的升高而逐渐吸水膨胀。当达到 55℃以上时，淀粉颗粒大量吸水胀润直至完全糊化，糊化的淀粉从面筋蛋白质中夺取水分，使面筋在水分少的状态下固化。而淀粉膨胀到原来的几倍之后也固定在了面筋网络当中，成为此时的骨架，形成了疏松多孔的面包结构。

(2) 蛋白质变性凝固　在 60～80℃时，面包坯内发生着淀粉糊化的蛋白质变性凝固的过程。面筋蛋白质在 30℃左右胀润性最大，进一步提高温度，其胀润性下降，在 78～80℃时，面筋蛋白质变性凝固，即面包定形。同时，析出部分水分被淀粉糊化所吸收。

(3) 淀粉水解　在烘焙中面包坯内的淀粉酶活性增强，大量淀粉水解成糊精和麦芽糖，使淀粉量有所降低。淀粉水解产生的糖一部分被酵母发酵，另一部分保留在面包内。淀粉酶的水解过程直至被钝化而结束。淀粉酶钝化温度为 82～84℃，α-淀粉酶为 97～98℃。由于 α-淀粉酶的耐热性高，有人在面包中仍检测出了有活性的 α-淀粉酶。

(4) 蛋白质水解　在烘焙中还发生了部分蛋白质的水解过程，蛋白酶的钝化温度为 80～85℃。在烘焙中发生的水解过程，使面包中的水溶物增加，并积累了一定数量的使面包产生良好香气和滋味的物质。

4．面包在烘焙过程中的着色反应和香气的形成　面包在烘焙中产生金黄色或棕黄色的表面颜色，主要由以下两种途径来实现。

(1) 美拉德反应　面包坯中的还原糖，如葡萄糖和果糖，与氨基酸之间发生羰氨反应，产生有色物质。

(2) 焦糖化反应　即糖在高温下发生的变色作用。参与焦糖化反应的糖包括酵母发酵剩余的蔗糖、麦芽糖、葡萄糖、果糖等。

此外，鸡蛋、乳粉、饴糖、果葡糖浆等均有良好的着色作用。

单糖按褐变反应的强弱次序排列，果糖最强，葡萄糖次之。双糖中除蔗糖外，乳糖与蜜二糖的褐变反应最强，其次为麦芽糖和棉子糖等，在小麦面团中含有的阿拉伯糖、水糖等戊糖，也是起褐变反应很强的糖。

蛋白质、氨基酸和铵盐引起褐变反应的程度随不同种类而有差异。作为面包强化剂的赖氨酸的褐变反应很强烈，但是经过烘焙，面包皮中的赖氨酸大部分会损失掉。此外，组氨酸、色氨酸、酪氨酸等褐变反应也很强烈，反应弱的为脯氨酸和谷氨酸。

蛋白质也能引起面包皮的褐变反应。但不同蛋白质引起的褐变颜色不同。小麦蛋白质引起的褐变颜色为灰褐；鸡蛋蛋白质引起的褐变颜色为红褐；加入少量转化糖或葡萄糖，会使面包皮呈红褐色，鲜艳而美观。

综上所述，面包在烘焙过程中发生褐变的主体是美拉德反应。另外，焦糖化作用也是使面包皮着色的一种因素。所不同的是，美拉德反应在炉温低的情况下即可进行，而焦糖化反应必须在高温下进行。在烘焙过程中，随着糖与氨基酸产生褐变使面包皮具有漂亮颜色的同时，还产生了诱人的香味。这种香味是由各种羰基化合物形成的，其中醛类起着主要作用。在美拉德反应中产生的醛类包括糠醛、羟甲基糠醛、乙醛、异丁醛、甲醛、苯乙醛、乙-羟基丙醛等。此外，赋予面包香味的还有醇和其他成分。

有句俗语为“三分做，七分烤”。面包烘焙时间差异较大，为 10～60min，总原则由低到高，通常分为以下三个阶段。

(1) 膨胀阶段　低温焙烤，下火 200～210℃，上火 170～180℃。湿度 60%～70%，时间 6～8min。

(2) 定型阶段　焙烤温度上下火均一，为 190～210℃，时间 3～4min。

(3) 着色阶段　焙烤温度上火 230～240℃，下火 180～200℃，时间 2～3min。

第三节　饼干的加工

一、韧性饼干的加工

韧性饼干的油糖比例较小，油∶糖约为 1∶2.5，(油+糖)∶面约为 1∶2.5。其工艺流程如图 6-2 所示。

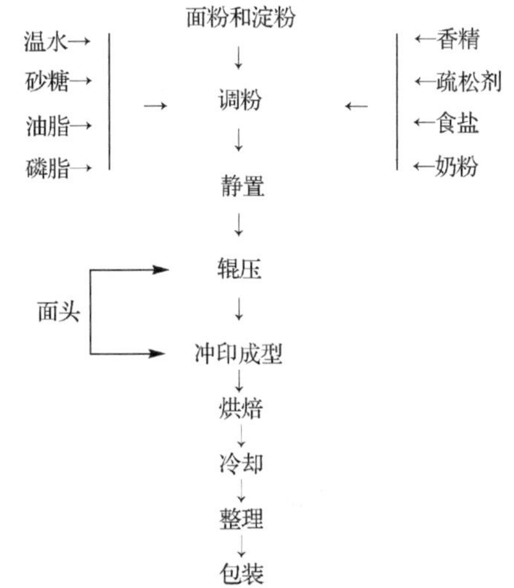

图 6-2　韧性饼干生产工艺流程

韧性饼干生产所用的面团要求具有良好的延伸性、适度的弹性和可塑性。配方设计原则如下。

(1) 面粉　以中力粉为好，即湿面筋含量在 30%左右。使用前最好过筛，除去杂质和粉块，混入空气，利于疏松。

(2) 油脂　要求起酥性好，可塑性好，抗氧化性强。起酥性由大到小依次为全氢化起酥油>掺合起酥油>人造奶油>奶油>猪油>精炼植物油。加入量为 10%～12%。

(3) 糖　以高纯砂糖粉为好，用量为 25%～30%。

(4) 磷脂　起乳化作用，防止产品粘牙。用量为油脂的 5%～15%，不得超过面粉的 2%。

(5) 抗氧化剂　丁基羟基茴香醚(BHA)、二丁基羟基甲苯(BHT)、没食子酸丙酯(PG)等，使用量为 0.01%(以油脂为基础)，加入一定量的柠檬酸可起到增效的作用，用量为抗氧化剂的 2 倍。

(6) 疏松剂　复合使用效果较佳，如 $NaHCO_3$∶$(NH_4)_2CO_3$=7∶3，加入量为 1%。

(7) 改良剂(降筋剂)　$NaHSO_3$ 的使用量≤0.45%，焦亚硫酸钠($Na_2S_2O_5$)的使用量≤0.8%。饼干中的 SO_2 残留量≤0.05g/kg。

(8) 水及其他风味料和香料　水添加量为 18%～21%。

韧性饼干面团俗称热粉(36～40℃)，首先应先将糖与热水溶解，然后加蛋和油进行乳化。乳粉、面粉、奶粉、香料干混加入，调制 10min 后加改良剂，调制结束前加疏松剂。调粉时间整体 40～45min，因为韧性饼干的面团需要一个形成面筋再打断面筋的过程。调制的面团静置 15～30min，松弛面筋，适当增加可塑性。

辊轧是将面团经轧辊的挤压作用，压制成一定厚薄的面片，一方面便于饼干冲印成型或辊切成型；另一方面，面团受机械辊轧作用后，面带表面光滑、质地细腻，且使面团在横向和纵向的张力分布均匀，这样饼干成熟后，形状完美，口感酥脆。同时经过多次折叠、压片，面片内部产生层次结构，焙烤时有良好的胀发度，成品饼干有良好的酥脆性。韧性饼干面团一般采用包含 9～13 道辊的连续辊轧方式进行压片，在整个辊轧过程中，应有 2～4 次面带转向(90°)过程，压延比小于 4∶1，以保证面带在横向与纵向受力均匀，撒粉要薄而均匀。

饼干的烘焙通常采用 40～60m 的隧道炉，烘焙原则为先 180～200℃低温焙烤使制品进行膨胀，再 220～250℃高温焙烤使制品定型、脱水和着色，最后再 120～150℃低温烤制，防止骤冷碎裂。韧性饼干的饼干坯中面筋含量相对较多，焙烤时水分蒸发缓慢，一般采用低温长时焙烤。烤制后的韧性饼干要进行喷油以增加表面光泽，防止吸潮，通常在 50～60℃采用高熔点植物油——棕榈油。

刚出炉的饼干表面温度在 160℃以上，中心温度也在 110℃左右，必须冷却后才能进行包装。一方面，刚出炉的饼干水分含量较高，且分布不均匀，口感较软；在冷却过程中，水分进一步蒸发，同时使水分分布均匀，口感酥脆。另一方面，冷却后包装还可防止油脂的氧化酸败和饼干变形。冷却通常是在输送带上自然冷却，也可在输送带上方用风扇进行吹风冷却，但不宜用强烈的冷风吹，否则饼干会产生裂缝。饼干冷却至 30～40℃即可进行包装、储藏和上市出售。

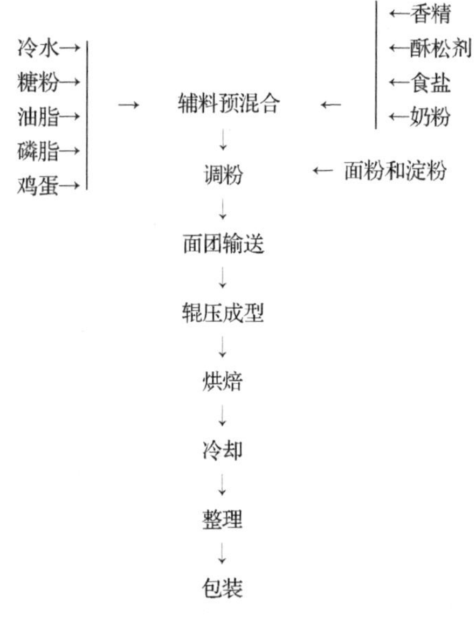

图 6-3　酥性饼干生产工艺流程

二、酥性饼干的加工

酥性饼干的油糖比例较大，油∶糖约为 1∶2，(油+糖)∶面约为 1∶2。其工艺流程如图 6-3 所示。

酥性饼干生产所用的面团要求无弹性，具有良好的可塑性。配方设计原则如下。

(1) 面粉　以弱力粉为好，即湿面筋含量≤26%。使用前最好过筛，除去杂质和粉块，混入空气，利于疏松。

(2) 油脂　要求起酥性好，可塑性好，抗氧化性强，熔点适当(25～30℃)，油脂用量较大，熔点过高，易出现油块，熔点过低易“走油”。普通酥性饼干用量为 14%～16%，甜酥性饼干用量为 30%～60%。

(3) 糖　以高纯砂糖粉为好，加入糖浆制品易吸湿。普通酥性饼干用量为 32%～34%，甜酥性饼干为 40%～42%。

(4) 水　普通酥性饼干为 13%～15%，甜酥性饼干为 16%～18%。

(5) 其他　主要是风味料、香料、疏松剂、抗氧化剂等。

酥性饼干的调粉是冷粉(26～30℃)，首先将糖溶解于冷水，加蛋、油、磷脂乳化，加入香料疏松剂、奶粉、淀粉、面粉干混。调粉时间为 8～10min，水多时调粉时间短，水少时调粉时间长。酥性饼干可采用辊印和辊切成型。

酥性饼干由于含油、糖多，含水少，入炉后易发生“油推”现象，因此常采用高温短时焙烤。烘焙原则为先高温 240～260℃，再低温 150～180℃。喷油与冷却和韧性饼干相同。

三、发酵(苏打)饼干的加工

发酵饼干是由低糖、低油的发酵面团和油酥面团制成。对于制作苏打饼干的发酵面团，多采用两次搅拌、两次发酵的面团调制工艺，其工艺流程如图 6-4 所示。

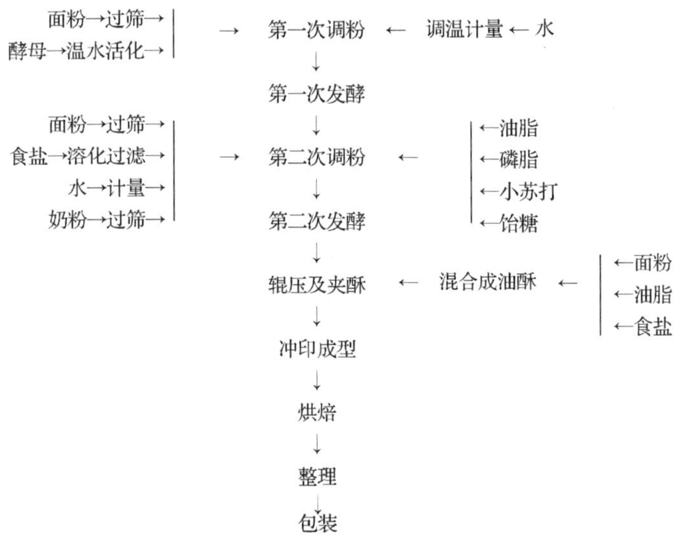

图 6-4 苏打饼干生产工艺流程

1) 面团的第一次搅拌与发酵：将配方中面粉的 40%～50%与活化的酵母溶液混合再加入调节面团温度的生产配方用水，搅拌 4～5min。然后在相对湿度 75%～80%、温度 26～28℃下发酵 4～8h。发酵时间的长短依面粉筋力、饼干风味和性状的不同而异。通过第一次较长时间的发酵，使酵母在面团内充分繁殖，以增加第二次面团发酵潜力，同时酵母的代谢产物乙醇会使面筋溶解和变性，产生的大量 CO_2 使面团膨胀至最大，而后继续发酵，气体压力超过了面筋的抗拉强度而塌陷，最终使面团的弹性降到理想程度。

2) 面团的第二次搅拌与发酵：将第一次发酵成熟的面团与剩余的面粉、油脂和除化学疏松剂以外的其他辅料加入搅拌机中进行第二次搅拌，搅拌开始后，缓慢撒入化学疏松剂，使面团的 pH 达 7.1 或稍高为止。第二次搅拌所用面粉，主要是使产品口感酥松、外形美观，因而需选用低筋粉。第二次搅拌是影响产品质量的关键，它要求面团柔软，以便辊轧操作。搅拌时间一般为 4～5min，使面团弹性适中，用手较易拉断。第二次发酵又称后续发酵，主要是利用第一次发酵产生的大量酵母，进一步降低面筋的弹性，并尽可能地使面团结构疏松。一般在 28～30℃发酵 3～4h 即可。

对苏打饼干面团多采用往返式压片机，这样便于在面带中加入油酥，反复压延。经辊压后面团中的大气泡被赶出或分成许多均匀的小气泡。苏打饼干面团每次辊轧的压延比不宜过大，一般控制在 1∶(2～2.5)，否则表面易被压破，油酥外露，饼干膨发率差，颜色变劣。

苏打饼干入炉初期底火应旺，面火略低，使饼干坯表面处于柔软状态有利于饼干坯膨胀和 CO_2 气体的逸散。如果炉温过低，时间过长，饼干易成僵片。进入烤炉中区后，要求面火逐渐增加而底火逐渐减少，这样可使饼干膨胀到最大限度并将其体积固定下来，以获得良好的产品。

第四节　糕点的加工

(本节视频)

一、配方平衡

配方平衡(formula balance)是指在一个配方中各种原辅料在量上要互成比例，达到产品的质量要求。因此，配方是否平衡，是产品质量好坏的关键。要制订出正确合理的配方，首先要了解各种原辅料的工艺性质及其主要作用，然后根据所制产品的种类与特性，选择适当的原材料和配比。

原材料按性质可分为：干性原料，如面粉、奶粉等；湿性原料，如水、牛奶、鸡蛋、糖浆等；柔性原料，如油脂、糖、发酵粉、蛋黄等；韧性原料，如面粉、奶粉、盐、蛋白等。韧性原料在蛋糕中主要起结构增强剂的作用，而柔性原料主要起组织柔软剂的作用。糕点的质量与配方中基本原料的量和比例有直接关系。不同种类的糕点有它自己的特点，需要不同原料的结合。配方平衡的含义是要求各种干性、湿性、韧性和柔性原料在比例上互相平衡，如果其中一种原料在量或比例上发生变化，则其他一种或多种原料的量或比例需作相应的调整，以保证产品的质量。

(一)干性与湿性原料之间的平衡

干性与湿性原料之间配比是否平衡影响着面团或面糊的稠度及工艺性能。

(1)*面粉和加水量*　不同的产品要求面粉的加水量不同。因此，在制订配方时除考虑面粉吸水率外，还需要考虑其他液体原料的影响，如鸡蛋、各类糖浆等。配方中鸡蛋、糖浆、油脂含量增加时，面粉的加水量则应降低。每增加 1%的油脂，应降低 1%的加水量。糖浆的浓度一般为 60%～80%，鸡蛋含水量为 75%左右，蛋白中含 86%～88%的水。因此，可根据糖浆的浓度和蛋品的含水量相应降低配方的加水量。在各类糕点面团中，韧性面团需加水较多，达 50%～55%，油酥面团全部用油而不用水调制，酥类面团加水较少，一般为 8%～16%，制作蛋糕的面糊加水量最多，高达 60%。

(2)*配方中的糖量与总液体量*　总液体量是指包括蛋、牛乳、糖浆中含有的水及添加的水的总和。总液体量必须超过糖的量，才能保证糖充分溶解，否则会影响产品质量，使产品结构较硬，组织干燥；表面易出现黑色斑点。如果总液体量过多，会造成组织过度软化，易出现塌陷，产品体积小。

(二)柔性与韧性原料之间的平衡

柔性原料在糕点中能使产品组织柔软，而韧性原料构成产品的结构。因此，柔性和韧性原料在比例上必须平衡才能保证产品质量。如果柔性原料过多，会使产品结构软化不牢固，易出现塌陷、变形等现象。反之，韧性原料过多，会使产品结构过度牢固，组织不疏松，缺乏弹性和延伸性，体积小。

(1)*面粉和油的比例*　加油量与面粉的面筋含量成正比。面筋含量高，加油也多；面筋含量低，加油也少。还要根据不同产品来确定面粉和油的比例。奶油蛋糕中，奶油用量可达 60%～100%，酥类糕点中油脂用量为 25%～60%。

(2)蛋和油的比例　油脂用量应与蛋用量成正比。因为蛋中含有较高的蛋白质，对面团或面糊起增强韧性作用。而油脂是一种柔软剂。如制作蛋糕，油脂和蛋的比例是 1∶(1.10～1.15)。单独使用蛋清或蛋黄时，必须作适当的调整。蛋清比全蛋含有较多的水分和较少的蛋白质，应降低油脂用量或者增加蛋清用量才能达到配方平衡。蛋黄含有较多的油脂和较少的水分，故必须考虑蛋黄中的脂肪含量以确定配方中油脂的适当比例。

(3)蛋和糖的比例　配方中蛋用量增加时，糖用量也应增加，糖对蛋白的起泡性有增强和稳定作用。特别是在蛋糕面糊搅打过程中，如果糖用量太低，蛋白不易起泡，充气少。

(4)蛋和疏松剂的比例　蛋白本身具有充气起泡而使产品疏松柔软的功能，因此在配方中蛋的用量增多时，疏松剂的用量应减少。在蛋糕中，蛋的用量在 30%以下时必须要使用疏松剂，超过 30%则不必添加疏松剂。在标准配方的基础上每减少 1%的蛋，则应增加 0.03%的发酵粉。

(三)柔性原料之间的平衡

(1)油脂和疏松剂的比例　油脂在搅拌过程中可以拌入很多空气，因此在制作奶油蛋糕时应根据配方中油脂含量来确定疏松剂的用量。配方内油脂用量多，则疏松剂用量要少，油脂用量少，疏松剂用量要多。油脂用量在 50%～60%时，发酵粉用量为 4%；油脂用量在 40%～50%时，发酵粉用量为 5%；油脂用量低于 40%时，发酵粉用量为 6%。

(2)糖和糖浆的互相替换　当使用糖浆代替砂糖时，应考虑到所用糖浆中的含糖量要与配方中的糖用量相等，并计算糖浆中的含水量，调整配方的总液体量。

(3)蛋和蛋粉的互相替换　当使用蛋粉代替鲜蛋时，应根据鲜蛋中固形物和水分的含量计算出应同时补加的水分，以保证配方平衡；反之，用鲜蛋代替蛋粉时，则应计算出蛋中所含的水分，并从配方总液体量中扣除这部分水。

当使用熔点较低的糖(如葡萄糖、半乳糖、糖浆等)代替砂糖时，在配方中应添加少许酸性材料，如酒石酸盐、柠檬酸等，以调整产品表面的颜色。

二、中式糕点面团和面糊的调制

(一)油酥面团

油酥面团是只用油脂和面粉调制而成的面团，适用于酥皮包酥类糕点，如京式酥皮八件、广式皮蛋酥。面团只具有可塑性。由于面粉混合后，借助油对面粉颗粒的吸附而形成团块。配料中面粉为 100%，以低筋粉较好，面粉越细越好；油脂含量为 45%～55%，油的熔点高，起酥性好。

调制方法：①油搅打充气 2～5min；②加入面粉搅拌 2～3min；③在调制面团时，反复擦酥，使油和面粉混合均匀。油的熔点高，擦酥时间长。注意不能用热油，否则面团发散，不能混入水，起酥性差；擦酥要擦匀，否则在制酥皮包酥时，易与水油面团皮连成一体，无法形成层次。

（二）水油面团

水油面团是用水、油和面粉调制而成的面团，也可以加入少量蛋或糖浆（淀粉糖浆等），主要用于酥皮糕点的外包酥。面团具有一定的弹性、良好的可塑性和延伸性。配料中面粉为 100%，以中力粉为好，即面粉的蛋白质含量为 9%～11%；水为 45%～55%，包括蛋或糖浆中的水；油为 15%～40%，以熔点较高的油脂为好，用量随面粉筋力的增加而增加；蛋或糖浆为 10%～30%，一般配方中若使用液态油需加入一些蛋或糖浆，若使用固态油则可加也可不加，其起到了乳化、着色作用，以及增加面团柔软性的作用。通常配方中不可加白糖，尤其是气温比较低的季节，否则面团易发散。

调制水油面团时，油、水、蛋或糖浆是要先充分乳化后才加入面粉的，在这种情况下，面筋蛋白质既可以吸收一定量的水，形成大块面筋，同时由于油脂的隔离作用，油不能形成大的面筋网络，这样的面筋形态即决定了面团有一定的筋力和良好的延伸性。水油面团的调制方法有三种，具体如下。

（1）冷水调制法　京式酥皮糕点多用该法调制面团。①先将 18～20℃的水、油及蛋或糖浆充分乳化；②加入面粉调匀，时间一般为 15～20min，夏季面团温度应控制在 22～26℃，冬季面团温度应控制在 24～28℃。该法调制的面团制作出的酥皮糕点皮色浅白，酥脆。

（2）温水调制法　广式酥皮糕点多使用该法调制水油皮。方法步骤与冷水调制法相同，只是水温要调制在 40～50℃。该法调制的面团制作出的酥皮糕点起酥性好，柔软酥松，入口即化，皮色稍深。

（3）冷、热水调制法　①将部分水烧开与油、糖浆充分乳化；②用热的乳化液拌入面粉，调成坨块状，摊开稍晾；③逐次加入冷水改制，反复加水 3～4 次；④将面团搓、拉、抻直至光滑细腻并上筋后，再摊开，静置一段时间后备用。该类面团制得的产品皮色适中，酥脆不硬。

（三）酥性面团

酥性面团是在面粉中加入较多油、糖、适量水及其他辅料调制而成的面团。单独使用制作混酥类糕点，如京式核桃酥、苏式杏仁酥。酥性面团制作中油的隔离作用及糖的反水化作用抑制了面筋形成，所以该面团无弹性和韧性、具有良好的可塑性。配料中面粉以弱力粉为好，也可以部分使用熟面粉；油添加量为 30%～60%，以熔点较高的动物油为好，这样既可以保证产品的酥松又可以抑制产品的走油；糖添加量为 30%～50%，以高纯度的砂糖粉为好，大粒砂糖易结晶、粗糙，饴糖、糖浆易吸湿，产品易散碎。

调制时先将水与糖溶解，然后加入油乳化，再加入疏松剂、香料混匀，加入面粉、淀粉搅匀，最后加入辅料——果仁、果脯等。制作过程要严格按投料顺序操作，糖要充分溶解，乳化充分；加入面粉后，搅拌时间要短，搅匀即可；油温不能高，否则会发散；水温不宜高，否则易上筋；面团温度不宜高，最好为 18～22℃，否则会走油上筋，不宜久置，随调随用；禁止后加水，否则会上筋。

（四）糖浆面团

糖浆面团，也称浆皮面团，是将事先用蔗糖制成的糖浆或麦芽糖浆与小麦粉调制而成的面团。这种面团松软、细腻，既有一定的韧性又有良好的可塑性，适合制作浆皮包馅类糕点，如广式月饼、提浆月饼和松脆类糕点(如广式的薄脆、苏式的金钱饼等)。糖浆面团可分为砂糖浆面团、麦芽糖浆面团、混合糖浆面团三类，以这三类面团制作的糕点，生产方法和产品性质有显著区别，以砂糖浆面团制成的糕点比较多。砂糖浆面团是用砂糖浆和小麦粉为主要原料调制而成的，由于砂糖浆是蔗糖经酸水解产生转化糖而制成的，加上糖浆用量多，制作浆皮类糕点时约占饼皮的50%，油的隔离作用及糖的反水化作用抑制了面筋形成，较多的水使面团可形成一定量的面筋小块，使饼皮具有良好的可塑性，不酥不脆，柔软不裂，并且在烘烤时易着色，成品存放2d后回油，饼皮更为油润。麦芽糖浆面团是以小麦粉与麦芽糖为主要原料调制而成的，用它加工出的产品的特点为色泽棕红、光泽油润、甘香脆化。混合糖浆面团是以砂糖浆、麦芽糖浆等与小麦粉为主要原料调制而成的，用这种面团加工出的产品既有比较好的色泽，也有较好的口感。

糖浆面团配料中面粉以中力粉为好；油用量为15%～30%；糖浆用量为50%～75%，以淀粉糖浆、转化糖浆、果葡糖浆为好，饴糖不能单独使用；鸡蛋用量为5%～10%，可以起乳化作用。制作不同品种的糖浆面团，其糖浆有不同的制作方法，即使同一品种，各地的糖浆制法也有差异。

糖浆面团的调制方法：首先将糖浆放入调粉机内，加入水、疏松剂等搅拌均匀，加入油脂搅拌成乳白色悬浮状液体，再逐次加入面粉搅匀，面团达到一定软硬度时，撒上浮面，倒出调粉机即可。搅拌好的面团应该柔软适宜、细腻、发暄、不浸油。糖浆的黏度大，增强了对面筋蛋白质的反水化作用，使面筋蛋白质不能充分吸水胀润，限制了面筋大量形成，使面团具有良好的可塑性。调制糖浆面团时应注意以下几点。

1)糖浆必须冷却后才能使用，不可使用热浆。

2)糖浆与水(碱水等)充分混合，才能加入油脂搅拌，否则成品会起白点。再者，对于使用碱水的糕点，应控制好用量，碱水用量过多，成品不够鲜艳，呈暗褐色，碱水用量过少，成品不易着色。

3)在加入小麦粉之前，糖浆和油脂必须充分乳化，如果搅拌时间短，乳化不均匀则调制的面团发散，容易走油、粗糙、起筋、工艺性能差。

4)面粉应逐次加入，最后留下少量面粉以调节面团的软硬度，如果太硬可增加些糖浆来调节，不可用水。

5)面团调制好以后，面筋胀润过程仍继续进行，所以不宜存放时间过长(在30～45min成型完毕)，时间拖长面团容易起筋，面团韧性增加，影响成品质量。

(五)蛋糕面糊的调制

蛋糕习惯上有中式、西式蛋糕之分，其制作原理基本相同，只是西式蛋糕品种多，用料以面粉、蛋、糖、奶油、乳品、果料等为主；中式蛋糕品种少，用料以面粉、蛋、糖、猪油、植物油等为主。中式蛋糕按熟制方式不同可分为烤蛋糕类(广式莲花蛋糕等)和蒸蛋糕类(京式百果蛋糕等)，按用料特点和制作原理可分为清蛋糕和油蛋糕两种基本类型。

1. 清蛋糕糊的调制　在调制面糊时，首先搅打蛋和糖，充分发泡后加入其他原辅料。其适于制作清蛋糕，又称海绵蛋糕或泡沫蛋糕。配料中不加油脂或仅加少量油脂、以鸡蛋为主要原料的蛋糕质地柔软，富有弹性。

(1) *配料原则*

1) 面粉：以低面筋粉为佳，需过筛。

2) 鸡蛋：用量一般为 60%～180%，个别可达 200%以上。以鲜鸡蛋为好，浓厚蛋白较多。

3) 糖：用量一般为 60%～180%，最好为 100%～110%，过低不利于泡沫稳定，但糖量太高，会使鸡蛋蛋白的凝固温度升高，妨碍鸡蛋蛋白的凝固，且不利于淀粉的糊化作用。

4) 水：在蛋加入量较少的情况下，需加水或鲜牛奶，调节面糊的稠度。一般面糊中的加入总水量(含蛋液中的水)应控制在面粉量的 115%～135%。

5) 疏松剂：在加入蛋的比例小于 100%时，需加入一定量的碳酸氢铵；加入蛋的比例为 100%～130%时，可加入一定量的发粉(1%～2%)。

(2) *形成原理*　鸡蛋中蛋白的主要成分是具有很强发泡性的浓厚蛋白。这种蛋白质胶体在搅打气的高速搅打下，大量的空气均匀地混入蛋液中，随着空气量增加，蛋液中气压增大，促进蛋白膜逐渐膨胀扩展，空气被包围在蛋白膜周围，形成均匀的气、液、固多相分散系。这种多相分散系在受热后，气体膨胀，淀粉糊化，蛋白质变性，即制成结构疏松、富有弹性的蛋糕。

(3) *调制方法*

1) 蛋加糖，充分搅打 10～20min，使蛋糖互溶、起泡，直至形成有一定稠度、光滑细腻的白色泡沫膏为止。打蛋结束后，蛋液体积较原料增加 1.5～2 倍。

打蛋程度是否合适，可用划痕法来判断，即用一小工具(勺搅拌器等)在蛋液上划过，搅拌程度适当的蛋液，应留下痕迹且在 30s 内不消失。

2) 在慢速搅拌下，加入色素、香料、水及疏松剂，搅拌均匀即可。搅拌时间小于 30s，如使用发粉应与面粉混合均匀后再加入。

3) 加入过筛后的面粉，宜中速搅拌 15～30s，分布均匀即可。

2．油蛋糕糊的调制　油蛋糕糊的制作除使用鸡蛋、糖和小麦粉外，还使用相当数量的油脂及少量的化学疏松剂，主要依靠油脂的充气性和起酥性来赋予产品以特有的风味和组织，在一定范围内油脂越多，产品的口感品质越好。产品营养丰富，具有高蛋白、高热量的特点，质地酥散、滋润，带有所用油脂的风味，保质期长，冬季可达 1 个月，适宜远途携带，如京式大油糕。

油蛋糕糊的调制主要利用油脂具有的搅打充气性，当油脂被搅打时能融合大量空气，形成无数气泡，这些气泡被油膜包围不会逸出，随着搅打不断进行，油脂融合的空气越来越多，体积逐渐增大，并和水、糖等互相分散，形成乳化状泡沫体。

中式传统糕点通常采用猪油，因此常用热油法进行加工。先将糖、蛋在调粉机内充分搅打(一般 15～20min)，呈乳白色时，一边慢速搅拌一边加入事先加热至 90℃左右的油和水的混合物，加入一半过筛的小麦粉、淀粉和疏松剂的混合物稍经搅拌，再将另一半过筛的小麦粉、淀粉和疏松剂的混合物加入，继续搅拌均匀即成油蛋糕糊。

三、西式糕点面团和面糊的调制

面团(面糊)是原料经混合、调制成的最终形式，面糊含水分比面团多，不像面团那样能揉捏或擀制。西式糕点中由面团加工的品种有点心面包、松酥点心(松饼)、帕夫酥皮点心、小西饼、派等；由面糊加工的品种有蛋糕、巧克斯点心(烫面类点心)、部分饼干等。

糕点品种不同，其面团(面糊)的调制也有差异，下面介绍几种有代表性的面团(面糊)调制方法。

(一)泡沫面团(面糊)

1．蛋白面糊(加糖蛋白面糊)　蛋白面糊是只利用蛋白中加入砂糖打发起泡而调制成的面糊，是起泡面团中最基本的面团之一，品种变化多样。蛋白面糊加入坚果类(核桃等)、奶油、小麦粉等能调制出许多糕点的面糊。

利用蛋白的起泡性调制，有以下三种方法。

(1)*冷加糖蛋白糊*　在蛋白中先加入少量的砂糖(40%～50%)，将蛋白慢慢搅开，开始起泡后立即快速搅打 5～6min，然后分数次加入剩余的糖继续搅打，可制成坚实的加糖蛋白糊。如果想制成干燥加糖蛋白，须放在烤炉里，120～130℃干燥 2h 即可。

(2)*热加糖蛋白糊*　将蛋白水浴加热，采用冷加糖蛋白的调制方法搅打，温度升至50℃时停止热水浴，继续搅拌冷却到室温，就可制得坚实的加糖蛋白糊。如果过度受热，蛋白质发生变性，采用这种加糖蛋白糊加工出的产品脆性好。

(3)*煮沸加糖蛋白糊*　先在蛋白中加入少量糖(约 20%)，采用(1)、(2)介绍的方法搅拌7min 左右，将熬好的糖浆呈细丝状注入搅拌器，同时继续搅拌，糖浆加完后，继续搅拌时停止加热即可。由于这种加糖蛋白糊的稳定性好，与稀奶油等混合，适合于蛋糕的装饰。

2．乳沫面糊　乳沫面糊也是西式糕点中的基本面糊(不加油脂或仅加少量油脂)，充分利用蛋白全蛋的起泡性，先将蛋白搅打起泡，再利用全蛋的起泡性，然后加入砂糖搅拌，最后加入过筛的小麦粉调制而成。这种面糊广泛应用于海绵蛋糕的制作，所以也称海绵蛋糕面糊。产品具有致密的气泡结构，质地柔软而富有弹性。乳沫面糊的调制方法主要有三种，即全蛋搅打法、分开搅打法、乳化法。

(1)*全蛋搅打法(热起泡法)*　全蛋中加入少量的砂糖充分搅开，分数次加入剩余的砂糖，一边水浴一边打发，温度至 40℃左右去掉水浴，继续搅打至有一定稠度、光洁而细腻的白色泡沫。在慢速搅拌下加入色素、风味物(如香精)、甘油、牛乳、水等液体原料，最后加入已过筛的小麦粉，混合均匀即可。一般分开搅打法不用水浴，全蛋搅打法使用水浴，主要是为了保证蛋液的温度，使蛋液充分发挥搅打起泡性，所以全蛋搅打法也称热起泡法。

(2)*分开搅打法(冷起泡法)*

1)将全蛋分成蛋白和蛋黄两部分，蛋白中分数次加入 1/3 的糖搅打，制成坚实的加糖蛋白膏。

2)用 2/3 的糖与蛋黄一起搅打起泡。

3)将 1)与 2)得到的物料充分混合后加入过筛的小麦粉，拌匀即可。

4)也有的用 2/3 的糖与蛋白一起搅打成蛋白膏。将面粉与 1/3 的糖加入搅打好的蛋黄中，再与加糖蛋白混匀。

(3)*乳化法*　蛋糕乳化剂能促进泡沫及油、水分散体系的稳定，它的应用是对传统工艺的一种改进，比较适用于大批量生产。使用乳化剂的蛋液容易打发，不需水浴加温，缩短了打蛋时间，可适当减少蛋和糖的用量，并可补充较多的水，产品冷却后不易发干，延长了保鲜期，产品内部组织细腻，气孔均匀，弹性好。

调制方法：用牛乳、水将乳化剂充分化开，再加入鸡蛋、砂糖等一起快速搅打至浆料呈乳白色细腻的膏状，在慢速搅拌下逐步加入筛过的面粉，混匀即可。也可采用一步调制法，即先将牛乳、水、乳化剂充分化开，再加入其他所有原料一起搅打成光滑的面糊。如制作含奶油的面糊时，可先将蛋和糖一起打发后，在慢速搅拌下缓慢加入熔化的奶油，混匀后再加入面粉搅打均匀即可。

3．油脂面糊(奶油蛋糕面糊)　奶油蛋糕所使用的原料小麦粉、砂糖、鸡蛋、油脂的比例为 1∶1∶1∶1，这是较基本的配比，如果改变这些配比，并选择添加牛乳、果料、发粉等其他原料，就可以制作出品种多样的油脂蛋糕。油脂蛋糕的弹性和柔软度不如海绵蛋糕，但其质地酥散、滋润，带有油脂(特别是奶油)的香味。油脂的充气性和起酥性是形成产品组织与口感特征的主要因素。

油脂面糊的调制方法主要有糖油法、粉油法和混合法三种。

(1)糖油法　将油脂(奶油、人造奶油等)搅打开，加入过筛的砂糖充分搅打至呈淡黄色、蓬松而细腻的膏状，再将全蛋液以缓慢细流状分数次加入上述油脂和糖的混合物中，每次均须充分搅拌均匀，然后加入过筛的面粉(如果需要使用乳粉、发粉，需预先过筛混入面粉中)，轻轻混入浆料中，注意不能有团块，不要过分搅拌以尽量减少面筋的生成。最后，加入水、牛乳(香精、色素若为水溶性可在此时加入，若为油溶性在刚开始时加入)，如果有果干、果仁等可在此时加入，混匀即成糖油法油脂面糊。另外，除上述全蛋搅打的糖油法外，蛋白和蛋黄还可以分开搅打，即先将蛋白搅打发泡至一定程度，加入 1/3 的砂糖，充分搅打成厚而光滑的糖蛋白膏，再将奶油与剩余的糖(2/3)一起搅打成蓬松的膏状，加入蛋黄搅打均匀，然后加入糖蛋白膏拌匀，最后加入过筛的面粉。

(2)粉油法　将油脂(奶油、人造奶油等)与过筛的面粉(比奶油量稀少)一起搅打成蓬松的膏状，加入砂糖搅拌，再加入剩余过筛的小麦粉，最后分数次加入全蛋液混合成面糊(牛乳、水等液体在加完蛋后加入)。还有一种方法就是将小麦粉过筛分成两份，一份面粉与油脂搅打混合，全蛋液与砂糖搅打成泡沫状(6～7min)，将蛋、糖混合物分数次加入油脂与面粉的混合物中，每次均要搅打均匀，再将另一份面粉(需要使用发粉时，过筛加入这份面粉中)加入浆料中，混匀至光滑、无团块为止，最后加入牛乳、水、果干、果仁等混匀即可。手工调制油脂面糊(粉油法)时经常采用后一种方法。

(3)糖/粉油法(混合法)　混合法又称两步法，就是将糖油法和粉油法相结合的调制方法。将小麦粉过筛后等分为两份，一份小麦粉与油脂(奶油、人造奶油等)、砂糖一起搅打，全蛋液分数次加入搅打，每次均需搅打均匀；另一份小麦粉与发粉、乳粉等过筛混匀再加入，最后加入牛乳、水、果干(仁)等搅拌均匀即可。也有的将所有的干性原料(如面粉、糖、乳粉、发粉等)一起混合过筛，加入油脂中一起搅拌至“面包渣”状为止。另外，将所有湿性原料(如蛋液、牛乳、水、甘油等)一起混合、呈细流状加入干性原料与油脂的混合物中，同时不断搅拌至无团块、光滑的浆料为止。调制油脂面糊时除使用主要原料小麦粉、砂糖、蛋和油脂外，还使用较多的辅料，如淀粉、发粉、奶油、果仁、香精、色素等，调制时一般注意以下几点。

1)粉类(如淀粉、乳粉、发粉等)一般与小麦粉混合后过筛。

2)液体糖与全蛋液混合后加入。

3)牛乳、水等一般在小麦粉加入混合均匀后再添加。

4) 香精、色素一般最后加入，也可在保证它们能均匀分散的工序中加入。

5) 水果类(果干、果仁等)一般在面糊调制最后加入，如果最后加入小麦粉时，可以与小麦粉一起加入，这样水果就很难沉底。

6) 凡属于搅打的操作宜用中速，凡属于混合的操作宜用慢速。

7) 三种调制方法中，高成分油脂蛋糕适合采用粉油法调制面糊，低成分油脂蛋糕适合采用糖油法调制面糊，中成分油脂蛋糕采用哪种方法调制面糊都可以。油脂面糊调制时，使用原辅料的品种较多，而原辅料之间又存在着一定的促进和制约作用，所以在调整配方时一定注意使各成分之间达到平衡，这样才能做出好的油脂蛋糕。

(二) 酥性面团(甜酥面团、混酥面团、松酥面团)

甜酥面团是以小麦粉、油脂、水(或生乳)为主要原料，配合加入砂糖、蛋、果仁、巧克力、可可、香料等制成的一类不分层的酥面团。产品品种富于变化，口感松酥。传统上又可把甜酥面团分为两类：酥点面团和甜点面团，前者含糖油量高于后者。用甜酥面团加工出的西点主要有部分饼干、小西饼、塔(tart)等。甜酥面团的调制方法主要有擦入法、粉油法和糖油法三种。

1. 擦入法　用手或机器将油脂均匀混进面粉中。用手操作时，用双手搓擦，将油脂和面粉混合至屑状为止，不能有团块存在，类似于中式糕点加工中的擦酥步骤。将糖溶于水、牛乳、蛋液中，加入上述油粉混合物围成的圆圈内，然后将周围的混合物逐渐与中间的糖液混合。机器操作时，将糖液在搅拌下慢慢加入油粉混合物中，继续混合至光滑的面团即可。该方法适于无糖、低糖甜酥面团的调制。

2. 粉油法　与油脂蛋糕面糊中粉油法调制相同。即将油脂与等量的小麦粉搅打成蓬松的膏状，再加入剩余的小麦粉和其他原料调制成面团。该方法适于高脂甜酥面团的调制。

3. 糖油法　类似于油脂蛋糕面糊调制中的糖油法。先将油脂与糖一起充分搅打成蓬松而细腻的膏状。边搅拌边分数次加入蛋液、水、牛乳等其他液体，然后加入过筛的面粉，混合成光滑的面团即可。该方法适于高糖甜酥面团的调制。

四、糕点成型技术

糕点成型技术有手工成型与机械成型两种。成型方式包括搓制成型、擀轧成型、卷起成型、折叠成型、包制成型、印模成型、挤注成型(主要用于面糊)及包酥成型。包酥成型是用水油面团包上油酥面团，与折叠成型相配合，分为大包酥和小包酥。大包酥是大块水油面团，大块油酥，先包酥，后分块，效率高，但是易露酥、混酥；小包酥是小块水油面团，小块油酥，先分块，后包酥，不易露酥、混酥，层次清晰，但是效率低，只能手工操作。

手工成型主要用的器具包括：①刀具类，切刀、抹刀、花刀、滚刀；②印模，一体模、分体模；③切模，扣模、卡模；④烤模，烤听；⑤挤注袋和裱花嘴；⑥擀面棍，擀面杖、面棍、手棍、擀筒、花纹面团棒。

糕点成型机械包括压片机(也称轧片机和压片起酥机，适用于延伸性较好的面团)、桃酥成型机、月饼包馅成型机、蛋糕注模成型机、万能点心机等。

五、糕点烘焙技术

炉体形式包括适用于间歇式中小型规模生产的箱式炉，适用于连续中型规模的平转炉，以及适用于连续大型生产的隧道炉。

烘焙操作技术中低温指 140～170℃；中温指 170～200℃；高温指 200～240℃。上火也称为面火，指烤盘上部空间炉温；下火也称为底火。炝脸定义为入炉烘焙时，面坯先表面向下，着色后再反过来。

烘焙操作基本原则为：①产品结构疏松或起层，表皮色浅，采用微火长时间操作，上低下高；②产品结构疏松或起层，表皮色深，先上低下高，后下低上高；③产品要求花纹清晰，表皮色深，先高后低，上高下低。

第五节　挂面和方便面的加工

一、挂面的加工

挂面是由湿面条挂在面杆上干燥而得名的。挂面制作的基本原理是：先将各种原辅料加入搅拌机中充分搅拌，静置熟化后将成熟面团通过两个大直径的辊筒压成约 10m 厚的面片，再经压薄辊连续压延面片 6～8 道，使之达到所要求的厚度(1～2mm)，之后通过切割狭槽进行切条成型，干燥切齐后即面成品。生产工艺流程如下。

原辅料→面团调制→熟化→压片→切条→干燥→切断→包装→成品

1．面团调制与熟化　和面是通过和面机的搅拌作用，将各种原辅料均匀混合，最后形成的面团坯料干湿合适、色泽均匀且不含生粉的小团块颗粒，手握成团，轻搓后仍可分散为松散的颗粒状结构。

面团调制的加水量为 30%～35%，而面粉中蛋白质和淀粉完全吸水膨胀为成熟面团时吸水量为 59%～60%。这是由面条的生产工艺决定的，面筋网络结构需要在面团调制、静置熟化、轧片持压等工艺后才能形成。如果加水过多，轧片时易粘轧辊，上架干燥时会因面条的自重而被拉断并且增加干燥过程的能耗。具体的加水量应依面粉的特性及面条的制作工艺而定。

面团调制用水温度为 25～30℃，经过和面机的搅拌作用，面团温度上升为 37～40℃，此温度是面筋形成的最佳温度。夏季面团调制时间为 7～8min，冬季为 10～15min。

熟化俗称“醒面”或“存粉”，指将和好的面团静置或低速搅拌一段时间，以使和好的面团消除内应力，使水分、蛋白质和淀粉之间均匀分布，促使面筋结构进一步形成，面团结构进一步稳定。熟化的实质是依靠时间的延长使面团内部组织自动调节，从而使各组分分布更加均匀。熟化时间一般需 20～30min，但在连续化生产中只能熟化 10～15min。

2．压片与切条　压片通过多道轧辊对面团的挤压作用，使面团中松散的面筋成为细密的沿压延方向排列的束状结构，并将淀粉包络在面筋网络中，提高面团的黏弹性和延伸性。

影响压片的主要因素是压延比和压延速率。

(1)压延比　是指轧延前后面片厚度之差与轧延前面片厚度的百分比。要获得具有理想内部结构的面片，需经过多次压延成型。如果对面片作急剧的过度压延，会破坏面筋的网络结构，通过控制压延比可调节压延程度。第一道的压延比为50%，以后的2～6道压延比依次为40%、30%、25%、15%、10%，面片厚度由4～5mm逐渐减薄到1mm。

(2) *压延速率*　面团压延过程中，面带的线速度称为压延速率。轧辊的转速过高，面片被拉伸速度过快，易破坏已形成的面筋网络，且光洁度差；转速低，面片紧密光滑，但会影响产量。一般面片的线速度在20～35m/min。

切条是在切面机上完成的。在连续化生产的过程中，切面机安装在压延机的后端，切面机由切条刀和切断刀组成。挂面的外观质量取决于切刀的机械加工精度。

3．干燥　挂面干燥是整个生产线中投资最多、技术性最强的工序，与产品质量和生产成本有极为重要的关系。生产中发生的酥面、潮面、酸面等现象，都是由干燥设备和技术不合理造成的。

(1) *干燥原理*　当湿面条进入干燥室内与热空气直接接触时，面条表面首先受热，温度上升，引起表面水分蒸发，这一过程称为"表面汽化"。随着"表面汽化"的进行，面条表面的水分含量降低而内部水分含量仍较高，由此产生了内外水分差。热空气的能量逐渐转移到面条内部，使其温度上升，并借助内外水分差所产生的推动力，内部水分就向表面转移，这一过程称为"水分转移"。在面条干燥过程中，随"表面汽化"和"水分转移"两过程的协调进行，面条逐渐被干燥。

当表面水分汽化速度低于内部水分转移速度时，面条的干燥过程就取决于表面汽化速度。但在实际生产中，由于面条外部与热空气的接触面积大，能量吸收快，而面条是热的不良导体，热能转移到面条内部的速度很慢，这样在面条干燥过程中内部水分转移速度经常低于表面水分汽化速度。当这两者的速度差超过一定限度时，内外干燥速率的不一致导致出现内应力，内应力会破坏面筋完好的网络结构，结果就会出现"酥面"现象。这种面条的外观和好面条一样，但其内部结构受到严重破坏，在包装运输过程中很容易碎成短面。

因此，面条干燥的一个技术难题就是要控制内部水分转移速度等于或略大于表面水分汽化速度。为了达到这一目的，有两条途径：一是采用低温慢速干燥工艺，降低表面水分蒸发速度；二是采用高温、高湿干燥工艺，提高内部水分转移速度。

(2) *干燥过程*　湿面条在烘房内的干燥可分为预干燥、主干燥和终干燥三个阶段。高温高湿干燥工艺大约需3.5h，低温慢速干燥则需7～8h。

1) 预干燥：刚进入干燥室的湿面条长度一般1.4m左右(总长2.8m)，由于含水量大，在悬挂移动中，很容易因自身质量而拉伸，造成断条。预干燥的主要任务是将面条表面的自由水除去，使面条由塑性体向弹性塑性体转变，初步定型，增加强度。如果用升温方法除去水分，湿面条中的面筋强度会因温度的升高而减弱，这样反而增加了断条的可能性。因此，在实际生产中可采用加强空气流动的办法以大量干燥空气促进面条去湿。干燥室的温度控制在20～30℃，将面条水分由33%～35%降至27%～28%。此阶段也称为"冷风定条"阶段。干燥时间占总干燥时间的15%。

2) 主干燥：主干燥又分为内蒸发阶段(俗称"保湿发汗")和全蒸发阶段(俗称"升温降湿")。在内蒸发阶段，一方面使面条表面水分汽化，另一方面使面条内部水分顺利向外扩散。要保持外部汽化和内部扩散的平衡，关键在于保持干燥房内较高的相对湿度以控制表面水分汽化速度。此阶段的干燥温度为35～45℃，相对湿度为80%～85%，干燥时间为总干燥时间的25%，面条水分降至25%以下。经过内蒸发阶段后，面条内部水分转移速度与表面水分汽化速度基本平衡，进入全蒸发阶段。在这一阶段，常通过升高干燥介质温度、降低湿度的办法来加速表面水分的去除。此间介质的温度为45～50℃，相对湿度为55%～60%，面条水分由25%降至16%～17%，干燥时间为总干燥时间的30%。

3）终干燥：在这一阶段，主要靠流动空气的风力作用，借助主干燥的余温，除去部分水分，使产品的含水量降至13%～14%。此阶段降温速度不能太快，否则会因面条被急剧冷却而产生新的内应力，从而出现酥面。比较理想的降温速度为0.5℃/min。终干燥时间占总干燥时间的30%。

为了避免酥面的产生，在整个干燥过程中，要注意温、湿度的变化应呈平滑的曲线，不能剧烈波动。另外，面条的形状也影响面条的干燥，正方形、圆形面条在干燥中不易产生酥面，截面为扁形的面条因其宽度和厚度差别较大，干燥中收缩不均匀，易产生酥面，更应注意干燥参数的选择与控制。

4．切断、包装与面头处理　干燥好的面条被切断成一定长度，如20cm或24cm，然后称量、包装得成品。常用的切断设备有圆盘锯齿式切割机和往复切刀式切割机。

在挂面生产中，压片过程或烘房入口处常出现一些湿面头，这些面头可返回和面机中进行面团调制。对于半干或干面头，经粉碎过筛后也可返回和面机，由于干面头面筋网络已受到一定程度的破坏，为了保证挂面质量，干面头回机概率不得超过15%。

二、方便面的加工

（一）方便面的配方

方便面配方的合理制订，关系到产品的营养价值和工艺性能，必须给予足够的重视。方便面配方中的基本原料是面粉、水和面粉改良剂。在制订配方时，各种原辅材料的比例必须恰当。

1．面粉　生产厂家多以富强粉为原料，蛋白质含量为10.5%～12.0%。使用高筋力粉可制得弹力强的面条，制品复水时，膨胀良好而不易折断或软化，犹如刚煮出的面条。但其硬化所需时间长，故在实际生产中，通常可以在高筋力粉中掺以一定量的中筋力粉（约占1/3），这样制品复水时，面质较软一些。

2．水　使用软水，硬水中含有钙、镁等金属离子，它们与面粉中的蛋白质结合会使面筋失去延展性；与淀粉结合则影响淀粉糊化，更易使淀粉老化；铁离子过高，会影响面条的色泽，使之变暗甚至变成棕褐色。

3．食盐　增强面条的强度，减少断条率；还有防止发酵、抑制酶的活性、防止霉菌生长等性能。添加量一般为面粉的1%～3%。添加方法是将食盐直接溶解于水中，使其成为食盐水使用。

4．碱　其作用是使淀粉胀润，可使淀粉液的凝胶点下降，易于糊化；可增强面团的延伸性和可塑性，有利于压延及成型；改善面团的色泽，使面团色泽嫩黄；改进口味，使面条蒸煮速度加快，复水性能好，口感滑爽不粘口，不会出现浑汤现象。制作面条的碱有碳酸钠和碳酸钾，用量以0.1%～0.2%为宜，不宜随意加大用量，否则会破坏面团的结构使面条品质变劣。

除此之外，有的高质量的方便面还添加鸡蛋、各种品质改良剂及营养风味剂。

5．复合磷酸盐　其作用有以下几个方面。

1）增加淀粉的硬化程度：磷酸盐有增加淀粉吸水能力、使面团的持水性增加、蒸面时易蒸熟的作用，还能提高面筋弹性，使面条口感爽滑并具韧性。

2）增加面条的黏弹性：磷酸盐在水溶液中能与可溶性金属盐络合，对葡萄糖基团有“架桥”作用，形成淀粉分子的交联，使面条耐高温蒸煮，经高温油炸的面条在复水后仍能保持淀粉胶体的黏弹性特征。

3）提高面条的光洁度：在配方相同的情况下，热风干燥面添加的复合磷酸盐用量高于油炸面，为 0.2%～0.6%。

6．单甘酯　单甘酯作为乳化剂广泛应用于方便面加工中，其作用如下。

1）降低面条和面条之间的粘连性。

2）提高面团的持水和分散性。乳化剂的亲水性和表面活性作用使面团中的水分分散得更均匀，提高面团的持水性，有利于面条的硬化。

3）改善成品外观及口味，使面条光滑，油炸时油脂的分散程度提高。

（二）各种方便面的生产工艺流程

方便面生产工艺流程见图 6-5。

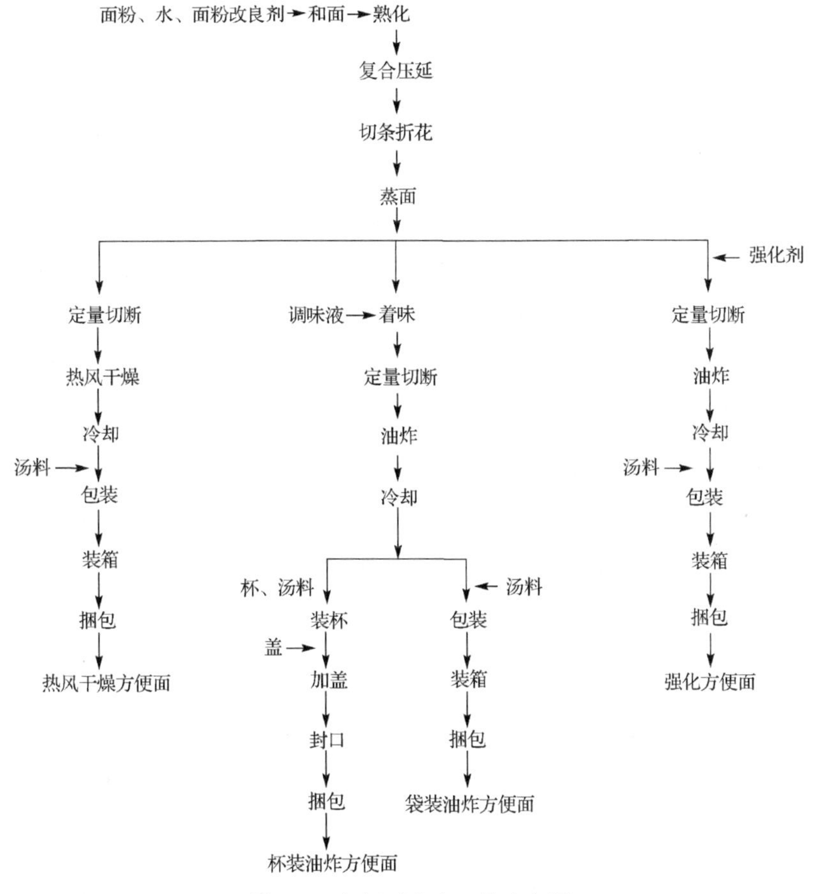

图 6-5　方便面生产工艺流程图

（三）方便面的生产工艺原理

1. 和面 和面是制作方便面的第一道工序。所谓和面就是在原料面粉中加入添加剂、水，通过搅拌使之成为面团。和面工序对整个生产过程和产品质量有极为重要的影响。因此，必须准确控制加水量、加盐量、和面时间和温度。加水量一般为 28%～38%，制造方便面以 33%为好，但需根据面粉的质量及气候等条件进行调整。加水过量，则面团过软，会给轧制面片带来困难，烘焙时要多消耗热能。食盐虽然可提高面条的弹力，但使用过量，会降低面团的黏性，使面条变脆，故通常加盐量为小麦面粉量的 1.5%～2%。如果小麦粉中蛋白质的含量较低，则盐要少加，相反则应多加。冬季可少加，夏季则要多加。和面时，一般温度宜控制在 20～25℃，搅拌速度可控制在 70r/min。搅拌时间不超过 20min，也不能少于 10min。和面时若搅拌时间太短，小麦粉和添加剂不能充分混合，淀粉和蛋白质不能充分吸水，就不能达到和面的要求，但搅拌时间过长，则摩擦生热会使面团的温度升高，损伤面筋组织。

2. 熟化 所谓面团的"熟化"，就是在低温下"静置"0.5h 左右，以改善面团的黏性、弹性和柔软度。将在和面机中搅拌均匀如豆腐渣状的面料送入熟化机中，进行静置熟化。其主要作用是使面粉中的蛋白质有较长的时间充分而均匀地吸收加入的盐水和碱水，形成比较细密的面筋网状组织，以改善面团的黏性、弹性和柔软度。熟化机的转速不宜太高，要求面料在熟化机中停留较长的时间，才能起到静置熟化的作用。熟化时间一般为 15～45min，多为 30min。

3. 复合压延 熟化后的面团先通过轧辊轧成两条面带，再通过复合机合并为一条面带，这就是复合压延。通过复合压延，可使面带成型，使面条中的面筋网络组织均匀分布。如要生产夹心式的强化方便面，只需多通过一道轧辊，使三层面带复合压延在一起即可。熟化后的面团经过复合压延后并为一条面带，面带由 5～6 组直径逐渐缩小、转速逐渐增加的压延辊顺次压延到所需厚度(0.8～1.0mm)。面带在通过每组轧辊时，厚度逐步减小，面团组织逐步分布均匀，强度逐步提高。

4. 切条折花 切条折花工序是生产方便面的关键技术之一，其基本原理是在切条机(面刀)下方，装有一个精密设计的波浪形成型导箱。经切条的面条进入导箱后，与导箱的前后壁发生碰撞而遇到抵抗阻力，又由于导箱下部的波形传送带的线速度慢于面条的线速度，从而形成了阻力面，使面条在阻力下弯曲折叠成细小的波浪形花纹。由于波形传送带的连续移动，便连续形成花纹。面条线速度和波形传送带线速度的速比大小将影响波纹的大小，速比大的波纹小，速比小的波纹大，一般速比为(7～10)：1。我国的方便面多为平面形，一般宽度为 1.2～1.5mm，切条后，再折成波浪形花纹。这种花纹美观，脱水快，切条时碎面条少，食用时复水时间短。

5. 蒸面 面条通过蒸煮，可使面条中的淀粉糊化(又称为 α 化)，蛋白质产生热变性。这是生产面条的一个重要环节。由于小麦面粉的糊化温度为 64～68℃，因此蒸面的温度必须控制在 70℃以上。淀粉的 α 化度根据给水率不同而异，给水率越高，α 化度越好。另外，蒸面的时间也和 α 化度成正比。

6. 定量切断 通过连续蒸面机蒸熟的面条带，由定量切断装置按一定的长度切断，以长度来计质量。因此要求面块花纹的紧密和稀松程度保持稳定，若波纹变化，面块松紧不一，则会给定量工作带来困难。油炸方便面用回转式切断刀切断，再对折成大小相同的两层。

7．干燥　干燥是方便面生产的关键技术，干燥的目的是通过快速脱水，固定糊化，防止回生，同时固定组织和形状，以便于保存。干燥方法有油炸干燥和热风干燥两种，前者属高温短时干燥，产品膨胀，多微孔，复水性好；后者干燥温度较低，干燥时间较长，干燥后的面条没有膨胀现象，无微孔，复水性较差，食用时需要较长的浸泡时间。

(1)油炸干燥　用棕榈油和猪油的混合油，混合比一般各占50%。油炸时，袋装方便面的油温一般为150℃左右，面条经过连续油炸的时间为70s左右；杯装方便面的油温为180℃左右。提高油温是为了增加面条的膨化程度，提高面条的复水性能。油炸方便面的含油率为20%左右，水分为10%左右。所用的油要经常更新，防止因长期使用油晶发生劣变并产生有毒物质。为了延长油的使用期，在操作过程中要避免油温过高，减少反复使用次数，不断加入新油，定期除去油晶中的分解物和残渣。

(2)热风干燥　定量切断后把面条放入干燥机链条的框子里，在连续式热风干燥机的隧道中自上而下通过5层往复循环进行干燥。热风干燥的时间随面块的大小和厚薄的不同而异，一般为35～45min。干燥温度一般为70～90℃，干燥后成品含水量为12.5%左右。

8．冷却与成品包装　冷却的目的是便于包装和贮藏，防止产品变质。经干燥的方便面，产品温度高，不宜立即进行包装，需先进行冷却并经过检查后再包装，一般使产品通过冷却机降温，冷却机由不锈钢网眼传送带、风罩、风机等部分组成。在常温下进行强制冷却3min，要求冷却后的产品温度比室温高10℃或接近室温。冷却后由自动检测器进行金属检查和质量检查，当检测到不符合要求的产品时，检测器发出信号，这时压缩空气的喷嘴自动打开，把不合规格的产品从输送带上喷出。检测合格的产品通过自动添加粉末汤料袋和液体汤料袋的设备，再进入自动包装机把面和汤料包在一起。

本 章 小 结

以小麦粉为主要原料的面制食品是大众主食和休闲类食品的主要来源。本章针对小麦粉原料和油脂、糖、蛋、乳等主要辅料及其在面制食品中的作用进行了较全面的讲述。并以面包、饼干、糕点、挂面和方便面为代表性食品，对其加工过程和原理进行了详解。

本章复习题

1．烘焙食品以什么为主要原料？

2．面筋蛋白质的主要构成成分是什么？

3．麦胶蛋白在什么温度时吸水胀润能力最大？

4．面包生产用小麦粉的湿面筋含量为多少？

5．当小麦粉中的α-淀粉酶不足时，通过添加什么来补充其α-淀粉酶含量？

6．烘焙食品生产中常用的改性油有什么？

7．采用α-淀粉酶活性测定仪测定α-淀粉酶活性，最高黏度值越高，其活性会怎样？

8．不被酵母所利用的糖是什么糖？

9．烘焙食品中的生物疏松剂包括哪些？

10．在发酵过程中，酵母对蔗糖、葡萄糖、果糖和麦芽糖的先后利用顺序是怎样的？

11．酥性饼干焙烤的温度原则是什么？

12．方便面的生产工艺中冷却的目的是什么？

13．乳粉是如何调节发酵过程的？

14．试述面粉熟化机理。

15．为什么奶粉、鸡蛋多的烘焙食品要调整炉温？应如何调整？并同时阐述其着色原理。

16．面包生产中，面团在搅拌过程中根据面团的物性变化划分为哪 6 个阶段？

17．在糕点的配方中干性与湿性原料之间的平衡包括哪些内容，含义如何？

18．试述面包制作过程中烘焙阶段水分的变化情况。

19．从蛋白质的凝胶性分析在调制面团时面筋形成的原理。

第七章 稻谷深加工

第一节 稻谷深加工概述

稻谷的产后加工利用包括初加工和深加工两个层次；前者又有粗加工和精加工两种方式，如图 7-1 所示。

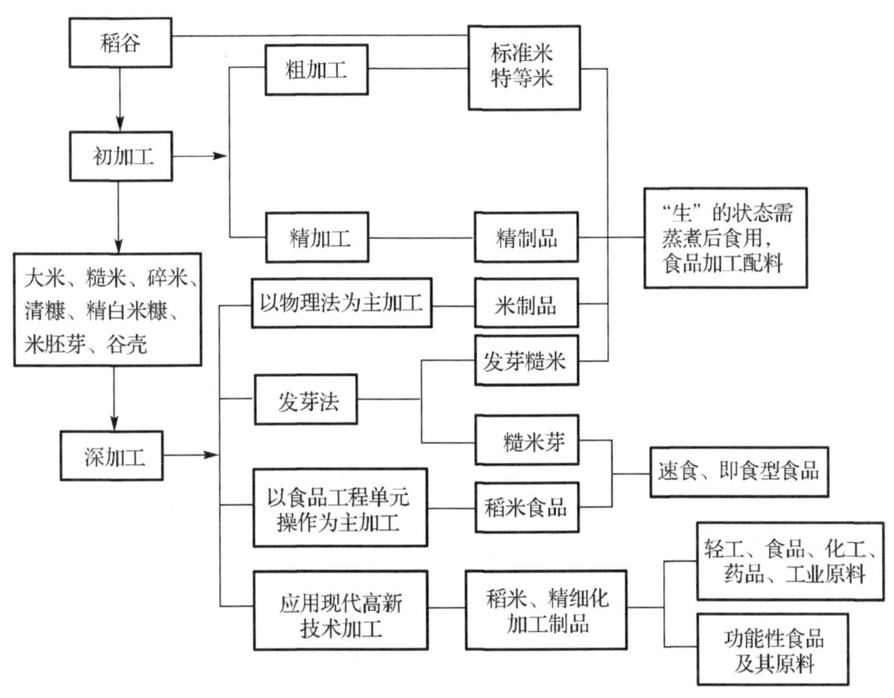

图 7-1 稻谷产后加工层次(振环，2004)

我国稻米加工目前仅处于一种满足口粮大米需求的初加工状态，即通过碾米，将稻米转化成大米。其有效利用率只有 60%～65%，深加工仅占 20%，副产品综合利用水平低，远远落后于发达国家。大米加工制品还是水磨糯米粉、米粉、米糕、米酒、米醋、饴糖等一些老产品，技术含量不高，产品附加值低。稻米深加工是以大米、糙米、碎米、清糠、精白米糠、米胚芽、谷壳等为原料，采用物理、化学、生物化学等技术加工转化成各类产品。至于利用现代高新技术加工稻米食品、稻米精细化加工制品、医药产品和功能性食品及其基料等深度加工制品(图 7-2)，尚未有效推进。尤其是对食用品质较差的籼稻及副产品进行高效增值深加工，并最终实现产业化，是我国从稻米生产大国向稻米生产强国转变的有效举措。

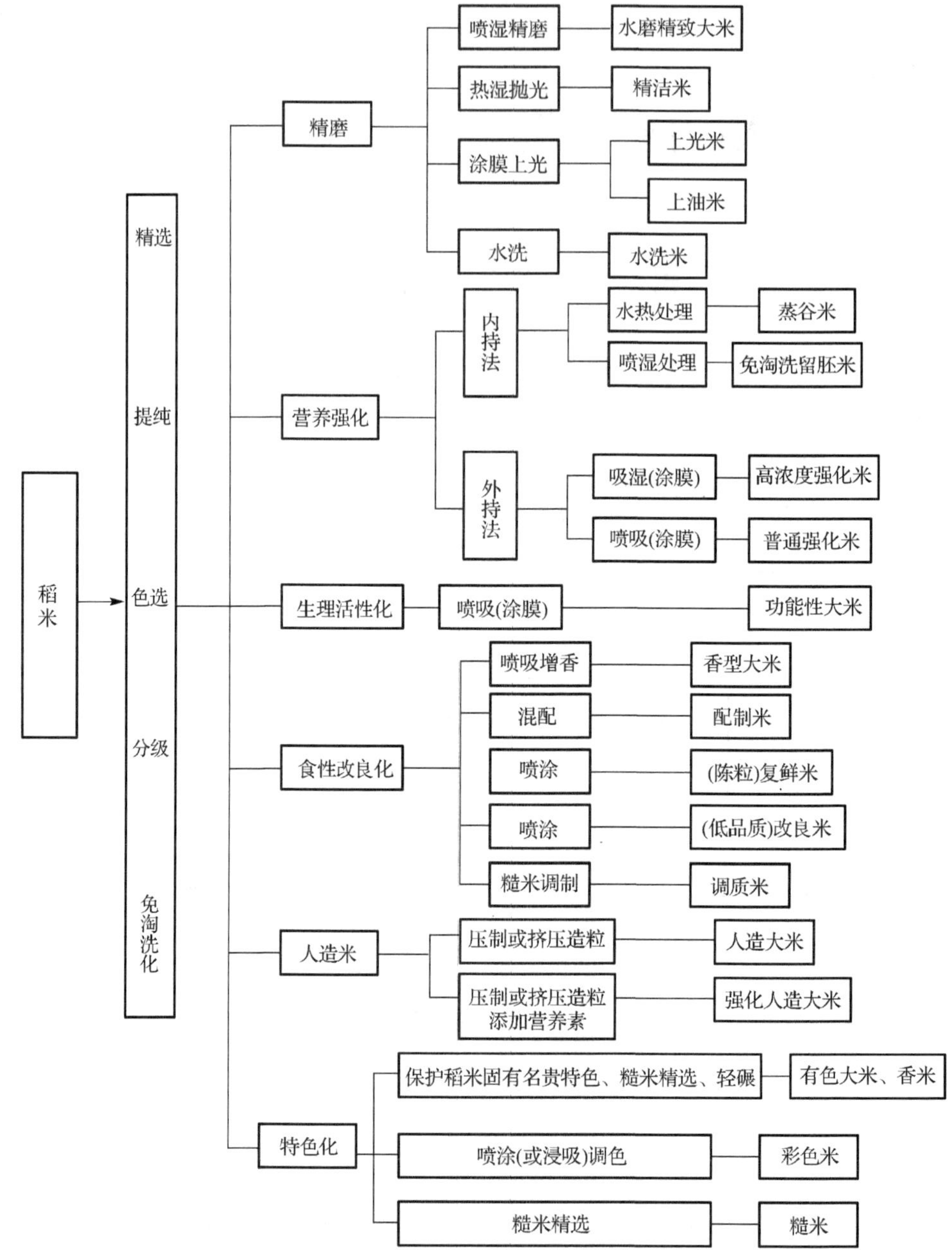

图 7-2　稻米深加工制品的主要功能与用途

第二节　稻 米 食 品

一、米粉

米粉是指以大米为原料，经浸泡、蒸煮、压条等工序而制成的条状、丝状米制品。米粉质地柔韧、富有弹性、水煮不糊、干炒不易断、口感爽滑，是一种廉价方便的米制品。米粉的品种、名称、加工方法等因产地而异。

按照含水情况，米粉分为干态粉和湿态粉；按照加工工艺，米粉分为切粉和榨粉；按照花色分类，不同地区的干切粉和湿切粉也不同。

1．米粉的加工工艺流程与主要生产设备

(1) 榨粉制作的工艺流程　榨粉制作的工艺流程如图 7-3 所示。

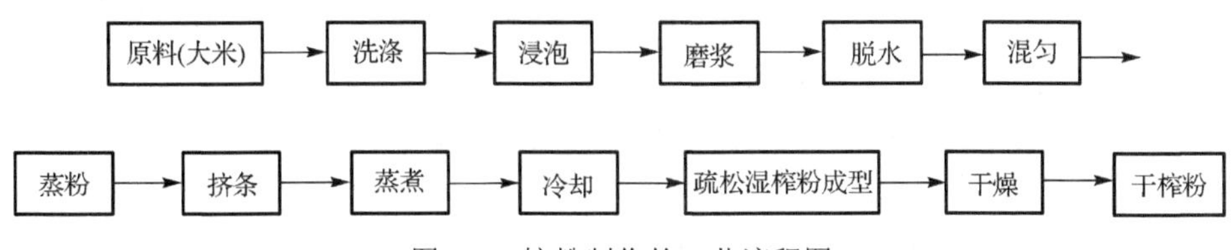

图 7-3　榨粉制作的工艺流程图

(2) 切粉制作的工艺流程　切粉制作的工艺流程如图 7-4 所示。

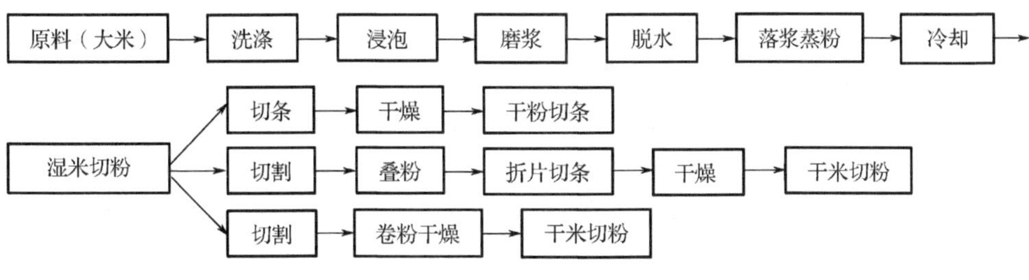

图 7-4　切粉制作的工艺流程图

米粉的主要生产设备有原料混合机、射流洗米机、磨浆机、离心脱水机、松粉机、蒸坯机、螺旋式榨条机、轴流风机、鼓风机、低压复蒸柜、烘房、米线切割机、包装封口机等。

2．米粉的工艺要点

(1) 原料的选择与配比　为了保证成品米粉有较好的口感与外观，大米的加工精度是影响米粉品质的重要因素之一。从符合企业的实际经济效益出发，一般选用标一米。此外，直链淀粉含量在 10%～17.5%且蛋白质含量大于 7.1%的稻米更适合加工方便米线。由于大米缺乏面筋蛋白质，主要凭借直链淀粉形成凝胶网络赋予米粉良好的质地，原料应选择较高直链淀粉含量的籼米。大米中直链淀粉和支链淀粉含量的高低及其比例直接影响米线的质量，直链淀粉的作用是为米线引入弹韧性（咬劲），支链淀粉使米线变得柔软。制作米粉时一般选用早籼米和晚籼米搭配比例为 4∶1 或 3∶1，直链淀粉含量在 23%以上，这样做出的米线质量效果较好。大米最好是存放 6 个月至 1 年的陈精白大米。可用布拉本德黏度分析和米粉糊凝胶质地分析等方法来判断原料的可加工性能并预测米粉的质量。

(2) 洗米　洗米的目的是净化原料表面，除去杂质、糠层及微生物。洗涤的程度为洗涤水澄清、不浑浊。采用射流洗米机，在射流泵高速水流的作用下，米粒和米粒之间、米粒和水之间、米粒和管壁之间不断地摩擦、翻滚，米粒表面会被冲洗得很干净。

(3) 浸泡　洗米后要用足量的水浸泡，其作用是让米粒吸收水分，软化米粒使胚乳组织疏松。当使含水量达 35%～40%时，米粒松软可用手捏碎，便于磨细。浸泡时间与浸泡温度有关，当温度较高时，吸水快、浸泡时间短。一般冬天浸泡约 12h，夏天为 6h。浸泡过程中应适时换水，防止水发臭、酸败。

(4) 磨浆　向已浸泡好的大米中加入适量的水，采用砂轮淀粉磨进行磨浆。要求磨浆浓度和米浆的粗细度适宜。一般应采用二次磨浆法，即将粗磨和精磨磨浆机联合使用。磨浆后使95%的米浆能通过60目绢丝筛或100目钢丝筛即可，米浆的含水量为50%～60%。

(5) *脱水*　采用真空转鼓或脱水床使米浆脱水，用泵使筛布下产生真空，抽走米浆水，脱水后米粉含水量为37%～38%。如果用水力喷射泵抽真空，则随着时间的延长，米淀粉的含水量会上升。采用真空压滤脱水法，则可使脱水后米粉含水量维持在稳定标准，并降低脱水过程中米浆的流失。脱水后的米淀粉用松粉机松散，并将压滤成块。

(6) *挤棵*　将压滤后的米粉块搅拌捣碎后送入螺旋式榨条机，在螺旋轴的揉搓、挤压推进下，从出料孔成条状排出，榨成3～4cm长的透明生粉坯，称为挤棵。若挤出的条透明度不足，泛白色，可重新回机再挤，以提高熟度。

(7) *蒸坯*　采用蒸坯机进行蒸坯。蒸坯的目的是使米粉部分糊化以提高黏着力，以便成型。一般蒸粉温度应控制在80℃，糊化度达75%～80%。蒸粉后的粉坯呈淡黄色，表面有光泽，有透明感，里外熟度基本一致。

(8) *榨条或切条*　一般粉片在切条之前，要进行预干燥，将含水量从56%左右降到28%～30%，其目的是防止表面粘连。经过蒸煮的粉坯具有较高的强度，可经榨条机或切条机进行成型工艺。通过榨条，粉料紧密坚实、排除空气，并形成成品米线条的直径、形状、规格，即得湿切粉。根据市场的需求，米粉条形状可圆可扁，圆形直径为0.2～1.8mm，扁长条宽度为8～10mm。

榨条的工艺要求是：①要合理控制熟化程度，榨出的米线既不能太生，又不能太熟。太生会使米线韧性差、断条率高、吐浆值大；太熟，则挤丝不顺畅，容易粘连。②挤出来的米线要求组织结构紧密坚实，粗细一致，无气泡，富有弹性和韧性，光洁透明。

在米线挤出落下的过程中，通过鼓风机和轴流风机使其强制风冷，以避免米线间的相互粘连。成型的米线要松散平整。

(9) *一次时效*　时效处理也称熟成。其作用就是让糊化的淀粉回生老化。将榨条后的米粉挂好，送入时效房内，通入蒸汽，使温度保持在40℃以下、静置保潮5～6h，促进淀粉老化。经时效处理后的米线不粘连、柔软有弹性，可用手搓散开挤棵。时效房的屋顶应做成斜顶，利于减少实效房的蒸汽用量，加快时效的升温时间，同时避免屋顶的冷凝水滴落在粉条上。

(10) *复蒸与二次时效*　榨条成型及时效后通常要进行复蒸，使米粉的糊化度达到90%～95%，以进一步提高其黏合力。可用蒸汽复蒸，也可以将米粉条在传送带上经沸水蒸煮。蒸汽复蒸的时间为10～15min；沸水复蒸时间为1～2min。复蒸时间的长短，与蒸柜的额定工作压力、米粉条的粗细及榨粉时的熟化程度有关。如复蒸时间过长，粉条会吸水过多，出现“烂糊”现象；复蒸时间不足，则米线的熟化度低，糊汤率高；复蒸时间过长，米线会变软，米线上部会被下部拉断。

复蒸后要进行二次时效。二次时效的时间较短，可使米线更松散、柔韧，有黏性和弹性。

(11) *梳条和干燥*　将二次时效的米线移挂在梳粉架上，用少许水湿润，并反复揉搓，使米线间充分分离，或用大齿距梳子梳理整齐，于烘房干燥。干燥后粉条的含水量降低至约13%。干燥后的米粉将计量包装。

在米粉加工中，为了改善其工艺品质，可以添加适量的食用油，其作用是增加粉条表面的润滑性，便于松散、减少相互粘连现象，同时赋予制品油脂风味。一般添加1%左右原料大米量的花生油效果最好。

二、米酒

米酒，又叫酒酿、甜酒，是指以糯米等为主要原料，在蒸熟的糯米中拌以酒曲等发酵剂，经糖化发酵而成的甜米酒。米酒的酿制工艺简单，口味香甜纯美，具有独特的口感和风味，营养价值高，乙醇含量低，深受人们喜爱。

1．米酒的营养价值　与其他普通酒类相比，米酒的营养价值很高。米酒保留了酿造原料的较多成分，原料中大分子营养成分经过微生物发酵分解成更易被人体吸收的小分子物质，使得米酒具有一定的生理功能。糯米经蒸煮糊化，在酒曲中的霉菌等微生物及其酶等代谢产物的共同作用下，原料中的蛋白质经蛋白酶的分解，大部分以多肽和氨基酸的形式存在于米酒中，其中包括 8 种人体所必需的氨基酸，还含有丰富的生物短肽和维生素。

米酒中还含有一些功能性成分，包括多酚类物质、γ-氨基丁酸和生物活性肽等。多酚类物质可以减少和清除自由基，米酒中已检测出多种酚类物质，包括儿茶酸、丁香酸和表儿茶素等。甜米酒对血管紧张素转化酶的活性具有很强的抑制作用，并且具有一定的抗疲劳和提高免疫力的作用。米酒中富含维生素 B 和维生素 E 等，在发酵过程中，酵母产生自溶现象，并释放大量的维生素。

根霉含有丰富的淀粉酶，其中糖化酶分解淀粉的最终产物为葡萄糖，α-淀粉酶的水解终产物主要为麦芽糖和麦芽三糖。米酒中的麦芽三糖等寡糖具有不作为能量供体，可增殖体内双歧杆菌等益生菌以调节肠道菌群分布等保健功能。

2．米酒的风味形成　米酒的独特风味主要来源于糯米自身分解及微生物代谢产生的挥发性风味物质，如醇类、醛类、酸类、酯类等化合物。这些风味物质发生协同和拮抗效应产生新的风味，赋予米酒特有风格。糯米中的糖类在微生物酶的作用下分解成葡萄糖、果糖等寡糖。米酒中的酸味通常由一系列有机酸引起，主要包括苹果酸、乳酸、乙酸、柠檬酸和琥珀酸。它们主要由乙醇发酵和细菌活动形成，其味感较为复杂。苹果酸带涩味，柠檬酸很清爽，乳酸的酸味较弱，乙酸的酸味刺激性较强。琥珀酸的味感较浓，既苦又咸，并能引起唾液分泌，其酸味强弱排序为：苹果酸>酒石酸>柠檬酸>乳酸。这些都赋予了米酒酸甜可口的醇厚感。

3．米酒中的主要微生物特性　米酒属于混合菌种发酵，酒曲中微生物种类丰富、组成复杂，主要包括霉菌、酵母菌和细菌等。微生物总数约为 2.0×10^{8} 个/mL，其中酵母菌约为 3.0×10^{7} 个/mL，数量最多，其次是霉菌 2×10^{3}～3×10^{3} 个/mL，细菌则为 0～10^{2} 个/mL。在发酵过程中，这些菌均发挥重要作用，其菌群组成及各菌种之间的代谢关系和代谢产物等都会影响米酒质量与风味的好坏。孝感米酒是湖北省孝感市的传统风味食品，米散汤清、甜润爽口，其酒汁中糖类含量不高，但种类较多，可能与其酒曲中微生物种类复杂、产生的淀粉酶系较多有关。

(1) 霉菌　霉菌在米酒酒曲中主要起糖化作用。在米酒发酵过程中，糖化酶起着关键作用，是非常重要的评价指标，所以在米酒发酵中有效地筛选出高产糖化酶菌菌株是急需解决的问题之一。研究发现，若米酒中霉菌占据相对优势，则发酵成熟的米酒质量和风味均较好；若霉菌在发酵过程中的生长繁殖受到抑制，则米酒最终的品质也会明显下降。米酒中的霉菌不仅能产生淀粉酶，还可以产生凝乳酶。

(2) 酵母菌　酵母菌的特性会直接影响米酒的口感、风味及酒精度，酵母菌的大量繁殖主要发生在发酵糖化作用过后。因此，在筛选酵母菌时，需要将米酒特点考虑进去，选择适宜米酒发酵的酵母菌类。筛选产香较强、香气浓郁、酸甜适中且较为耐受乙醇的优质米酒酵母菌是今后的方向。具有耐一定酒精度，产酯、产酸丰富等特点的酵母菌，利用其酿造的米酒和普通米酒相比，风味和香气都有较为明显的提升。

(3) *细菌*　米酒酒曲中的细菌主要为乳酸菌，属于益生菌，具有多重功能，如抗氧化和清除自由基，同时乳酸菌能产生酸类物质如乳酸和琥珀酸等，还能产生醇类物质如正丙醇和异丁醇，以及产乙醛和双乙酰等，所以乳酸菌在一定程度上还会对米酒产生一定的影响。乳酸菌可产生抑菌物质，延长米酒的保质期，且不会对米酒风味和口感造成较大影响。但米酒中的乳酸菌含量过多时，不但会影响米酒的风味，还会过度酸化使米酒发生酸败，因而米酒发酵过程中应当把握好乳酸菌的生长代谢。

(4) *米酒曲中的菌群组合*　米酒酒曲是决定米酒质量的关键，对米酒酒曲微生物的菌群组成进行分析是米酒酒曲研究的重要内容。发酵初期，霉菌繁殖旺盛，主要起糖化作用，随着发酵时间的增加，霉菌分解淀粉产生大量糖，随后酵母菌数量占优势。随着乙醇的不断积累，霉菌的生长环境被破坏，数量减少。因此，了解米酒酒曲的微生物菌群及变化规律，可更好地对米酒酿造过程进行调控。

4．米酒的工艺流程与主要设备　米酒原料选择圆糯米（水分含量<15%，淀粉含量>69%）。

米酒制作的工艺流程如图 7-5 所示。

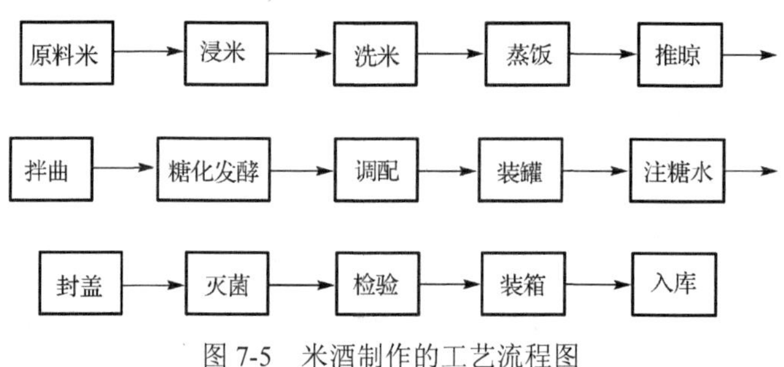

图 7-5　米酒制作的工艺流程图

生产米酒的主要设备有洗米机、蒸饭机、搅拌夹层锅、灌装机、真空封罐机、隧道式蒸汽杀菌机等。

5．米酒的工艺要点

(1) *选米*　生产米酒的原料为优质糯米，要求完整、精白、饱满、无杂质、无杂米，水分含量<15%，淀粉含量>69%。需要特别强调的是，要用当年新米，因为糯米糊粉层含的脂肪较多，随着贮存时间的增加，脂肪变质产生油味，因此用陈糯米制作米酒会影响其风味。

(2) *洗米与浸米*　洗米的目的是除去米粒表面的米糠和尘土，淘去细石子等杂物，以淋出水不浑浊、无白浊为宜。浸米的目的是使米中的淀粉颗粒吸水膨胀，淀粉颗粒之间疏松，便于蒸煮糊化。浸米时间为 24～48h，水分吸收量为 25%～30%。浸米的要求是米粒完整而米酥（以手捏即碎、内无白心为原则）。米吸水要充分，如米浸不透，则蒸煮时易出现生米，米浸得过度则变成粉米。

(3) *蒸煮*　蒸煮使糯米淀粉受热吸水糊化，造成结晶构造破坏而糊化，易受淀粉酶的作用和有利于酵母菌的生长，同时达到了灭菌的目的。蒸煮时间为常压 20～40min，要求米粒膨胀发亮、外硬内软、内无生心、疏松不糊、透而不烂、均匀一致、有弹性，不熟和过烂都不行。

(4)淋饭或摊晾　用无菌冷水淋饭降温，温度降至28～32℃，淋饭要求均匀彻底，不能有熟块，温度也要均匀。淋饭造成可溶性物质被淋水带走流失。而自然摊晾，即将米饭推开、自然冷却，占用面积大、时间长、易受杂菌侵袭，不利于规模化生产。

(5)拌曲　将酒曲碾碎过筛，拌入冷却的糯米凉饭中。在拌曲的过程中加入适量的冷开水，使糯米饭与菌种混合拌匀。加入量一般为用米量的5%～10%。

(6)搭窝、落罐　将拌曲糯米堆成10～15cm厚，搭成"倒喇叭"形凹圆窝，密封。该形式有利于糖化菌生长，通气均匀，便于观察发酵状况。

(7)糖化发酵　糖化发酵温度为28～30℃，发酵时间为24～72h。发酵终点要求酸甜适度，米粒完整。糯米饭发酵后，可见其表面出现白色菌丝，并产生糖液。注意：发酵温度要适宜，温度太高会产生过量的酸影响风味；温度太低，不利于糖化和发酵，生产时间延长。

(8)调配　糖化发酵结束，可添加14°Bx的糖水，比例为1∶1。经充分搅动使米粒成单粒分散在糖水中。糖水可用柠檬酸调配，pH为4.5～5.5。

(9)装罐与灭菌　调配后的米酒按总固形物含量≥10%进行灌装，并迅速封盖。灌装后应立即杀菌。可于80℃水浴杀菌30min，以阻止酵汁继续发酵。若采用高压蒸汽灭菌，会使米酒分层、颜色变黄并伴有焦煮味。

在米酒的制作过程中，一些主要工艺环节如蒸煮、发酵和拌曲、蒸煮料水比、发酵时间和拌曲接种量等都对米酒风味的形成有很大的影响。

6．米酒的分析检测

(1)酒精度测定　参照国家标准GB 5009.225—2016《食品安全国家标准 酒中乙醇浓度的测定》，采用密度瓶法，并换算成20℃时的酒精度。

(2)糖度测定　采用手持折光仪法测定。将发酵醪液混匀滴在折光仪上，记录数值。

(3)微生物指标　参照GB 4789.3—2016《食品安全国家标准 食品微生物学检验 大肠菌群计数》对米酒中大肠菌群进行检测。

三、红曲米

红曲米是以籼米、粳米或糯米等为原料，用红曲霉发酵而成的。其颗粒形状不规则，状如碎米，呈红色或暗紫红色，质地硬，断面呈粉红色或红色，微有酸气，具有红曲固有的曲香。其在我国及东亚地区被用作食品添加剂或调味料，具有防腐、抗氧化、抗血脂、抗糖尿病、抗炎、抗阿尔茨海默病、抗高胆固醇、抗高血压、抗肥胖及抗癌等功能，有上千年的发展历史。但部分红曲霉菌株会产生橘霉素，对人体和动物有毒害作用。

一直以来，红曲米以作坊式的生产模式为主，规模化程度不高，色价水平不稳定，橘霉素得不到有效的控制，工业化生产安全高效的红曲米问题亟须解决。

1．工艺流程与主要设备　红曲米制作的工艺流程如图7-6所示。

生产红曲米的主要设备有洗米机、蒸煮机、发酵室、真空干燥机、包装机等。

2．操作要点

(1)洗米与浸泡　选择粒大、无稗谷和砂砾的优质大米进行漂洗，除去糠粉，加水浸泡12～20h。

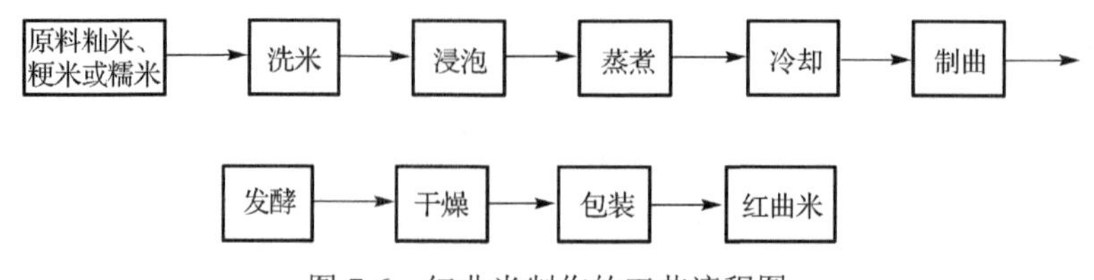

图 7-6　红曲米制作的工艺流程图

(2) *蒸煮*　将浸泡后的大米捞出，沥干后移入蒸笼，120～130℃蒸煮 1h，蒸制成熟饭，要求饭粒捏成团后能自行松散。

(3) *冷却*　米饭打散，喷雾点水，将饭粒水分调到 40%左右，冷却至 40～45℃。

(4) *制曲与发酵*　按照 50kg 熟饭加入约 0.4kg 曲种液的比例接种，充分拌匀，用消毒麻袋覆盖，于 42～45℃堆积保温，固态发酵 10d。其间注意翻曲。

(5) *干燥*　晒干或 60℃低温真空干燥，红曲米的米粒含水量低于 12%。

影响红曲米固态培养的因素有很多，如培养基装量、接种量、培养温度、首次翻曲时间、加水量等。

3. 红曲米色价与产率的测定　根据 GB 1886.19—2015 进行红曲米色价的检测；根据 GB/T 5009.222—2016 进行橘霉素的检测。要求红曲米色价≥400U/g，橘霉素含量≤100μg/kg。

红曲霉培养结束后，于 70℃烘干后称质量，计算成品红曲米占初始大米质量的比例，即红曲米产率。

4. 红曲米的规模化生产实例

(1) *制种*　用 3t 发酵罐进行液体种子制备，发酵罐载液量为 70%。培养基于 121℃灭菌 30min，冷却至 32℃，接种 6.0‰的摇瓶种子液，转速为 300r/min，保证通气，培养温度为 32℃，当菌丝体含量达到 30g/L 时即可接种固态发酵培养基。种子液在 30h 左右达到 30g/L 以上的菌丝鲜质量，菌丝呈深红色、丰富黏稠、横隔清晰、孢子多、无杂菌、气味正常、pH5.0～5.5，可满足生产菌种的需要。

(2) *固态发酵中试*　进行 750kg 级别的固态发酵中试生产。大米浸泡 4h，清洗、捞出、沥干，装入蒸米车，通蒸汽 30min，倒入摊晾机通风摊晾，含水量控制在 35%左右。温度降至 35℃，用接种机接种 9%的液体种子，打堆养花 20h 后，将长满红曲霉菌的大米培养基转运到发酵池中 32℃培养 8d。其中，培养基 pH、培养时间、接种量、养花温度及发酵温度等因素会影响红曲米的质量。

培养过程中，要通过鼓风机对曲池进行自动控温和补充氧气。通过喷淋自来水控制物料的水分，当物料的湿度<35%时，通过喷淋自来水为发酵物料补充水分，水分控制在 35%～45%。每 12h 翻料一次。培养结束后，在烘干池内 70℃烘干，得到红曲米。

经检测，红曲米的产率达到 40%；色价为 4992.67U/g；橘霉素含量为 38μg/kg，低于国家标准及国际标准的要求。色价、橘霉素含量和红曲米产率均满足公司工程化生产的要求。

(3) *固态发酵放大试验*　根据中试试验结果，进行 100～1200kg 级别放大生产。经检测，红曲米产品色价为 5000U/g，橘霉素含量为 31～42μg/kg，低于国家标准和国际标准；产率>40%。尤其在 1200kg 级别放大试验中，最高色价达到 5111U/g，橘霉素含量为 35μg/kg，会得到较好的效果。

整体看，生产工艺稳定，能够稳定地生产出符合标准的安全高效红曲米，实现了高品质红曲米的规模化生产。

四、米醋

米醋通常以谷子、高粱、糯米、大麦、玉米、红薯、酒糟、红枣、苹果、葡萄、柿子等粮食和果品为原料，经过发酵酿造而成，制作历史悠久。米醋含少量乙酸，为玫瑰红色而透明，香气纯正，酸味醇和，略带甜味。研究表明，常吃米醋对预防心脑血管疾病有益，米醋是一种非常好的调味品。使用白米制成的米醋，含有丰富的碱性氨基酸、糖类物质、有机酸、维生素 B_1、维生素 B_2、维生素 C、无机盐、矿物质等。优良的米醋产品除其固有的乙酸酸味外，还要有丰富的口感，香味成分齐全，口味柔和绵长。其香味的关键成分是乙酸乙酯、乳酸乙酯和乙酸丁酯等多种酯类，主要来源于酵母菌乙醇发酵阶段的副反应，不同酵母的产酯能力与种类有很大区别。例如，在检测山西老陈醋的香气成分时，检测到乙醛、糠醛、乙醇、乙酸、丙酸、乙酸乙酯、乙酸丙酯、3-羟基-2-丁酮、2，3-丁二醇等，且优质醋与中等醋的糠醛、乙酸、乙酸乙酯和乙醇等有显著的相关性，而劣质醋中糠醛和乙酸没有相关性。

1．固态发酵工艺

(1)工艺流程与主要设备　米醋制作的工艺流程如图 7-7 所示。

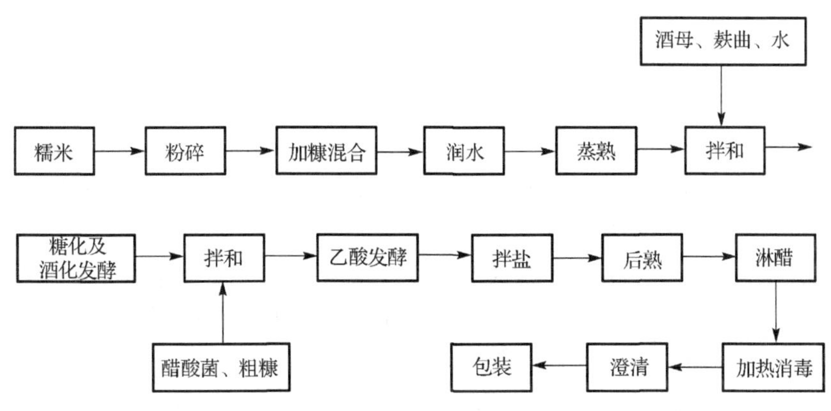

图 7-7　米醋制作的工艺流程图

米醋生产的主要设备有粉碎机、振动筛、搅拌机、蒸煮机、发酵罐等。

(2)操作要点　以糯米醋制作为例。

1)粉碎与加糠混合：将原料糯米粉碎，过 40 目筛，再将细糠与米粉在搅拌机中混合均匀。

2)润水与蒸煮：一次加水。将糯米浸渍，边进料边加水，水层比米层高约 20cm，使原料米充分吸水。加水量为总水量的 70%。浸渍时间，冬春气温 15℃以下时为 12～16h；夏秋气温 25℃以下时以 8～10h 为宜。

常压蒸 1h、焖 1h，或蒸至大汽上升后 10min，向米层洒适量清水，复蒸 10min，至熟透，即米粒膨胀发亮、松散柔软、嚼不粘牙。移出冷却，或用清水冲以便降温。

3)拌曲：将蒸熟的料降温至 40℃左右，进行第二次加水，翻拌后推平，将细碎麸曲均匀撒在上面，再将酵母液搅匀撒布其上，充分拌匀后装缸(每缸约装醅 160kg)。

4）糖化及酒化发酵：入缸时，醅温应控制在 24～25℃；当醅温升至 38℃时，应倒醅，注意不超过 40℃。倒后 5～8h，醅温又会升至 38～39℃，再进行倒醅，之后醅温正常维持在 38～40℃，48h 后醅温逐渐降低。每天倒醅 1 次。5d 后醅温降至 33～35℃，糖化及酒化发酵即结束。

酿室温度一般为 25～30℃，经 12d 发酵，微生物逐渐繁殖，24h 后即可闻到轻微酒香，36h 后酒液逐渐渗出，色泽金黄，甜、微酸，有酒香气。这说明糖化完全，酒化正常。

5）乙酸发酵：在入坛发酵过程中，糖化和酒化同时进行，前期以糖化为主，后期以乙醇发酵为主。为使糖化彻底，将继续发酵 3～4d，促使生成更多的乙醇。当酒液开始变酸时，可适当加入清水使酒液中的乙醇浓度降低，利于其中的醋酸菌生长，自然醋化。

6）拌盐：乙醇发酵结束后，每缸加粗糠 10kg、醋酸菌种 8kg，分两次拌匀倒缸。从第二天或第三天起醅温上升，控制在 39～40℃。每天倒醅 1 次，12d 左右温度降至 38℃时，每缸分别加盐 1.5～3kg 和匀。通过坛内发酵，一般冬春季节 40～50d，夏秋季节 20～30d，醋液即变酸成熟。此时酵面有一层薄薄的醋酸菌膜，有刺鼻的酸味。成熟品上层醋液清亮橙黄，中下层醋液为乳白色，略有浑浊，两者混合即白色的成品醋。一般每千克糯米可酿制米醋 4.50kg。

在白醋中加入五香、糖色等，即香醋。老陈醋要经过 1～2 年的时间，由于高温与低温交替影响，浓度和酸度会增加，颜色加深，品质更好。

7）后熟：乙酸发酵结束后，放置 2d，即后熟。将经后熟的醋醅移入缸中盖紧，上面撒盖食盐层后，泥封。放置 15～20d。中间倒醅 1 次，封缸存放 1 个月以上即可淋醋。

8）淋醋：淋醋通常采用三组套淋法，循环萃取。在第三组醅中加洁净水浸淋，淋出液加入第二组醅中淋出二级醋（含乙酸 3.5%），再将二级醋加入第一组醅中浸泡 20～24h 后，淋出的即一级醋（含乙酸 5.0%）。按醋重的 0.05%添加山梨酸钾，于 80℃条件下保温 30min 进行杀菌处理，澄清后灌装封盖，即成品。

2. 液态深层发酵工艺　我国的食醋生产大多采用传统的自然菌种下的固态发酵工艺，生产周期长达 3～6 个月，劳动强度高、占地面积大、原料利用率低。近年来，液态深层发酵法生产食醋得到逐步推广，该法劳动强度低、劳动生产率高，易实现自动控制。目前欧美等国大多数食醋生产企业运用循环液体发酵工艺，可快速、连续生产，自动化程度高。由于欧美食用醋产品以白醋为主，因此该法生产的食醋风味成分不足，不适合中国人的口味。日本食醋的主体为米醋，其酿造方式除少量沿袭欧美制醋法外，其余多采用分批次的液态深层发酵工艺，再经适当后续加工工艺制得成品。我国自 20 世纪 70 年代末期开始试行液态深层发酵工艺制醋，但液态深层发酵工艺生产的米醋因为周期较短与纯种发酵，在风味上较传统米醋显得单调。

（1）液态深层发酵工艺的流程　液态深层发酵制作米醋的工艺流程如图 7-8 所示。

（2）液态深层发酵工艺的特点

1）麸曲的作用机理及后酵麸曲使用方法：近年来，在液态深层发酵工艺中，用添加麸曲后酵的方法来增强和改善米醋风味，丰富口感。其机制是，专用黑曲霉菌中的酸性蛋白酶能水解醋醪米渣中的蛋白质使氨基态氮增加，从而使口感更柔和、丰富；麸曲的特殊香味大大增加了米醋的醇厚风味，使之带有醇厚曲香。

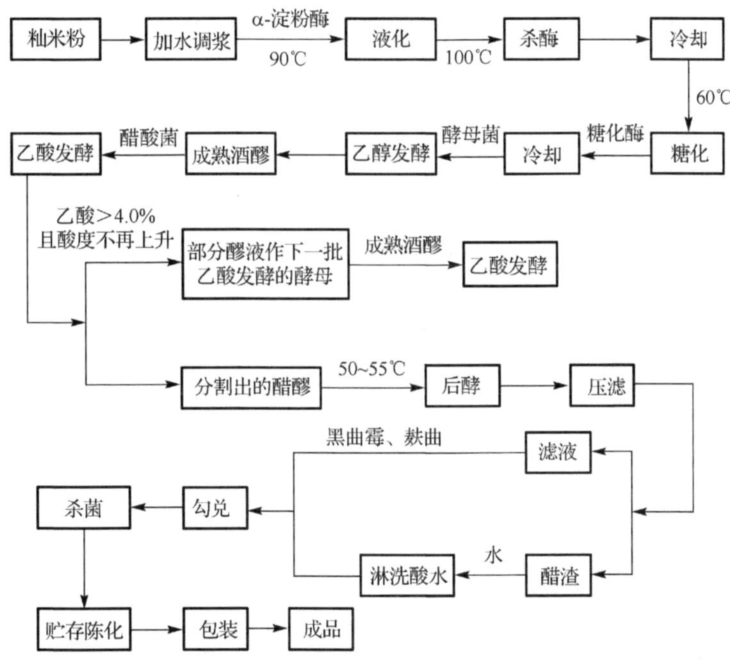

图 7-8　液态深层发酵制作米醋的工艺流程图(程长平，2003)

2)成品勾兑：采用液态深层发酵工艺生产的米醋，要进行成品勾兑，即添加盐和糖。其目的是使酸味柔和、口味纯正、协调。根据风味化学中的“盐咸醋才酸” 理论，即食醋的酸味是在添加一定量食盐的情况下才能很好地体现。此外，添加食盐能达到防腐的目的。而勾兑白砂糖能增加醋的适口性，如勾兑适合国人口味的糖醋味。一般，添加白砂糖 1.2%～1.8%、食盐 1.7%～2.0%，并依据需要适当添加食用级焦糖色素来进行普通型米醋的勾兑。

3)乙醇发酵对乙酸发酵的影响：在液态深层发酵制醋工艺中，乙醇发酵的彻底与否对乙酸发酵的影响很大，若乙醇发酵尚未结束即残糖值高时就进行乙酸发酵，则有大量的泡沫产生，造成溢罐。这样不仅易染菌，且残糖可能会在后酵阶段的高温下与蛋白质、多酚等物质反应生成不良气味而影响成品风味。因而，乙醇发酵一定要在残糖量接近零时才能进行乙酸发酵。

4)成品米醋的陈化：液态深层发酵米醋需有陈化过程，以利于一些酯化反应的缓慢进行。

五、年糕

年糕是把黏性的或非黏性的白米经洗净、浸泡，沥干水分，经蒸后揉搓成各种形状而成的糕，是中国的传统食品。年糕块型完整，口感细腻、弹性好，呈不同品种固有的色泽。

1．工艺流程与主要设备　年糕制作的工艺流程如图 7-9 所示。

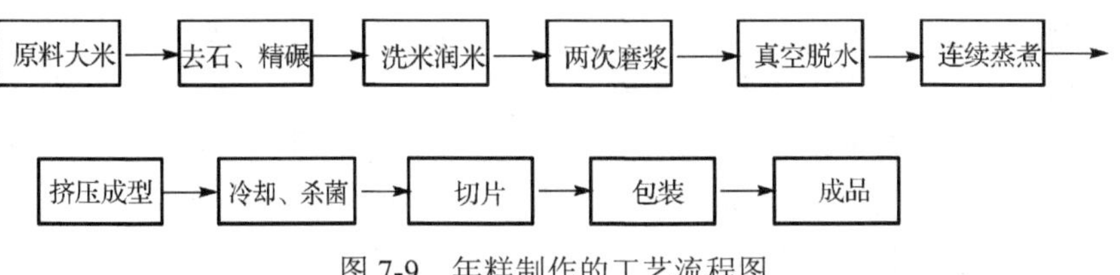

图 7-9　年糕制作的工艺流程图

年糕的主要生产设备有去石机、碾米机、洗米润米罐、磨浆机、真空脱水机、蒸煮机、成型挤压机、冷却输送带。

2. 操作要点

(1) 清理　清理工序包括去石和精碾两部分。用于年糕生产的大米要求表面光洁，不含任何米糠和砂石。米糠由于没有黏性，混入大米中会破坏淀粉之间的相互黏结，影响年糕的色泽与口感。

(2) 洗米润米　洗米后进一步去除了米粒中的杂质，使米粒吸水膨胀，容易粉碎。润米后，大米的含水量应控制在28%～30%。润米时，要控制水温，水温越高，米粒吸水率达到饱和所需的时间越短，但温度过高，米质易酸化。因此，润米的水温和时间分别以35℃、30～45min为宜。

(3) 磨浆　磨浆是借助于水的冲力将米送入磨浆机粉碎成细粉浆。采用砂轮淀粉磨进行磨浆，要求米浆的细度越细越好，一般要经过两次磨浆，使95%的米浆通过60目绢丝筛，以保证米浆粗细度均匀一致。

(4) 真空脱水　许多年糕生产企业多采用真空转鼓或脱水床进行米浆的脱水。这两种方法都是以水力喷射泵产生真空，一般米浆含水量在40%以上，会影响年糕的品质和口感。采用真空压滤脱水法，可使脱水米粉含水量稳定在37%～38%，同时降低了米浆的流失率。

(5) 连续蒸煮　脱水后的物料要进行连续蒸煮，使淀粉糊化，蛋白质变性。蒸料时间一般为5～8min。

(6) 挤压成型　蒸熟后的粉料趁热被送入成型挤压机挤压成型。由于物料含水量与压轧压力有很大关系，成型挤压机的螺旋挤压区的压轧压力对产品的品质影响很大，如果压力不足，年糕色泽暗淡，筋度不够，有夹生口感。因此，应选用推进压缩力式挤压机，应保证进入挤压机的粉料水分均匀一致，以获得品质一致的年糕。

(7) 冷却、杀菌　成型后年糕温度很高，需进入冷却输送带用鼓风冷却3～4h，使含水量降低至44%。将米糕进行巴氏杀菌，于80℃条件下杀菌20min。冷却后包装。

六、方便米饭

方便米饭是由工业化生产的米饭，在食用前只需简单烹调或者直接食用。其风味、口感、外形与普通米饭一致。方便米饭食用和携带方便，有天然米饭的香味。方便米饭主要有脱水干燥型、半干型、冷冻型、罐头型4种。

按加工方法的不同来分，方便米饭可分为速煮米饭(α化米饭)、罐头米饭、软罐头米饭(蒸煮袋米饭)、无菌包装米饭、冷冻米饭、冷藏米饭和干燥米饭等七大类。

根据食用方式可将方便米饭分为两种：一种是脱水干燥米饭，即经脱水干燥处理的米饭产品，这种产品在热水中复水数分钟后即可食用。脱水干燥米饭分为仪化米饭、冷冻米饭、膨化米饭等。另一种是成品米饭，即非脱水干燥米饭，这种产品食用前无须复水，打开包装即可食用，食用前也可先加热。方便米饭要求煮好的米饭米粒完整、轮廓分明、软而结实、不黏不连，并保持大米饭的正常香味。

1. 方便米饭的加工原理　方便米饭的加工是以淀粉的糊化和回生现象为基础的。大米成分中70%以上是淀粉，在含水量适宜的情况下，当加热到一定温度时，淀粉会发生糊化(熟化)而变性，淀粉糊化的程度主要由水分和温度控制。糊化后的米粒要快速脱水，以固定糊化淀粉的分子结构，防止淀粉的老化回生。回生后的淀粉将赋予制品以僵硬、呆滞的外观和类似夹生米饭的口感，而且人体内的淀粉酶类很难作用于回生的淀粉，从而使米饭的消化利用率大大降低。

2．工艺流程与主要设备　方便米饭制作的工艺流程如图 7-10 所示，以脱水方便米粉为例。

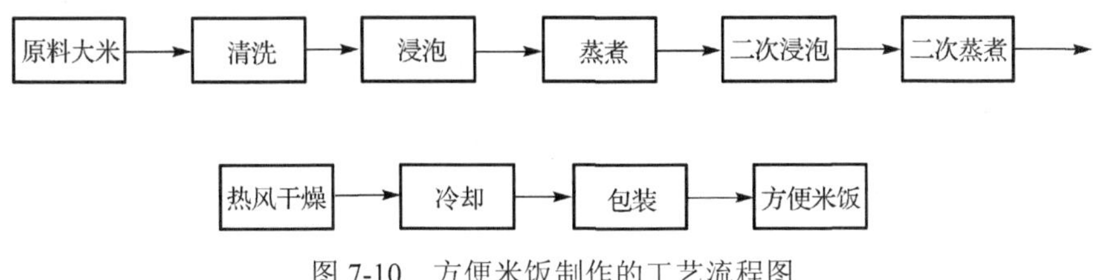

图 7-10　方便米饭制作的工艺流程图

生产方便米饭的主要设备有洗米机、蒸煮机、干燥设备、包装机等。

3．操作要点

(1) *原料处理与淘米*　除去大米原料中糠麸后，用清水将米淘洗干净，去掉杂质和砂石。

(2) *浸泡*　用 40℃水预浸原料大米 60min。

(3) *蒸煮*　浸泡后的大米采用常压蒸煮 15min。

(4) *二次浸泡*　用 80℃水二次预浸 15min。

(5) *二次蒸煮*　采用常压蒸煮 10min。

(6) *热风干燥*　80℃鼓风干燥机中干燥 90min，冷却后即成品。方便米粉的含水量≤14%，碎粉率≤2%。

4．方便米饭存在的问题　方便米饭普遍存在复水性差的缺点，口感和复水速度都与传统米饭差异较大。影响方便米饭品质的因素很多，储藏过程中发生的老化现象是一个重要因素。方便米饭在储藏过程中，大米淀粉的特性会发生不同程度的变化，如淀粉分子产生自组织现象，形成结晶、黏性下降、分子的柔性减弱、凝胶硬度上升等，这些现象都是淀粉的老化特性。这些变化的产生对方便米饭的品质会产生重要影响。

七、方便米粥

方便米粥是用物理、化学的方法对大米进行预处理，把处理后仍呈米粒形状的这种食品封装入塑料袋内。食用时只要将袋内米粒倒入碗内，用开水冲泡几分钟就可以变成稀粥。例如，糯米粥用 100℃开水冲泡 4min 糊化完毕，5min 可完全复原。粳米粥用 80℃开水冲泡 5min 糊化完毕并完全复原；用 100℃开水冲泡 3min 即可糊化完毕并完全复原。

1．工艺流程与主要设备　方便米粥制作的工艺流程如图 7-11 所示。

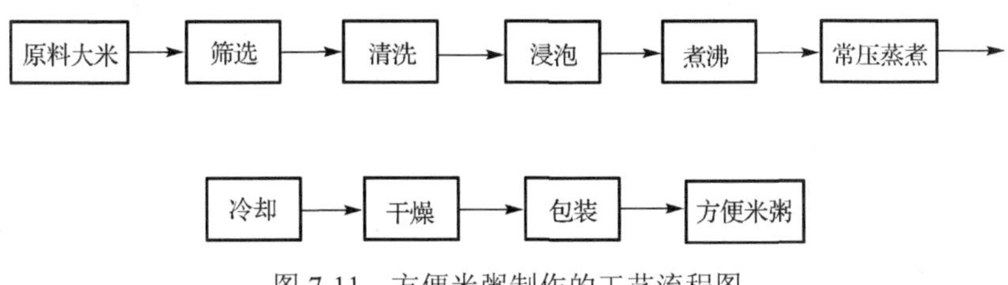

图 7-11　方便米粥制作的工艺流程图

生产方便米粥的主要设备有筛米机、洗米机、蒸煮机、干燥机、包装机等。

2．操作要点

(1) 筛选　原料米需要洁净、无砂石、无糠壳等杂质的当年大米。筛选时需要去除米糠、碎石和铁屑等。

(2) 清洗　洗掉大米表面黏附的杂质和泥。米淘洗 3 或 4 遍即可，不宜过多，否则会降低米的营养价值。

(3) 浸泡　浸泡的目的是使大米充分吸水，有利于蒸煮时充分糊化。在温度为 25～30℃水中浸泡 30min；浸泡用水量确定为水∶米=1.5∶1，含水量过高会给后面的干燥工艺造成负担。

(4) 煮沸　这是整个工艺过程中较为重要的一步。在此过程中，需要对米饭连续进行加热，用水量为原料米的 5 倍，一般煮制 15～30min，直到米粒中心无硬心时停止加热，同时进行沥干待下一步的汽蒸。

(5) 常压蒸煮　将煮沸过的米饭置于纱布上，米层厚度为 10～12cm，于常压锅中进行汽蒸，约 45min。

(6) 冷却　蒸煮好的大米在 10～17℃冷水中冷却 2～3min，去除黏液，否则干燥后产品的复水性差。

(7) 干燥　烘干在烘箱中操作，在 70℃条件下烘 2～3h。也可以在真空冷冻干燥机中干燥 18h。

(8) 包装　将干燥好的成品方便米粥立即进行塑封真空包装，以防产品重新吸水。

八、麦芽糖浆

麦芽糖浆是以优质粳米为原料，在 α-淀粉酶的作用下，经过液化、糖化、脱色过滤、精致浓缩而成的无色或微黄色、棕黄色的黏稠、透明液体，具有麦芽糖正常的香气；甜味温和、纯正、无异味。

根据麦芽糖的质量分数不同，麦芽糖浆可分为普通麦芽糖浆、高麦芽糖浆和超高麦芽糖浆。麦芽糖质量分数在 60%以下的麦芽糖浆为普通麦芽糖浆，在 60%～70%的为高麦芽糖浆，在 70%以上的为超高麦芽糖浆。麦芽糖浆的吸潮性较低，保湿性较高，甜度和黏度适中，具有良好的抗结晶性与抗氧化性、化学稳定性好、冰点低等特性，在糖果、冷饮制品及乳制品等食品加工行业得到广泛的应用。

1．工艺流程与主要设备　麦芽糖浆制作的工艺流程如图 7-12 所示。

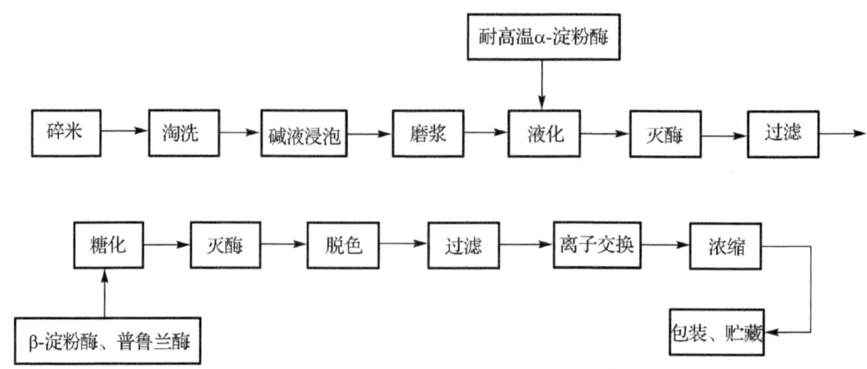

图 7-12　麦芽糖浆制作的工艺流程图

生产麦芽糖浆的主要设备有洗米机、磨浆机、液化罐、糖化罐、离子交换柱、过滤设备、浓缩设备等。

2. 操作要点

(1) *淘洗*　用清水将大米表面黏附的粉末杂质和泥清洗掉。

(2) *碱液浸泡*　淘洗后的碎米采用热碱液浸泡，偏碱性条件浸泡可以去除碎米中大部分可溶性蛋白质，使粗淀粉中蛋白质降至 3.5%左右，有利于液化的进行及后续操作，且大米淀粉经稀碱处理后结构疏散，易于糊化，从而易被淀粉酶酶解。浸泡条件为：pH9～11，浸泡温度 45～50℃，浸泡时间 2～3h。

(3) *磨浆*　对浸泡好的碎米磨浆，并调成质量分数为 30%～33%的米浆液，然后调节米浆液 pH 至 5.7～5.9，加入 0.02%的耐高温 α-淀粉酶。

(4) *液化、灭酶和过滤*　将喷射液化设备充分预热，米浆经 105～110℃喷射液化。冷却至 95℃保温液化 10min，控制糖化结束后 DE 值在 10%左右。液化 DE 值高，表示较多的淀粉转化为糊精，糖化后糖化液组成中葡萄糖和麦芽三糖较多，而麦芽糖较少；如果 DE 值过低，则糖液黏度太高而难于操作，给过滤、离子交换带来困难，影响产品质量和产率，造成经济损失。

液化结束后灭酶，通过过滤脱除米蛋白。

(5) *糖化*　待料液冷却至 60℃，调节 pH 至 5.1～5.5，加入 0.05%的 β-淀粉酶和 0.0105%的普鲁兰酶，保温糖化 48h，糖化结束后 DE 值控制在 48%左右。

(6) *灭酶、脱色与过滤*　糖化结束后升温至 75～80℃，保温 15min 灭酶。

糖化后糖液随着管道进入脱色罐，加入 1%的活性炭，保持罐温 85℃左右，保温搅拌 30min，活性炭会吸附糖液所含的色素及部分无机盐，随后活性炭随同糖液一并进入板框压滤机，经过压滤除去活性炭。

(7) *离子交换与浓缩*　经脱色、压滤后的糖液进入离子交换处理系统脱盐至糖液电导率≤25μs/cm 即可。脱盐后的糖液被泵入真空浓缩器中进行浓缩至所需浓度，然后 4℃包装贮藏。

九、汤圆

汤圆，别称“元宵”“汤团”或“浮元子”，是中国传统小吃的代表之一。汤圆由糯米粉等做成，一般有馅料，煮熟带汤食用。其也是元宵节最具有特色的食物，历史十分悠久。

1. 工艺流程与主要设备　汤圆制作的工艺流程如图 7-13 所示。

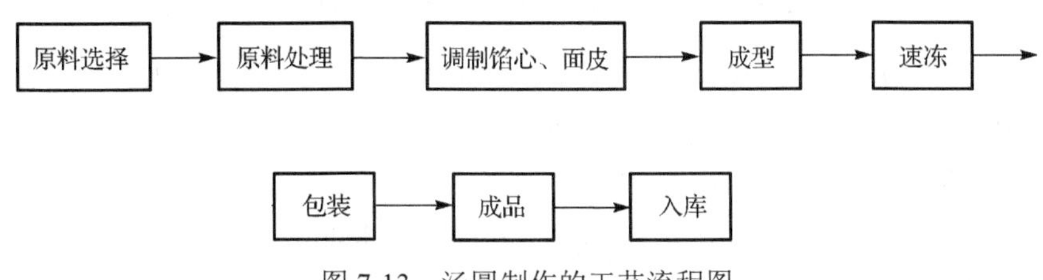

图 7-13　汤圆制作的工艺流程图

生产汤圆的主要设备有汤圆机、速冻机、磨浆机等。

2. 操作要点　以黑芝麻、白芝麻、白砂糖、饴糖、熟面粉、猪油、核桃仁等为馅料，添加适量羧甲基纤维素钠（CMC-Na），以优质糯米、粳米为皮料，添加适量植物油，以该配方为例生产汤圆。

(1) *原料处理*　芝麻：以文火将芝麻炒至九成熟、去皮，以 4∶6 的比例将黑芝麻、白芝麻磨成芝麻酱。

核桃仁：选用成熟度好、无霉烂、无虫害的核桃仁，用沸水（含质量分数 1.0%～1.5% 的 $NaHCO_3$）浸泡去皮，炸酥、碾碎至小米粒大小。

熟面粉：将小麦面粉于笼屉上用旺火蒸 10～15min，其作用是调节馅心的软硬度，缓解油腻感。

CMC-Na：将 CMC-Na 先配制成质量分数为 3%～5%的乳液，用以调节馅心黏度，使其成团。

水磨米粉的制作：将糯米、粳米按比例掺和，用冷水浸米粒至疏松后捞出，用清水冲去浸泡米的酸味，晾干后再加适量水进行磨浆；磨浆时米与水的质量比为 1∶1，水太少会影响粉浆的流动性，过多则使粉质不细腻。磨浆后将粉浆装入布袋、吊浆，至 1kg 粉中含水 300mg 即可。

(2) *调制馅心*　将处理后的黑芝麻、白芝麻、芝麻酱等放入配料中搅拌，再加入油脂、饴糖、熟面等，用饴糖、CMC-Na 液来调节馅心的黏度和软硬度，使馅心成为软硬适当的团块。

(3) *调制米粉面团和面皮*　将调制好的水磨粉取 1/3 投入沸水中，使其漂浮 3～5min 后成为熟芡。将其余 2/3 投入机器中打碎；再将熟芡加入，徐徐滴入少量植物油打透、打匀，至米粉细腻、光洁、不粘手为止。植物油具有保水作用，加入适量植物油可有效避免速冻汤圆长期贮存后，表面失水而导致的开裂。

(4) *成型*　根据成品规格，将米粉面团分成小块，可手工包制，或由机器完成。

(5) *速冻*　将成型后的汤圆迅速放入速冻室中，要求速冻库的温度在−40℃左右。在 10～20min 内使汤圆的中心温度迅速降至−12℃以下，此时出冷冻室。汤圆馅心和皮面内均含有一定量的水分，如果冻结速度慢，表面水分会先凝结成大块冰晶，逐步向内冻结，内部在形成冰晶的过程中会产生张力而使表面开裂。速冻可使汤圆内外同时降温，形成均匀细小的冰晶，从而保证产品质地的均一性。即使是长期贮存，其口感仍然细腻、软糯。

(6) *包装与入库*　速冻汤圆在贮存和运输过程中应避免温度波动，否则产品表面将有不同程度的融化，再冻结时会造成冰晶不匀，产品受压开裂。

第三节　发芽糙米和糙米芽

将具有发芽力（发芽率≥90%）和良好发芽势的优质稻谷，含巨胚米、有色米、香米、色香米及富硒、锌、锗等功能性大米（水稻种植时采用生物技术获得稻谷）等特种稻谷加工成食用糙米。糙米中富含生理活性很高的维生素 E、亚油酸、米糠蛋白、γ-氨基丁酸（GABA）、谷胱甘肽、γ-谷维素、γ-阿魏酸、角鲨烯、米糠多糖、膳食纤维等。糙米虽营养价值高，但由于附着果皮和种皮，其蒸煮性及口感较差，且不易消化，因此直接食用糙米受到了限制。

现代糙米研究的主要方向是发芽糙米。将糙米在一定温度、湿度下进行培养，待糙米发芽到一定程度时将其干燥，所得到的由幼芽和带糠层的胚乳组成的制品就称为发芽糙米。糙米经发芽至适当芽长的芽体，芽体是具有生命力活体，也是一个活性很强的多酶系。糙米发芽过程是一个生化反应过程，激活了糙米的内源性酶，改变了营养物质，同时改善了口感，对人体生理活动调节有益的有效成分种类增多，含量增加，活性增强。发芽糙米芽保持在 0.5～1.0mm，从而使γ-氨基丁酸、六磷酸肌醇、γ-谷维素等对人体有益的物质大量富集。发芽糙米和糙米芽经微粉碎、超微粉碎成粉体，是加工功能性食品的配料。

一、发芽糙米的营养价值和生理功效

发芽后的糙米糠层纤维被软化，改善了糙米的蒸煮、口感和消化性。糙米中的大量酶在发芽过程中被激活，酶的作用使发芽糙米具有多种生理功能，其营养价值远胜精白米。糙米发芽时，大量酶原被激活，同时新产生多种水解酶，如淀粉酶、半纤维素酶、蛋白酶、氧化还原酶等。酶系统的形成及活性的增强，使糙米内部能量、营养物质等发生显著的变化。发芽糙米又被称为“活性米”。

1. 淀粉和蛋白质　发芽前后，淀粉性质改变较大，总淀粉含量和直链淀粉含量下降；淀粉的糊化性质、热力学性质和老化趋势减小；发芽后淀粉颗粒略有变小，且大小不均；体外消化实验表明，发芽后慢消化淀粉含量增加，快消化淀粉含量下降。

蛋白质分解的同时，氨基酸的含量增加。经发芽处理，不同品种糙米的游离氨基酸总量均升高，在发芽 24h 后含量最高；必需氨基酸赖氨酸和非必需氨基酸谷氨酸相对含量随着发芽时间的延长而升高。

2. 维生素　发芽糙米中含有丰富的维生素，已知的有维生素 B_1、维生素 B_2、维生素 B_6、维生素 A、维生素 E 及烟酸、泛酸等。稻谷的干种子中几乎不存在维生素 C，其是在发芽过程中逐渐生成的。发芽对 B 族维生素影响较大，维生素 B_2、维生素 B_3 和维生素 B_6 的含量增加，维生素 B_1 的含量基本不变，这是由于大米中含有硫胺结合蛋白(TBP)，在种子休眠时能结合硫胺，在种子发芽时又会释放硫胺，使其稳定在一定的水平。

3. 矿物质　糙米中的钙、镁等矿物质元素多与植酸结合在一起，食用糙米时，这些成分几乎不为人体所吸收。但在发芽过程中，由于植酸酶被激活，植酸被分解，矿物质元素被释放出来，呈游离态，从而易被人体消化吸收。

此外，发芽糙米中含有的膳食纤维是精白米的 4 倍左右。

★延伸阅读

发芽糙米含有多种生物活性成分，如γ-氨基丁酸(GABA)、六磷酸肌醇(IP6)、谷胱甘肽(GSH)、阿魏酸和谷维素等。其中，γ-氨基丁酸又称γ-酪氨酸，是一种非蛋白质氨基酸，具有较高的生理活性。糙米在发芽过程中，内源的谷氨酸脱羧酶(GAD)被活化，将糙米中的谷氨酸转化为 GABA，从而显著提高 GABA 的含量。发芽糙米中 GABA 含量是糙米的 3 倍、大米的 10 倍。GABA 能抑制谷氨酸的脱羧反应，能与α-酮戊二酸反应生成谷氨酸，谷氨酸与氨结合生成尿素排出体外，从而使血氨有效降低、解除氨毒、增进肝功能；还具有降血压、促进乙醇代谢、抑制肥胖等作用。六磷酸肌醇具有抑制人体内过氧化脂质生成的功能，具有强大的抗氧化能力，对结肠癌、肝癌、乳癌等癌细胞均有抑制效果，所以 IP_6 又有“天然的癌症杀手”之称；可以预防和治疗多种疾病。发芽糙米中 IP_6 的含量是精米中的 4～5 倍。

二、发芽糙米的工艺流程

1. 工艺流程和主要设备　发芽糙米制作的工艺流程见图 7-14。

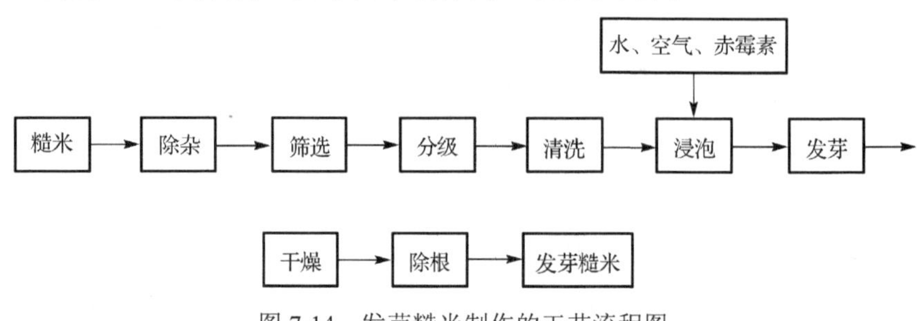

图 7-14　发芽糙米制作的工艺流程图

生产发芽糙米的主要设备有筛选机、分级机、浸泡池、干燥机、真空包装机等。

2. 操作要点

(1) *原料预处理*　筛选籽粒饱满、粒度整齐、完善粒多、裂纹粒少、无虫害、无病变、无鼠害、无发热霉变的糙米。

(2) *清洗*　用清水清洗糙米籽粒，去除糙米表面的灰尘和部分微生物。

(3) *浸泡*　将符合饮用水卫生标准的水通臭氧 20min，杀灭水中的绝大部分微生物。按糙米和臭氧水的质量比为 1∶8 加水，控制水温为 10～16℃。糙米每浸泡 2h，断水 4h，浸米时每小时通风 15min，断水时每 2h 翻米 1 次，以提供糙米发芽所需的氧气。糙米浸泡 12h 后换水一次，浸泡后期按 0.2mg/L 的比例添加赤霉素。

(4) *发芽*　浸泡结束后，取出糙米用水冲洗后沥干水分，控制发芽温度为 16℃，相对湿度在 90%以上，发芽初期每天翻米 2 次，发芽正盛期每天翻米 3～4 次，发芽周期为 5d。

(5) *干燥*　采用程序升温法干燥发芽糙米，初期 43℃干燥 8h，然后 50℃、55℃、60℃各干燥 3h，70℃、75℃和 78℃各干燥 2h，最后 82℃焙焦 2h，干燥后物料含水量应小于 15%。

(6) *包装*　干燥后的发芽糙米迅速冷却至室温，除根后采用真空包装机真空包装。

三、影响发芽糙米质量的因素

1. 微生物　糙米在发芽一定时间后，微生物会逐渐增多，尤其是细菌和霉菌，其代谢产物(如乙醇)会阻碍糙米长芽发育，从而影响发芽糙米的生产效率。故控制微生物生长是制备发芽糙米首要的问题。

控制微生物生长的方法如下。

1) 用 1% NaClO 溶液和 0.1%钙预备液对糙米表面进行消毒。该法被应用得较广。

2) 采用紫外线定时照射发芽中糙米和工艺用水，可有效减少发芽糙米的微生物量，且对发芽糙米基本无害。

3) 在糙米浸泡过程中通臭氧，对微生物灭菌效果有影响，认为臭氧灭菌最佳条件：浸泡温度为 30℃，臭氧作用时间为 3.7min，臭氧浓度为 5.3mg/L；此条件下灭菌率可达 99.994%。这表明臭氧作为一种新型非热杀菌技术，已成为食品安全技术中的一项关键技术。

4) 有研究者利用 20min 蒸汽处理和 3min 乙醇浸泡糙米能完全将发芽糙米表面微生物杀灭，且不会影响 GABA 含量。

2．浸泡　制备发芽糙米大多要经浸泡处理，在浸泡过程中一些营养物质逐渐吸水，干物质部分胶状化，同时浸泡能将糙米表层软化，有利于胚芽冲破皮层。糙米浸没在静态水中时根芽生长缓慢，同时发芽也会延迟，并会出现其他不正常情况；在流动水相中根芽生长较迟，同时发芽迅速、正常；使用一些浸泡液也能促进糙米发芽。

在糙米发芽初期，0.3% H_2O_2 较其他浸泡液（$CaCl_2$ 溶液、乙醇溶液、赤霉素溶液及去离子水）更能促进糙米发芽，缩短萌芽时间。而 0.20mg/L 赤霉素处理能显著提高糙米发芽率。

此外，浸泡方式和浸泡用水量也对糙米发芽具有一定的影响。浸泡过程不换水、每小时换水一次及流水浸泡等三种浸泡方式对糙米吸水量的影响不同，其中浸泡过程中换水对发芽有利。

3．糙米发芽终点的控制　芽长不同，发芽糙米中积累的活性成分有所不同，其功效也会随之而异。芽长 2.5mm 左右的发芽糙米适于一般健康体质人群，可预防普通传播性疾病、清理肠道；在发芽顶点停止发芽的糙米适于瘦弱体质人群，其营养价值达到最高。日本食品综合研究所和日本发芽玄米协会制定的发芽糙米品质标准规定芽长为 0.5～1mm，并认为此时发芽糙米的营养成分含量最高。我国对发芽终点判定一直沿用日本这个标准。

四、糙米发芽中富集 GABA 工艺

糙米发芽的工艺条件与富集 GABA 的工艺条件并不完全一致，但富集 GABA 与糙米发芽深度有关。

1．不同浸泡时间及浸泡液 pH　随着浸泡时间的延长和 pH 的降低，发芽糙米游离 GABA 含量会增加，当用 pH 为 3 的浸泡液浸泡糙米 24h 时，发芽糙米中 GABA 含量最高。

2．发芽前处理　糙米在发芽前浸泡 3h 和隔绝空气处理 21h，该浸泡法得到的发芽糙米中 GABA 含量比传统浸泡法更高。

3．混合培养　将单一品种和混合品种分别培育，得到糙米在发芽前后 GABA 含量的差异。结果表明，两种糙米 GABA 含量无明显差异；而混合品种培育糙米，经发芽后 GABA 含量较高（1.4～1.5 倍），故其更适于作为制备富含 GABA 发芽糙米的原料。

4．循环加湿　利用循环加湿替代浸泡处理糙米，通过对两种工艺进行比较，认为单次加湿量、间隔时间和温度对 GABA 含量的影响显著，循环加湿处理后发芽糙米 GABA 含量为浸泡发芽处理的 2.09 倍。

五、发芽糙米制备工艺存在的问题及今后的发展方向

发芽糙米作为一种新型功能性食品，其问世不仅提高了稻米的附加值，也丰富了米制品市场，尤其重要的是缓解了我国稻米资源浪费严重的现象，具有广阔的发展前景。我国对发芽糙米的研究起步较晚，与日本等其他国家相比，在发芽糙米制备工艺研究中尚存在以下问题。

1．浸泡时间长　目前在发芽糙米生产过程中，浸泡时间较长，糙米急剧吸水，吸水速度过快，含水量达 25%以上，导致碎米率很高。浸泡发芽再干燥后的干制品基本全部破裂，在碾磨时碎米率很高，造成食味品质下降。目前我国对发芽糙米制备工艺研究过于集中，大量研究注重对浸泡时间、浸泡温度、浸泡液、发芽温度及发芽时间等工艺条件的优化，而缺乏创新性和目标性。

2. 发芽糙米生产效率低　目前生产发芽糙米所用时间较长，工艺流程较烦琐，专业设备尚未成型；只能产业化生产，生产成本较高，阻碍了发芽糙米制品的推广。

发芽糙米生产效率是降低生产成本的关键，从而能降低发芽糙米的市场价格，有利于发芽糙米的推广。缩短发芽时间和减少发芽糙米生产工序是提高发芽糙米生产效率的具体体现，以发芽时间为指标的工艺优化及工序较少，新工艺可能会成为未来发芽糙米的发展方向。

3. 发芽终点标准不完善　我国对糙米发芽终点判定一直沿用日本标准(芽长为 0.5～1mm)；但我国糙米品种是否也适于这样的判定标准有待细致研究，故应进行符合我国国情糙米发芽终点判定标准和方法的研究。

4. 开发发芽器　目前对发芽糙米制备工艺研究得较多，但很多均缺乏实用性。未来应向围绕发芽器生产可行性展开，以物理方法为主的制备工艺是今后研究发芽糙米的新思路之一。

本 章 小 结

本章主要介绍了米粉、米酒、红曲米、米醋、年糕、方便米饭、方便米粥、麦芽糖浆、汤圆等稻米食品的加工工艺及操作要点；介绍了发芽糙米的加工工艺及影响发芽糙米质量的因素。通过本章的学习，可以使学生对以上谷物食品加工工艺有所了解和掌握。

本章复习题

1. 制作米粉的主要工艺要点是什么？
2. 米酒的主要微生物特性与生产米醋的操作要点是什么？
3. 固态发酵和液态深层发酵米醋的工艺流程各有什么特点？
4. 简述麦芽糖浆的工艺流程与操作要点。
5. 发芽糙米的营养价值与生理功效是什么？
6. 影响发芽糙米质量的因素有哪些？

第八章 马铃薯食品加工

第一节 马铃薯食品加工基础

马铃薯食品的加工，主要包括马铃薯速冻薯条加工、净鲜马铃薯加工、马铃薯全粉加工、马铃薯油炸鲜薯片加工、去皮马铃薯加工、薯饼(丸)加工、薯泥加工、速溶早餐薯粉加工、非油炸速冻马铃薯加工等，在这些产品的加工中，有部分技术为马铃薯食品的共性加工技术。

一、原料输送

原料输送通常包括从贮存仓到生产线及生产线各设备之间的输送，主要输送方法有水力输送和机械输送。生产线产量较大时，原料从贮存仓输送到生产线通常采用水力流送槽输送，一方面可减轻工人劳动强度，另一方面还可在原料输送的过程中完成部分清洗、除石、除杂工作。物料在设备之间的输送主要由皮带输送机、斗式提升机、刮板输送机、螺旋输送机和水力输送泵系统完成。鲜薯(带皮或不带皮)输送多采用皮带输送机、刮板输送机和斗式提升机等。去皮后切片(条)的物料输送，尽可能采用带水输送，即水力泵系统或机械输送加喷淋，减少暴露在空气中的时间，防止物料氧化褐变。

二、清洗除杂

用作食品加工的马铃薯通常带有泥沙、杂草等杂质，所以加工前要进行清洗、去石等前处理，否则会影响成品的外观、色泽和纯度，石块和金属杂质进入加工设备会导致设备零件损坏，杂草和木片进入设备会影响产品质量和产量及生产工艺操作。原料中的杂质主要有马铃薯表面黏附的泥土、夹杂的砂石和杂草等异物，由于这些杂质的密度与马铃薯不同，在水中作业时，密度大或者小的杂质可以被分离出来。清洗除杂效果直接影响到最终的产品质量和设备寿命，在很多加工厂中原料的清洗除杂和输送是同时进行的。清洗方法主要有以下两种。

1. 手工洗涤 手工洗涤是马铃薯清洗最简单的方法，适用于小型马铃薯食品加工厂。将马铃薯放在盛有清水的木桶、木盆(槽)或浅口盆中进行洗涤，洗涤容器大小可根据生产能力和操作条件来决定。马铃薯的洗涤也可在清洗池或大缸内进行，即人工将马铃薯放在竹筐内，然后置于清洗池或缸中用木棒搅拌，直至洗净为止。采用这种洗涤方法，应及时更换水和清洗缸底，做到既节约用水，又能将薯块清洗干净。马铃薯无论在何容器中清洗，都应经常用木棒搅拌搓擦，一般换水2～3次即可清洗干净，最后再用清水淋洗一次。

2. 流水槽洗涤 在机械化马铃薯加工厂，一般采用流水槽输送的方法将马铃薯由贮存仓送入加工车间内，这样可使马铃薯在进入生产线之前就能除去80%左右的泥沙。

流水槽由具有一定倾斜度的水槽和水泵等装置组成。水槽横截面一般呈“U”形，可以用砖砌成后加抹水泥，或用混凝土制成，也可用木材、硬聚乙烯板或钢板制成，槽底为半圆形或方形(直角处作圆弧处理)。水槽内壁要做得比较平滑，以减小阻力，防止泥沙沉积，料流不畅。水槽内流水用泵从一起始端泵入，用水量为原料质量的 3～5 倍，水槽中操作水位为槽高的 75%，水流速度约为 1m/s。

在输送过程中，由于相对密度的差异，大部分泥沙、石块可以被沉淀、去除，杂草可用除草器除去。最简单的除草器在流水槽上沿架一横楔，下悬一排编好的铁钩，钩向逆流，被钩住的草秆及时清理捞出。在流水槽尾端为一凹池，与流水槽连接处安装金属栅槽，马铃薯留在金属栅槽上，流至上料提升机中进入生产线，污水则流过栅栏由池中排出至沉淀池中，经净化处理后，清水再循环使用。

此外，还包括清洗机等方法。

三、去皮

马铃薯去皮的方法有手工去皮、机械去皮、化学去皮和蒸汽去皮等。手工去皮一般是用不锈钢刀具去皮，效率很低，生产规模大时不宜采用。

1. 机械去皮　摩擦去皮机具有结构简单、使用方便和制造成本低等特点，其要求加工的马铃薯块茎呈圆形或椭圆形，芽眼少而浅，没有损伤，大小均匀。芽眼深的薯块需要先进行手工修整再进入机器。通过摩擦去皮大约会损失块茎质量的 10%。

机械去皮的原理为在涂有金刚砂、表面粗糙的转筒内，利用马铃薯与粗糙、尖锐的筒内壁表面的摩擦作用擦掉皮层。常用的设备是摩擦去皮机，可以批量或连续生产。摩擦去皮机主要由铸铁机座及工作滚筒等组成。滚筒内表面粗糙。电动机通过齿轮带动主轴进而带动圆盘旋转，圆盘表面为波纹状。物料从进料斗进入机体内落到旋转的圆盘波纹状表面，因离心力作用而被抛向两侧并与筒壁的粗糙表面摩擦，从而达到去皮的目的。磨下的皮用水从排污口冲走。已去皮的物料在离心力的作用下，当舱口打开时从舱口卸出。

2. 碱液去皮　将马铃薯块放在一定浓度和温度的强碱溶液中处理一定时间，软化和松弛薯块的表皮和芽眼，然后用高压冷水喷射冷却和去皮。碱液去皮分高温碱液去皮和低温碱液去皮两种方法。高温碱液去皮时碱液浓度为 15%～25%，温度要加热到淀粉的糊化温度以上，处理至去皮后的马铃薯块茎上出现煮熟的表面环或受热层为宜；低温碱液去皮使用的氢氧化钠溶液的温度为 49～71℃，这样仅使马铃薯表层的组织分解、水解、软化，而其余部分并未受到蒸煮或变性。

3. 蒸汽去皮　将马铃薯在高压蒸汽中进行短时间处理，使薯块外表皮熟化，然后用毛刷辊将松脱的表皮磨刷下来，再用流水将分离的皮层、其他附着物和释放的淀粉等清除。蒸汽去皮能均匀地作用于整个薯块表面，能除去 1～2mm 厚的皮层。熟化过度会造成原料损失，一般原料品种和储存时间不同，其皮层厚度和去皮难易程度不同，高压蒸汽工作压力为 0.6～1.5MPa，熟化时间为 15～45s，可根据去皮效果调整。蒸汽去皮具有去皮效率高，产量大，去皮效果均匀、干净，去皮损失小的特点，但设备相对复杂。蒸汽去皮是当前国际上先进的去皮方法，可以避免摩擦去皮的损失和化学去皮的污染。

四、防褐变

马铃薯去皮或切片后若暴露在空气中会发生褐变现象，影响半成品直至成品的色泽和外观，因此有必要进行护色漂白处理。马铃薯发生褐变的原因是多方面的，主要有加工期间的酶促褐变和贮存期间的非酶促褐变，酶促褐变是由多酚氧化酶引起的，非酶促褐变受温度和还原糖含量影响较大，如还原糖与氨基酸作用产生黑蛋白素、维生素C氧化变色、单宁氧化褐变等。除化学成分的影响外，马铃薯的品种、成熟度、贮藏温度及其他因素引起的化学变化都能反映到马铃薯的色泽上。另外，加热温度、时间和加热方式都对马铃薯食品的颜色有影响。控制酶促褐变的方法主要从控制酶和氧气两方面入手，主要途径有：①钝化酶的活性(热烫、加抑制剂等)；②改变酶作用的条件(pH、温度、水分活度等)；③隔绝与氧气的接触；④使用抗氧化剂(如抗化学酸等)。

防止马铃薯加工食品色泽变化的方法主要有以下4种。

1)提取出薯片褐变反应物：将马铃薯薯片浸没在0.01%～0.05%的氯化钾、氨基硫酸钾和氯化镁等碱性金属盐类与碱土金属盐类的热水溶液中；或把切好的鲜薯片浸入0.25%氯化钾溶液中3min，即可提取出足够的褐变反应物，使成品保持原料本身固有的鲜亮颜色。

2)用亚硫酸氢钠或焦亚硫酸钠处理：将鲜薯片浸没在82～93℃的0.25%亚硫酸氢钠或焦亚硫酸钠溶液中(加HCl调pH至2)，煮沸1min，也能得到色泽很好的产品。

3)用二氧化硫气体处理：将二氧化硫和空气与马铃薯薯片放置一起密闭24h，然后将其贮藏在5℃条件下，或是将切片在二氧化硫溶液中浸提后，再用水洗掉二氧化硫及还原糖等，可生产出色泽浅淡的产品。

4)降低还原糖含量：马铃薯在贮藏期间会发生淀粉的降解、还原糖的积累，在马铃薯加工前，如将马铃薯的贮藏温度升高到21～24℃，经过1周的贮藏后，大约有4/5的糖分可重新转化成淀粉，减少了加工时的原料损失及加工食品时的非酶促褐变的发生。

五、油炸

油炸是马铃薯食品加工过程中常用的一道加工工序，通过油炸不仅可以灭酶、灭菌，获得油炸食品的特有色泽，还可以获得油炸食品独特的香气和风味。目前，低能量食品特别是低脂肪食品的发展极为迅速，公众对膳食营养最为关注的影响因素就是食品中脂肪含量，减少脂肪的摄入被推荐为提高自身健康的重要途径之一。因此，许多专家、学者致力于降低油炸产品的脂肪含量及脂肪吸收机理的研究，指出影响油含量的因素包括油的种类、表面活性剂、氧化作用、重复油炸、油和食品之间的张力、产品表面积、油炸温度、多孔性、组成成分、厚度、干燥程度等。有人对常压深层油炸脂肪的吸收与油炸参数、油的品质及预处理技术等条件因素进行了研究。目前，国外对常压深层油炸过程进行了较详细的研究，但是许多产品还具有较高的脂肪含量。

六、干燥

马铃薯加工中，根据被干燥产品的形态、含水量、质量要求等不同，其干燥工艺及设备不同。从能量的利用上可将干燥分为自然干燥和机械干燥两种。

自然干燥是利用自然的太阳能辐射热和常温空气干燥物料，俗称晒干、吹干和晾干。这种方法简便易行、成本低廉，但受自然条件限制，干燥时间长，损耗大，产品质量较差，可以用于薯块等原料的干燥。机械干燥是借助热能，通过介质(热空气或载热器件)以传导、对流或辐射的方式作用于物料，使其中水分汽化并排出，达到干燥的目的。机械干燥需借助相应的设备来完成，目前在马铃薯加工生产中，经常采用以下设备。

1．箱式干燥机　这种设备加热方式有蒸汽加热、燃气加热和电加热等，由箱体、加热器(电热管)、烤架、烤盘和风机等组成。箱体的周围设有保温层，内部装有干燥容器、整流板、风机与空气加热器。根据热风的流动方向不同，设备可分为平流箱式和穿流箱式。平流箱式干燥机的热风流动方向与物料平行，从物料表面通过，箱内风速按干燥要求可在0.5～3m/s 选取，物料厚度为 20～50mm。这类干燥机的废气均可进行再循环，适于薯块、薯脯等多种物料的小批量生产。

2．带式干燥机　带式干燥机是将物料置于输送带上，物料在随带运动的过程中与热风接触而干燥的设备。带式干燥机主要由循环输送带、空气加热器、风机和传动变速装置等组成。循环输送带是用不锈钢丝网或多孔板制成，全机分成两个干燥区：第一干燥区的空气自下而上经加热器穿过物料层；第二干燥区是空气自上而下经加热器穿过物料层。其工作过程是物料自进料口被送到输送带一端。有的带式干燥机装有进料振动分布器，使物料在输送带上形成疏松的料层。每个干燥区的热风温度和湿度都是可以控制的，也可以在干燥过程中对物料上色和调味，最后进行冷却和包装。

3．滚筒干燥机　这种干燥机是将浆液或膏状物料分布在转动的、蒸汽加热的滚筒上，与热滚筒表面接触，物料的水分被蒸发，然后膜状物料被刮刀刮下，经粉碎后成为产品。滚筒干燥机的特点是热效率高，可达 70%～80%；干燥速度快，产品干燥质量稳定，常用于马铃薯泥、马铃薯粉等的干燥。

4．流化床干燥机　流化床干燥(又称沸腾床干燥)是粉粒状物料受热风作用，通过多孔板，在流态化过程中干燥。通常流化床干燥机由多孔板、风机、空气预热器、隔板、旋风分离器等部分组成，在多孔板上按一定间距设置隔板，构成多个干燥室，隔板间距可以调节。物料从进料口先进入最前一室，借助于多孔板的位差，依次在隔板与多孔板间隙中顺序移动，最后从末室的出料口卸出。流化床干燥机处理物料的粒度为 0.03～5mm，可以用于马铃薯泥的回填法干燥。其干燥速度快、处理能力大、温度控制容易、设备结构简单、造价低廉、运转稳定、操作维修方便，可制得含水量较低的产品。

第二节　马铃薯速冻薯条加工

★延伸阅读

很多人都知道薯条的英文是“chips”，美国人称之为“French fries”，其实它真正的来源地是比利时。早在 1680 年，比利时人就开始制作这种薯条了。在第一次世界大战的时候，美国士兵在比利时吃到了这种薯条，觉得特别美味，从而变得流行起来。但他们想当然地称其为“French fries”，是因为当时在比利时军队中的通用语言是法语，他们就以为是“法国的薯条”了。

马铃薯薯条，严格意义上是指新鲜马铃薯经去皮、切条、漂烫、调理、干燥、油炸后迅速冷冻而制成的一种马铃薯加工产品，需在冷冻条件下保存。由于其是一种半成品，食用前需从冰箱里拿出经油炸熟化后方可食用，故多称其为马铃薯速冻薯条，以下简称速冻薯条。

荷兰、美国是生产速冻薯条的主要大国。荷兰有 80%的马铃薯用于加工，23 家马铃薯加工厂中有 17 家生产薯条；全美马铃薯的出口总额中 59%为速冻薯条。与国际速冻薯条的加工相比，我国国内加工技术相对落后。要实现我国速冻马铃薯薯条加工品种专业化、生产规模化及自动化，需要及时调整产业结构，根据实际情况调整工艺。

★延伸阅读

速冻薯条是西方国家的一种传统快餐食品，在我国的普及是由西式快餐带动起来的，目前速冻薯条是麦当劳、肯德基等快餐店中销售的主要食品之一。近几年来，速冻薯条在我国的快餐消费市场中普及迅速，消费量很大。

一、马铃薯速冻薯条原料要求

根据速冻薯条在加工过程中的物料特性和产品品质要求，用于加工的马铃薯原料应满足以下几个方面的要求。

(1) 外形与尺寸　薯块的外形以椭圆形为优，要求芽眼浅而平，最好外凸；表皮光滑，薯形整齐；长度不小于 78mm，单块质量不小于 160g。

(2) 薯肉特征　以白皮白肉为最佳，或黄皮白肉；为满足不同的消费群体，黄皮黄肉也可。

(3) 病虫害情况　原料不带病害(环腐病、水腐病、晚疫病等)，无冻害、虫害，不变绿、发芽，表皮无裂纹，薯体无空心。

(4) 品质指标　还原糖含量≤0.25%，干物质含量≤20%，淀粉含量为 14.0%～17.0%。

(5) 品种要求　速冻薯条加工所需马铃薯原料对品种有较严格的要求，一般而言，原料品种应尽量满足上述各项要求。在我国实际种植的马铃薯品种中，以引进的‘夏波蒂’‘布尔班克’品种为最佳，国产品种‘克新 1 号’可作替代原料。

二、马铃薯速冻薯条加工工艺流程

马铃薯原料在加工成速冻薯条的过程中要经历切制成型、漂烫调制、脱水油炸、速冻包装等工段的连续处理，主要工艺流程如图 8-1 所示。

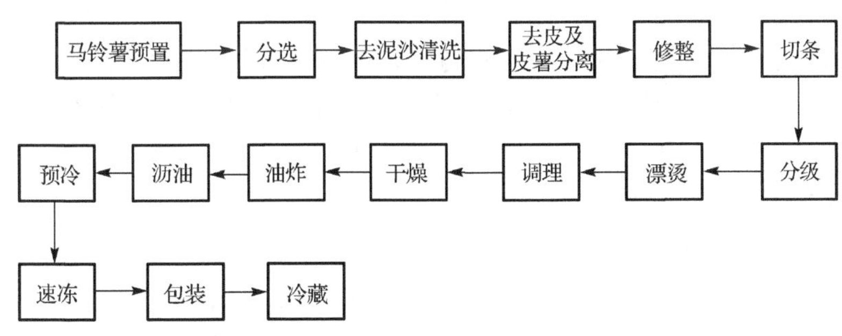

图 8-1　马铃薯速冻薯条加工工艺流程

工艺流程如下。

1) 马铃薯预置、分选：要求原料外观整齐、大小均匀、表皮光滑、无严重畸形、无病害、无腐烂、无变绿等。经过预置和分选处理后用于薯条加工的原料还原糖含量、干物质含量等指标应该达到原料的要求。

2) 去泥沙清洗：利用清洗和流送设备，除去马铃薯表面的泥沙和夹杂的异物(石头)等。

3）去皮及皮薯分离：用机械摩擦或蒸汽去皮的方式，除去马铃薯表皮并将皮薯分离，喷淋护色，防止去皮后的马铃薯表层氧化褐变。要求马铃薯的去皮率达到95%以上，且去皮后表层无褐变现象出现。

4）修整：利用人工对原料进一步除去未去净的薯皮、芽眼和不规则部分。

5）切条：根据生产要求切成不同规格尺寸、截面呈方形的条，同时用水冲洗表层淀粉。要求截面规整，表面光滑，条形较直。

6）分级：将长度小于一定规格（30～50mm）的碎屑、短条分离出去，并且进一步去掉薯条表层淀粉。

7）漂烫：在70～100℃热水中漂烫，薯条通体呈半透明状，以确保油炸后表面色泽均一。漂烫的作用是对薯条进行灭酶杀青，保证原料在加工过程中不发生褐变。

8）调理：在调理设备中加入品质改良剂，对薯条进行5～20min的浸泡，改进薯条的表面组织结构，以利于产品最终获得外焦里嫩的口感。

9）干燥：使用加热烘干设备，去掉薯条部分水分，使薯条的含水量达到工艺要求。

10）油炸：在一定温度下，经过几十秒的油炸后，将薯条的水分进一步降低，制成半成品。

11）沥油：采用振动等方式沥去薯条表面多余的油脂。

12）预冷：为提高速冻效率、减少能耗，利用室外冷空气或机械制冷对油炸后的薯条进行冷却。

13）速冻：在较短时间内深冷速冻，使薯条中心温度快速降至低温（–18℃），这样薯条内部结冰晶体细密、均匀，薯条保鲜期长，贮藏质量好，产品深度油炸后口感好。

14）包装：按产品市场销售规格进行称重包装，要求环境温度为0～5℃，包装时间尽可能短，防止薯条吸潮后发生冻黏现象。

15）冷藏：包装完好的产品进入冷藏库冷藏，冷藏温度为–18℃。

16）冷藏运输及销售：必须在冷藏状态下运输，整个销售过程必须在冷冻状态下进行。

三、马铃薯速冻薯条加工技术关键控制

影响速冻薯条产品质量的主要因素有马铃薯原料的品质、护色剂的选择、漂烫工艺的控制、烘干工序、油炸和速冻温度及时间的调节等方面。原料的品种和贮藏环境对加工品质有较大的影响，不同品种的马铃薯在加工过程中漂烫、浸泡、烘干、油炸的温度与时间和工艺要求各不相同，应区别对待。

（一）原料的品质控制

干物质含量和还原糖含量对速冻薯条的品质有至关重要的影响。

1. 干物质含量　干物质含量也称固形物含量，是指马铃薯块茎中所含有的淀粉、纤维素等不可溶性物质占总重的百分比，它对薯条产品的口感影响很大。对于薯条加工，要求收购原料的干物质含量在20%以上，才能保证加工后的产品有外焦里嫩的口感。但是，过高的干物质含量也意味着淀粉含量过高，在加工过程中容易产生淀粉糊化，导致薯条表面黏液化，与加工设备之间发生粘连，影响生产的连续性和生产效率。

干物质含量的检测方法：干物质含量指标的测定通常采用比重法进行，通过测定马铃

薯原料的相对密度，根据相对密度与干物质的对应关系(行业经验值见表 8-1)，可推算出干物质含量。测定时，取一定质量的样品马铃薯 m(g)，精确称量其在水中的净重 m_1(g)，计算出马铃薯的相对密度 d。然后，根据计算结果 d 的数值，对照表 8-1 即可判断出原料中干物质含量是否符合薯条原料的收购加工标准。

表 8-1　相对密度与干物质含量对应表

相对密度	干物质含量/%	相对密度	干物质含量/%	相对密度	干物质含量/%
1.080	19.7	1.090	21.2	1.100	23.1
1.085	20.6	1.095	22.1	1.105	24.2

2. 还原糖含量　还原糖含量表示了马铃薯中参与褐变反应糖分的高低，还原糖含量过高的原料在加工过程中易发生氧化褐变，使产品的外观颜色不合要求。特别需要注意的是，还原糖含量是一个变动指标，随着贮藏时间和环境条件的变化会逐渐升高或降低。从加工角度来讲，收购的新鲜原料还原糖含量应低于 0.2%，长期贮藏后的原料也不应超过 0.4%，否则在加工过程中将影响薯条产品的颜色。因此，加强和改善贮藏环境条件、提高贮藏效果对原料的贮藏很重要。

还原糖含量的测定，理论上应按照国家标准 GB 5009.7—2016《食品安全国家标准　食品中还原糖的测定》，采用费林试剂法进行测定。但由于该方法为手工操作，样品处理、反应、测定时间较长，不利于原料收购时的快速检测，因而国内外通常使用马铃薯油炸颜色的测定方法(简称 USDA 比色法)来判断还原糖含量是否符合原料要求。

USDA 比色法：测定时随机抽取样品，将样品洗净后取 10 个块茎，分别从块茎心部各切制出一根截面 10mm×10mm 的长条，共计 10 根。然后，使用小型控温油炸锅将食用油加热至 180℃，再将切好的 10 根薯条放在漏勺中一起放入油锅中(约 170℃)进行油炸，3min 时捞出薯条，用 USDA 比色表对 10 根薯条逐条进行颜色对比，检查油炸后的颜色变化情况，其颜色超过 3 级的根数大于 3 时视本批样品为还原糖指标不合格的原料。

也可采用费林试剂法定期对储藏库中的马铃薯原料进行抽检，通过调整储藏条件以保证还原糖含量在要求范围内。

当然，原料的品质主要受品种的影响，其干物质含量较高，淀粉含量适中，且还原糖含量较低，薯肉色白，芽眼外凸，有利于薯条加工过程中的清洗、去皮和去芽眼，有利于获得较好品质的薯条产品。

(二)褐变原理及控制

速冻薯条的色泽是一项重要的质量评价指标。由于马铃薯本身固有的酶系和较高的含糖量，极易发生褐变反应，根据褐变发生的机理分为酶促褐变和非酶促褐变。

1. 酶促褐变　多酚氧化酶(polyphenol oxidase，PPO，一种含铜的酶)是植物中广泛存在的一种酶，这种酶促反应除了影响加工品的色泽外，还会产生不良气味。马铃薯中存在的酚类化合物包括木质素、香豆素、花色苷、黄酮、单宁、一元酚、多元酚等物质，一般在未受损伤、健康的马铃薯中不会有问题，但当其受到碰撞、切割、去皮等伤害或发生某种病害，暴露在有毒气体、高氧分压、离子辐射等中时，酚类物质就会立即转变为有色的黑色素。这种由酶引起的褐变称为酶促褐变，其主要原因是酪氨酸的浓度急剧上升。酪氨酸(tyrosine)是一种单羟基酚，存在于马铃薯块茎内部，占干基总量的0.1%～0.3%，它可被PPO氧化成不溶性的黑褐色聚合物，被称为黑色素。在这个转换过程中还会出现二羟基苯酚、二羟基苯、丙氨酸、多元奎宁、多巴色素等物质，其中后两种与鲜薯切片变红有关。PPO在马铃薯块茎中的活性随着品种、采收停留时间、贮存时间、长芽情况等的不同而不同。

2．非酶促褐变 美拉德反应也称焦糖化反应，是由于还原糖与蛋白质发生加成反应而生成黑色物质，引起产品变色。

研究发现品种对褐变的影响十分显著，品种不同，多酚氧化酶活性及还原糖含量都不同。

一般刚采收的马铃薯块茎中还原糖含量几乎为零，在低温贮藏过程中还原糖含量逐步升高，可达鲜重的0.78%，这是磷酸化酶的作用使淀粉分解成糖的缘故。对同一品种而言，可以采用适宜的贮存方法，一方面可以使其还原糖含量不至很高，另一方面又可抑制其发芽。将经过冷藏的马铃薯置于室温(20～30℃)下2～3周再加工，还原糖含量会明显降低，或者采用10℃下贮藏，也可避免其淀粉的过分糖化。但对于酶促褐变，在加工时则必须采用一定的措施，否则将难以确保产品的最终色泽。

有资料表明，在近皮部分马铃薯组织中的多酚氧化酶活性和过氧化酶活性均比心部高，褐变强度大，所以近皮部较心部更易褐变。若薯条未经护色处理，在加工过程中薯条的两端变色快和变色严重，会造成薯条两端发黄，将影响最终产品的外观品质。

3．护色剂 马铃薯制品生产中多是将脱皮切块的马铃薯在有护色剂的溶液中进行浸泡来防止褐变的发生。马铃薯食品加工中可用的护色剂包括亚硫酸盐、抗坏血酸(VC)、柠檬酸(CA)等。

亚硫酸盐对褐变反应的抑制作用实际上是游离的SO_2对多酚氧化酶活性有抑制作用，从而防止褐变，而其作用机理有两种解释：Maneta认为主要是SO_2抑制L-酪氨酸变为3，4-二羟基苯丙氨酸；Erbs和Maris则提出是由于SO_2和中间产物邻二醌发生加成反应的结果。与亚硫酸钠相比，亚硫酸氢钠酸式盐更易游离出SO_2，故当两者的添加量相同时，亚硫酸氢钠的作用要优于亚硫酸钠。

为了达到最好的护色效果，将几种护色剂进行组合，组合后的效果明显好于使用单一的护色剂，其主次顺序为：$NaHSO_3$+VC+CA > $NaHSO_3$+VC > $NaHSO_3$+CA > $NaHSO_3$ > VC+CA > VC > CA。

综合考虑到各类护色剂的护色效果和经济性，建议采用亚硫酸氢钠与柠檬酸配合使用，来达到抑制马铃薯褐变反应的目的。

(三)漂烫

薯条漂烫的目的在于：一方面使马铃薯的生物酶失去活性，有效降低糖分，防止薯条在后续的烘干、油炸过程中发生褐变；另一方面使马铃薯淀粉部分糊化，改变薯条的组织状态，减少油炸时表面淀粉层对油的吸收。

大量的试验研究表明，薯条在不同的漂烫温度、时间处理下对产品质量将产生较大的影响。温度过高、时间过长，会发生过度漂烫，使部分薯条煮烂、表面糊化严重，易产生薯条粘网、条形不规整等弊端，不利于后续加工；然而，漂烫温度低、时间短又达不到漂烫的目的，将会造成薯条灭酶杀青不足，导致薯条氧化褐变，外观质量不合要求。总体来讲，漂烫后的薯条要求达到通体呈半透明状态，棱角清晰，完整无断裂。一般漂烫温度为75～95℃，时间以5～10min为佳。

品质良好的薯条不仅要有好的色泽，也应经油炸冷冻后具备一定的外观形状，这样才能保证良好的外观。薯条经油炸后会缺乏一定的坚挺度和形状，因此漂烫过程中为了使产品获得更好的色泽和口感，需要使用食品级添加剂，如葡萄糖、焦磷酸钠、$CaCl_2$等。有研究表明，将薯条浸泡于浓度为0.1%的葡萄糖溶液中，可以有效改善产品表面的色泽，使产品颜色均匀一致，而不会产生深浅不一及斑点现象。但糖浓度不宜过高，否则易发生美拉德反应又使产品表面颜色发暗，而浓度太低则无法保障产品颜色的均匀性。酸式焦磷酸钠在食品添加剂中属于水分保持剂。在浸泡的预煮液中添加焦磷酸钠，对薯条品质会产生一定的影响。有研究表明，不同状态的焦磷酸钠均对薯条表面颜色起到了改善作用，且无明显不同，但是对产品的口感影响较大。经十水焦磷酸钠处理过的薯条，进行深度油炸后酥脆度要明显好于无水焦磷酸钠，而采用无水焦磷酸钠处理过的薯条进行深度油炸后表面发硬，口感不好。焦磷酸钠浓度越高、浸泡时间越长，效果越好，但是焦磷酸钠属于钠盐，浓度过高、时间过长会使其有一定的咸味，建议生产中浸泡液浓度为0.5%，处理时间为15min。此外，$CaCl_2$也可以改变薯条的硬度，从而保持薯条的形状。

(四)烘干

烘干的目的是除去薯条中的部分水分，从而使其更易于油炸。烘干是薯条加工工艺流程中最为关键的一步，它直接影响到薯条产品的最终品质。

烘干前首先将薯条进行预烘干除去部分表面水分，这样既可有效提高烘干效果，又能加速内部水向表面的移动速率。最佳烘干条件为60℃，预烘干约5min。

在烘干过程中由于体外的干燥温度高于体内，体内水分由含量高处向低处移动，即水分由中心向表面移动并逐渐散失。若烘干温度过高，水分散失速率过快，薯条表面水分迅速丧失，而内部水分移动速度较慢，不能及时补充表层散失的水量，就会在薯条外表层逐渐形成一层硬壳。有时虽未发现硬壳的存在，但实际上硬壳已产生，表面形成致密的膜状，进一步阻止了薯条内部水分的蒸发，油炸时表层会有起泡现象发生，严重者硬壳加厚，导致同内部组织分离，这样的产品经冷冻后再次深度油炸时更易发生回软现象。所以，烘干程度严重，薯条水分散失过多，再经油炸后薯条表面易形成硬壳，影响口感；而烘干程度不够，给下一步的油炸工艺造成不必要的负担。

影响烘干效果的因素主要是烘干温度、时间及均匀性。在相同的时间内烘干温度越高，水分散失速率越快，最终含水量越低；而在相同的烘干温度下，烘干时间越长，含水量越低。

烘干过程中均匀性是本工序的难点。在烘干过程中，薯条水分散失的程度与其水分分布梯度、烘干时气温和薯条表面的温度差等因素有关，同时马铃薯块茎各部分含水量不完全相同会对薯条的烘干造成一定的影响。烘干前原料含水量不同，形成的较大的水分梯度将会导致烘干后薯条产品烘干效果的不均匀性，再考虑到烘干设备腔体内气流分布、温度分布及物料摊铺方式，这些均会对烘干效果造成较大的影响，不同的薯条甚至同一薯条不同的部位，其烘干的效果也会存在较大的差异。为获得较均一的烘干效果，需要选用合适的烘干温度及烘干强度，保证水分在薯条内部迁移比较均匀，烘干后表面含水量同心部含水量相差不是很大，不会导致表面形成硬壳，薯条油炸后表面质量和颜色也比较理想。

（五）油炸

油炸的作用是进一步降低薯条的含水量，同时在油脂的作用下产生良好的风味。油脂变化的产物主要为多种羰基化合物，这种产物自身可以参加构成食品的煎炸香气，同时可与原料中的氨基化合物反应，生成挥发性香气物质。不同油脂煎炸同一原料，可以获得不同的香气，这主要与各油脂的脂肪酸组成不同和所含风味物质不同有关，油炸食品的特有香味成分被确定为 2，4-葵二烯醛。

通常薯条加工所用油为棕榈油。在油炸过程中，油温及油炸时间对薯条品质也有很大的影响。

薯条经油炸后含水量为 60%～70%，外表呈白色或黄白色，表层无气泡、焦硬现象时即达到产品的要求。如果是黄肉原料，油炸后薯条呈黄色，尖端部分允许有少量焦色。一般情况下，油温选择得越低，油炸时间越长，产品的含油量相对越高；油温越高，油炸时间越短，产品的含油量相对越低，但油温过高对油的品质会产生不良的影响，降低油的使用寿命，而且含油量太少又缺少特有的油脂气味，通常含油量在 5%左右，成品的感官品质最好。因此，油炸温度及时间应进行合理搭配。

煎炸油在长时间的高温状态下会发生酸价、过氧化值等指标升高的现象，如果酸价或过氧化值超过食用标准则必须更换新油。为防止煎炸油氧化酸败，在生产工艺允许的前提下降低油炸温度对提高油的品质、防止劣化、降低成本很有帮助。

以上几道工艺环节是整个生产线的关键，直接决定产品的质量，而各个工艺参数之间又相互影响，因此在生产中，应根据实际情况灵活进行调整配合，以保证最佳的产品质量。

第三节　马铃薯全粉加工

马铃薯全粉是一种完全不同于马铃薯淀粉的产品，是以优质马铃薯为原料，经过去皮、切片、蒸煮、混合/制泥、干燥、筛分等多道工序制成的。绝大部分的马铃薯细胞保持完整，所含的维生素、矿物质、氨基酸、微量元素、纤维素等营养物质绝大部分被保留下来，产品的游离淀粉很少。

因全粉将马铃薯原有的色、香、味全部保留，且产品具有很高的质量稳定性，用途广泛，可以作为高品质食品加工的原辅料或复水后直接食用。按采用的加工工艺和产品的外形不同，可将其分为马铃薯雪花全粉和马铃薯颗粒全粉两类产品。

国外一些主要的马铃薯加工企业都是将马铃薯全粉加工与薯条加工结合起来进行。因为马铃薯薯条品质标准最重要的指标之一就是要求薯条有一定的长度（一般应≥50mm），达不到该长度的薯条即不合格产品，而生产过程中这类不合格薯条可占到 20%～30%。为解决这一问题，国外马铃薯薯条加工企业多并联其薯条生产线，再建一条雪花全粉生产线，原料就是薯条生产线上的不合格薯条，生产出来的全粉价值远高于这些不合格薯条以低价出售或生产其他产品的价值。

一般来说，加工马铃薯薯片和马铃薯薯条的原料是完全可以进行全粉生产的，而且对块茎形态与大小的要求没有加工薯片和薯条严格。

一、马铃薯全粉原料要求

马铃薯全粉生产的首要条件是对马铃薯原料的选取，优质原料不仅可以生产出合格的产品，而且对于节能降耗、提高出品率都具有直接的实际价值。

在选购原料时，一般应选择土块、杂质含量少，薯皮薄，光洁完整，无损伤、无虫蛀、无病斑的成熟新鲜马铃薯。每一批原料的品种应单一纯正，薯块外形应规则整齐，芽眼浅而少，果肉浅黄色或白色，其干物质含量≥20%，还原糖含量≤0.2%，直径≥40mm，长度≥50mm。如果是贮存一定时间的原料，如有发芽、发绿、霉变的马铃薯，必须严格将发芽、变绿或霉变的部分削掉或者完全剔除，以保证马铃薯制品的茄碱苷含量不超过0.02%，否则将不符合卫生要求。

为保证加工制品的品质和提高原料的利用率，加工不同薯类食品最好选用不同的薯类加工专用品种。加工全粉型优质专用品种，在降低还原糖含量的同时，要提高淀粉含量、营养成分含量及干物质总量。生产上选用的马铃薯块茎的相对密度一般应为1.06～1.08，原料薯相对密度每增加0.005，最终产量将增加1%。

二、马铃薯全粉加工工艺流程

1. 马铃薯颗粒全粉 通常采用国际先进的回填工艺进行生产。将去皮、切片、蒸煮后的马铃薯与回填的足够量的预先干燥的马铃薯颗粒全粉充分混合，使其成为水分均匀适中的“潮湿的混合物”，经过调质、气流干燥和沸腾干燥，制成成粒性良好的颗粒全粉。该工艺的特点是最大限度地保持了马铃薯细胞组织的完整性，使细胞破碎率最低，游离淀粉释放量最少，保持了马铃薯原有的风味和营养价值，产品风味和营养更接近新鲜马铃薯。其工艺流程如图8-2所示。

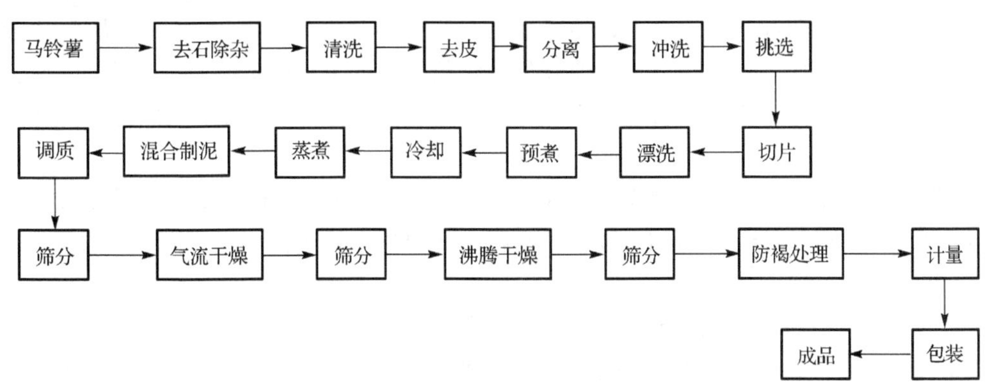

图8-2 马铃薯颗粒全粉加工工艺流程

2. 马铃薯雪花全粉 马铃薯经清洗、去皮、切片、蒸煮、挤压制泥后上滚筒干燥机进行干燥，再按使用要求粉碎成不同粒度的片状粉料即得到雪花全粉。其工艺流程如图8-3所示。

颗粒全粉和雪花全粉是按其加工方式划分的。颗粒全粉由于其较高的干燥能耗、较低的出品率，生产成本和销售价格均高于雪花全粉，但因其特有的加工工艺，更好地保持了马铃薯原有的细胞颗粒、风味和营养价值，其复水性、香味等品质指标均优于雪花全粉，所以专用于高品质马铃薯食品的加工，如用其加工薯泥、复合薯片等食品。

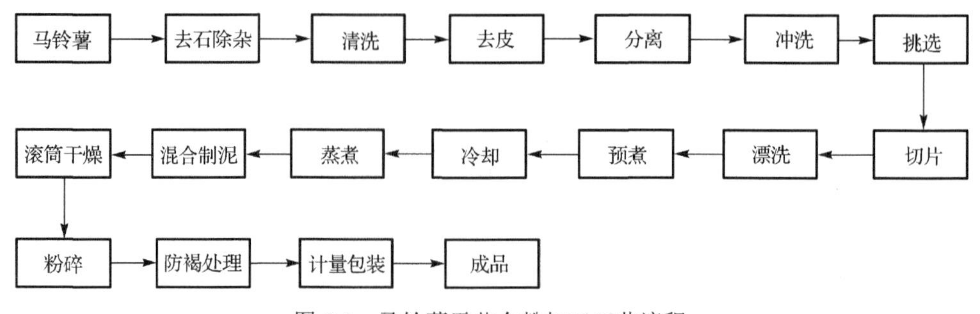

图 8-3　马铃薯雪花全粉加工工艺流程

在国外，雪花全粉是速冻薯条企业的下脚料综合生产加工的产品，不设专门的雪花粉厂。因其生产工艺较简单，能耗较低，故雪花全粉价格低于颗粒全粉。雪花全粉品质优良，性价比高，其应用范围大于颗粒全粉。目前，我国已实现了高品质马铃薯颗粒全粉、雪花全粉的国产化加工，拓宽了马铃薯深加工的领域，为产业化发展提供了可靠的技术支持。

三、马铃薯全粉加工技术关键控制

因为前部的工序在本章的第一节有所介绍，在这里就不重复了，接下来的关键技术控制由“切片”开始。

1. 切片　马铃薯切片后蒸煮可提高生产率和减少蒸煮时的能量消耗，以满足在蒸煮过程中薯泥成熟度均匀的要求。经过人工拣选、修整后，把合格的去皮马铃薯切成 10～15mm 的厚片输送入下道工序。采用卧式转盘切片机，马铃薯由料斗进入转盘被离心力甩到转盘外沿，并在转盘带动下与刀片相切，完成切片作业。调整厚度调节板、紧固螺栓即可改变切片厚度，满足生产工艺的要求。

2. 预煮和冷却　预煮是将马铃薯在 75～80℃水浴中轻微淀粉糊化，这样不会大量破坏细胞膜，却能改变细胞间聚合力，使蒸煮后细胞更易分离，同时抑制酶促褐变，起到杀青作用。预煮后薯片进行冷却处理，使糊化的淀粉老化。采用螺旋式预煮机和冷却机，预煮机介质水加热采用蒸汽与水混合，冷却机采用逆流换水，即料流、冷却水流向相反，提高冷却效率。

通常预煮的工艺参数：温度为 75～80℃，时间为 15～25min。冷却的工艺参数：温度为 15～23℃，时间为 15～25min。最佳温度和时间根据马铃薯的品种、固形物含量不同而进行调整。

3. 蒸煮　蒸煮是马铃薯全粉生产中的关键工序，马铃薯的蒸煮程度直接影响产品的质量和产量。采用螺旋式蒸煮机，在蒸煮机底部注入蒸汽，螺旋推进物料使其获得均一的热量，连续均匀地蒸煮。生产雪花全粉时，薯片蒸熟度达到 80%～85%即可。

通常蒸煮的工艺参数为：温度 95～105℃，时间 35～60min。最佳温度和时间根据马铃薯的品种、固形物含量不同而进行调整。

4. 混合制泥　颗粒全粉制泥工序采用混合干粉搓碎回填法。颗粒全粉的生产工艺是先将蒸煮过的薯片加入适量经过预干燥过筛的颗粒粉，利用多维混合机柔和地将薯片搓碎混合均匀后，制成潮湿的小颗粒，冷却到 15～16℃并保温静置 1h。搓碎的薯片和混合的干粉中细胞破碎的量越少，成粒性就越好，否则细胞破碎会释放出游离淀粉，游离淀粉膨胀会使产品发黏或呈糊状，难以成粒。添加到薯片(泥)中的干颗粒粉称为回填粉，回填粉中单细胞颗粒含量多，能更多地吸收新鲜薯泥中的水分，并提高产品质量。

通过采用搓碎与回填并保温静置的方法，能明显地改善由搓碎薯泥和回填物形成的潮湿混合物的成粒性，满足颗粒全粉成粒性好的要求，并使潮湿混合物的含水量由45%降低到35%，有利于后序干燥。静置过程可能发生的结块现象，可以通过预干燥前的混合搅拌解决。

雪花全粉制泥工序则采用螺旋制泥机挤出制泥。蒸煮过的薯片进入制泥机，通过改变螺距使其挤碎成泥，进入后序薄膜干燥工序。生产雪花全粉时，薯片蒸熟度达到80%～85%即可，利于后序滚筒干燥机的操作。

5. 干燥和筛分　制备颗粒全粉的薯泥干燥分两段进行，即预干燥和最后干燥。预干燥采用气流干燥设备，气流干燥由一个向上流动的热空气垂直管道构成，使含水量35%的潮湿混合料进入干燥器底部，由热空气向上吹送，使之在上升过程中和在顶端的反向锥体扩散器中悬浮得以干燥。潮湿混合物颗粒经气流干燥至本身质量轻到可以被吹出扩散器时进入收集箱，同时其含水量也降低到12%～13%，进行筛分。第一层筛面配30目筛，第二层筛面配60～80目筛，一层筛下物、二层筛上物为回填物，返回待搓碎的薯片混合机中，二层筛下物进入流化床干燥器进行干燥，此种干燥器是由一个多孔陶制床或有很细密筛网的小室组成。为防止薯泥结块，气体从流化槽底部孔眼向上吹，细粒呈悬浮状通过流化槽，停留时间为10～30min，可使薯泥含水量降至7%～9%。

雪花全粉生产中薯泥的干燥利用滚筒干燥机进行。滚筒干燥机主要工作部件为干燥滚筒，周向分布4～5个布料辊，逐级将薯泥碾压到物料薄膜上，物料干燥后由刮刀将薄膜片刮下，经粗粉碎再由螺旋输送机输送至粉碎机，按要求粉碎到一定粒度。粉碎粒度不宜太细，否则会使碎片周围的细胞破裂，游离出的自由淀粉增多，使产品复水后黏度增加。物料成膜厚度和质量与前段切片、预煮、冷却、蒸煮等工艺相关，调整工艺参数时，应几道工艺联合调整，保证雪花全粉的产量和质量。

6. 防褐处理和贮藏　全粉在贮藏期间有两种变化：一种是非酶促褐变，另一种是氧化变质。防止非酶促褐变的措施有：全粉的贮藏温度低对控制非酶促褐变有效；全粉中加入适量硫酸盐(约200mg/kg)也可有效防止非酶促褐变；降低全粉的含水量也有助于抑制非酶促褐变；选择还原糖含量低的马铃薯原料对防止薯泥非酶促褐变有利。

防止全粉贮藏期间氧化变质的措施：添加适量抗氧化剂，如叔丁基对羟基茴香醚、2,6-二叔丁基对甲酚等，与部分成品薯泥混合，制成5000mg/kg抗氧化混合物，然后再添加进成品全粉中，使之达到合适的标准浓度，全粉可存放一年以上。

四、马铃薯全粉生产线

1. 马铃薯雪花全粉生产线　目前，国内外马铃薯雪花全粉生产工艺基本一致，主要经过去皮、切片、蒸煮、制泥、滚筒干燥、制粉等工序。国产的马铃薯雪花全粉生产线的技术工艺与从欧美国家进口的生产线基本相同，生产能力为成品100～800kg/h，在国内占有50%的市场份额，并已开始出口。国产马铃薯雪花全粉生产线具有价格低廉、售后服务及时、适合国情等优越性。

马铃薯雪花全粉生产线示意图如图8-4所示。

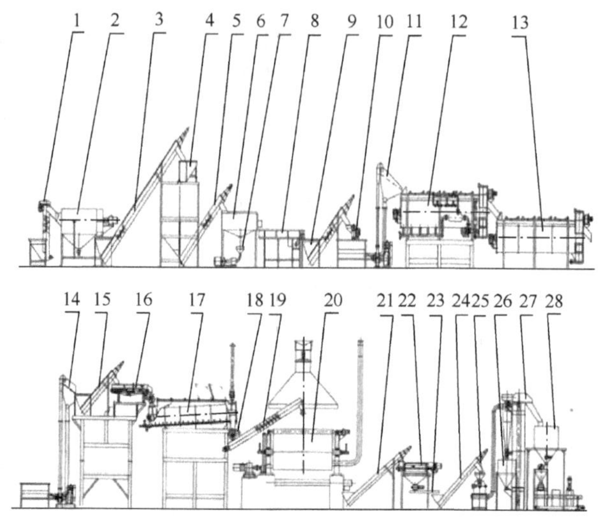

图 8-4　马铃薯雪花全粉生产线示意图(李树君，2014)

1. 去石清洗机；2. 清洗机；3，5，9，15，19，21，24，27. 提升机；4. 蒸汽去皮机；6. 皮渣分离机；7. 皮浆泵；8，23. 拣选带；10. 切片机；11. 水力输送系统；12. 漂烫机；13. 冷却机；14. 水力输送系统；16. 皮带秤；17. 蒸煮机；18. 制泥机；20. 滚筒干燥机；22. 筒筛；25. 粉碎机；26. 成品仓；28. 计量包装系统

2. 马铃薯颗粒全粉生产线　马铃薯颗粒全粉在生产后半段与马铃薯雪花全粉生产工艺完全不同，大大减少了细胞破碎率，同时减少了游离淀粉量，基本保持了细胞的完整。颗粒全粉成品经一定比例复水制成的薯泥，其口感、口味更接近新鲜薯泥。其工艺复杂，设备数量多，耗能大，生产线和运行成本都高，使其推广应用受到限制。

目前，马铃薯颗粒全粉生产线在国内仅有1～2条，生产能力为100～500kg成品/h。其生产线示意图如图8-5所示。

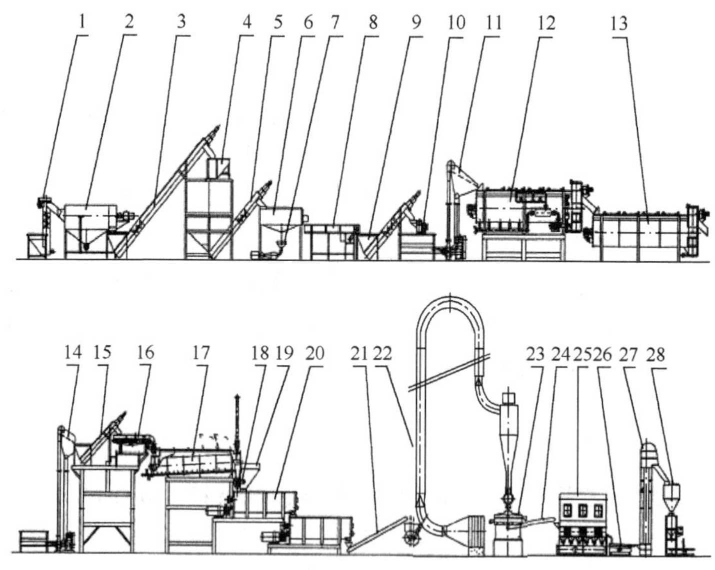

图 8-5　马铃薯颗粒全粉生产线示意图(李树君，2014)

1. 去石清洗机；2. 清洗机；3，5，9，15，21，24，27. 提升机；4. 蒸汽去皮机；6. 皮渣分离机；7. 皮浆泵；8. 拣选带；10. 切片机；11. 水力输送系统；12. 漂烫机；13. 冷却机；14. 水力输送系统；16. 皮带秤；17. 蒸煮机；18. 制泥机；19. 回填仓；20. 回填拌粉机；22. 气流干燥机；23. 筛分机；25. 沸腾干燥机；26. 成品筛；28. 计量包装系统

第四节　马铃薯主食化产品加工

一、马铃薯薯饼、薯丸和薯泥

(一)工艺流程

速冻马铃薯薯饼加工工艺流程如图 8-6 所示。

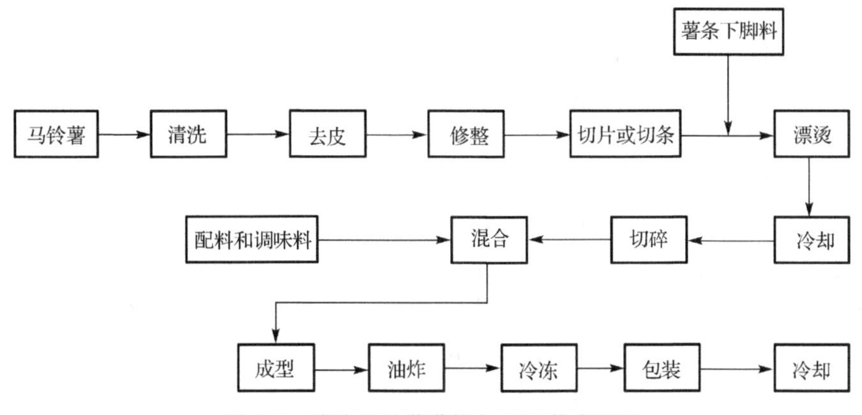

图 8-6　速冻马铃薯薯饼加工工艺流程图

速冻马铃薯薯丸加工工艺流程如图 8-7 所示。

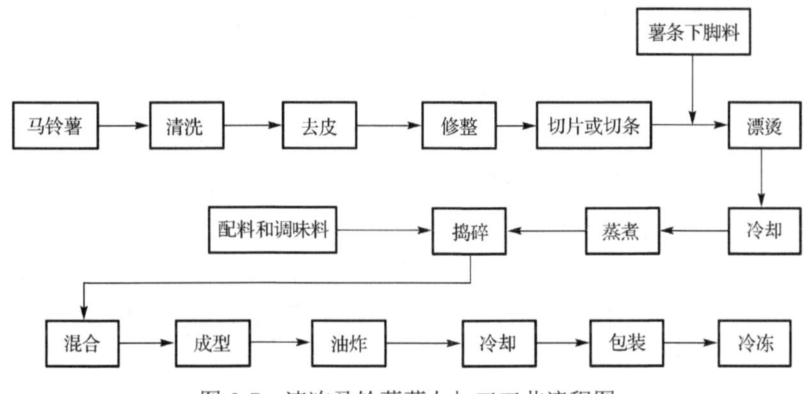

图 8-7　速冻马铃薯薯丸加工工艺流程图

速冻马铃薯薯泥加工工艺流程如图 8-8 所示。

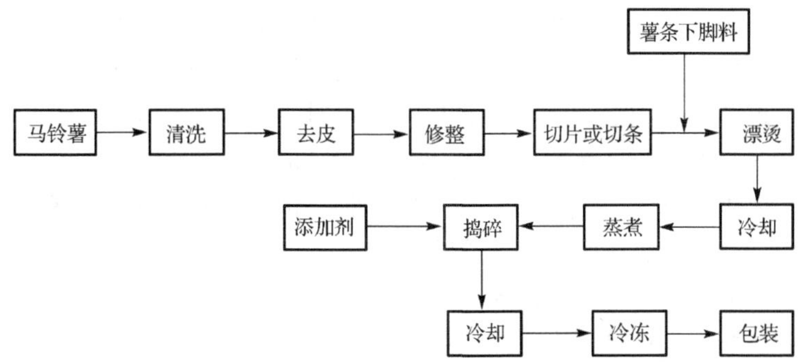

图 8-8　速冻马铃薯薯泥加工工艺流程图

此方法生产的薯泥可作为生产其他产品的原料，经解冻、脱水处理后与其他配料混合，再经成型、油炸等加工工序即可生产各种薯泥产品，或经烘干、粉碎、过筛后成为颗粒全粉。

（二）工艺要点

（1）原料　利用薯条生产线生产过程中产生的边角余料、短条、碎条等废料或一些不适宜加工薯条的较小的马铃薯为原料。

（2）清洗（指以小马铃薯为原料）　去除马铃薯表面泥土及脏物。

（3）去皮　采用机械去皮法去除表皮进入修整工序。

（4）修整　将已彻底去皮的马铃薯进一步清理，同时去除腐烂、发绿部分。

（5）切条　将修整后的马铃薯进行切片或切条，对切条没有太高要求。

（6）漂烫　温度为80～95℃，时间为5～10min，一方面起到杀酶的作用，另一方面使马铃薯淀粉部分糊化。

（7）冷却　用循环水去除表面淀粉，冷却水冷却，使其中心温度达到20℃左右，目的是使淀粉老化回生。冷水冷却20～30min。

（8）蒸煮（生产薯泥、薯丸）　常压下用蒸汽进行蒸煮，使淀粉充分α化，以利于破碎制泥，温度为95～98℃，时间为20～30min。

（9）破碎（生产薯饼）　将冷却后的废条破碎成一定粒度的物料，粒度不能太大，否则会影响混合效果；粒度太小，破碎得较碎，物料黏度过大导致混合不均匀，油炸后会影响产品口感。

（10）混合（生产薯饼）　按比例添加一定的辅料，使其与粉碎后的物料相混合，要求混合均匀，无结块。

（11）破碎制泥（生产薯泥）　将蒸煮后的物料破碎制泥，同时添加一定量的添加剂，使添加剂与薯泥均匀混合。

（12）成型（生产薯丸、薯饼）　成型应具有一定的力度，使形状完整，边缘整齐。利用的设备有薯饼成型机和薯丸成型机。

（13）油炸　目的是脱去一定量的水分，使产品复炸后具有良好的口感，油炸使产品具有良好的外观颜色。薯饼的油炸温度为165～175℃，时间为1～2min；薯丸的油炸温度为165～175℃，时间为1～1.5min。

（三）工艺条件

1. 漂烫温度和时间　漂烫一方面起到杀酶的作用，同时能有效降低糖分使油炸后所得产品色泽均匀一致；另一方面使马铃薯淀粉部分糊化，改变其组织状态，减少油炸时表面淀粉层对油的吸收。通过大量的研究发现，不同的漂烫温度、时间对产品质量将产生较大的影响。温度过高、时间过长，漂烫过度，破碎时游离淀粉过多，造成物料黏度大，影响混合效果和产品口感；漂烫程度不足，不易破碎，混合后不易成型，油炸后会影响薯饼的口感。另外，漂烫的时间、温度同马铃薯的品种、边角余料的形状也有很大的关系，因此在实际生产中应针对不同品种、不同料样选择不同的漂烫工艺参数。

2. 破碎　原料经漂烫冷却后破碎并与辅料混合，经成型机成型制成薯饼。实验研究证明，漂烫冷却后原料的破碎程度对薯饼的品质有一定的影响，破碎程度较小、粒度太大，游离淀粉较少，与辅料混合后成型较困难，油炸时易松散；相反，破碎程度大、粒度较小，物料黏度过大，导致物料混合不均匀，成型机成型后不易脱模，油炸后的产品经解冻复炸，产品口感不酥松，因此破碎时应掌握一定的粒度。

3．蒸煮温度和时间　蒸煮即将漂烫、冷却处理的马铃薯边角余料在常压下用蒸汽进行蒸煮，使淀粉充分α化，以利于破碎制泥。适宜的蒸煮时间必须满足以下条件：当细胞壁软化到一定程度，使细胞分离时，细胞膜没有遭受很大的破坏。若蒸煮时间过长，细胞壁过度软化，制泥时产品黏度较大，会影响口感。若以这种产品为原料制作其他马铃薯制品，同样也影响到相应产品的质量。另外，蒸煮的时间同原料的品种、边角余料的形状及干物质含量有一定的关系。一般情况下，干物质含量越高，其蒸煮时间相对越短。

4．油炸温度和时间　一般情况下，油温选择得越低，油炸时间越长，产品的含油量相对越高；油温越高，油炸时间越短，产品含油量相对越低。但油温过高对油的品质会产生不良的影响，降低油的使用寿命，因此油炸温度及时间应进行合理搭配。

5．食品添加剂　为改善速冻薯泥产品的品质，延长保质期，在蒸煮后制泥前应添加一些添加剂，如焦亚硫酸钠、单硬脂酸甘油酯、丁基羟基茴香醚、丁基羟基甲苯、焦磷酸钠、柠檬酸等。由于马铃薯块茎中含有单宁，单宁中儿茶酚在氧化酶和过氧化酶作用下氧化易变成褐黑色。因此，在蒸煮后研碎前，喷上焦亚硫酸钠溶液可有效阻止酶变和美拉德反应，并能抑制褐变从而保证产品质量。为改善产品品质防止过分粘连，还应喷上乳化剂——单硬脂酸甘油酯。单硬脂酸甘油酯能乳化来自产品的游离淀粉，使产品松软。单硬脂酸甘油酯必须以乳化的形式应用，因为只有甘油的羟基自由基上有亲水作用，才能适宜包容自由淀粉。丁基羟基茴香醚(BHA)、丁基羟基甲苯(BHT)均为抗氧化剂，主要起抗氧化的作用，防止哈败，延长产品保质期。焦磷酸钠属于酸式磷酸盐，它能有效结合金属防止成品在存放时颜色变深。添加剂添加比例分别为：焦亚硫酸钠(以 SO_2 浓度计)0.004%～0.008%；丁基羟基茴香醚 2mg/kg；丁基羟基甲苯 2mg/kg；单硬脂酸甘油酯 0.05%～0.10%；焦磷酸钠 0.02%；柠檬酸 20mg/kg。

二、马铃薯馒头

马铃薯又名土豆、洋芋，属于茄科一年生草本植物，由于它耐旱、耐瘠薄、高产、稳产、适应性广、营养成分全面，因而备受全世界的高度重视，继玉米、小麦、水稻之后成为世界第四大作物，是欧美、非洲等很多国家的主要食物。全世界有 150 个国家和地区种植马铃薯，年产量约 3.2×10^8t，我国是马铃薯主产区之一，年产量已达 0.72×10^8t。马铃薯可以提供人类生活所必需的蛋白质(具有较好的氨基酸组成)、淀粉、维生素 C、维生素 B_6、维生素 B_1、叶酸、钾、磷、钙、镁及微量营养素铁和锌，同时还含有丰富的多酚类、维生素 C、类胡萝卜素和维生素 E 等抗氧化物质，尤其是蛋白质营养价值高，分解可以产生 18 种氨基酸，包括各种人体不能合成的必需氨基酸，易被人体吸收，具备保健功效。中国是马铃薯总产量最多的国家，但人均马铃薯消费量较少，自 2015 年起中国着手实施马铃薯主粮化战略，通过对马铃薯的深加工和产品研发，可有效提高马铃薯消费比例。马铃薯全粉是马铃薯的主要加工方式，将马铃薯全粉应用于馒头、面条、米饭等主食产品中已成为近年的研究热点。

1．马铃薯馒头的制作工艺流程　原料(马铃薯+小麦粉 200g)→混合→加水、酵母、泡打粉、谷朊粉、糖，搅拌 10min→面团醒发 5min→压片→切割(每个馒头 20g)、揉捏成型→醒发 15min→蒸制 8～10min→成品→室温下冷却备用。

2．马铃薯馒头的品质改良 目前随着国家马铃薯主食化战略的推进，国内外市场中对于马铃薯全粉的需求呈逐渐上升趋势。但是，由于马铃薯全粉中淀粉成分主要为支链淀粉，不含面筋蛋白质，无法形成具有黏弹性的网络结构，降低了面团相应的加工特性，当用高含量马铃薯全粉制作馒头时，存在成型难、口感差等问题，这制约着高含量马铃薯全粉馒头的推广。

在马铃薯全粉馒头的制作过程中，可以通过添加改良剂的方法提高面团的黏弹性。任立焕等(2017)研究了不同改良剂对马铃薯面条品质的影响，研究表明谷朊粉和海藻酸钠可明显提高面团的稳定时间，增加面条的硬度、弹性、胶着度；硬脂酰乳酸钙钠和木薯抗性淀粉均可改善混合粉的粉质特性。Liu 等(2018)研究了不同凝胶对面团热机械性能的影响，结果表明亲水胶体的添加可明显增加面团的糊化温度和吸水率。孙洪蕊等(2018)通过单因素试验研究品质改良剂对马铃薯馒头品质的影响，获得马铃薯馒头最佳配方参数，即谷朊粉添加量 4%、玉米变性淀粉添加量 1%、α-淀粉酶添加量 20mg/kg、乳清蛋白添加量 1%，此条件下制备的马铃薯馒头表面光滑，内部组织均匀，质地柔软，具有独特的马铃薯香味。

三、马铃薯全粉制品

对马铃薯的需求主要有三个方面，即食用、工业用和饲用。食用包括鲜食、炸薯条(片)；工业用主要利用马铃薯加工淀粉、乙醇等；饲用则利用马铃薯来加工畜禽饲料。我国马铃薯食品加工起步较晚，市场上多以粉丝、粉条等传统加工品为主。从 20 世纪 80 年代中后期开始，我国从欧美引进了 20 多条炸薯片生产线，结束了我国马铃薯食品加工的空白。近年来马铃薯深加工业得到同家各部门大力支持，得到飞速发展。

作为马铃薯加工的主导产品，马铃薯全粉和淀粉是两种截然不同的制品，其根本区别在于：马铃薯颗粒全粉是以鲜马铃薯经特殊工艺及设备加工而成的颗粒状产品，在加工中没有破坏植物细胞，基本上保持了细胞壁的完整性，虽经干燥脱水，但一经复水即可重新获得马铃薯泥，仍然保持了新鲜马铃薯天然的风味及固有的营养价值；而淀粉则是在破坏了马铃薯的植物细胞后提取出来的，制品不再具有马铃薯的风味和营养价值。

(一)马铃薯全粉制品

马铃薯全粉的应用范围十分广阔，既可作为最终产品，也可作为中间原料制成多种后续产品，多层次提高马铃薯产品的附加值，并可满足人们对食品质量高、品味好、价格便宜、食用方便的要求。

马铃薯全粉加入一定辅料，用热水冲调，可制成美味可口的即食糊；加以辅料进行油炸，可得到油炸甜食；与米渣、蛋白粉或其他辅料按一定比例混合后进行挤压膨化，可制成蛋白质含量较高、营养成分丰富、易消化、易吸收、具有良好口感和色泽的膨化食品。

马铃薯全粉是其他食品加工的基础原料，主要用途表现在两个方面：一是作为添加成分使用，如一些焙烤面食中加 5%左右，可改善产品的品质；在某些食品中添加马铃薯全粉可增加黏度等；把马铃薯全粉掺入面粉制成面包，可以加快酵母的活化速度，增加面团胀发力，改善加工工艺性能，使面包的体积、白度和含水量均有所增加，口感柔软，延长产品的保存期。二是马铃薯全粉可作冲调马铃薯泥、马铃薯脆片等各种风味和各种营养强化食品的原料，可制成各种形状，可添加各种调味料和营养成分，制成各种休闲食品。据国外有关资料报道和近十几年来国内外马铃薯加工情况的调查研究及分析，以马铃薯全粉为原辅料加工的食品可达 100 多种，主要有以下几类。

1) 各色风味的方便薯泥、薯丸和薯饼。

2) 油炸薯条、薯片：将马铃薯全粉加入发酵粉、调味料、乳化利等辅料混合搅拌、成型、进行油炸，可制得复合马铃薯油炸条或薯片。

3) 速冻薯条食品：目前国内只有麦当劳及超市供应的用鲜薯做的速冻马铃薯薯条，但风味不同。

4) 复合薯片：目前国外品牌在国内市场占统治地位，虽有国内品牌薯片入市参与竞争，但原料马铃薯全粉还依赖进口。

5) 各种形状、各色风味的休闲食品：近年来为了提高产品质量和档次，纷纷改用马铃薯全粉作原料，因此对其需求量正迅速增加。

6) 婴儿食品：到目前为止，我国婴儿食品的主要原料是大米米粉。用马铃薯全粉配制婴儿食品有其独特的优点，有待于开发新产品。

7) 鱼饵配料：用马铃薯全粉作鱼饵配料，香味浓郁，上钩快而多。国内著名鱼饵公司都已将全粉列为鱼饵中的基本配料。

8) 焙烘食品(如面包、糕点、饼干等)的添加剂和即食汤料增稠剂。

9) 膨化食品：将马铃薯全粉加入等量的玉米粉，经挤压膨化、加香调味、烘烤干燥可制成多种形状的膨化食品。

10) 早餐食品：有马铃薯早餐粉、速溶马铃薯粉、马铃薯即食粥等。

11) 战略储备物资：由于马铃薯全粉使用方便、保存期长、营养丰富、消化吸收率与其他食物相比为最高，欧美各国都将其作为战略储备物资。

12) 马铃薯全粉湿制品(马铃薯泥、马铃薯糊精、马铃薯饮料)。

马铃薯全粉用途广泛，市场需求量大。目前，国际上很多以马铃薯加工业为主体的大型集团公司每年对全粉需求量非常大。而国内同类企业和各大城市西餐业对全粉的需求量也越来越大。据专家预测，我国休闲食品市场增长量每年达到 20%，近年国内快餐业的迅猛发展，对全粉的需求量还在增加。随着我国马铃薯生产和加工产业技术的进步，全粉加工业将迎来快速发展时期。

(二) 马铃薯全粉制品加工技术

1. 营养薯味早餐奶加工技术　马铃薯全粉和辅料以一定的比例混合充分后进行定量包装，包装所得即成品。马铃薯营养早餐奶加工工艺流程如图 8-9 所示。

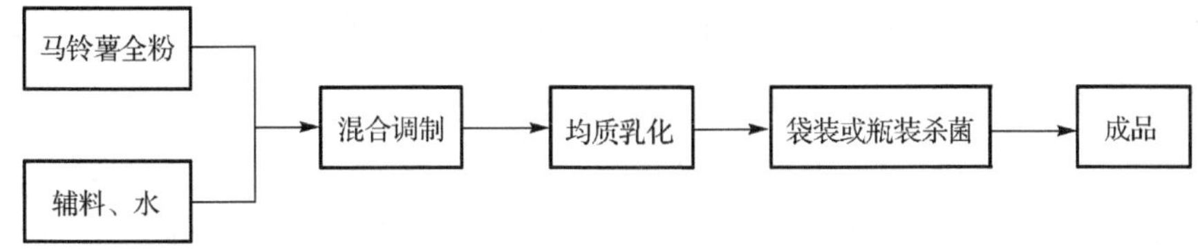

图 8-9　马铃薯营养早餐奶加工工艺流程图

2. 薯类固形饮料和薯泥制品加工技术　马铃薯全粉是新鲜马铃薯的脱水制品，它保持了马铃薯薯肉的色泽、风味，包含了新鲜马铃薯中除薯皮以外的全部干物质。由于加工过程中最大限度地保持了马铃薯细胞颗粒的完好性，复水后的马铃薯全粉呈新鲜马铃薯蒸熟后捣成的泥状，并具有新鲜马铃薯的营养、味道和口感。

马铃薯全粉和辅料以一定的比例混合充分后进行定量无菌包装，包装所得即成品。加工制成固形饮料和薯泥制品加工工艺流程如图 8-10 所示。

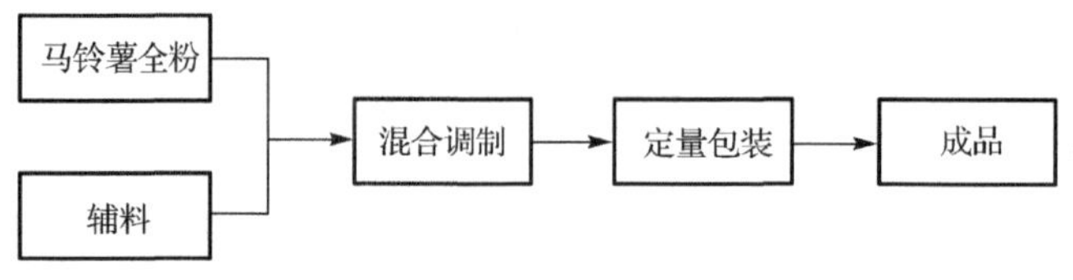

图 8-10　马铃薯固形饮料和薯泥制品加工工艺流程图

四、几种马铃薯制品

(一) 去皮马铃薯的加工

去皮马铃薯是指只加工去皮而不切片的马铃薯。去皮马铃薯因其清洁卫生，使用方便，因而深受消费者的喜爱。但马铃薯去皮后容易变色和腐烂，因此要注意严格遵守操作规程和贮藏环境，以防止变色和腐烂。一般而言，去皮马铃薯在低温下可贮藏 15d 左右。

1．工艺流程　去皮马铃薯加工工艺流程如图 8-11 所示。

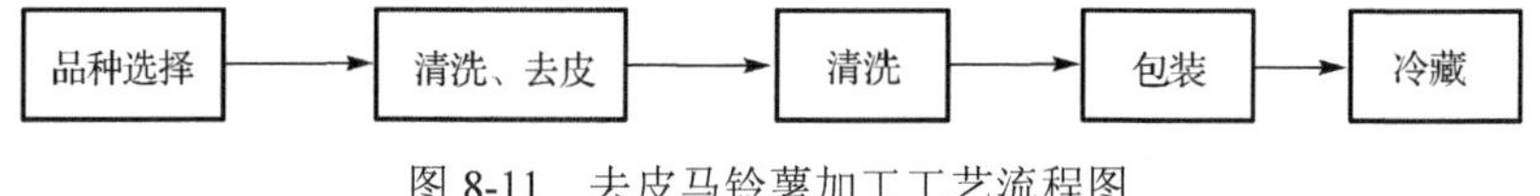

图 8-11　去皮马铃薯加工工艺流程图

2．工艺要点

(1) 品种选择　由于马铃薯去皮后容易变色，引起变色的主要物质是多酚类，因此要选择多酚类物质含量低的品种用于加工。

(2) 清洗、去皮　用清洗机将马铃薯清洗干净，再将马铃薯用砂轮式磨皮机去皮。将去皮后的马铃薯置于清水中，以防止氧化变色。再采用人工方法，将机械去皮后的马铃薯进一步清理，去掉残留的薯皮和芽眼。将清理后的马铃薯置于清水中，以防止与空气接触而氧化变色，同时去掉表面的可溶性物质，防止贮藏过程中变色和发黏。

(3) 清洗　将去皮马铃薯用清水清洗干净，沥干表面水分。

(4) 包装　将去皮马铃薯用托盘盛装，并用塑料薄膜密封。最好是直接用聚乙烯塑料薄膜袋真空密封包装，以延长保质期。

(5) 冷藏　将包装好的去皮马铃薯置于 0～5℃的温度下贮藏。

(二) 鲜马铃薯泥加工技术

根据加工方法不同，可将马铃薯泥分为片状马铃薯泥和颗粒状马铃薯泥。片状马铃薯泥是将马铃薯去皮、蒸熟后，经干燥、粉碎而制成的鳞片状产品。仓用时，可将该产品用 3～4 倍的开水或牛奶冲调。该产品还可用作加工其他食品的配料。颗粒状马铃薯泥是将马铃薯去皮、蒸熟、捣碎后，与回填的干马铃薯颗粒混合，再经干燥、粉碎等工艺而制成的颗粒状产品。该产品比一般片状马铃薯泥具有更好的颗粒性，适合加工成其他食品。

1．工艺流程

(1) 片状马铃薯泥　片状马铃薯泥加工工艺流程如图 8-12 所示。

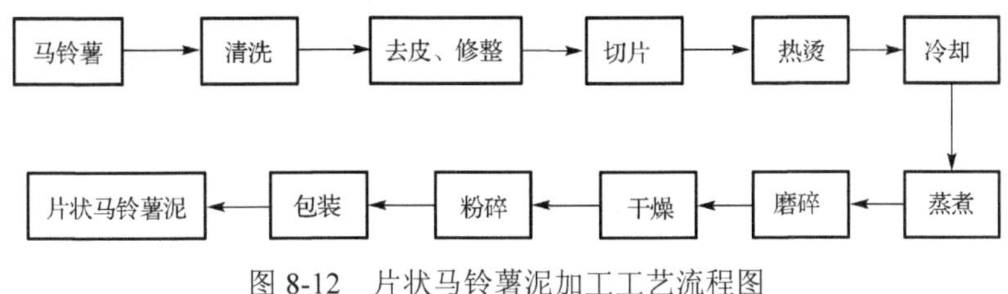

图 8-12　片状马铃薯泥加工工艺流程图

(2) 颗粒状马铃薯泥　颗粒状马铃薯泥加工工艺流程如图 8-13 所示。

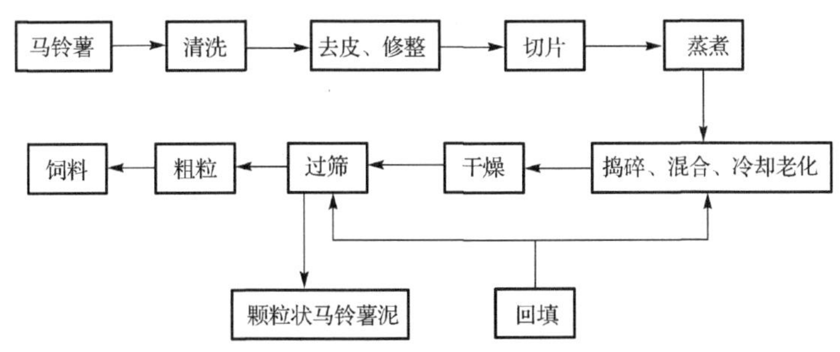

图 8-13　颗粒状马铃薯泥加工工艺流程图

2．操作要点

(1) 片状马铃薯泥

马铃薯：选择新鲜的马铃薯，去掉发芽、腐烂的马铃薯，将变绿的部分去掉。

清洗：将马铃薯用清水浸泡 10min，再将马铃薯送入滚筒式清洗机中清洗干净。

去皮、修整：可用手工去皮、机械去皮或蒸汽去皮。手工去皮宜用不锈钢刀具削皮，否则容易变色。机械去皮一般采用磨皮机。将清洗后的马铃薯送入磨皮机中，磨去表皮。再用手工进行修整，去掉芽眼和变绿的部分。也可用蒸汽对马铃薯加热 15～20min，然后去掉表皮。

切片：用不锈钢切片机将马铃薯切成 1.5mm 左右厚的薄片，以利于预煮和冷却时均匀受热。

热烫：热烫可以破坏马铃薯中酶的活性，抑制产品变色。还可使马铃薯淀粉彻底糊化，冷却后再老化回生，减少薯片复水后的黏性，生产不发黏的马铃薯泥。预煮时，一般将薯片在 71～74℃的热水中加热 20min，也可用蒸汽加热 30min 左右。

冷却：用清水冷却热烫过的马铃薯薯片，除去薯片表面游离的马铃薯淀粉，避免其在后续加热期间发黏或被烤焦，得到黏度适当的马铃薯泥。

蒸煮：将热烫和冷却后的马铃薯薯片在常压条件下用蒸汽蒸煮 30min，使其淀粉充分α化。

磨碎：将蒸煮后的马铃薯立即磨碎，使用的粉碎机一般为螺旋式粉碎机。

干燥：一般采用滚筒干燥机进行干燥，其含水量应控制在 8%以下。

粉碎：将干燥后的产品用锤式粉碎机粉碎成鳞片状马铃薯泥产品。

包装：将粉碎后的产品经过自然冷却后采用聚乙烯塑料薄膜进行包装，防止其吸水潮解。

(2) 颗粒状马铃薯泥

马铃薯的清洗、去皮、修整和切片：方法同片状马铃薯泥加工。

蒸煮：可采用常压热蒸汽加热，一般加热 30～40min。

捣碎、混合、冷却老化：用捣碎机将蒸煮过的马铃薯捣碎，与回填的马铃薯细粒混合均匀。混合操作时要尽量注意避免马铃薯细胞的破碎，保持尽可能多的单细胞颗粒，使成品具有良好的成粒性。回填马铃薯细粒的目的是提高马铃薯泥的成粒性。回填物中应含有一定量的单细胞颗粒，以保证回填物能吸收更多的水分。冷却老化是在一定的低温保温静置，使之成粒性得到改善，含水量降低。有研究表明，湿的物料在 5.8℃静置一定时间，只能产生 20%小于 70 目的产品，而在 3.9℃静置一定时间，则能产生 62%同样的产品。

干燥：可采用热风干燥，将产品的含水量降低到 12%～13%过筛。

过筛：能通过 60～80 目的颗粒可作为产品，需进一步在流化床上进行干燥，直至含水量低于 8%。大于 80 目的颗粒可作为回填物。粒径大的粗粒可作为饲料使用。

(三) 速溶早餐薯粉加工技术

速溶早餐薯粉是指可直接用开水调匀、食用的薯粉。为了其能够速溶，生产中一般先将其膨化。

1. 工艺流程　速溶早餐薯粉加工工艺流程如图 8-14 所示。

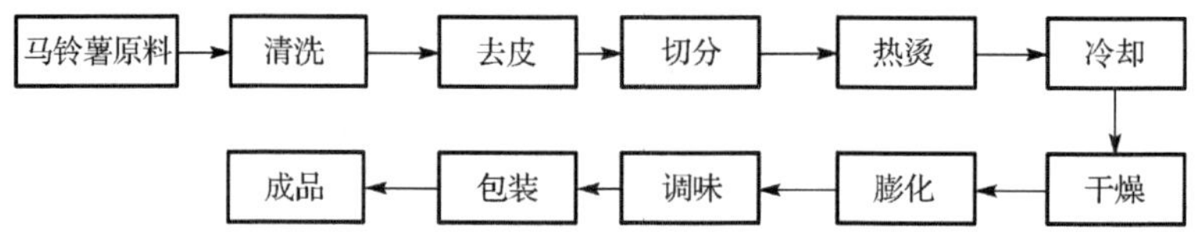

图 8-14　速溶早餐薯粉加工工艺流程图

2. 操作要点

马铃薯原料：选择无病虫害、未变绿、未发芽的新鲜马铃薯。

清洗：将马铃薯置于清洗机中用清水清洗干净。

去皮：将马铃薯用砂轮去皮机去皮。

切分：将清洗干净的马铃薯用切菜机切分成厚薄均匀的片状或大小均匀的丁状。

热烫：将切分好的马铃薯薯片或丁用常压蒸汽热烫 10～20min，使其淀粉糊化。若用热水热烫，会导致部分固形物的损失。

冷却：将热烫好的马铃薯薯片或丁用冷空气冷却至常温。

干燥：将马铃薯薯片或丁在 50～60℃的温度下干燥至含水量降低到 28%～35%时停止干燥。

膨化：采用双螺杆挤压膨化机进行膨化。膨化开始时物料的含水量一般为 30%左右，膨化结束时一般为 6%～7%。

调味：将膨化后的产品趁热拌入调味料。

包装：产品经过自然冷却后，再进行封口包装。食用时既可直接食用，也可用开水溶化后食用。

(四) 非油炸速冻马铃薯加工技术

非油炸速冻马铃薯是指将新鲜马铃薯经过清洗、热烫、冷却以后，不经过油炸而直接速冻保藏的马铃薯产品。该产品不含油脂，在冻藏条件下可长期贮藏，以满足消费者的周年需要。本品既可作为蔬菜加以烹饪，又可作为主食食用，如作为早餐食品时，只需在微波炉中加热几分钟，适当调味就可食用。本品还可作为马铃薯食品的加工原料使用。

1．工艺流程　非油炸速冻马铃薯加工工艺流程如图 8-15 所示。

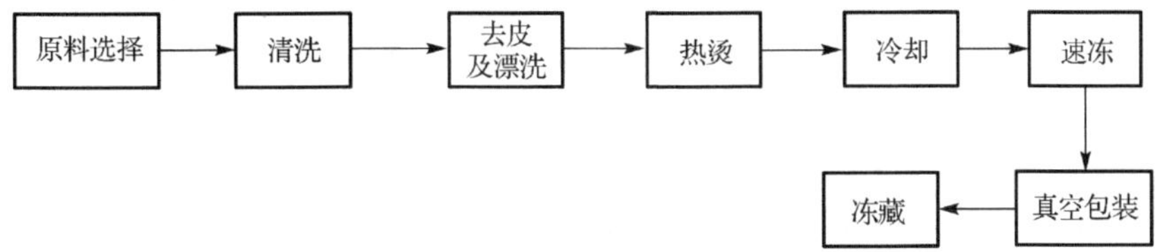

图 8-15　非油炸速冻马铃薯加工工艺流程图

2．操作要点

原料选择：选择无霉烂、无虫眼、无机械伤、无冻伤、没有发芽、没有变色、规格一致、无农药残留和微生物污染、成熟度适当的新鲜马铃薯为原料。

清洗：采用洗薯机或手工进行清洗，先将马铃薯用清水浸泡 10min，再借助水力去除马铃薯表面的泥沙、微生物和残留农药等。

去皮：可采用手工去皮、机械去皮、热力去皮或化学去皮的方法，将马铃薯的皮去除。若遇变绿发芽的马铃薯原料，一定要将变色的部分全部削去，并将芽眼挖除。

漂洗：将去皮后的马铃薯迅速浸入水中，以防止马铃薯与空气接触而变色，同时进行漂洗。

热烫：一般有热水热烫和蒸汽热烫两种。以蒸汽热烫更适合，其干物质损失少。热烫的温度为 85～100℃。热烫的时间随马铃薯块大小的不同而不同。直径大的热烫的时间要长些，热烫的程度以薯块中心刚好烫透为宜。

冷却：一般采用风冷或水冷的方式将热烫后的产品冷却到 0℃左右，以加快速冻时的速率，提高产品的品质。

速冻：将预冷后的产品送入速冻机速冻，速冻的温度为–35～–30℃，以保证冻品的中心温度能在较短的时间(30min)内降至–18℃。

真空包装、冻藏：速冻后的马铃薯成品应尽快进行包装和装箱，以免被微生物污染，包装后的产品应在–18℃或以下进行冻藏。研究表明，影响非油炸速冻马铃薯产品质量的主要因素依次为热烫时间、热烫温度、马铃薯直径和马铃薯品种。

(五)马铃薯罐头

马铃薯营养丰富，被认为是十全十美的食品。将其制成罐头，可以实现周年供应，以满足周年消费的需要。

1．工艺流程　马铃薯罐头加工工艺流程如图 8-16 所示。

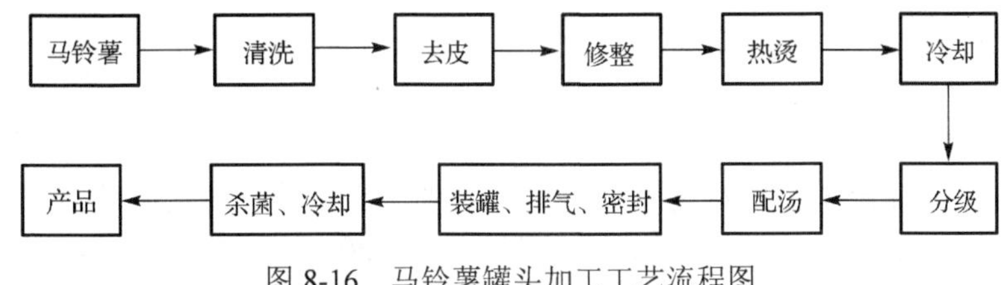

图 8-16　马铃薯罐头加工工艺流程图

2. 操作要点

马铃薯：挑选无病虫害、未发芽和变绿的新鲜马铃薯为原料。

清洗：将马铃薯用清水清洗干净。

去皮：将马铃薯用砂轮去皮机去皮，然后再用清水清洗干净。

修整：用不锈钢刀挖去芽眼和变绿部分，并根据薯块大小将马铃薯切分成 2 块或 4 块。

热烫：将 1 份马铃薯倒入 1 份煮沸的 0.1%的食品添加剂级的柠檬酸溶液中，加热至将薯块煮透为止。

冷却：迅速将薯块用冷却水冷却至常温。

分级：将薯块按大小分级，按颜色分开(分为白色和黄色)，分别装罐。

配汤：配制 2%～2.2%的食盐水，并加入 0.01%维生素 C。

装罐：按空罐大小装入一定量的薯块和盐水，要求盐水完全淹没薯块。罐顶部留有 0.8cm 高的空隙。

排气、密封：用真空封罐机排气、密封。

杀菌、冷却：杀菌温度一般为 121℃，杀菌时间一般为 30min，杀菌完成后反压冷却。

(六)脱水马铃薯丁

脱水马铃薯丁是将马铃薯切成丁后，用热水漂烫使酶失活，然后干燥的产品。马铃薯丁主要用于做汤、沙拉和马铃薯泥。

1. 加工工艺　脱水马铃薯丁加工工艺流程如图 8-17 所示。

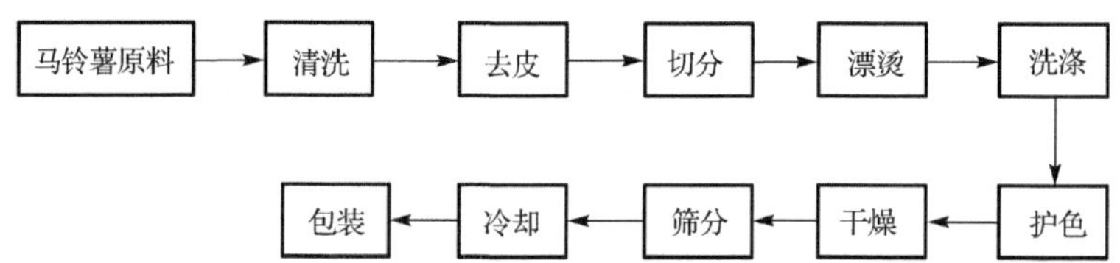

图 8-17　脱水马铃薯丁加工工艺流程图

2. 操作要点

马铃薯原料：选择固形物含量高、还原糖含量低的品种用于加工，其出品率高，变色轻。原料还应当无发芽、腐烂现象。

清洗：用清水洗去马铃薯表皮的泥土、脏物。清洗可用清洗机进行，清洗后尽快加工。

去皮：用砂轮去皮机去皮，去皮后用清水清洗干净。将去皮后的马铃薯放置于清水之中，减少其与空气的接触，防止氧化变色。

切分：用不锈钢切菜机将马铃薯切分成适当大小的小丁。

漂烫：漂烫可用热蒸汽或热水进行。漂烫的温度为 90～100℃。用热蒸汽漂烫时，可溶性固形物损失少。漂烫的时间随薯块大小的不同而不同，一般为 10～20min。薯块越大，漂烫的时间越长。

洗涤：漂烫后立即用冷水漂洗，以除去马铃薯丁表面的胶状物质，防止其在脱水时发生粘连现象。

护色：洗涤后的马铃薯常需要浸泡在一定浓度的亚硫酸盐溶液中，以防止干燥时发生变色现象。但是，亚硫酸盐的浓度不能过大，否则产品中的二氧化硫残留量会超标。《食品安全国家标准　食品添加剂使用标准》(GB 2760—2014)规定，脱水马铃薯产品中的二氧化硫残留量不能超过 0.4g/kg。

干燥：可采用隧道式微波干燥机进行干燥，将含水量降低到10%左右。再用带式热风干燥机进行干燥，使含水量降低到2%～3%。如果直接用微波干燥机将含水量降低到2%～3%，则会由于微波的干燥速度过快，产品被烧焦。因此用微波干燥时，一般需要采用分段干燥法。

筛分：根据产品标准的要求，按丁的大小和颜色进行分级，使同一级别产品的大小和颜色尽可能一致。

冷却：将干燥好的薯丁在常温下自然冷却。

包装：用聚乙烯塑料袋封口包装。将产品装箱后贮藏在阴凉、干燥、卫生的环境中。

(七)膨化马铃薯酥

1. 工艺流程　膨化马铃薯酥加工工艺流程如图8-18所示。

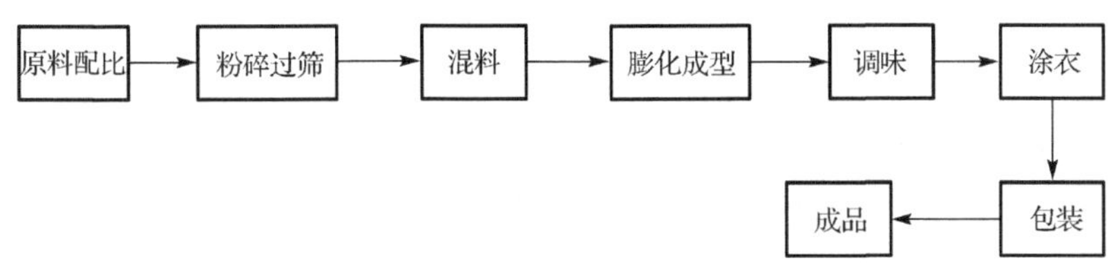

图8-18　膨化马铃薯酥加工工艺流程图

2. 操作要点

原料配比：马铃薯干片10kg，玉米粉10kg，调料若干。

粉碎过筛：将干燥的马铃薯片用粉碎机粉碎，过筛以弃去少量粗糙的马铃薯干粉。

混料：将马铃薯干粉和玉米粉混合均匀，加3%～5%水润湿。

膨化成型：将混合料置于成型膨化机中膨化，以形成条形、方形、圈状、饼状、球形等初成品。

调味、涂衣：膨化后，应及时加调料调成甜味、鲜味、咸味等多种风味，并进行烘烤，则成膨化马铃薯酥。膨化后的产品可涂一定量熔化的白砂糖，滚粘一些芝麻，则成芝麻马铃薯酥。也可涂一定量的可可粉、可可脂、白砂糖的混合熔化物，则可制得巧克力豆酥。

包装：将调味、涂衣后的产品置于食品塑料袋中，密封。

(八)马铃薯虾片

1. 工艺流程　马铃薯虾片加工工艺流程如图8-19所示。

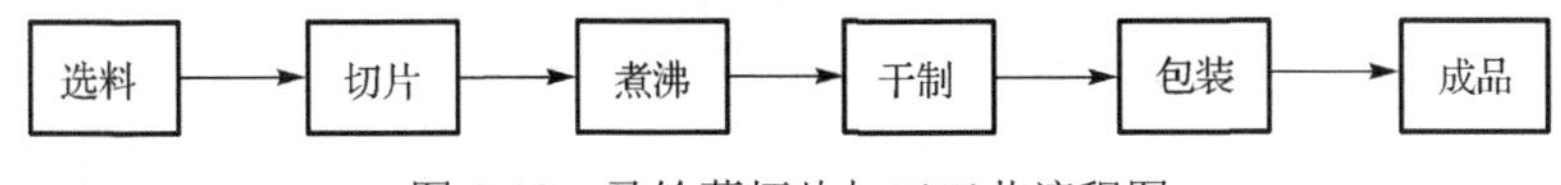

图8-19　马铃薯虾片加工工艺流程图

2. 操作要点

选料：选新鲜无霉烂、无发芽的马铃薯，洗净后去皮。

切片：用钢刀切成2～3mm的小片，洗净其表面的淀粉。

煮沸：将马铃薯薯片置沸水锅中煮至八九成熟，取出冷却。

干制：将马铃薯置太阳下翻晒，大约每隔1h翻1次，以防晒制不匀引起卷曲变形，晒至干透，也可采用烘房干制，烘房温度一般控制在60～80℃。干制后即成马铃薯虾片。

包装：将干制后的产品置于食品塑料袋中，密封。需长期保存的马铃薯虾片，应在干制过程中加少量山梨酸等防腐剂。成品随用随炸，炸时比普通海虾片容易，风味独特。

(九)马铃薯发糕

1．工艺流程　马铃薯发糕加工工艺流程如图 8-20 所示。

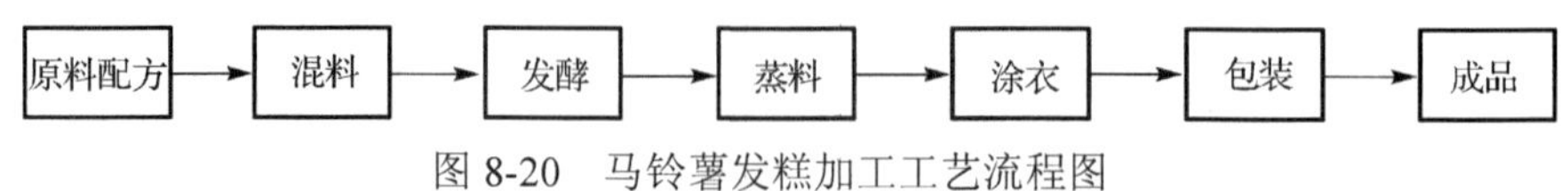

图 8-20　马铃薯发糕加工工艺流程图

2．操作要点

原料配方：马铃薯干粉 20kg、面粉 3kg、苏打 0.75kg、白砂糖 3kg、红糖 1kg、花生米 2kg、芝麻 1kg。

混料：将马铃薯干粉、面粉、苏打、白砂糖加水混合均匀，而后将油炸后的花生米混匀其中。

发酵：在 30～40℃条件下对混合料进行发酵。

蒸料：将发酵后的面团揉好，置于笼屉上，铺平，用旺火蒸熟。

涂衣：将蒸熟后的产品切成各式各样，在其一面上涂一定量熔化的红糖，滚粘一些芝麻，冷却，即成马铃薯发糕。

包装：将产品置于透明塑料盒中或塑料袋中，密封。

(十)橘香豆条

1．工艺流程　橘香豆条加工工艺流程如图 8-21 所示。

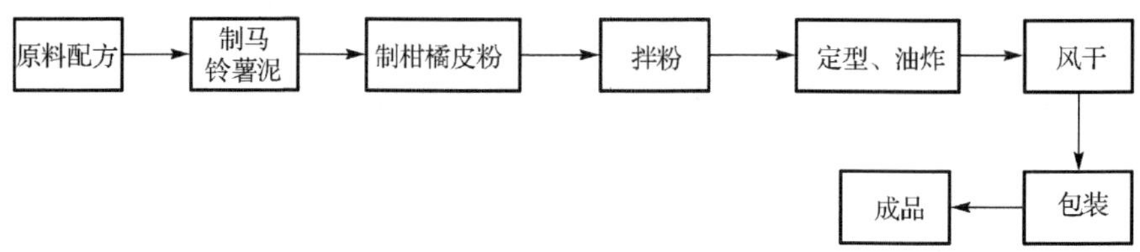

图 8-21　橘香豆条加工工艺流程图

2．操作要点

原料配方：马铃薯 100kg、面粉 11kg、白砂糖 5kg、柑橘皮 4kg、奶粉 1～2kg、发酵粉 0.4～0.5kg、植物油适量。

制马铃薯泥：选无芽、无霉烂、无病虫害的新鲜马铃薯，浸泡约 1h 后用清水洗净其表面泥沙等杂质，然后置蒸锅内蒸熟，取出去皮，粉碎成泥状。

制柑橘皮粉：洗净柑橘皮，用清水煮沸 5min，倒入石灰水中浸泡 2～3h，再用清水反复冲洗干净，切成小粒，放入 5%～10%盐水中浸泡 1～3h，并用清水漂去盐分，晾干，碾成粉状。

拌粉：按配方将各种原料放入和面机中，充分搅拌均匀，静置 5～8min。

定型、油炸：将适量植物油加热，待油温升至 150℃左右时，将拌匀的马铃薯混合料通过压条机压入油中。当泡沫消失、马铃薯薯条呈金黄色即可捞出。

风干、包装：将捞出的马铃薯薯条放在网筛上，置干燥通风处冷却至室温，经密封包装即得成品。

本 章 小 结

本章主要介绍了马铃薯食品加工方面的基础理论知识、马铃薯速冻薯条加工技术、马铃薯全粉加工技术及马铃薯主食化产品的加工技术。通过学习能够使学生对马铃薯深加工有较全面的了解，掌握其关键技术。

本章复习题

1. 马铃薯清洗的方法包括哪些？
2. 马铃薯去皮的方法包括哪些？
3. 为防止马铃薯加工过程中食品的色泽发生变化，可以采用哪些方法？
4. 简述马铃薯速冻薯条加工工艺流程。
5. 马铃薯褐变的原理是什么，如何控制？
6. 马铃薯全粉的优点有哪些？
7. 马铃薯主食化包括哪些产品？

第九章 杂粮食品加工

第一节 玉米食品加工技术

玉米(*Zea mays*)是我国的主要粮食作物之一，由于它具有耐旱、高产的特点，种植地区分布很广，其中以东北、华北地区的播种面积最大。玉米的总产量在我国仅次于稻谷、小麦，名列第三位，它是我国东北、华北、西北等地区人们的主要生活用粮之一。

玉米的种类很多，按籽粒的颜色可分为黄色、白色、黄白色、红黄色 4 种，其中黄色约占 68.8%，白色占 17.2%，黄白色占 12.5%，红黄色占 1.5%；如按籽粒的粒型分，又可分为硬粒型、马齿型、中间型、硬偏马型、马偏硬型 5 种，其中马齿型占 44.1%，硬粒型占 18.9%，马偏硬型占 16.5%，中间型占 11.8%，硬偏马型占 8.7%。区分粒型的依据为：以 100 粒玉米为标准，全部籽粒为硬粒者，定为硬粒型；全部籽粒为马齿型者，定为马齿型；各占一半者，定为中间型；硬粒占 75%左右者，定为硬偏马型；马齿型籽粒占 75%左右者，定为马偏硬型。马齿型玉米籽粒的粒度较大，角质胚乳位于两侧，顶部和中央则为粉质胚乳，顶端凹陷，呈马齿状，粒色多为黄色或白色，籽粒易碎。硬粒型玉米籽粒较小，坚硬，有光泽，顶部圆形，角质胚乳包围整个顶端与两侧，仅籽粒中央才有粉质胚乳，色泽黄白，偶有红色，籽粒破碎困难。对于食品加工所需的品质来说，以玉米中直链和支链淀粉含量的高低，可分为高直链玉米、普通玉米和糯性玉米(高支链淀粉含量)等类型。

一、玉米综合加工

玉米加工工艺，依成品要求不同而加工方法不同，可分为玉米综合加工工艺过程、提胚制糁加工工艺过程和提胚制粉加工工艺过程等。由于综合加工能提高产品的出品率(比单独加工玉米糁出品率提高 15%～20%)，能增加产品的品种，提高了玉米的利用率等，目前的玉米加工都采用玉米综合加工的工艺过程。所谓玉米综合加工，是指同一种玉米原粮，可同时生产玉米糁、玉米粉、玉米胚三种产品。

玉米综合加工的工艺过程一般为：玉米的清理→着水和润粮→脱皮→破糁与脱胚→提糁与提胚→磨粉。

对各工序的工艺效果具体要求如下。

(一)玉米的清理

玉米与其他粮食一样，其中混有各种有机和无机杂质。在玉米制糁、制粉前，必须将这些杂质清理干净，以保证生产过程的正常进行和产品的纯度。清理后的玉米含尘芥杂质不得超过 0.03%，其中砂石不得超过 0.02%。常用的清理设备有振动筛、平面回转筛、比重去石机、立式砂臼碾米机、永磁滚筒或马蹄形磁钢、立式洗麦机等。

(二)玉米的着水和润粮

玉米着水的目的是增加表皮的韧性，减少脱皮过程中表皮的破碎率，有利于脱皮。同时，玉米胚吸水膨胀，质地变韧，在机械力作用下不易破碎，以提高提胚效率。着水量应根据原粮的水分确定，一般掌握加工玉米的含水量为15%～17%。在着水过程中，可喷入蒸汽，叫作润气。润气的目的在于提高着水温度，加速水分向皮层和胚的渗透速度，并控制水分不向胚乳内部渗透。润气与室温有关，如在北方的夏季、秋季，室温在20℃以上(水温在20℃以上)可不必润气；如在冬末春初，水温低，玉米的吸水能力差，则需润气，使水温增至40～50℃，加速着水的速度。润粮的目的是使水分均匀地渗透玉米的皮层和胚。玉米润粮时间的长短，要根据原粮工艺品质确定。例如，玉米角质率在80%以上，润粮时间为10min左右；角质率在80%以下，润粮时间可为5～8min。着水和润粮的设备，一般可采用水龙头或水杯着水机，通过螺旋输送机搅拌，并在螺旋输送机的进口处设蒸气管，向机内玉米喷气。经着水喷气后的玉米进入润粮仓润粮。

(三)玉米的脱皮

玉米的脱皮分干法和湿法两种。干法脱皮是指我国北方地区冬季原粮水分较高、可不经着水直接脱皮的加工方法。湿法脱皮是指着水、润粮后的脱皮方法。脱皮的机械设备，通常采用砂辊碾米机，但在技术数据上要与之相适应。例如，三节砂辊碾米机用于脱皮，则碾白室间隙要放大，筛孔要放大到1.5mm×12mm，转速要加快，进出口要放大，米刀要增加。例如，采用330立式砂臼碾米机脱皮，则碾米机出口要大，碾白室间隙可增至20mm，一般最少需采用三机串联脱皮。

玉米脱皮时，既要求脱皮效率高，又要求尽量减少碎粒。所以，在操作时，如果用于干法脱皮，应掌握前道米机的脱皮率为8%～10%(脱皮1/2的整粒和半破粒)，后道米机应达到40%以上；中、小碎粒不超过12%；如果用湿法脱皮时，前道米机的脱皮率可达15%～20%，后道米机可达55%以上；中、小碎粒均不超过12%。

(四)玉米的破糁与脱胚

玉米破糁与脱胚的目的是将脱皮后的玉米破碎加工成大、中、小玉米糁，同时使玉米胚脱落。因此，对破糁与脱胚工序的要求是：①破碎后的玉米糁最好能接近正方形，并破碎成4～6瓣，不需再经过整形精制；②破碎率一般要达到60%～70%，减少回流的整粒和接近整粒的大碎粒；③脱胚效率要高，一般应在80%以上，尽量保持胚的完整，不受损伤；④破碎中要尽量减少玉米粉的数量。目前用于破糁与脱胚的设备有磨粉机、横式砂铁辊碾机、粉碎机等。

(五)玉米的提糁与提胚

经破碎后的物料大体可分为整粒、大碎粒、大糁、中糁、小糁、玉米粉、玉米皮、玉米胚8大类。提糁、提胚的目的在于将糁、胚、皮三种物料分离，同时根据糁的类型进行分级，并保证糁的纯度及提高提胚的效率。糁、胚、皮三种物料的分离，要根据物料的粒度大小、相对密度和悬浮速度方面的差异，选用适当的设备，以达到分离的目的。一般用筛理的方法根据物料粒度的大小进行分级，并将胚集中到某一种分级物料中，然后再提胚。通常90%以上的胚，集中在5孔/英寸①的筛下物和7孔/英寸的筛上物中(大糁中)。糁中提胚，可借助它们在悬浮速度、相对密度等方面的差异加以分离。一般情况下，胚的悬浮

① 1英寸=2.54cm

速度为 7～8m/s；糁的悬浮速度为 11～14m/s；皮的悬浮速度为 2～4m/s。用于提糁、提胚的设备有振动筛、圆筛、平筛、高方筛、吸风分离器、重力分离机等。图 9-1 是用于提糁、提胚的筛，有平筛或高方筛，可同时进行糁的分级。从平筛内分出的粉粒中，还可分出小糁粒和玉米粉，小糁粒一般用于磨粉。其分出的玉米粉根据质量，可作为成品玉米粉，也可作为饲料粉处理。图 9-2 所示吸风分离器除用于粉、皮的分离，也用于糁、胚的分离，只是需要选择适当的吸口风速，即大于胚的悬浮速度，小于糁的悬浮速度。常用吸风分离器提糁、提胚的工艺流程如图 9-3 所示。

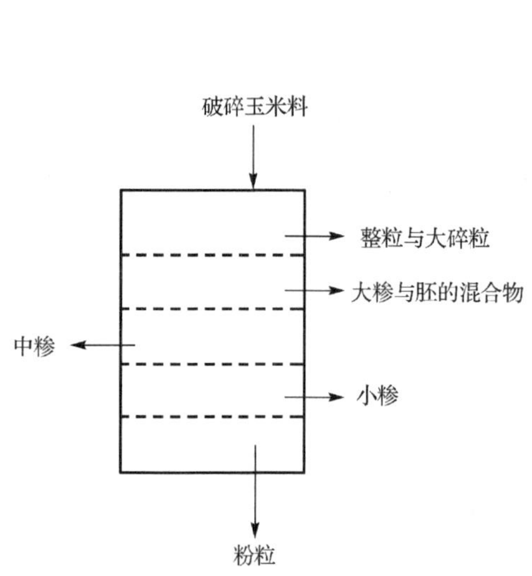

图 9-1　提糁分级筛

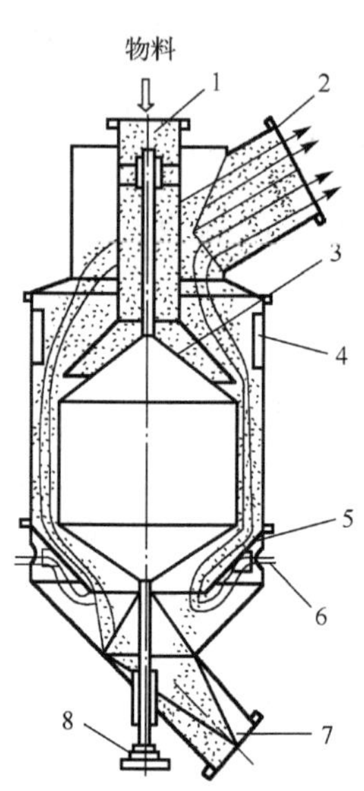

图 9-2　圆柱形吸风分离器示意图

1. 进料口；2. 出风口；3. 圆锥分配器；4. 观察窗；5. 阀门；6. 出气口；7. 出料口；8. 底座

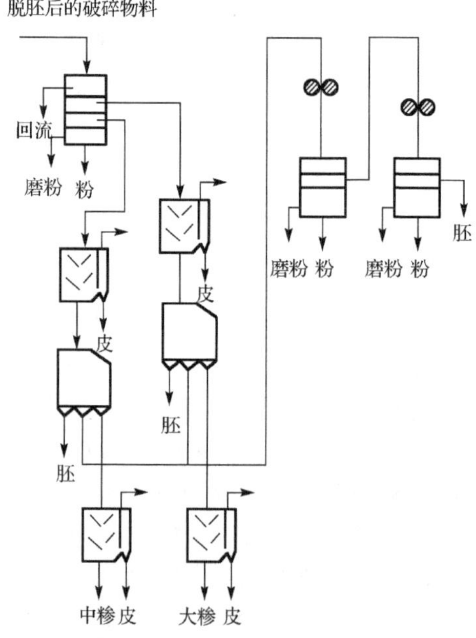

图 9-3　常用吸风分离器提糁、提胚的工艺流程图

(六)玉米综合加工工艺

图 9-4 为日加工 100t 玉米的综合加工工艺流程。加工的原粮以硬粒型玉米为主，提取的大、中、小糁占原粮的 35%左右，提取的胚占原粮的 10%左右(纯度在 80%以上)，提取的粗粉占原粮的 40%左右，提取的玉米粉(或饲料)占原粮的 12%左右，其他为下脚料，约占原粮的 3%。清理部分，采用了“二筛—去石—磁选”的工艺流程。着水、润粮采用了水、气和螺旋输送机。因原粮为角质率较高的硬粒型玉米，故润粮时间应以 10～15min 为宜。脱皮流程中未进行分级，脱皮过程中的粉粒可作为饲料或用作膳食纤维食品的原料。经过清理、脱皮后的物料，进入破糁脱胚流程，可采用制粉设备中的挑担式平筛或高方筛进行产品分级。分级后，5W 筛孔的筛上物经吸风去皮后回流到粉碎机重新破糁、脱胚。5～7W 筛孔间的物料和 7～10W 筛孔间的物料，分别经吸风分离器吸去皮后进入两台重力分级机，进行提糁和选胚。重力分级机的糁胚混合物料进入头道磨压胚。磨粉采用四道磨粉机，磨辊总接触长度 400cm，筛理面积为 21.6m²，一道、二道提胚，并在打包前经吸风分离器分离出胚乳粒，以提高胚的纯度。小糁在头道平筛筛出后，经吸风分离器分出玉米皮后打包。经四道磨后的物料，因提糁率较高，为保证玉米粉的质量，可提取一定数量的粉料(可作饲料原料)。一道、二道磨采用的速比为 1.5∶1，排列方式为钝对钝和钝对锋，可加强物料的挤压力，减小切削力，以减少胚在磨压中的破碎。在头道磨后提小糁，经过吸风分离器吸去皮后即打包。

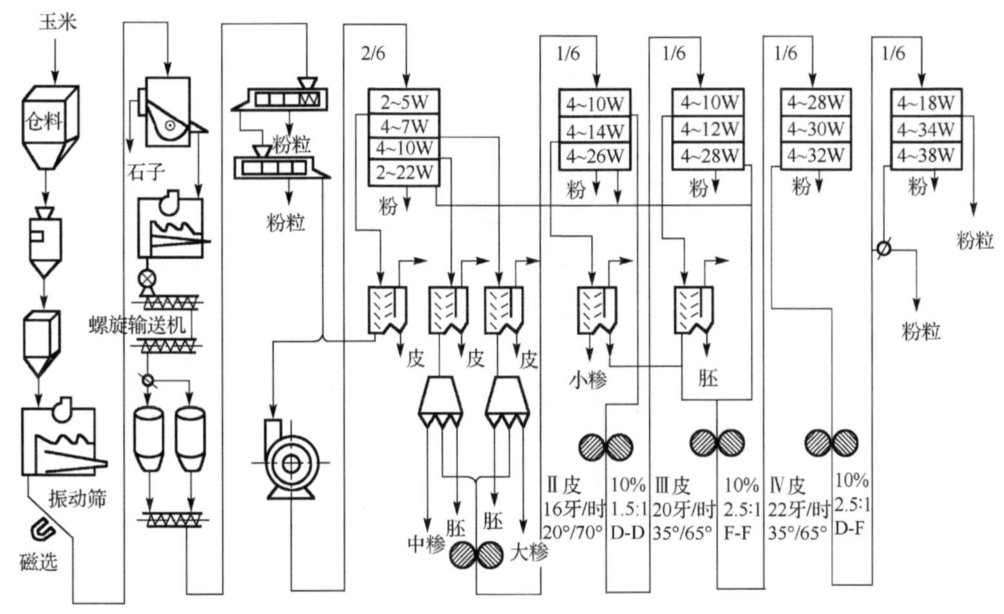

图 9-4　日加工 100t 玉米的综合加工工艺流程图

在综合加工过程中，玉米经提取糁和部分胚后，其余的物料则需制成玉米粉，并在制粉的同时进一步提胚。目前用于制取玉米粉和进一步提胚的设备有磨粉机和平筛。一般采用四道磨粉机，流程有两种：一种为一道、二道提胚，三道、四道磨粉；另一种为四道磨粉提胚。如需提取小糁时，一般在一道、二道磨粉时提取。

二、玉米淀粉的提取

(一)工艺流程

玉米淀粉生产主要包括 3 个阶段：玉米清理、玉米湿磨分离和淀粉的脱水干燥。如果与淀粉的水解或变性处理工序连接起来，可考虑用湿磨的淀粉乳直接进行糖化或变性处理，省去脱水干燥的步骤。图 9-5 为湿法玉米淀粉生产工艺流程，主要分为 4 个部分：玉米的清理去杂、玉米的湿磨分离、淀粉的脱水干燥和副产品的回收利用。其中玉米的湿磨分离是工艺的主要部分。

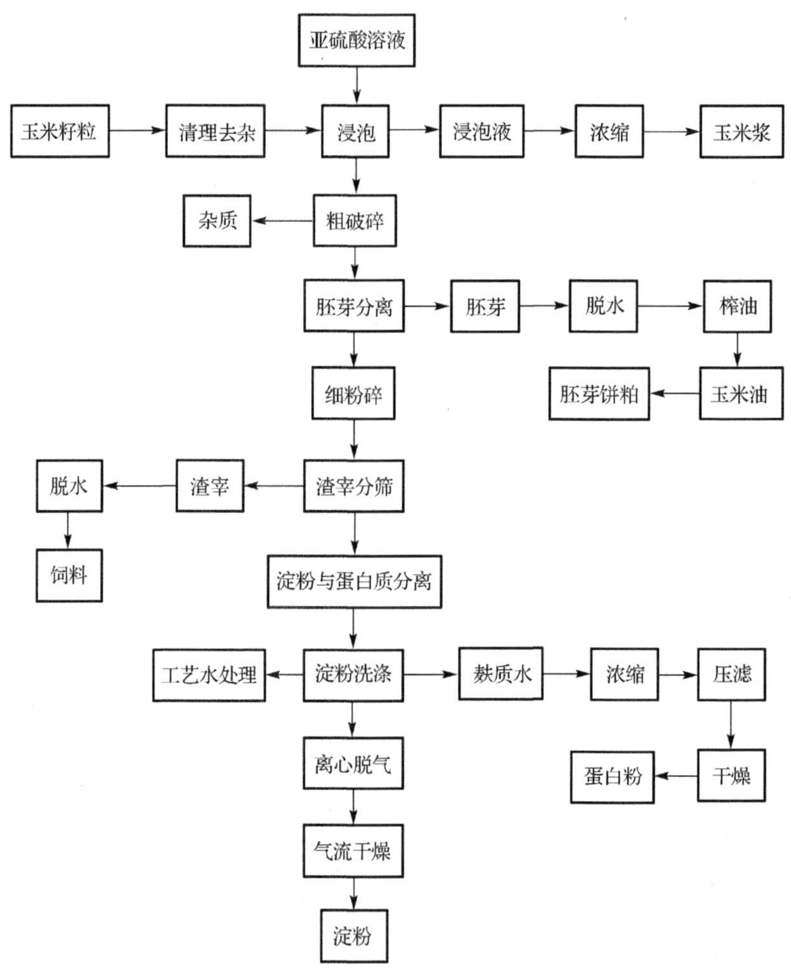

图 9-5　湿法玉米淀粉生产工艺流程图

(二)工艺操作要点

1. 原料选择、清理及输送

(1)原料选择　马齿型和半马齿型黄玉米是主要的淀粉原料，糯玉米和高直链淀粉玉米是特种淀粉的加工原料。选择充分成熟、籽粒饱满的玉米，是保证玉米淀粉得率的基础。含水量过高，籽粒容易变质；加工未成熟的和过干的玉米籽粒时，不仅影响得率，而且技术指标难控；发芽率过低或经热风干燥过的玉米籽粒，其淀粉老化程度高，蛋白质成为硬性凝胶不易与淀粉分离，影响淀粉的得率和质量。

(2) *清理*　玉米在收获、脱粒及运输、储藏的过程中，不可避免地要混进各种杂质，如穗轴碎块、土块、石子、其他植物种子及瘦瘪、霉变的籽粒，还有昆虫粪便、虫尸及金属杂质等，籽粒表面还附有灰尘及附着物。这些杂质在浸泡前必须清理干净，否则会增加淀粉中的灰分，降低淀粉的质量，而且石子、金属杂质会严重损坏机器设备。玉米的清理主要用风选、筛选、密度去石、磁选等方法除杂，其原理与小麦、水稻的清理相同。

(3) *输送*　清理后的玉米一般采用循环水力输送至浸泡罐进行浸泡，即水通过提升机把玉米送至罐顶上的淌筛后与玉米分离再流回开始输送的地方，重新输送玉米，循环使用。输送过程也起到了清洗玉米表面灰尘的作用。在输送过程中，注意定时排掉含有泥沙的污水，补充新水，保证进罐玉米的洁净。

2．湿磨分离　从玉米的浸泡到玉米淀粉的洗涤整个过程都属于玉米湿磨分离阶段，在这个阶段中，玉米籽粒的各个部分及化学组成实现了分离，得到湿淀粉浆液及浸泡液、胚芽、麸质水、湿渣滓等。

玉米的浸泡是湿磨的第一个环节。浸泡的效果如何，会影响到后面的各个工序，以至影响到淀粉的得率和质量。

(1) *玉米浸泡机理和作用*　一般情况下，将玉米籽粒浸泡在浓度为0.2%～0.3%的亚硫酸溶液中，在48～55℃的温度下，保持60～72h，即完成浸泡操作。

在浸泡过程中亚硫酸溶液可以通过玉米籽粒的基部及表皮进入籽粒内部，使包围在淀粉粒外面的蛋白质分子解聚，角质型胚乳中的蛋白质失去自己的结晶型结构，亚硫酸盐离子与玉米蛋白质的二硫键起反应，从而降低蛋白质的分子质量，增强其水溶性和亲水性，使淀粉颗粒容易从包围在外围的蛋白质间质中释放出来。

亚硫酸作用于皮层，增加其透性，可加速籽粒中可溶性物质向浸泡液中渗透。亚硫酸可钝化胚芽，使之在浸泡过程中不萌发。因为胚芽的萌发会使淀粉酶活化，使淀粉水解，对淀粉提取不利。亚硫酸具有防腐作用，它能抑制霉菌、腐败菌及其他杂菌的生命活力，从而抑制玉米在浸泡过程中发酵。亚硫酸可在一定程度上引起乳酸发酵形成乳酸，一定含量的乳酸有利于玉米的浸泡作用。

经过浸泡可降低玉米籽粒的机械强度，有利于粗破碎使胚乳与胚芽分离。浸泡过程可浸提出玉米籽粒中部分可溶性物质，浸泡前后的玉米完成部分可溶性物质的分离。经过浸泡，玉米中7%～10%的干物质转移到浸泡水中，其中无机盐类可转移70%左右；可溶性碳水化合物可转移42%左右；可溶性蛋白质可转移16%左右。淀粉、脂肪、纤维素、戊聚糖的绝对量基本不变。转移到浸泡水中的干物质有一半是从胚芽中浸出去的。浸泡好的玉米含水量应达到40%以上。

(2) *浸泡方法*　科学浸泡，适宜的工艺条件，能达到所要求的浸泡效果。

一般来说，浸泡水中的 SO_2 含量应控制在0.2%～0.3%。含量过低达不到预期的浸泡效果，浓度过高又易产生毒害及腐蚀作用。浸泡温度应控制在48～55℃，因为温度低，浸泡时间要延长，温度高于55℃，淀粉会发生糊化，蛋白质会发生变性而失去亲水性，不易分离。浸泡时间随玉米品种及质量的不同而不同，通常优质新鲜玉米的浸泡时间为

48～50h，未成熟和过于干燥的玉米浸泡时间要延长到 55～60h。高水分的玉米浸泡时间可短些，储藏期长的玉米浸泡时间要长些。目前，世界各国正在致力于在保证浸泡效果的同时，降低浸泡水中 SO_2的含量，缩短浸泡时间的研究。

玉米浸泡的工艺有三种，即静止浸泡法、逆流浸泡法和连续浸泡法。静止浸泡法是在独立的浸泡罐中完成浸泡过程，玉米的可溶性物质浸出少，达不到要求，现已被淘汰。逆流浸泡法是国际上通用的方法，该工艺是将多个浸泡罐通过管路串联起来，组成浸泡罐组。各个罐的装料、卸料时间依次排开，使每个罐的玉米浸泡时间都不相同。在这种情况下，通过泵的作用，使浸泡液沿着装玉米相反的方向流动，使最新装罐的玉米用已经浸泡过玉米的浸泡液浸泡，而浸泡过较长时间的玉米再注入新的亚硫酸溶液，从而增加浸泡液与玉米籽粒中可溶性成分的浓度差，提高浸泡效率。连续浸泡法是从串联罐组的一个方向装入玉米，通过升液器装置使玉米从一个罐向另一个罐转移，而浸泡液则逆着玉米转移的方向流动。其工艺效果很好，但工艺操作难度比较大。

(3) *亚硫酸溶液的制备*　通过硫黄燃烧炉，使硫黄燃烧产生的 SO_2气体与吸收塔喷淋的水流结合发生反应形成亚硫酸溶液，经浓度调整后，进入浸泡罐。

3．玉米的粗破碎与胚芽分离

(1) *胚芽分离的工艺原理*　玉米的浸泡为胚芽分离提供了条件，因为经浸泡、软化的玉米容易破碎，胚芽吸水后仍保持很强的韧性，只有将籽粒破碎，胚芽才能暴露出来，并与胚乳分离。所以玉米的粗破碎是胚芽分离的条件，而粗破碎过程保持胚芽完整，是浸泡的结果。破碎后的浆料中，胚乳碎块与胚芽的密度不同，胚芽的相对密度小于胚乳碎粒，在一定浓度的浆液中处于漂浮状态，而胚乳碎粒则下沉，可利用旋液分离器进行分离。

(2) *玉米的粗破碎*　粗破碎就是利用齿磨将浸泡的玉米破成要求大小的碎粒。一般经过两次粗破碎，第一次破碎可将玉米破成 4～6 瓣，经第一次胚芽分离后，再进一步破碎成 8～12 瓣，将其中的胚芽再次分离。进入破碎机的物料，固液之比应为 1∶3，以保证满足破碎要求，如果含液相过多，通过破碎机速度快，达不到破碎效果；如果固相过多，会由于稠度过大而过度破碎，使胚芽受到破坏。

(3) *胚芽的分离*　从破碎的玉米浆料中分离胚芽通用的设备是旋液分离器。水和破碎玉米的混合物在一定的压力下经进料管进入旋液分离器。破碎玉米较重的颗粒浆料做旋转运动，并在离心力的作用下抛向设备内壁，沿着内壁移向底部出口喷嘴。胚芽和玉米皮壳密度小，被集中于设备的中心部位经过顶部喷嘴排出旋液分离器。

在分离阶段，进入旋液分离器的浆料中淀粉乳浓度很重要，第一次分离应保持 11%～13%，第二次分离应保持 13%～15%。粗破碎及胚芽分离过程中，大约有 25%的淀粉破碎形成淀粉乳，经筛分后与细磨碎的淀粉乳汇合。分离出来的胚芽经漂洗，进入副产品处理工序。

4．浆料的细粉碎　经过破碎和分离胚芽后，由淀粉粒、麸质、皮层和含有大量淀粉的胚乳碎粒等组成破碎浆料。在浆料中大部分淀粉与蛋白质、纤维素等仍是结合状态，要经过离心式冲击磨进行精细磨碎。这步操作的主要工艺任务是最大限度地释放出与蛋白质和纤维素相结合的淀粉，为以后这些组分的分离创造良好条件。

磨碎机的主要工作机构是两个带有冲击部件（凸器）的转子，这些凸齿都分布在同心的圆周上，随着由中心向边缘的冲击，每后面一排的各冲击磨齿之间的间距逐渐缩小，以防没有经过凸齿捣碎的胚乳通过。物料进入冲击磨，玉米碎粒经过强力的冲击，使玉米淀粉释放出来，而这种冲击作用可以使玉米皮层及纤维质部分保持相对完整，减少细渣的形成。

为了达到磨碎效果，要遵守下列工艺规程，进入磨碎的浆料应具有30～35℃的温度，稠度120～220g/L。用符合标准的冲击磨，可经一次磨碎，达到所要求的磨碎效果。其他各种磨碎机，经一次研磨往往达不到磨碎效果，要经过多次研磨。

5．纤维分离　细磨浆料中以皮层为主的纤维成分通过曲筛逆流筛洗工艺从淀粉和蛋白质乳液中被分离出去。曲筛又叫120°压力曲筛，筛面呈圆弧形，筛孔直径为50μm，浆料冲击到筛面上的压力要达到2.1～2.8kg/cm²，筛面宽度为61cm，由6或7个曲筛组成筛洗流程。细磨后的浆料首先进入第一道曲筛，通过筛面的淀粉与蛋白质混合的乳液进入下一道工序；筛出的皮渣还裹带部分淀粉，要经稀释后进入第二道曲筛，而稀释皮渣的正是第二道曲筛的筛下物，第二道曲筛的筛上物再经稀释后送入第三道曲筛，稀释第二道曲筛筛出的皮渣用的又是第三道曲筛的筛下物，以此类推。最后一道筛的筛上物皮渣则引入清水洗涤，洗涤水依次逆流，通过各道曲筛。最后一道曲筛的筛上物皮渣纤维被洗涤干净，淀粉及蛋白质最大限度地被分离进入下一道工序。曲筛逆流筛洗流程的优点是淀粉与蛋白质能最大限度地分离回收，同时节省大量的洗涤水。分离出来的纤维经挤压干燥可作为饲料。

6．麸质分离　通过曲筛逆流筛洗流程，第一道曲筛的乳液中的干物质是淀粉、蛋白质和少量可溶性成分的混合物，干物质中有5%～6%的蛋白质，经过浸泡过程中SO_2的作用，蛋白质与淀粉已基本游离开，利用离心机可以使淀粉与蛋白质分离。在分离过程中，淀粉乳的pH应调节到3.8～4.2，稠度应调节到0.9～2.6g/L，温度为49～54℃，最高不超过57℃。

离心机分离的原理是蛋白质的相对密度小于淀粉，在离心力作用下形成清液与淀粉分离，麸质水和淀粉乳分别从离心机的溢流和底流喷嘴中排出。一次分离不彻底，还可将第一次分离的底流再经另一台离心机分离。分离出来的麸质(蛋白质)浆液，经浓缩干燥制成蛋白质粉。

7．淀粉的清洗　分离出蛋白质的淀粉悬浮液的干物质含量为33%～35%，其中还含有0.2%～0.3%的可溶性物质，这部分可溶性物质的存在，对淀粉质量有影响，特别是对于加工糖浆或葡萄糖来说，可溶性物质含量高，对工艺过程不利，严重影响糖浆和葡萄糖的产品质量。

为了排除可溶性物质，降低淀粉悬浮液的酸度和提高悬浮液的浓度，可利用真空过滤器或螺旋离心机进行洗涤，也可采用多级旋流分离器进行逆流清洗，清洗时水温应控制在49～52℃。

经过上述6道工序，完成了玉米的湿磨分离的过程，分离出了各种副产品，得到了纯净的淀粉乳悬浮液。如果连续生产淀粉糖等进一步转化的产品，可以在淀粉悬浮液的基础上进一步转入糖化等下道工序，而要想获得商品淀粉，则必须进行脱水干燥。

8．淀粉的脱水干燥　湿淀粉不耐储存，特别是在高温条件下会迅速变质。从上述湿法工艺流程中分离得到含量为36%～38%的淀粉乳要立即输送至干燥车间。淀粉脱水要相继用两种方法：机械脱水和加热干燥。

(1)机械脱水　机械脱水对于含水量在60%以上的悬浮液来说是比较经济和实用的方

法，脱水效率是加热干燥的 3 倍。因此，要尽可能地用机械方法从淀粉乳中排除更多的水分。玉米淀粉乳的机械脱水一般选用离心过滤机。自动的卧式离心过滤机是间歇操作的机械，在完成间歇操作时没有停顿。装料、离心分离及卸除淀粉可以连续进行。过滤筛网一般选用 120 目金属网，筛网借助金属板条和环固定在转子里。

淀粉的机械脱水虽然效率高，但达不到淀粉干燥的最终目的，离心过滤机只能使淀粉含水量达到 34%左右。真空过滤机脱水只能达到 40%～42%的含水量。而商品淀粉要干燥到 12%～14%的含水量，必须在机械脱水的基础上进一步采用加热干燥法。

(2) 加热干燥　淀粉在经过机械脱水后，还含有 34%～42%的水分，这些水分均匀地分布在淀粉各部分之中。为了蒸发出淀粉中的水分，必须供给对于提高淀粉颗粒内水分的温度所需要的热。

要迅速干燥淀粉，同时又要保证淀粉在加热时保持其天然淀粉的性质不变，主要采用气流干燥法。

气流干燥法是松散的湿淀粉与经过清净的热空气混合，在运动的过程中使淀粉迅速脱水的过程。经过净化的空气一般被加热至 120～140℃作为热的载体，这是利用了空气从被干燥的淀粉中吸收水分的能力。在淀粉干燥的过程中，热空气与被干燥介质之间进行热交换，即淀粉及所含的水分被加热，热空气被冷却；淀粉粒表面的水分由于从空气中得到的热量而蒸发，这时淀粉的水分下降；水分由淀粉粒中心向表面转移。空气的温度降低，淀粉被加热，淀粉中的水分蒸发出来。采用气流干燥法，由于湿淀粉粒在热空气中呈悬浮状态，受热时间短，仅 3～5s，而且 120～140℃的热空气温度被淀粉中的水分汽化所降低。所以淀粉既能迅速脱水，同时又保证了其天然性质不变。

淀粉干燥按下列顺序操作：离心脱水机卸出的湿淀粉进入供料器，再由螺旋输送器按所需数量送入疏松器。在输送器内进入淀粉的同时，送入热空气，这种热空气是预先经过净化，并在加热器内加热至 140℃。由于风机在干燥机的空气管路中造成真空状态，使空气进入疏松器。疏松器的旋转转子把进入的淀粉再粉碎成极小的粒子，使其与空气强烈搅和。形成的淀粉空气混合物在真空状态下在干燥器的管线中移动，经干燥管进入旋风分离器，淀粉在这样的运动过程中变干。在旋风分离器中混合物分为干淀粉和废气。旋风分离器中沉降的淀粉沿着器壁慢慢掉下来，并经由螺旋输送器排至筛分设备，从而得到含水量为 12%～14%的纯净、粉末状淀粉，即为可以打包的成品。

第二节　高粱食品加工技术

高粱[*Sorghum bicolor* (L.) Moench]又称红粮、蜀黍，古称蜀秫，是世界上重要的禾谷类作物之一，主要分布在非洲、亚洲、美洲的热带干旱和半干旱地区，温带和寒带地区也有种植。从世界范围看，它仅次于小麦、水稻、玉米、大麦，种植面积和产量居第五位。我国高粱主要分布在辽宁、吉林、黑龙江、内蒙古、山西和河北等省(自治区)。高粱有粳性和糯性两种，按粒质分为硬质和软质。籽粒色泽有黄色、红色、黑色、白色或灰白色、淡褐色 5 种。

一、高粱粉磨制

高粱深加工产品的原料多数为高粱磨制成的粉，高粱粉磨制是高粱产品开发的关键。

高粱粉加工可分为精粉加工和全粉加工。由于高粱的皮层与胚乳的连接类似糙米皮层与胚乳的关系。因此，高粱粉的加工，可采用稻谷清理的工艺，先将高粱去杂清理，然后脱壳碾成精米，其工艺如图 9-6 所示。

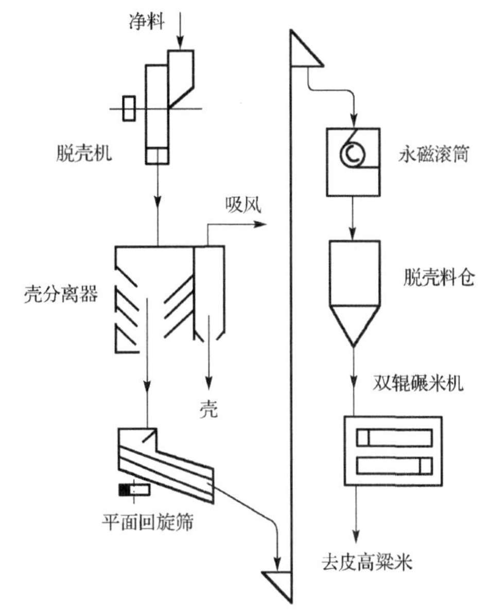

图 9-6　净高粱脱壳碾米工艺流程示意图

高粱磨制成的粉可分为精粉和全粉。精粉所加工的产品口感好，可将去壳高粱先根据产品的要求碾成不同精度的高粱米，再将高粱米按麦心制粉的工艺磨制成不同要求的高粱粉，也可采用玉米淀粉制备的湿法工艺先水磨，经喷雾干燥制粉。由于高粱皮层含有很多维生素、矿物质等成分，为了保持高粱粉的营养价值，可将脱壳后的高粱经图 9-7 所示工艺磨粉，同时还可以提胚和不同等级的粉。

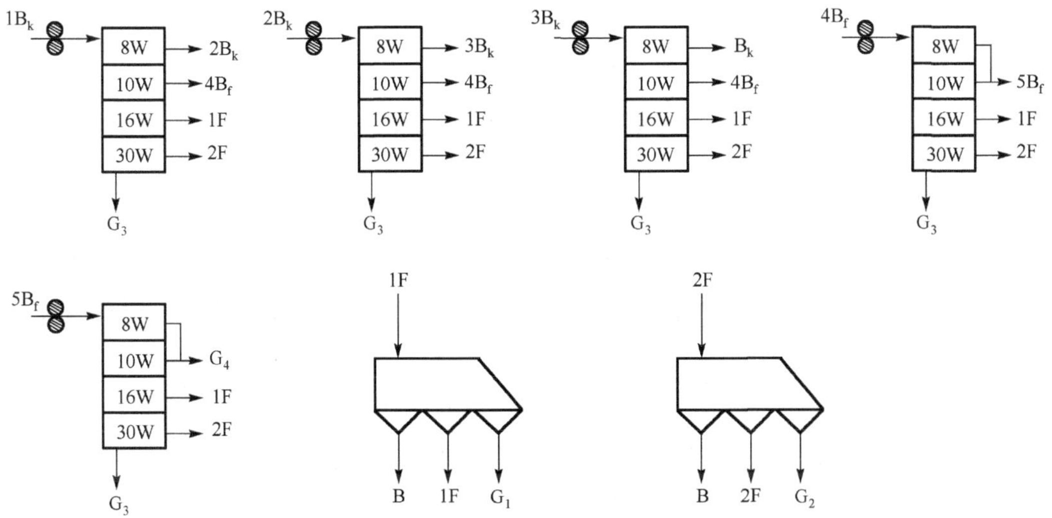

图 9-7　干法提胚制渣工艺流程示意图

W. 筛网型号；B_k、B_f. 皮磨系统；B. 皮；F. 粉；G. 胚

二、高粱产品的开发

在很长一段时间内，我国高粱在东北、黄河流域等地区曾被作为主食，随着人们对营养、健康的重新认识，杂粮主食化逐渐兴起。高粱可开发的产品主要有以下几种。

(一) 酒

以高粱为主料制作的白酒包括酱香型和浓香型等类型，在我国具有悠久的历史。在 20 世纪 80 年代末，我国在传统大麦啤酒工艺的基础上，用高粱作为主要原料，酿制出特殊浑浊型高粱啤酒，发酵后的酵母菌仍存在于啤酒中，这也是非洲人的传统饮料。

（二）糖

甜高粱茎秆中含10%～14%的蔗糖、3%～5%的还原糖、0.5%～0.7%的淀粉。可采用压榨法出汁取糖，但得率低，国内外一般采用熬制法，通过浓缩结晶制糖。

（三）高粱色素

高粱籽粒、颖壳、茎秆等部位含有各种色素，目前多用高粱壳提取高粱红，已证明其属于异黄酮类，无毒、无特殊气味、色泽好，可用于食品工业和化妆品业。

除上述高粱产品外，风味高粱食品的种类很多，如饸饹、面条和面片、窝头、饺子、烙食、发饼、酥饼、点心、蛋糕及蒸、炒制品和膨化制品等。

第三节　小米食品加工技术

小米又称谷子[*Setaria italica* (L.) Beauv.]，别名粟米(millet)、稞子、秫子、黏米、白粱粟、粟谷，是一年生草本植物，属禾本科，我国北方通称谷子，去壳后叫小米，它性喜温暖，适应性强。其起源于我国黄河流域，在我国已有悠久的栽培历史，现主要分布于我国华北、西北和东北各地区。

小米的品种很多，按米粒的性质可分为糯性小米和粳性小米两类；按谷壳的颜色可分为黄色、白色、青色、褐色、红色、灰色等多种，其中红色、灰色者多为糯性，白色、黄色、褐色、青色者多为粳性。一般来说，谷壳色浅者皮薄、出米率高、米质好，而谷壳色深者皮厚、出米率低、米质差。小米粒小，色淡黄或深黄，质地较硬，制成品有甜香味。

一、精制小米

粟米加工工艺流程如图9-8所示。原粮先经过吸风分离器除去轻杂质，经筛选去除大、中、小杂质，然后经去石机除净粟粮中的石子，通过磁选去除金属杂质后，采

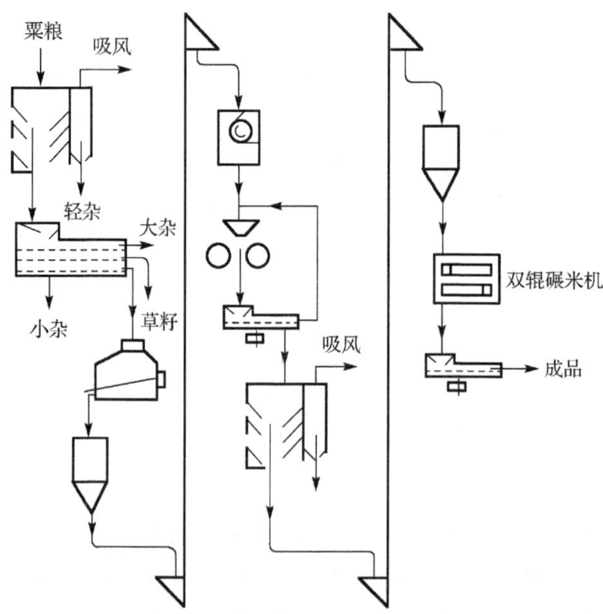

图9-8　粟米加工工艺流程图

用带风选去壳式砻谷机脱除粟米外面的壳层，再经筛选分离出未脱壳的粟米入砻谷机再次脱壳，已脱壳的粟米经二次风选去杂后，入米机进行精碾，可根据粟米的碾皮情况，采用两次或三次碾粟，即串联式两台或三台米机进行碾粟，经吸风、筛选，提取精碾小米打包。

二、小米锅巴

1. 工艺流程

小米锅巴加工工艺流程如图 9-9 所示。

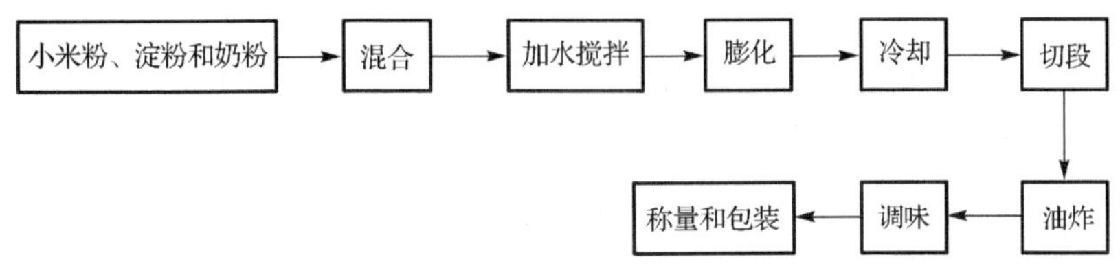

图 9-9　小米锅巴加工工艺流程图

2. 加工工艺要点

1) 原料混合：将小米磨成粉再按照配方将其放在搅拌机内充分混合，在混合时需边搅拌边喷水，可根据实际情况加入约 30%的水。在加水时，应缓慢加入，使其混合均匀成松散的湿粉。

2) 膨化：在开机膨化前，先配些水分含量较高的米粉放入机器中，再开动机器，使湿料不膨化，容易通过出口。机器运转正常后，将混合好的物料放入螺旋膨化机内进行膨化。

3) 冷却、切段：将膨化出来的半成品晾几分钟，然后用刀切成所要求的长度。

4) 油炸：在油炸锅内装满油加热，当温度达到 130～140℃时，放入切好的半成品，料层约厚 3cm。下锅后将料打散，几分钟后打料有声响，便可出锅。

5) 调味：油炸后的锅巴出锅后，应趁热一边搅拌，一边加入各种调味料，使调味料能均匀地撒在锅巴表面上。

除上述小米产品外，以小米为主料的产品还包括小米卷、小米营养粉、米豆冰淇淋、小米方便粥等。

第四节　燕麦食品加工技术

燕麦(*Avena sativa* L.)，又名莜麦，俗称油麦、玉麦、雀麦、野麦等，耐寒、抗旱，是禾谷类作物中一种低糖、高能、营养价值较高的作物之一。燕麦一般分为带稃型和裸粒型两大类，世界各国栽培的燕麦以带稃型的为主，常称为皮燕麦。燕麦喜冷凉湿润气候，生长期长，相对产量较低，是世界性栽培作物，分布在五大洲 42 个国家，但集中产区是北半球的温带地区，在我国华北、西北和西南地区有种植。

一、燕麦片的加工

燕麦片加工工艺流程如图 9-10 所示，包括清理，分级、脱壳、分离颖壳和籽粒，水热处理和碾麦，籽粒切割和筛分，蒸汽、压片和冷却等 5 个阶段。清理阶段类似稻谷、小麦的清理流程，主要去除燕麦中的大杂、小杂(砂子等)和轻杂，通过振动去石机清除原料中的石子及袋孔分离机去除草籽和异种粮，而圆筒分级机可分离出小燕麦，使其不妨碍脱壳、脱壳籽粒和壳的分离。脱壳常用撞击机，利用撞击机高速运转的叶片转子使燕麦颗粒与粗糙面或带齿的撞击环碰撞，或打芒机高速运转转子的摩擦、打击作用，使燕麦颖壳被撕裂脱落，再经圆筒吸风分离器中的气流吸风的方式分离颖壳，然后经籽粒分离机按大小分离进料仓备用。脱壳的燕麦约含 8%的脂肪，由于燕麦加工过程中细胞壁损伤，产生脂肪酶，如果不经钝化，燕麦脂肪酸很快会酸败，因此经蒸汽调节机钝化酶后，通过窑式烘干机除去水分。该工艺中采用立式碾麦机主要使燕麦籽粒外表光亮诱人，可作燕麦米产品。水热处理后的燕麦籽粒可切割成籽粒 1/4 厚度的产品，产生的粉先经双仓平筛筛理后吸风去除黏附在燕麦籽粒上的糠皮碎片，而袋孔分离机可将未切割的燕麦籽粒送回切料机。燕麦压片前先经蒸汽调节机进行湿、热调节，一般 100℃条件下处理约 20min，水分达到 17%左右，主要是使燕麦中的淀粉部分糊化产生胶凝及组织结构部分破坏，有利于压片。从压片机出来的燕麦片经流化床快速冷却、除水，使其温度接近室温，水分含量在 11%左右，通过摇动筛筛选出符合要求的产品。

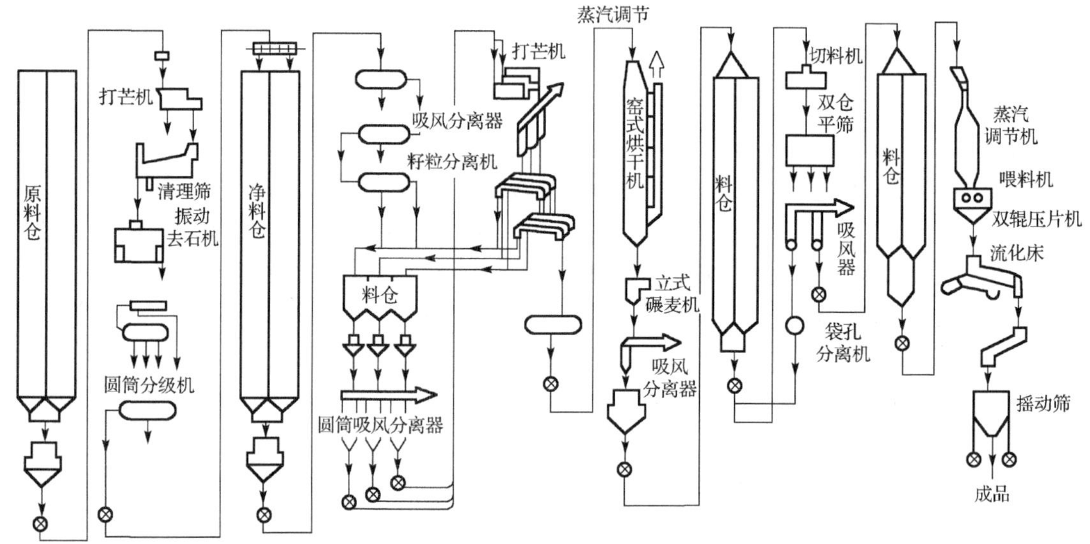

图 9-10　燕麦片加工工艺流程图

二、膳食燕麦粉的加工

膳食燕麦粉生产是在燕麦片加工工艺流程和设备的基础上进行的，对产品质量和卫生指标的要求较严格，在加工过程中要求完善地分离出低质量原料和杂质；不采用气力输送机，防止空气中的细菌进入产品；研磨生产线设计成能生产粒度极细的燕麦粉；排气系统的进气经过过滤机以保证产品没有细菌；配备中央真空处理系统以保持室内的清洁；提供全套试验室设备，包括检验细菌的仪器。

对以下 4 个主要加工工序应加强措施。

1)清理：增加带着水装置的着水螺旋以提高极干燥燕麦的水分。

2)脱壳：脱壳之前必须用圆筒分级机把燕麦按厚度分级，使脱壳机能对所加工的各个物料作最佳的调节。

3) 压片和烘干：燕麦片经过摇动筛后打包。

4) 研磨：把燕麦片研磨成膳食燕麦粉(图 9-11)。燕麦片用双对辊磨预研；双仓平筛把具备最终产品质量的燕麦粉和可能仍存在的糠粉分离出来。留下的燕麦粉用冲击磨磨成所需的细度；用刷麸机把从冲击磨得到的粉料重筛，粗物料回流到冲击磨。

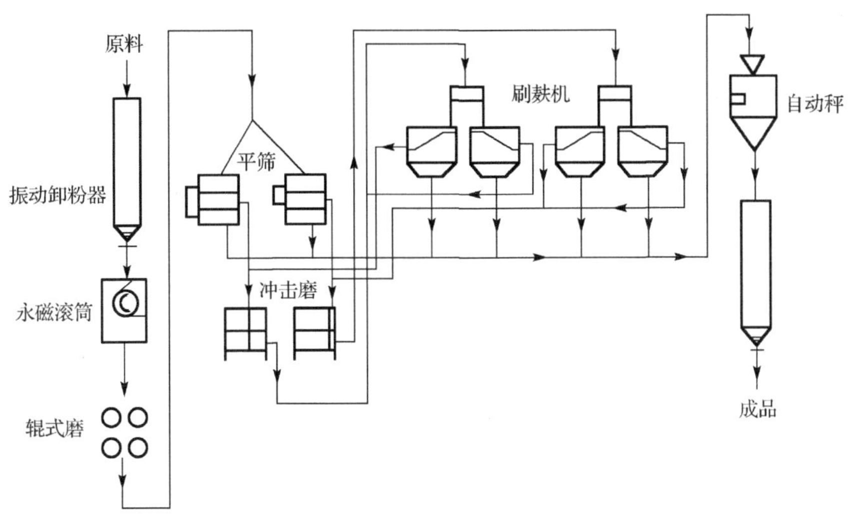

图 9-11　膳食燕麦粉研磨系统流程图

三、燕麦麸皮的加工

研究表明，摄入燕麦可溶性膳食纤维可以有效降低餐后血糖浓度和胰岛素水平，燕麦纤维素食品与非谷物纤维素食品相比，更容易被人体吸收，并且含热量很低，既有利于减肥，又更能满足心脏病、高血压和糖尿病患者食疗的需要。因此，燕麦麸皮的开发显得十分重要。

燕麦麸皮是从脱壳后的燕麦籽粒上除下来的，包括部分胚乳，虽然总膳食纤维含量较低，但可溶性膳食纤维物质含量较高。经过提取燕麦油脂后用不同碾磨方法得到的燕麦麸皮产品，其可溶性膳食纤维含量提高了。而从燕麦淀粉提取法得到的纤维组分由皮层和胚组成，有更高的总膳食纤维和可溶性纤维物质含量。1989 年 10 月，美国谷物化学师协会(AACC)有关单位对此产品下了一个定义：把清洁的燕麦或燕麦片经过细研，用筛或其他分级方法分离出粉而得到的食品，以及得到的燕麦麸皮组分必须不包括多于原始物料的 50%，其总膳食纤维含量加上可溶性膳食纤维含量和 β-葡聚糖必须符合表 9-1 所示数值，这一燕麦麸皮的定义仅仅是定义，不是商业标准。德国农业协会(DLG)给出的定义是：食用级燕麦麸皮由谷物籽粒周围的皮层组成，燕麦颖壳不算周围皮层。食用级燕麦麸皮至少含有 20%总膳食纤维(干基)。

表 9-1　燕麦麸皮需要满足的要求

燕麦麸皮	AACC 燕麦麸皮	DLG 燕麦麸皮
总膳食纤维	至少 16%(干基)	至少 20%(干基)
可溶性膳食纤维	至少总膳食纤维的 1/3	—
总 β-葡聚糖	至少 5.5%(干基)	—

燕麦麸皮加工的基本流程如图 9-12 所示。生产燕麦麸皮的原料为燕麦片和脱壳燕麦籽粒。两者一般都已经过水热处理，使脂肪裂解和脂肪氧化酶钝化。若以燕麦片作为原料，用冲击磨完成研细工作，经过一道研磨已达到最终细度，这时燕麦麸皮得率为 35%～50%。出粉很多，造成筛理困难，即使采用离心打麸机，筛面必须在短的间隔时间内加以清理。若以脱壳燕麦籽粒作为原料，多数情况下采用辊式磨粉机经过 1～4 道研细，按研细道数得到或多或少的燕麦麸皮，一般道数多时燕麦麸皮得率低，其总膳食纤维含量较高，燕麦麸皮的总膳食纤维含量为 20%(干基)时，燕麦麸皮得率为 30%～40%。

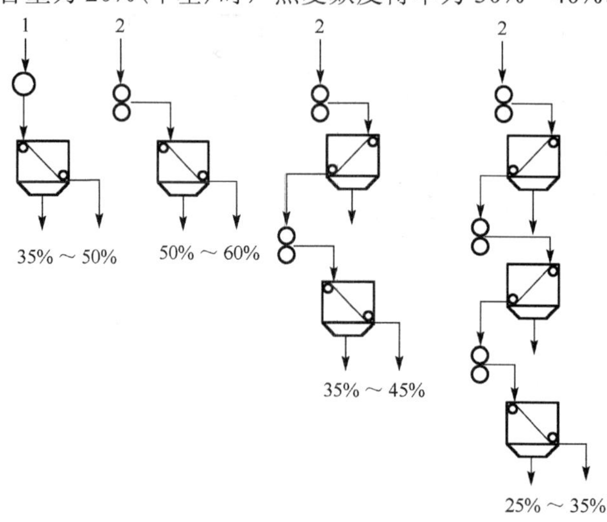

图 9-12　燕麦麸皮加工的基本流程

1，2. 道辊

第五节　荞麦食品加工技术

荞麦(*Fagopyrum esculentum* Moench.)又称三角麦，隶属蓼科荞麦属，约有 15 种，为一年生或多年生草本或半灌木。主要栽培品种有两种，即甜荞(*Fagopyrum tartaricum*)和苦荞[*Fagopyrum tataricum*(L.) Gaertn.]。荞麦具有丰富的营养成分，已成为备受关注的食品原料。据测定荞麦粉含水分 13.5%、蛋白质 10.2%、脂肪 2.5%、碳水化合物 72.2%、纤维素 1.2%。荞麦的蛋白质组成不同于一般的粮食作物，由 19 种氨基酸组成，其中谷氨酸、精氨酸、天冬氨酸和亮氨酸含量较高，每 100g 蛋白质的含量分别为 18.18g、9.09g、9.92g 和 6.53g，且人体必需的 8 种氨基酸组成比较合理，接近鸡蛋蛋白质的组成比例。国外食品营养专家经研究证实，荞麦蛋白质的营养效价指数高达 80%～90%(大米为 70%、小麦为 59%)，是粮食作物中氨基酸种类最全面、营养最丰富的粮种。此外，荞麦具有较高的药用与保健价值，利用形式多种多样。近年来，随着人们生活水平的不断提高，天然无污染的保健食品越来越受人们的关注，苦荞因其所具有的独特的风味，良好的适口性，降血脂、降血糖、降尿糖、促进消化、抑制癌细胞增长等作用，受到许多消费者的青睐。

一、荞麦米

脱壳的荞麦，采用砂辊碾米机加工，主要碾除种皮，如从营养和药用价值出发，也可碾除糊粉层，连同种皮一起作为一种产品，其加工工艺类似糙米碾米。荞麦种子或荞麦米通过齿辊磨加工和筛理后得到荞麦糁，荞麦糁经过压片机加工后得到荞麦片。

二、荞麦粉

荞麦粉加工的原料是荞麦种子或荞麦米。荞麦粉加工的方法，是采用“冷”碾磨加工法，用钢辊磨破碎，筛理分级后用砂盘磨磨成荞麦粗粉称为“冷”研磨，所得产品是健康食品。比纯用钢辊磨研制的产品具有更为有益于健康的、活性的营养。而钢辊磨制粉方法属于传统制粉工艺，是将荞麦果实经过清理后入磨制粉，荞麦粉的质量较差。新的制粉工艺是将荞麦果实脱壳后分离出种子入磨制粉，荞麦粉的质量好，国际上都采用此种方法，我国有待推广。

新制粉工艺采用 1 皮、1 渣、4 心工艺。种子经 1 皮破碎后，分离出渣和心，渣进入渣磨系统，心进入心磨系统，制粉原理和小麦制粉基本相同，但粉路较短。有全荞粉、荞麦颗粒粉、荞麦外层粉(疗效粉)和荞麦精粉多种产品。

第六节　薏米食品加工技术

薏米(*Coix lacroyma-jobi* L. var. *frumen-taca* Makino)，又名苡米、苡仁、药玉米、六谷子、回回米、川谷、裕米、菩提子、菩提珠等，为禾本科植物。

薏苡种仁营养丰富(表 9-2)。现代营养化学及药理学研究表明，薏米不但营养成分含量高，且不含有重金属等物质，具有健康、美容功效，并对某些疾病有良好的治疗作用，是一种十分有开发前景的功能性谷类作物。目前，我国已经开发出多种薏米食品。

表 9-2　薏苡、川谷品质分析结果(选列 10 种种质)

类型	种质	产地	百粒重/g	蛋白质含量/%	脂肪含量/%	氨基酸含量/%								脂肪酸含量/%		
						异亮氨酸	亮氨酸	赖氨酸	苯丙氨酸	苏氨酸	脯氨酸	缬氨酸	谷氨酸	油酸	亚油酸	亚麻酸
栽培型(薏苡)	滇二	云南	13.6	14.0	7.5	0.48	1.63	0.28	0.64	0.36	0.86	2.86	5.00	35.0	36.0	
	紫云川谷	贵州	11.1	17.9	6.9	0.62	2.11	0.32	0.81	0.42	1.07	0.86	3.65	50.4	33.1	0.64
	那坡白	广西	9.7	17.8	7.1	0.60	2.12	0.28	0.76	0.40	1.06	0.82	3.63	51.4	33.9	0.56
	临昕薏苡	山东	10.97	19.5	7.11	0.66	2.36	0.32	0.84	0.44	1.18	0.88	4.05	52.7	39.9	0.40
	通江薏苡	四川	10.1	17.3	7.35	—	—	—	—	—	—	—	—	—	—	—
	江宁五谷	江苏	11.4	18.9	5.97	—	—	—	—	—	—	—	—	—	—	—
	平均		11.15	17.57	6.99	0.59	2.06	0.30	0.76	0.41	1.04	1.36	4.08	47.38	35.73	0.53
野生型(川谷)	北京草珠子	北京	31.0	20.9	6.14	0.72	2.58	0.31	0.90	0.44	1.24	0.93	4.4	53.8	33.9	0.28
	锦屏野六合	贵州	21.2	22.7	2.94	0.78	2.83	0.34	0.94	0.52	1.33	1.01	4.8	55.5	32.5	0.47
	荔波米六合	贵州	9.2	19.9	6.90	—	—	—	—	—	—	—	—	—	—	—
	南京川谷	江苏	23.9	19.9	6.53	—	—	—	—	—	—	—	—	—	—	—
	平均		21.33	20.85	5.63	0.75	2.71	0.33	0.92	0.48	1.29	0.97	4.60	54.65	33.20	0.38

一、食品、美容品与浴用剂原料

薏米是优质、营养丰富的粮食，又是很重要的药材和保健品，与现代人们延年保健、养颜驻容的需求相适应。日本每年从我国进口大量薏米，除作中药外，主要用于做饭、粥、面、醋、酱、酒、茶等食品类加工业及航空食品的生产。目前市场上还开发出薏米饮料、膨化食品等。

二、工艺品原料

薏苡的野生种——川谷是农家常用的装饰材料，在川谷球形果实中部有条腹沟，因此极易用细绳穿成门帘、手镯、项链等饰物。其也可被制成坐垫(巾)及其他装饰用工艺品，也有活血保健作用。川谷果壳是珐琅质，光亮坚硬，回收加工后是很好的建筑材料。

三、产品出口

薏米是我国主要的出口农产品，每年有薏米 500～1000t、薏苡谷 1000t 左右销往日本和东南亚等国家和地区。

第七节　大麦食品加工技术

大麦(*Hordeum vulgare* L.; barley)在植物学上被归为禾本科。栽培大麦又分皮大麦(带壳的)和裸大麦(无壳的)，农业生产上所称的大麦是指皮大麦，裸大麦在不同地区有元麦、青稞、米大麦的俗称。我国的冬大麦主要分布在长江流域各省市；裸大麦主要分布于青海、西藏、四川、甘肃等省(自治区)；春大麦主要分布于东北、西北及山西、河北、陕西、甘肃等地的北部。

大麦具坚果香味，碳水化合物含量较高，蛋白质、钙、磷含量中等，含少量 B 族维生素。因为大麦含谷蛋白量少，不能做多孔面包，可做不发酵食物。大麦果实淀粉含量一般为 46%～66%，灰分约 3%；裸大麦可用的直链淀粉含量，正常的达 25%，低的小于 1%，高的达 40%；胚乳中色氨酸、赖氨酸和甲硫氨酸的含量较少。

一、大麦制米

大麦制米前，先要经过清理阶段。清理原粮大麦的工艺与设备，基本与加工小麦相同，工艺主要有筛选、风选、磁选、表面处理等，相应设备为振动筛、垂直吸风道、永磁滚筒、打麦机等。但设备工作参数的选择要根据大麦的物理性质而定。

清理后的大麦可用撞击脱壳设备、撞击式谷糙分离机进行脱壳和颖果分离，然后采用卧式或立式砂辊碾米机进行去皮、碾白。我国已有研究人员采用 NF-14 碾米机进行脱壳，经三道脱壳后，脱壳率可达到 97%；同时还发现，水分对大麦脱壳率有一定的影响，水分为 14.4%的大麦脱壳率略高于 13.5%的脱壳率，说明适当增加水分有利于脱壳。可能是大麦颖壳和颖果在吸水量、吸水速度和吸水后的膨胀系数等方面存在差异，颖壳和颖果之间产生一个微量的位移，使原本结合紧密的颖壳和颖果之间变得疏松，易于导致壳果分离。

二、大麦制粉

原郑州工学院谷物科学与工程系曾用布拉本德实验磨和 3100 型实验室样品磨分别对脱壳后的大麦进行制粉，并对两种制粉方法的制粉效果、营养成分损失、面粉品质等方面进行比较发现：粉碎法制粉工艺简单且有利于物料的破碎，淀粉破损率较小；制取的大麦粉具有较低的营养成分损失率、较高的吸水率和较高的黏度。采用 1 皮、1 渣、4 心的研磨法制取的大麦粉加工精度高，但营养成分损失较大。

除大麦米、大麦粉产品外，大麦还可用于制作啤酒、麦芽，以及大麦茶、大麦咖啡、麦乳精、大麦复合饮料等，或者面筋蛋白质需要量不高的焙烤制品，如饼干、酥饼等；也可用作膨化食品、挂面的原料。

本章小结

本章讲述了我国主要杂粮的基本组成，针对不同的杂粮采用不同的加工工艺和开发不同的产品；通过本章的学习，学生重点掌握不同杂粮化学成分之间的差异、特性及现有主要产品的加工技术；掌握杂粮加工的现状及其所被开发的农副产品。

本章复习题

1．杂粮加工与粮油加工有什么联系和区别？
2．大麦与其他杂粮相比，其特点是什么？
3．简述各种杂粮的特点及主要加工工艺。
4．简述玉米的清理过程。
5．大麦是否可以用来制作面包？
6．杂粮加工有什么前景？
7．请列举杂粮深加工的例子，说明杂粮在未来生活中的优势。
8．我国杂粮加工业有什么潜力？

第十章 速冻粮食食品加工

第一节 速冻水饺

根据我国《速冻食品技术规程》中的规定：冻结温度在–23～–18℃的食品称为冷冻食品；而冻结温度低于–30℃的食品称为速冻食品。研究发现影响冷冻食品品质的主要因素是速冻过程中所产生的冰晶。冷冻食品和速冻食品是将食品经过预处理后，在30min内迅速通过最大冰晶生成带(–5～–1℃)，然后在低于–18℃的低温环境下储存、运输和销售，可在冷藏环境下得以长期保存。食品通过低温速冻降低了食品所含水分的活性，从而降低了微生物和酶的活性，抑制了淀粉的老化，并且减缓了各种生化和化学反应的速率。因此与其他常见食品相比，原来食物的风味、色泽、新鲜度和营养成分得到最大限度的保存。因此，速冻技术在保持食品色、香、味、形及营养方面的显著效果是其得以迅速发展、备受世人青睐的最主要原因。

速冻水饺继承了饺子的营养和传统风味，食用时无需解冻，具有方便、安全、快捷、性价比高等优点，是中国传统食品工业化的最佳切入点之一。目前，速冻水饺制造业已经成为我国食品行业发展最为迅速的一支力量，约占速冻方便食品产量的60%，成为消费量最大的速冻方便食品。

一、速冻水饺的生产工艺

生产速冻水饺的工艺流程是：原料和辅料准备、面团调制、饺馅配制、饺子包制、整形、速冻、装袋称重包装。关键技术是和面、制馅、速冻。同时依据GB/T 23786—2009《速冻饺子》，要求从原料到产品都要保持鲜度，因此在饺子的生产加工过程中要保持工作环境温度的稳定，通常以10℃左右较为适宜。

1．原料和辅料准备

(1) *面粉* 面粉的质量直接影响水饺制品的质量，应特别重视。面粉必须选用优质、洁白、面筋度较高的特制精白粉，最好是水饺专用粉。由于新面粉中存在蛋白酶的强力活化剂——巯基化合物，会影响面团和饺子的质量，可在新面粉中加一些陈面粉或将新面粉放置一段时间，使其中的巯基被氧化而失去活性。或适当添加品质改良剂。

(2) *原料肉* 选用新鲜肉或冷冻肉。冷冻肉的解冻程度要控制适度，一般在20℃左右室温下解冻10h，中心温度控制在2～4℃。严禁冷冻肉经反复冻融后使用，这样不仅降低了肉的营养价值，也影响肉的持水性和风味，使水饺的品质受到影响。

(3) *蔬菜* 选择鲜嫩蔬菜，用流动水洗净后在沸水中浸烫。要求蔬菜受热均匀，浸烫适度，不能过熟。然后迅速用冷水使蔬菜品温在短时间内降至室温，沥水绞成颗粒状并挤干菜水备用。

(4) *辅料* 需要糖、盐、味精、葱、蒜、生姜等辅料。

2．面团调制 和面时要将面粉计量准确，定量加水，适度拌和。要根据季节和面粉质量控制加水量和拌和时间，气温低时可多加一些水，将面团调制得稍软一些；气温高时可少加一些水甚至加一些4℃左右的冷水，将面团调制得稍硬一些，这样有利于饺子成型。将调制好的面团静置5min左右，使面团中未吸足水分的粉粒充分吸水，更好地生成面筋网络，提高面团的弹性。面团的调制是速冻水饺成品质量优劣的关键。

3．饺馅配制　饺馅配料时要计量准确，添加盐、酱油、生姜、料酒等调味品后加水，搅拌均匀。根据原料的质量、肉的肥瘦比、环境温度控制好饺馅的加水量。加水量要注意新鲜肉>冷冻肉>反复冻融的肉；温度高时加水量小于温度低时。在高温夏季还必须加入一些2℃左右的冷水拌馅，降低饺馅温度，防止腐败变质，提高持水性。

4．饺子包制　饺子包制是饺子生产中极其重要的一道技术环节，它直接关系到水饺形状、大小、质量、皮的厚薄、皮馅的比例等质量问题。工厂化大生产多采用水饺成型机包制水饺。要将饺馅调至均匀且无间断地稳定流动；要将饺子皮厚薄、质量、大小调至符合产品质量要求的程度。一般来讲，水饺皮重小于55%，馅重大于45%的水饺形状较饱满，大小、厚薄较适中。在包制过程中要及时添加面（切成长条状）和馅，以确保饺子形状完整，大小均匀。

5．整形　手工整形以保持饺子良好的形状。在整形时要剔除一些如瘪肚、缺角、开裂、异形等不合格饺子。整形好的饺子要及时送速冻间进行冻结。

6．速冻　食品速冻就是食品在短时间（通常为30min内）迅速通过最大冰晶生成带（−5～−1℃）。经速冻的食品中所形成的冰晶体较小，而且几乎全部散布在细胞内，细胞破裂率低，从而才能获得高品质的速冻食品。当水饺在速冻间中心温度达−18℃时即被速冻好了。

7．装袋称重包装　装袋时要剔除烂头、破损、裂口的饺子及连接在一起的两连饺、三连饺、多连饺及异形、落地、已解冻及受污染的饺子等。包装完毕要及时送入低温库。

二、影响速冻水饺品质的因素

对于速冻水饺，首先要保证饺子皮耐冻，冻后无裂痕，即饺子皮要有一定的延伸度和适宜的韧性，保证饺子在速冻期间无裂纹和熟制品完好无损。还要要求熟制品的品质达到：外观，颜色白而微泛淡黄，光泽亮洁，透明度好，完整五裂纹；口感，爽口有咬劲，不粘牙，柔软，细腻度好；耐煮性，饺子煮后表皮完好无损，饺子汤清澈不浑，且无沉淀物质。

要达到以上要求，速冻饺子粉的品质和速冻工艺等起了重要的决定作用。

1．面粉品质对速冻水饺质地的影响

（1）面粉成分

1）蛋白质：面粉中较高的蛋白质含量并不能表示其一定能加工成高品质的速冻水饺，面粉中湿面筋网络蛋白质的数量和质量才是影响速冻水饺质量的主要因素。

速冻水饺面团湿面筋含量的不同，对速冻过程中形成“冰晶”，产生膨胀应力的承受能力有差异。面筋含量过高，饺子质量的提高效果并不明显，对速冻水饺冻裂率的影响及烹煮损失相差不大，反而有下降趋势。且面筋含量过高的面粉弹性好，结构力强，对口感有不良的影响。加工后缩成原状的趋势强，导致成型困难，加工工艺不好控制，水分少时，面团发硬，制成的水饺经冷冻后冻裂率增加；水分过多时，则面团发黏，不利于加工操作，

且速冻水饺烹煮时易发生粘连和破肚，使速冻水饺的质量下降。湿面筋质量分数以 29%～31%较适宜。

2）淀粉：淀粉含量与速冻水饺的品质有显著的相关关系，即在一定的范围内，淀粉含量越低的面粉品种，其加工成速冻水饺的品质越高。这可能是由于淀粉含量低，其蛋白质含量相对较高，故湿面筋含量相对较高，因而加工成速冻水饺的质量较好。加工优质速冻水饺的面粉中淀粉质量分数以 70%～71%为好。

同时，淀粉糊的冻融析水率是影响速冻水饺感官品质的另一个重要因素。冻融析水率越高，饺子感官品质越差。面粉冻融析水率反映了面粉中淀粉经过冻融循环老化的程度，老化程度越高，饺子品质越差。因此，面粉糊冻融析水率是预测饺子感官品质的重要指标。

3）脂类：脂类在小麦粉中的含量不高，却能够影响面粉的糊化特性。脂肪主要分为两大类，即极性脂和非极性脂。极性脂和面筋进行混合后，能促进面团的弹性和强度得到显著的提高，而非极性脂会对面筋的形成有一定的阻碍作用。因此，脂肪含量越高的面粉生产出的饺子品质越差，这可能是由面粉中非极性脂较多造成的。

（2）*原料配比*　制作速冻水饺的面粉品质涉及面粉加工原料的选用和面粉的生产，面粉原粮很重要。

1）原料的选择：通常选择色泽较好、角质率在 35%左右且延伸度较好、吸水率高、面筋质量较好的一种或多种小麦。

2）原料的搭配：一般选用毛麦搭配，搭配品种在两种以上。在毛麦仓的下部安装容积式配麦器，并配有“2、8、38、32、16、4”6 个插板，以调节毛麦的搭配比例及控制流量，根据面筋品质要求和洗麦总流量对各仓毛麦进行合理搭配，推算出对应的比例。

在小麦搭配中，一些常规的理化指标，如水分、面筋数量等呈一定的线性关系，通常可以根据简单的线性方程式推算出不同品种的搭配比例。对于衡量面粉内在品质的粉质、拉伸、降落数值等指标却并非如此，以粉质和部分拉伸指标为例，面粉内在品质（流变学性质）与原粮搭配不遵循线性关系，只能以不同品种小麦的品质指标作为参考，多次搭配，反复对比，最终选出合理的搭配比例。

（3）*制粉工艺*

1）速冻饺子粉的粗细度：面粉的粗细度一方面影响面粉的色泽，另一方面影响面粉中游离水的含量和吸水率，这对冷冻食品的稳定性有相当重要的影响。若游离水含量太多则易产生冰晶，对面筋网络的构造会产生破坏作用，降低冷冻食品的储藏性。一般面粉的粗细度以全部通过 CB36，留存 CB42 不超过 10%为宜。

2）制粉工艺的要求：速冻饺子粉需要较高的加工精度，对于“5B、8M、3S、2T”的制粉工艺来说，一般提取 1M、2M、3M 的上粉，S 磨和 B 磨中品质较好的部分粉流用作饺子粉的基础粉，以保证品质的要求。面粉的后处理，一般情况下，速冻饺子粉在生产过程中可用微量喂料机添加适量的专用复合酶（速冻水饺改良剂），一方面可提高面团的保水性能，另一方面可改善面团的弹性和韧性，减轻速冻过程对面筋的破坏程度，防止饺子皮出现裂痕。

3）优质速冻水饺面粉的主要特性指标：参照中国主食专用粉品质要求中饺子专用粉指标，饺子用粉行业标准优质速冻水饺面粉的主要特性指标见表 10-1。

表 10-1 优质速冻水饺面粉的主要特性指标（娄爱华和杨泌泉，2004a）

面粉指标	要求
水分含量（以干基计）	≤14.5%
灰分（以干基计）	≤0.45%
淀粉含量（质量分数）	70%～71%
湿面筋含量（质量分数）	29%～31%
粗细度	CB36 全部通过， CB42 留存量不超过 10%
含砂量	≤0.02%
磁性金属物含量	≤0.003g/kg
稳定时间	3.5min
降落数值	≥200s
气味	无异味
卫生指标	符合 GB 2715—2016 的规定

2．加工工艺对速冻水饺质地的影响

(1)和面加水量与和面时间　面团的含水量与冷冻、解冻处理都对饺子皮的力学特性有显著影响。如果未使用任何添加剂制作的饺子皮，新鲜的饺子皮以含水量 48%～50%为宜，而速冻饺子皮面团含水量应适当降低为 46%～48%。制成的饺子皮无论冷冻前还是冷冻后，其拉伸性、硬度、内聚性良好。

和面时间为 20min 的速冻饺子皮质量较优。和面时间低于 20min，速冻水饺的口感和冻裂率情况较差，原因是和面时间短，面筋网络形成不完善，水分吸收不均匀、不充分；和面时间长于 20min，口感和冻裂率情况也不好，原因是和面时间过长，已形成的面筋网络被机械破坏，从而降低了饺子皮的强度。

(2)速冻食品专用油脂　在速冻水饺中添加适量速冻食品专用油脂对降低速冻水饺冻裂率起到重要作用。油脂与面皮中的蛋白质相互作用，形成一层隔水薄膜，可有效降低水饺在冷冻过程中面皮的失水速度，进而防止面皮干裂；在馅料中添加速冻食品专用油脂使水分均匀细小地分散开，防止骤冷时结冰导致体积剧烈膨胀，从而有效降低速冻水饺的冻裂率；面筋网络结构不完整也是导致速冻水饺冻裂率高的一个原因。在速冻水饺中添加速冻食品专用油脂能够改良面团的搅拌性能和加工性能、改善面皮表面粗糙度、提高面皮吸水量、吸水速率及持水性，降低速冻水饺的冻裂率。此外，油脂与面皮中的蛋白质相互作用，促进面团面筋网络结构的形成进而产生更均一致密的内部结构，从而锁住淀粉颗粒，防止其烹煮时脱落。

(3)风速及预冷时间对速冻水饺质地的影响

1)速冻的三个阶段。

第一阶段，饺子从初温降至冻结点，降温较快。最明显的变化是变硬，饺子皮的塑性急速上升，弹性快速降低。

第二阶段，饺子中心温度达到冻结点后，饺子中大部分水分冻结成冰，水转变成冰的过程中放出的相变潜热是显热的 50～60 倍，饺子冻结过程中释放的绝大部分热是在第二阶段产生的，因此温度降低较为缓慢，该阶段称为最大冰晶生长带(–5～–1℃)。大部分食

品在此温度范围内，几乎 80%的水分冻结成冰，若温度继续下降，直至–18℃时，水分冻结量也只能达到食品总水分的90%左右，大部分水分要在–5～–1℃冻结，这一温度范围即最大冰晶体生成带。

第三阶段是残留的水分继续结冰，已成冰的部分进一步降温至冻结终温。

因此，通过速冻，可迅速通过–5～–1℃的最大冰晶生成带，使自由水变成大量细而密的冰晶，导致微生物死亡和酶的失活，并抑制了淀粉的老化，在冷藏环境下得以长期保存。饺子馅在逐渐被冻结的过程中，水分主要也保存在饺子馅里面。饺子在冷冻的过程中，体积会增加，其内的膨胀力急剧增加，从而损伤了皮的面筋网络，表现为裂纹。因此在速冻和冷藏过程中容易开裂。

2) 风速：不同风速对饺子的速冻曲线影响较为明显，风速越大，饺子中心温度通过最大冰晶生长带的速度越快，饺子的中心温度达到–18℃所需要的时间则越短。反之，风速越小，则结果相反。因此，不同风速会对饺子的速冻工艺过程产生不同的影响，也会对饺子的品质有重要的影响。

如图 10-1 所示，当风速较小，即风速在 3～5m/s 时，冻结速度较慢，虽然形成的冰晶较大，但饺子的皮、馅的冻结速度相对一致，因此饺子的冻裂率较低。当风速在 5m/s 时，冻结速度仍较慢，但形成的冰晶体积变大。面粉、肉、蔬菜细胞内的水向冰晶移动，形成较大的冰晶，且分布不均匀，因此该阶段饺子的冻裂率最大。当风速等于或大于 6m/s 时，冻结速度较快，温度能以较快速度通过最大冰晶生长带(–5℃～–1℃)，细胞内外几乎同时达到形成结晶的温度条件，食品中冰晶的分布接近食品冻前液态水分布的状态，冰晶呈针状结晶体，数量多，分布均匀，对饺子的物理状态影响较小，所以对饺子冻裂率的影响最小。

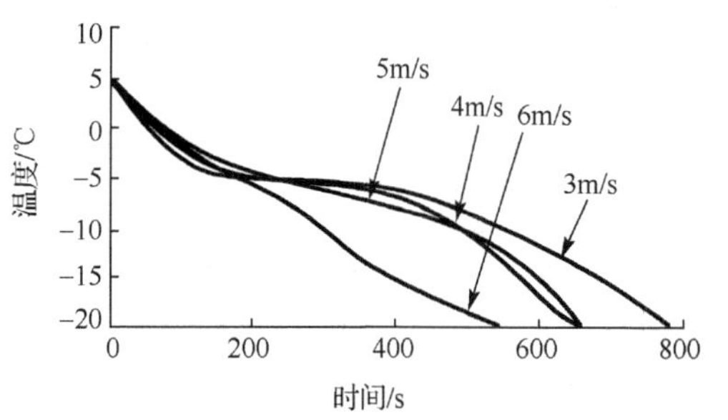

图 10-1　不同风速对饺子冷冻速度的影响(王三保，2018)

总之，风速的大小与冻结速度相关，冻结速度的快、慢与饺子冻结过程中的一大危害——冰晶颗粒的大小直接相关，因此控制速冻机的风速是控制冰晶大颗粒的有效办法之一。

3) 预冷冻时间：速冻水饺在低温下快速冷冻时，面皮首先冻结固化，形成坚硬外壳，而含水量较高的馅料逐渐结冰引起体积膨胀，从而对饺子皮形成一个较大的压力，当压力大于饺子皮的承受力时，即会破裂。

预冷冻时间在 90～120min 时效果较好。预冷时间过长，饺子的冻裂率较低，但是韧性、细腻度、黏性也较低。

(4) *冻藏时间和温度波动*　在冻藏过程中，冻藏时间和冻融处理都导致饺子皮和饺子馅内的冰晶增大，冰晶面积和直径逐渐增大，且冻融处理影响更大。随着冻藏时间的增加，饺子皮和饺子馅内的冰晶体积逐渐增加，即速冻水饺内冰晶变化与冻藏时间成正比，继而使饺子内物质之间的间隙越来越大(图 10-2)。而在冻藏后期，由于食品组织的束缚，冰晶变化将趋于平缓，逐渐接近最大冰晶尺寸。

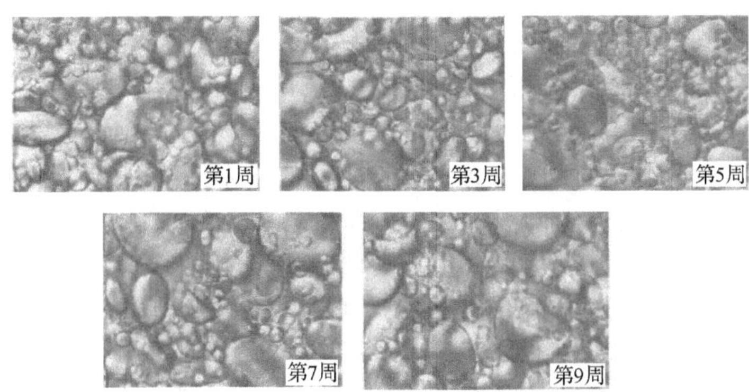

图 10-2　不同冻藏时间速冻饺子皮的电镜图

由温度的波动造成的冻融循环，会使饺子皮里的面筋蛋白质中的冰晶发生迁移，此时面筋蛋白质网络结构会受到挤压，挤压到一定程度，网格中的冰晶会被释放出来，释放出来的冰晶会继续对面筋网络结构造成损伤，最终造成了整个面筋网络结构的破坏和坍塌，即速冻饺子皮的开裂主要是由冻融的温度波动使面粉中面筋蛋白质的网络结构被破坏引起的。

(5) 饺子馅含水量　在冻藏过程中，会引起饺子馅的持水性下降、脂肪氧化、蛋白质变性等问题。速冻水饺肉馅品质的下降与冰晶引起的肌纤维蛋白和肌质蛋白的变性有关。饺子肉馅中的冰晶是破坏肌纤维蛋白结构的主要原因。尤其是在冻藏过程中，肉馅中水分的重结晶现象加剧了肌纤维蛋白和肌质蛋白分子天然结构的破坏及变性，其理化特性和生物学特性逐渐变差，导致肉馅的持水能力和凝胶特性下降。因此，速冻饺子馅的含水量不宜过高。

三、食品添加剂与速冻水饺品质改良

使用食品添加剂是提升速冻水饺品质的一种有效方法。在饺子中使用的食品添加剂应具备以下特点：有利于面筋网络充分形成；能增加面皮的保水性，避免由表面水分流失所造成的表面干裂；具有较好的亲水性，可以降低水分在冻结时对面皮的压力。在速冻水饺中常用的食品添加剂包括增稠剂、乳化剂、磷酸盐、淀粉和蛋白质类及其复合物。

1. 增稠剂　增稠剂在一定条件下充分水化形成黏稠、滑腻或者胶冻液的大分子物质。增稠剂为糖类，遇水后极易分散并形成高黏度的胶体，这种胶体能将面筋与淀粉颗粒、淀粉颗粒与淀粉颗粒，以及散碎的面筋很好地黏合起来，形成一种致密而有序的三维空间网状结构，能够起到类似于面筋网状特性的作用，增强面团的稳定性，因而能增强饺子皮的弹性和韧性，改善口感，降低冻裂率和烹煮损失率。用于速冻水饺的增稠剂主要有黄原胶、海藻酸钠、大豆分离蛋白、卡拉胶和瓜尔豆胶等，不同增稠剂对饺子皮品质的影响不同。添加增稠剂能降低速冻水饺的冻裂率和烹煮损失率。黄原胶可降低水饺冻裂率和烹煮损失率；在面制品中添加海藻酸钠，可改善制品内部组织的均一性和持水作用，延长贮藏时间；大豆分离蛋白可提高肉馅的持水性，对肉糜制品结构、质地、保水性和保油性等具有改善作用。

2. 乳化剂　乳化剂与面筋蛋白质相互作用形成复合物，增强韧性和延展性，即它的亲油基结合麦谷蛋白，亲水基结合麦胶蛋白，使面筋蛋白质分子互相连接起来，使得原来的小分子结合成大分子，强化和密实面筋网络结构，进而增强面团的弹性。同时，乳化剂可以在淀粉结构内部形成一些不溶于水的物质，这种物质可以延缓或阻止淀粉晶体的老化现象。乳化剂的另一个作用是可使水对于面粉的表面张力降低30%以上，得到粒径小而均匀的分散液滴，在冻结的过程中，在玻璃化转变时更容易形成小的冰晶，有效地保护面筋结构，降低水饺的冻裂率。另外，乳化剂可使面粉在搅拌的过程中不会出现分块分团的现象。饺子中常用的乳化剂有蔗糖酯、单甘酯、硬脂酰乳酸钠及硬脂酰乳酸钙钠等。不同的乳化剂对水饺品质都有一定的改善作用，但改善效果不尽相同。

蔗糖酯(sugar ester，SE)对速冻水饺的主要作用是作为淀粉络合剂，抑制淀粉结晶，改善水饺的口感；作为湿润剂，使水的表面张力降低，增加湿润性，不易聚集，可以在冻结时形成更小的晶体，因而不至破坏面筋组织；作为分散剂，能使面制品中各组分在冷冻过程中均匀分散，确保产品的均匀性。蔗糖脂肪酸酯在降低速冻水饺冻裂率和破肚率方面有一定的效果，且对增大生水饺皮的强韧性和煮后硬度的效果也较明显。

3．淀粉类

(1)*淀粉的吸水性与改善饺子皮品质*　饺子中常用的原淀粉有木薯淀粉和马铃薯淀粉等。淀粉具有良好的吸水性和亲水能力，易吸水膨胀。在和面过程中，淀粉吸水后与蛋白质共同作用，将吸收的水分以较小的粒径均匀分布在水饺皮中，避免了水分在饺子皮中聚集形成大冰晶，从而在一定程度上降低了速冻水饺的冻裂率。同时，提供了面筋需要的水分，充填于面筋蛋白质所形成的面筋网络中，促进面筋网络的形成与结构的稳定性，提高饺子皮的强度，改善水饺的口感，增强耐煮性。

此外，淀粉的白度较高，可以明显提高饺子皮的白度。但过多添加淀粉，则导致面筋形成不充分，饺子皮结构松软，质感变差。

(2)*变性淀粉*　饺子中常用的变性淀粉有酯化淀粉、羧甲基淀粉和羟丙基淀粉等。与原淀粉相比，变性淀粉具有更好的吸水性、保水性、成膜性和糊化特性，对饺子品质的改善效果优于普通淀粉，可降低速冻水饺的破裂率、改善糊汤等现象。变性淀粉依原淀粉来源和变性程度的不同，其性质差别较大，应用于饺子中所产生的效果也不同。例如，玉米乙酸酯淀粉能显著降低速冻饺子皮的烹煮损失率，马铃薯乙酸酯淀粉则能明显提高饺子皮的亮度。

4．蛋白质　在面筋蛋白质中麦醇溶蛋白赋予面筋以黏性，麦谷蛋白赋予面筋以弹性。速冻水饺在冻藏及冻融过程中，其面筋蛋白质的损伤较大，直接影响了速冻水饺的质量。因此，对速冻饺子皮中面筋蛋白质的保护非常重要。

谷朊粉中蛋白质(主要是麦醇溶蛋白和麦谷蛋白)含量在80%以上，且氨基酸组成齐全，是物美价廉的纯天然植物蛋白源。将谷朊粉添加到饺子粉中，对饺子面团流变学特性和饺子粉品质有改善作用。此外，加入糯玉米醇溶蛋白能提高速冻水饺的冻融稳定性和品质。

5．磷酸盐　磷酸盐能在一定程度上提高淀粉的吸水能力，使面筋蛋白质有充足的水分润胀，保证面团的水分不流失，促进面筋网络的形成并最终形成比较密实的面筋网络。且不断增加面筋和面团的弹性与韧性，使得饺子皮的光洁度得到了较大幅度的增加。磷酸盐还可以促进面筋蛋白质和淀粉发生酯化反应，产生一种性质稳定的复合体，并减少淀粉析出而溶进水中的量，增强了面筋蛋白质和淀粉的融合度，提高了面筋的韧性和延展性。

对降低饺子的烹煮损失率确有明显作用，而且与黄原胶、硬脂酰乳酸钠等协同作用时效果最佳。

★延伸阅读

抗冻蛋白(antifreeze protein，AFP)，也称为冰结构蛋白(ice structural protein，ISP)，是由生物体为抵御外界低温而产生的蛋白质，具有一定的热滞活性、非依数性降低冰点，具有与冰能进行非可逆的特异性结合等特性，修饰冰晶形态、控制冰晶生长，并可抑制冰晶重结晶等。抗冻蛋白具有很好的安全性，因此将抗冻蛋白应用于冷冻食品中具有抗冻保护作用，近年来在食品行业的应用受到了广泛的关注。水分迁移是影响速冻面食品品质的主要因素之一。冻结过程中，面食品中的水发生结晶，不断靠拢细小冰晶形成大冰晶，刺破面筋的网络结构，造成其坍塌，且随着冻融次数的增加而加重。抗冻蛋白的添加，限制了速冻面食品中冰晶的大小并修饰冰晶形态，阻止了大冰晶的形成，有效吸附、锁住面食品中的水分，增加了持水性。尤其对冻融条件下的面筋蛋白质网络和淀粉颗粒具有良好的保护作用。

如图 10-3 所示，在饺子皮中分别添加变性淀粉、谷朊粉和磷酸盐，其中变性淀粉增加了饺子皮中的淀粉含量；谷朊粉增加了蛋白质网络结构的紧密程度，使得淀粉深埋于面筋网络结构中；而磷酸盐对面团微观结构的影响不大。

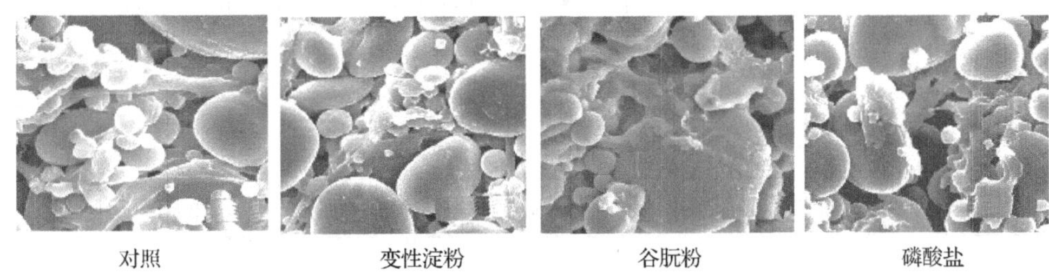

图 10-3　改良剂对速冻饺子皮微观结构的影响(3000×)(侯会绒，2008)

第二节　速 冻 馒 头

速冻馒头是将馒头加工后进行速冻，存储于−18℃冷库并在低温条件下销售的食品。由于馒头含水量高，营养丰富，易受微生物的侵染引起品质劣变，鲜食馒头不能长时间储存。在春秋两季馒头最长保质期一般为 3～7d，在炎热的夏天，尤其高温高湿天气，保质期一般仅为 1d，货架期极短，给工厂销售工作带来了一定的难度。另外，面团中糊化淀粉的老化问题也较严重。因此，馒头要实现工业化生产，就必须解决产品的保藏问题。

速冻馒头以其方便性和耐储藏性备受国人青睐。也有一些科研人员进行了很多速冻馒头生产技术方面的研究工作，但是主要集中在南方奶香馒头系列产品上。南方奶香馒头由于加入了一定量的奶油和食糖，起到一定的乳化和抗冻作用，生产中不易冻裂、不易起泡，外观质量较好；而北方普通淡味馒头在速冻加工中经常会出现一系列的问题，如表皮起泡、表面皱褶开裂、结构不均匀、失重较大等，北方普通淡味馒头的速冻技术难题还有待解决。

一、速冻馒头制作的工艺流程与操作要点

1．生产工艺流程

(1)直接成型一次醒发工艺　速冻馒头的工艺流程见图10-4。

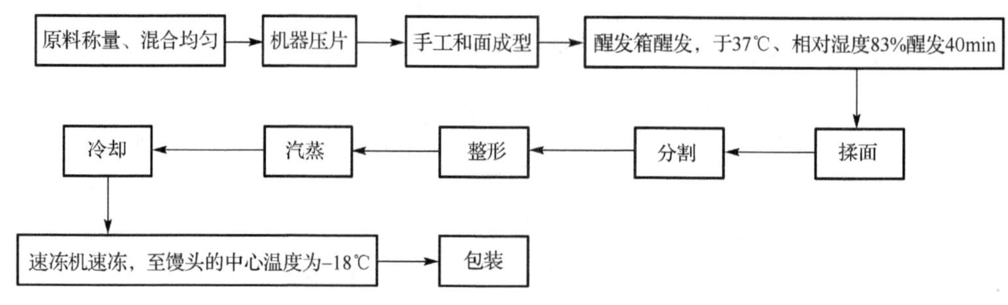

图10-4　速冻馒头的工艺流程图

(2)速冻面团工艺　速冻面团的工艺流程见图10-5。

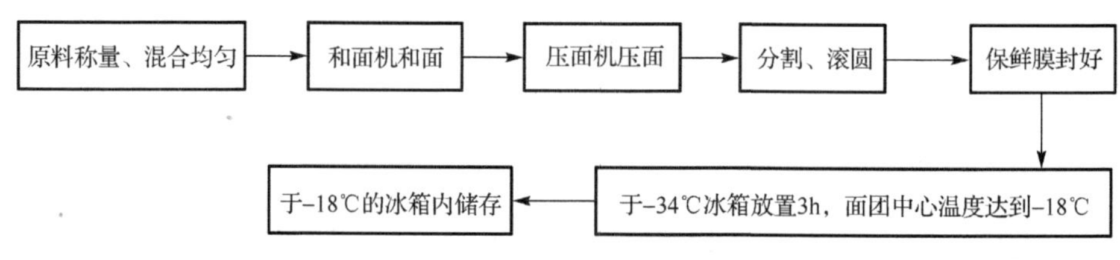

图10-5　速冻面团的工艺流程图

馒头制作的工艺流程见图10-6。

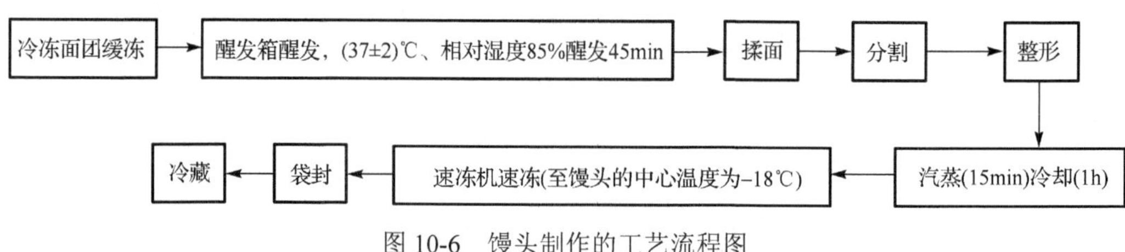

图10-6　馒头制作的工艺流程图

(3)熟胚蒸制工艺　熟胚蒸制工艺流程见图10-7。

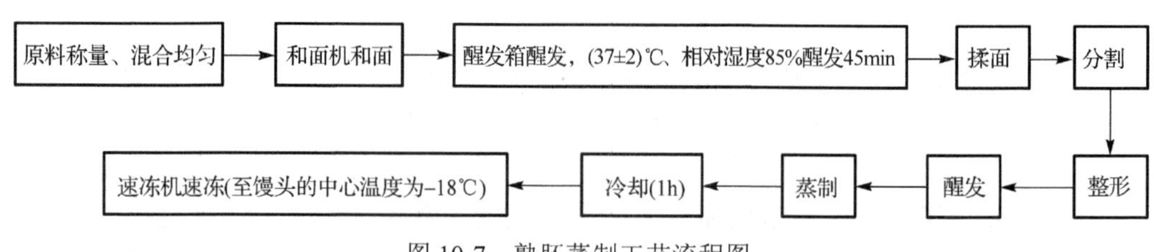

图10-7　熟胚蒸制工艺流程图

2．操作要点

1)和面：采用一次和面法，先用温水活化酵母，再加入其他辅料。和面时间控制在15min，要求面团调和均匀，无生粉夹杂其中，以免影响面团品质。

2)面团发酵：相对湿度控制在80%～85%，在恒温培养箱中发酵，一段时间之后，取

出搓揉以赶出其中的气体，再放入恒温培养箱中继续发酵到规定时间。

3）整形：面团不能过高或过低，以半球形为好，接口朝下放置，送入速冻设备中进行速冻。

4）速冻：于–31℃条件下将面团急冻 20～30min，使面团中心温度达到–18℃以下。

5）冷藏：于–20℃冷藏 4～7d。冷藏期间要尽量避免频繁开启冰箱速冻区门，以免引起温度波动，造成面团品质下降。

二、常见的速冻馒头品质问题

低温储藏可提高馒头储藏的稳定性，延长货架期，但馒头口感会变差，品质下降。而速冻馒头在贮藏过程中或解冻后，易出现表面开裂、发干、粗糙、失去弹性，内部组织结构变差，质地变粗，硬化掉渣，失去原有的蓬松感，风味减退，失重等质量缺陷。特别是速冻馒头在复蒸后感官状态欠佳且时有收缩现象的发生，严重影响产品质量。据不完全统计，速冻馒头生产企业馒头产品收缩客诉率占速冻馒头产品客诉率的 50%以上，占速冻面米食品的 4.5%，成为亟待解决的问题。

速冻馒头品质除受原材料的影响之外，在很大程度上还受制于制作工艺的影响，也包括冷却工艺。此外，面团中糊化淀粉的老化问题也较严重。水在结成冰后，体积要膨胀 9%左右，在速冻时，尽管大部分冰晶细小而均匀，但仍然有部分较大冰晶形成，对面团结构造成破坏，解冻时过多的水分又易被微生物所利用，引起腐败变质，并且解冻后面团易塌陷、变黏。

三、影响速冻馒头品质的因素

影响速冻馒头品质的因素，除原料面粉品质外，加工工艺也是重要因素，如面团搅拌时间、酵母添加量及复蒸馒头中酵母数量、速冻风速、速冻时加水量及解冻时间、谷朊粉和添加剂等。

1．面粉品质　面粉蛋白质含量的影响：采用蛋白质含量超过 13%的高筋粉制作馒头时，面团形成时间长，稳定时间长，拉伸比较大，馒头体积小，表皮颜色发暗、不光，且易收缩为一团；采用蛋白质含量<10%的软小麦面粉，馒头质地与口感较差，无嚼劲但表面光滑。因此，制作馒头的小麦粉蛋白质含量以 10%～13%较适宜。此外，蛋白质组分间的比例、各个组分的化学结构及空间结构，特别是二硫键的数目、二级结构单元的相互连接关系等是影响馒头质量尤为重要的因素。例如，若小麦粉中麦谷蛋白和麦醇溶蛋白的比例变大，总蛋白质含量降低，会导致馒头的弹性增加、黏性变小而发生收缩。

面粉中的淀粉组成与馒头品质也有很大关系。直链淀粉的含量与馒头的体积、比容、质量感官评分均呈负相关；随着直链淀粉含量的增加，馒头的硬度和咀嚼度均呈明显上升趋势，馒头品质降低。而支链淀粉含量高的馒头体积大、结构好、表面亮、老化速度慢、口感好与复蒸性好。

2．面团搅拌时间　面团搅拌时间的长短将影响速冻馒头复蒸后的品质，如复蒸馒头的收缩。搅拌时间过短，面团比较松散，表面不光滑，不能形成良好的面筋网络结构，面团持气能力降低，面筋强度不足以很好地支撑馒头醒发，所以馒头会出现轻微收缩和中度收缩；面团过度搅拌致使面团弹性降低，馒头持气能力下降，面筋网络结构遭到破坏，复蒸馒头收缩概率升高。随着面团搅拌时间继续延长，面筋网络撕裂破坏进一步严重，复蒸馒头的收缩概率更高，收缩程度更严重。

另外，面团搅拌时间过短，面团中的酵母菌分布不均，部分酵母残存在个别馒头中，在冷却或复蒸过程中达到适宜温度时会继续发酵，导致收缩现象的发生。时间过长，则由于馒头中的面筋微观结构在搅拌过程中被撕裂破坏，在贮藏过程中被冰晶破坏，所以出现收缩程度严重的馒头。因此，面团搅拌时间以 12min 为宜。

3．酵母添加量及复蒸馒头中酵母数量 由表 10-2、表 10-3 和图 10-8 可知，不同酵母添加量及复蒸馒头中酵母菌的数量将影响其品质。由于馒头表皮比较致密，内部孔洞小，在复蒸出锅时馒头内部气体无法与外界进行交换，造成内外压力不平衡，引起轻微的表皮或者局部收缩。酵母添加量少，速冻馒头在复蒸时收缩程度较重，产气不足，馒头没有经过充分醒发，所以馒头表皮出现收缩；添加量过多，酵母产气较快，CO_2 气体会冲破面筋网络结构，造成蒸出的馒头组织粗糙，空隙较大，出现轻微收缩和中度收缩，且馒头有较大的酸味，口感变差。随着馒头中酵母菌数的逐渐增加，馒头收缩程度加重。这可能是因为在馒头蒸制过程中残存有少量酵母菌，在速冻和冻藏过程中酵母菌发酵力下降。当速冻馒头在复蒸过程中温度升高到适宜温度时，残存的酵母开始发酵，产生 CO_2 及其他酸性产物，破坏馒头内部的蛋白质网络结构，导致了馒头的收缩。馒头中残存的酵母菌越多，蛋白质网络结构被破坏得越严重，所以馒头的收缩程度逐渐加重。且在冷藏中酵母会产生还原性谷胱甘肽，对面筋网络产生弱化作用。另外，从经济角度考虑，也以采用最小酵母添加量为宜。

表 10-2 酵母添加量对速冻馒头复蒸收缩的影响（王艳娜，2015）

指标	正常馒头	Ⅲ级收缩馒头	Ⅱ级收缩馒头	Ⅰ级收缩馒头
酵母菌数/(CFU/g)	<10	75	1.3×10^2	5.2×10^2

注：Ⅰ级为严重收缩

表 10-3 不同收缩程度馒头中酵母菌数的变化（王艳娜，2015）

酵母添加量/%	正常馒头/%	Ⅲ级收缩馒头/%	Ⅱ级收缩馒头/%	Ⅰ级收缩馒头/%
0.3	68	27	3	2
0.8	97	3	0	0
1.5	61	31	5	3

4．解冻时间 解冻时间对馒头品质的影响比较大，解冻温度对其影响则较小。解冻中也伴随着醒发，时间过长，会引起发酵过度，甚至产酸，制出的馒头趋向于扁平，内部结构也比较差；醒发时间短，又导致酵母产气不足，产品比容小，表皮有皱缩现象。

5．速冻风速 当速冻风速为 1～4m/s 时，速冻馒头的品质较好；当风速为 4～7m/s 时，速冻馒头表面出现干裂现象，品质受到极大影响。可能是由于风速过快，馒头在速冻过程中表面与内部降温的速度差距过大，馒头表面出现表皮干裂现象，因此在馒头速冻中不宜选择过快的风速。但风速为 1～2m/s 时，冻结速度太慢，因此风速以 3～4m/s 为宜。不同风速对速冻馒头品质的影响见表 10-4。

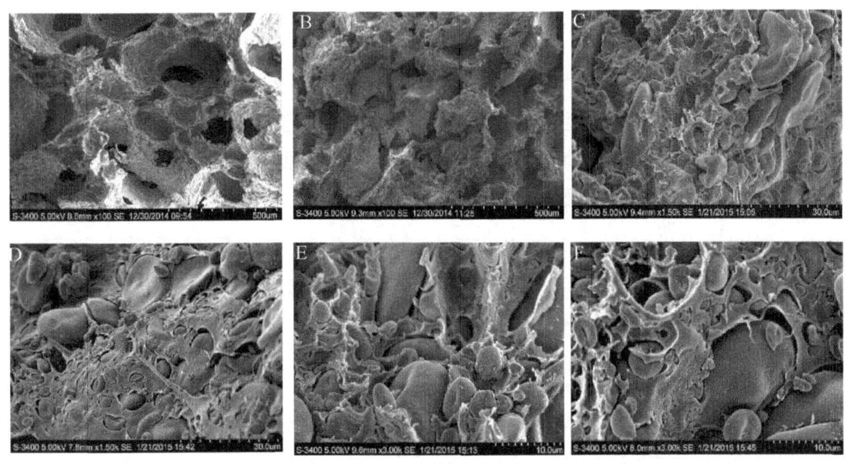

图 10-8 不同收缩程度馒头的内部微观结构图(王艳娜，2015)
A．正常馒头(100×)；B．收缩馒头(100×)；C．正常馒头(1500×)；D．收缩馒头(1500×)；
E．正常馒头(3000×)；F．收缩馒头(3000×)

表 10-4 不同风速对速冻馒头品质的影响(张剑和李梦琴，2009)

风速/(m/s)	现象
1～2	速冻完成后有少量气泡出现，自然解冻后气泡慢慢消失；冻结时间 23min
3～4	速冻完成后有少量气泡出现，自然解冻后气泡慢慢消失；冻结时间 18min
4～5	馒头在速冻过程中有气泡出现，冻后有表皮干裂现象；冻结时间 17min
6～7	馒头在速冻过程中有气泡出现，冻后有表皮干裂现象；冻结时间 16min

6．速冻时加水量 速冻馒头水分过多，馒头制作成型后高径比较小，游离水分较多，使速冻后馒头品质变差，产生较多的气泡；且揉制过程中有粘手现象，不如低含水量时易成型。馒头含水量过低，使面筋与淀粉结合水分不足，使速冻后的馒头表皮易于开裂，或解冻后易于破皮，外观品质劣化；并且馒头含水量过低时面质过硬，也不易成型。因此，加水量以 46%～48%为宜。加水量过低，气泡较少，自然解冻后按压有裂隙，形成褶皱；而加水量过多，气泡较多，有坍塌现象。

7．谷朊粉 谷朊粉是一种天然面粉改良剂，可以增大面团的筋力，改善面团的黏弹性，增强加工过程中耐揉混能力，提高产品质量。将其添加到馒头粉中，可增大面团的筋力和速冻馒头蒸制后的体积，提高馒头的柔软度，降低黏度，增强口感和风味。适量添加谷朊粉可增加面团的持气性，缩短发酵时间，但添加量过大，面粉中蛋白质与水作用形成过多的面筋网络结构使面团过度发酵而使持气性变劣，从而使馒头的体积变小、柔软度变小。

8．添加剂 常见的速冻馒头添加剂有亲水性胶体、乳化剂、酶制剂等。

(1)亲水性胶体 亲水性胶体是水溶性大分子多糖，具有增稠、胶凝、成膜和乳化等多种功能特性。在面糊中添加胶体可以增加黏度，提供良好的成膜性，有助于提高产品的冻融稳定性，防止水分迁移，提高涂层的黏附能力。

(2)乳化剂 乳化剂是一类能降低油水界面两相之间的表面张力，使之形成均匀的分散体或乳化体，从而改进食品组织结构、外观和口感，以及提高食品保存性的一类可食性的具有亲水和亲油双重特性的化学物质。乳化剂主要和蛋白质、脂类等大分子相互作用，抑制淀粉的吸水，增大馒头的比容，使馒头的含水量降低。由于乳化剂能较好地与面粉中的淀粉作用，使淀粉分子极性趋于一致，使速冻馒头在微波复热时受热更均匀，能更好地锁住水分，从而减少水分的蒸发量。乳化剂能与淀粉形成络合物，有助于面团达到最大吸水率，使馒头得到较好的内瓤结构，可有效防止馒头老化现象，保鲜效果好，还能与面粉蛋白质相结合，增强面团的产气能力和持气性，在馒头蒸制之后赋予馒头致密的表皮结构，防止水分的散失。

(3) 酶制剂　酶制剂是改善馒头品质的主要添加剂，可明显地增加馒头的体积，改善馒头的表皮品质，使馒头内部更加柔软，结构更加均匀。木聚糖酶可将大分子的不溶性戊聚糖（阿拉伯木聚糖）水解成小分子质量的水溶性戊聚糖。小麦粉中水溶性阿拉伯木聚糖的增加，能提高面团的持水性和机械强度，使面团具有良好的持气能力和操作耐力。馒头经过长时间的冻藏，水分流失，组织变硬，复蒸后比容会出现一定程度的下降。

适当添加木聚糖酶，能显著提高馒头皮的明度值。木聚糖酶在水解戊聚糖过程中使戊聚糖所吸收的水分被释放，而面筋蛋白质吸收了这些水分，增加了水合作用，提高了面筋质量，改善了面团的延展性和弹韧性；同时，水溶性戊聚糖的增加提高了面团的持气性，在汽蒸过程中使馒头中的水分和气体分布均匀，气泡的大小和稳定性得到改善，使馒头增白、增亮。木聚糖酶能显著提高馒头的抗老化性，延缓馒头的老化。这是因为木聚糖酶降解戊聚糖形成可溶性戊聚糖过程中，降低了面团的黏度，使面团中水分分布更加合理并促进面筋网络的形成。这种结构使淀粉颗粒排列更加有序，在汽蒸时利于淀粉糊化，从而抑制淀粉的重结晶，延缓了馒头的老化。

第三节　速冻面条

目前我国市场上的速冻面条类产品还不多，大概分为速冻熟面和速冻鲜面两类产品。

一、速冻熟面

速冻熟面属方便面的一种，但是它不仅具有方便面的速食性，口感也比油炸方便面好。速冻熟面生产过程中，其前段工艺与一般的生鲜煮面生产过程大致相同，通过后边急速冷冻之后，面条的风味和口感得到保持，复热后与一般面条刚煮熟时相同。速冻熟面从原材料收集到速冻一般要求在 8～10h 完成，对原材料的品质要求比较高。这样不仅保证了食品的新鲜度，而且原有的风味色泽、营养成分的变化不大，被称为“真正的新鲜食品”而受到广大消费者的喜爱。

速冻熟面的口感风味较好，含水量高。煮熟的面条经速冻后阻止了水分转移，保持了面条刚出锅时的状态，接近手工面条的口感；且不经油炸，健康营养，因此它优于油炸或热风干燥方便面；品种多样，如荞麦面、乌冬面、意大利面等；复热时间短，方便快捷。面条经速冻后，运输销售全程都在−18℃条件下保存，不用添加保鲜剂就可保质一年。

但速冻熟面对运输储藏条件要求苛刻，生产到流通的温度一定要低于−18℃，冷库内温度波动易使面条表面发白、变干，甚至会降低风味。速冻熟面的种类包括挂面、日本切面、中国切面、荞麦面、乌冬面、意大利细面条等。还有一些冷冻生面为延长生面保存期，而进行冷冻的制品主要为切面，同时也配有汤料和菜包，食用时须加热解冻和进行煮沸。

1. 速冻熟面的生产工艺流程　速冻熟面主要经过选择面粉→和面→静置→压面→切面→煮面→冷却→急冻→冷冻等步骤，每个生产步骤对速冻面条的最终品质都有较大影响。其主要流程如图10-9所示。

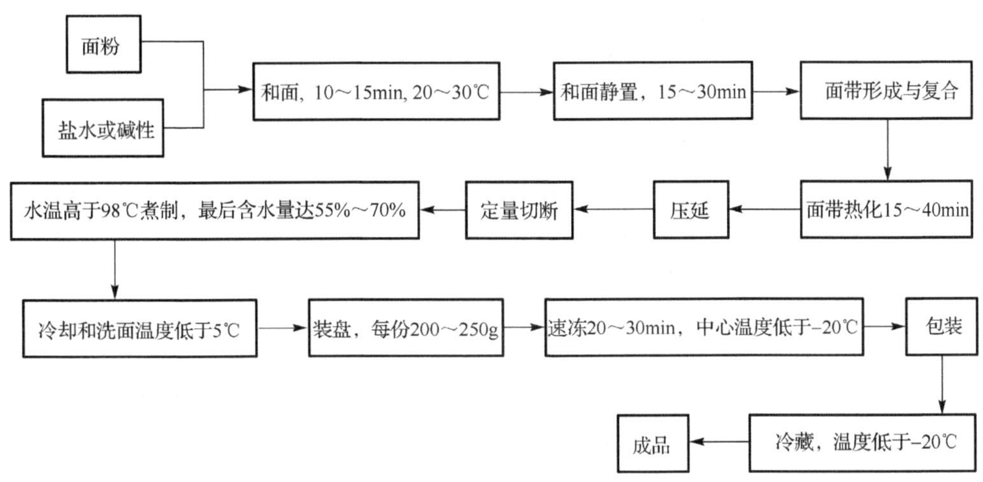

图10-9　速冻熟面的生产工艺流程图(王明明，2011)

2. 生产工艺对速冻熟面品质的影响

(1) *面粉及其他原料*　面粉的品质对速冻熟面的品质影响极大。为达到速冻熟面的高品质，必须选用麦心制成的灰分较低、色泽较白的精制面粉。如果面粉的加工精度达不到要求，则制成的速冻熟面色泽灰暗、口感差。面粉中蛋白质含量越多，糊化温度越高，就表明在相同水分下，煮面时间越长，蛋白质含量越高，表明其网状结构较粗、较密，影响淀粉的膨润，从而影响速冻面条的水分梯度分布。

日本制作速冻熟面的原料除须满足普通面条的要求外，还要注意选择耐冻结和耐解冻的材料，使其在解冻后能恢复到刚出锅时的状态。

(2) *水分*　速冻熟面中的水分占70%～75%，对面条的食味影响很大。保持速冻熟面的最佳品质主要在于保持最佳的水分梯度。所谓的水分梯度是指面条进入沸水中，热与水从面条外部向内部传递和渗透，经一定时间后，成为面条外层含水量较高(大约80%)、黏糊感较强，内部含水量较低(大约50%)、弹性较强的状态。而随着时间的增加，外部水分不断向内部迁移，最终使得面条内外水分均匀，丧失了咬劲。

面团加水量过多会造成产生的冰晶增多，从而导致解冻时面条的品质下降。研究发现，煮熟的面条外侧一般会含80%的水分而内部含50%的水分，这时口感最佳。面条在煮熟后外部的水分会由于扩散作用逐渐渗透到内部，这样就打破了面条具有最佳口感时的水分梯度，面条失去韧性，从而无法回到原来的状态。由于速冻熟面是在面条煮熟至口感最佳的条件下在低温下快速冷冻至–18℃冷藏，食用时解冻复热后面条就可以回复到最佳食用状态，面条内外维持一定的水分梯度。因此，保持面条内外的水分梯度是生产速冻熟面的关键。水分过低或者过高都会影响面条内水分梯度的分布。

(3) *采用真空和面和面团熟化*　在真空状态下，喷入的水以雾化的方式迅速进入面粉粒内部，进而与面粉粒均匀混合，使面团结构更加紧密、面筋网络扩展，缩短了面团的熟化时间，提高了和面效率。由于真空和面的面带含有充足的水分，使面粉粒内的蛋白质结构因吸水的增加而软化，面条复热时淀粉颗粒很容易达到膨润状态从而达到理想的水分梯度状态。同时减少面团中空气量，增加面条密度，煮面时不易形成气泡，面条不会很快浮出液面而使面条受热量及吸水量减少，缩短煮面时间。如果未经真空搅拌，面条内部有空气存在，煮面时就会在内部形成气泡，影响面条的品质。

采用真空和面机和面时，一般真空度设为 80～86kPa，和面开始时高速搅拌 5min，然后低速搅拌 10min。加水量低于 35%时，水分不容易进入面粉粒中心，造成面带表面发黏或过软。

面团在专门的内有多层蛇形装置熟化箱内缓慢移动，进行熟化。面团通过熟化，使水分分布逐渐均匀，淀粉进一步吸水膨胀，同时淀粉、蛋白质与脂质逐渐结合，并且可以松弛和面时所产生的应力，面团的延伸性增强，弹性进一步下降。合适的熟化条件可使面片中的水分分布更加均匀，提高面团的延伸性。合适的熟化条件为：温度 25～30℃，相对湿度 70%～80%，时间 30～40min。

(4) *面带熟成与压延*　和好的面团需静置 30～60min，使内部面筋松弛，形成可塑性强的面带。一般常温下静置 15～20min，称为面带熟成。其作用是使水分分布更均匀，形成部分双硫键，面条内部能够形成良好的结构，并增加面条的透明度。

优良的压延方式使面团在低水分的状态下有较多形成氢键的机会，拉近蛋白质分子间的距离，产生二硫键，形成面筋结构。根据压延方向的不同，压延可分为单向压延和多向压延。单向压延时，面筋蛋白质主要沿压延方向单向分布，垂直方向分布较差；多向压延则使面筋蛋白质沿各个方向均匀分布。擀拉式复合压延与连续压片两种压延方式在很大程度上模拟了人手的虎口对面团捏合的手工制面过程，充分揉面团，避免以往面筋蛋白质经压延后单向排列，而改以双向的网状结构，面筋网络在横、纵向的耐拉力显著提高，保证了制得产品的口感，达到手工制面的品质。在制面过程中一般先经过 4～6 道擀拉式压延，再经过 2 道普通压延。

(5) *烹煮与洗面*　面条经定量切断后进行烹煮，水温为 98℃，pH 为 5～6。不同面条的烹煮时间不尽相同，拉面为 50～90s，乌冬面为 12～16min，达到一定的糊化度及含水量。在煮面过程中不煮至完全熟透、煮至九成熟(面条中心白点即将消失)即可。余热仍会继续传导至面条中心。

煮面时间和煮前面条内部含水量与煮面后水分梯度的分布有关。生产较厚的面条要提高加水量，防止面条外部的淀粉快速吸水膨润而升高密度，影响水分渗入面条的情况。煮面热水的温度以 90～99℃为宜。水温过高(溶出物增多可使水温超过 100℃)或过低，均会影响面条内水分梯度的分布，对品质产生影响。

面条煮熟后，表面的黏性物质会使速冻后的面条相互黏着，要洗掉面条表面黏液，防止面条相互粘连，增强面条的弹性，收敛面条表面。同时，冷却抑制煮面后的余热，阻止表面淀粉的继续膨润。水洗的温度一般为 0～5℃，洗面时间依品种及水温而定。一般水洗时间为 1min 左右，拉面为 40s，乌冬面为 4～5min。

也有研究发现，水温为 8℃较合适，可快速抑制面条表面淀粉继续膨胀，以免产生过多黏性及成品面条间相互粘连；实际生产时可采用恒温水多段冷却工艺，效果较好。

(6) *速冻*　洗面后，定量分装入盒。面条煮后，其内外维持了一定的水分梯度。如果煮后没有立即冷冻，则外部水分会逐渐向内部扩散，面条会失去韧性，即使复热后也不能回复到原来的品质，因此，煮后需迅速置入速冻箱。速冻熟面必须在30～40min内使中心温度迅速降低到−18℃以下，这是速冻熟面制作的关键工艺之一。

速冻时，较厚的面条可采用分段控温。例如，第一段为−40℃，第二段为−30℃左右，使面条中心与外层的温差减小，避免面条龟裂或断裂，第三阶段仍为−40℃，最终将产品温度降低到−18℃以下。

(7)冷藏　在冷藏过程中，速冻熟面的各项指标均呈现逐渐下降的趋势。淀粉老化使面条变硬，表面水分损失引起爽滑度和弹性逐渐降低。随着冷藏时间的延长，速冻熟面的硬度、弹性、外观、色泽、风味口感、爽滑度都会下降。但对于产业化生产来说，在半年保质期内食用品质是完全可以保证的。

为了保持面条的水分梯度，要求贮藏温度在−18℃以下，控制温度波动的频率和波动的幅度，以防止重结晶现象发生，以及面条表面失水而失去透明感、呈现白色斑点。

(8)解冻　当速冻熟面在40℃条件下解冻时，速冻面条的抗拉伸强度、黏度、最大拉伸强度均不同程度降低，而硬度却增加；糊化度在储藏3d内逐渐降低，3d以后变化则不大。当速冻熟面在沸水中解冻时，速冻面条的抗拉伸强度、硬度和糊化度受速冻时间的影响较大。

另外，冷冻熟面必须先快速解冻(少于2min)，然后用开水复热，这样餐馆工作人员可以利用速冻熟面轻松快捷地给顾客做出可口的面条。

3．改良剂对速冻熟面品质的影响　速冻熟面的品质改良主要集中在淀粉、食用胶、乳化剂、酶制剂、抗冻剂等添加剂的使用上。

(1)淀粉　淀粉对速冻熟面的制作也是必不可少的。因为没加淀粉的面条，往往表面吸水快、中间慢，面条煮熟后容易出现心硬表面黏的现象。在速冻过程中面条容易发生老化变硬的现象。添加具有抗老化作用的变性淀粉就可以显著改善速冻熟面的弹性、透明度、光滑度和复水性，减缓老化作用。变性淀粉能够有效改善经过冷冻和解冻的面条失去口感和质量不好的问题，如提高面条的弹性和爽滑度，改善不同影响的面粉作用，减少冷冻面条的断条率，增加面条的白度，减少面条的煮制时间，增加面条的韧性等。因此，在面条中添加淀粉具有缩短煮面时间、改善口感、赋予面条透明感及改善面条外观的作用。

(2)木聚糖酶　酶制剂可显著增强面团筋力，使面团不粘，有弹性。添加木聚糖酶的面条的吸水率和蒸煮损失都有所下降，且随着添加量的增加而呈下降趋势。这可能是由于木聚糖可吸收大约相当于自身质量10倍的水，当面粉中的木聚糖酶水解木聚糖后，使大量原本被木聚糖所吸收的水分得以释放，使得面筋蛋白质充分吸水，面团的延伸性增强，从而减少了面条的吸水率和蒸煮损失。随着添加量的增加，速冻熟面的剪切力和拉伸力变小，咀嚼性下降，但对其硬度没有影响。

(3)乳化剂　单甘酯和硬脂酰乳酸钠是使用最普遍的乳化剂，在食品中具有分散、稳定、乳化、发泡、消泡、抗淀粉回生等作用。在面条中添加乳化剂，能与小麦中蛋白质发生强烈的相互作用，其中的亲水基团会与小麦面筋中的麦胶蛋白结合，而疏水基团则与麦谷蛋白相结合，形成面筋-蛋白质的复合物，淀粉颗粒被包裹起来，减少了淀粉的溶出，提高面条的弹性，不易煮烂，从而降低了面条的蒸煮损失。因此，乳化剂可有效降低面条表面黏着性，减少煮面浑汤现象和增强面条的筋道感，其中硬脂酰乳酸钠对改善面条黏着性、拉伸力和蒸煮损失等效果较佳。

（4）*食用胶*　在速冻熟面的冻结过程中，添加食用胶可减少自由水，并通过与食品组分的相互作用形成新的结构，进而提高速冻食品的低温稳定性，控制速冻熟面中冰晶的生长速率和大小，同时食品胶通过与淀粉、蛋白质形成复合结构来改善面条的口感，降低产品的开裂率，使产品表面光滑，口感更佳，降低产品煮后浑汤现象的发生率，延长制品的货架期。使用较多的是卡拉胶、黄原胶、瓜尔胶和海藻酸钠等，其中改善效果较好的是黄原胶。

食用胶可以与蛋白质作用，形成稳定胶体，增加了速冻熟面的保水能力，从而延缓其淀粉老化，使其保持本来的口感。

二、速冻鲜面

鲜面条在口感上优于挂面而受到多数消费者的欢迎，但是鲜面条由于含水量高不耐保存，只能限于市场上现做现卖，影响了它的发展。速冻鲜面有口感好、保质期长、食用方便、不添加防腐剂等优点。为了不影响煮熟后的面条品质，市场上主要销售的是煮熟时间较短的细面条。而速冻鲜面产量相对较少的一个重要原因是在储藏期间易发生脱水现象。因此，速冻鲜面的市场需要量在逐年下降，该类面条的品种较少。

1．速冻鲜面的生产工艺流程　速冻鲜面的简单生产工艺流程为：和面→熟化→复合压延→撒粉→切条→速冻→包装→冷藏。

2．影响速冻鲜面的因素

（1）*面粉筋力对速冻鲜面品质的影响*　随着面粉稳定时间的增加，面粉筋力增强，面条的筋性、韧性提高，品质明显改善。当面粉的稳定时间过长时，面粉的筋力过强，所生产面条的硬度就会过大，食用时感觉硬，不爽口，并且煮面时间过长，降低了其食用价值，综合评分降低。稳定时间 5.2～7.2min 的面粉，较适于生产速冻鲜面。

（2）*加水量对速冻鲜面品质的影响*　在一定的范围内，加水量的增加有利于面筋的充分形成，也使生产的面条在硬度上适中，有利于面条品质的提高；但是加水量过多，在生产压片时易黏辊，操作难度加大，并且在解冻后易有水析出产生冰晶，更易于产生粘连。当加水量为 40%时，生产的速冻鲜面的硬度适度，弹性较好。

（3）*速冻时风速对速冻鲜面品质的影响*　速冻时风速过大，冻结速度快，造成面条断条率上升，质量损失大，速冻后面条质量一般；而风速过小，速冻后面条的损失小、质量良好，但冻结速度较慢；当风速为 3～4m/s 时，速冻后面条的品质较好，冻结速度快，质量损失较小，速冻后面条的品质较好。

（4）*撒粉量对速冻鲜面品质的影响*　粘连是速冻鲜面在流通环节很容易出现的一个质量问题，撒粉是防止出现粘连的一个重要措施之一，撒粉量对速冻鲜面品质有重要的影响。撒粉量过低，速冻再解冻后面条有粘连或粘连严重，煮时很多面条无法散开，断条严重；撒粉量过高，速冻后面条表面有明显的淀粉附着，再解冻后面条没有粘连，煮时面条易散开，没有断条，煮后有明显的浑汤现象；当撒粉量在 1%～1.5%时，速冻鲜面在解冻时不粘连，煮时易散开，不断条，浑汤性不明显。

第四节　速 冻 汤 圆

据不完全统计，近年来速冻汤圆的销售量以每年 30%～40%的速度快速增长，在整个速冻食品中的比例达到 5%～10%，已成为第二大销售量的速冻食品。汤圆的加工方式已逐渐由机械化生产替代家庭式手工制作，其销售主要以速冻汤圆为主。由于地域的不同，汤圆的种类和风味也各有迥异，比较著名的传统汤圆有成都赖汤圆、上海擂沙汤圆、宁波猪油汤圆、苏州五色汤圆、山东芝麻枣泥汤圆等。

速冻汤圆是以糯米粉或其他糯性原料粉为主料制皮，添加(或不添加)馅料，经和面、制芯(无芯产品除外)、成型、速冻、包装制作而成，且速冻后产品中心温度低于–18℃的球形产品。速冻汤圆的外观评价常用成型性和色泽来衡量，要求外表饱满，呈圆球状，白色或乳白色，表面光亮。但由于糯米粉不像小麦粉一样能形成类似面筋的网状结构，糯米粉形成的湿糯米团缺乏延展性，且本身的吸水性、保水性较差，糯米团中水分分布不均匀，致使其结构较为松散，汤圆皮的厚度不均匀。当冷冻条件控制不好时，这种情况尤为明显。因此，在速冻汤圆工业化的生产及冷藏过程中，速冻汤圆普遍存在着表皮有冻纹或开裂，蒸煮后易出现浑汤、塌陷、黏牙等食用品质差等质量问题。

一、速冻汤圆制作的工艺流程

一般速冻汤圆制作的工艺流程如图 10-10 所示。

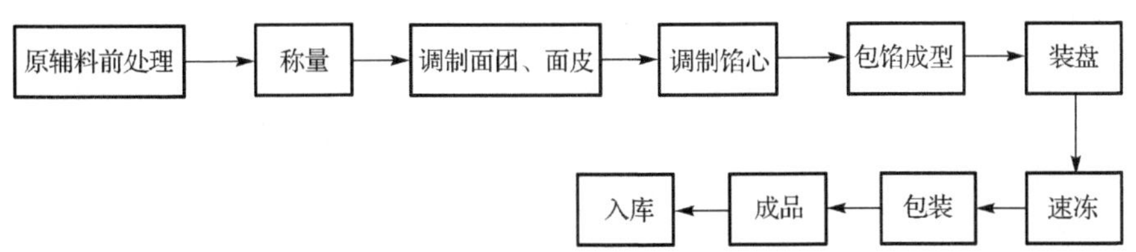

图 10-10 速冻汤圆制作的工艺流程图

其中，原辅料前处理主要是指调粉。即将糯米粉和其他粉体辅料如普通米粉、淀粉、糯性小麦粉或玉米粉等加入调粉机内，采用一次加水法进行调粉。常用调粉机按转动轴位置分为欧式和立式两种。大型调粉机多为欧式，其最大容量为 450～900kg。汤圆面皮采用冷水调粉，制作时加 0.3%的品质改良剂，搅拌均匀，按米粉总质量的 80%～85%加水继续搅拌，使粉团达到一定的柔软度。静置 10～20min。将制好的汤圆进行速冻。在–35～–30℃的温度下速冻 30～45min，使汤圆中心温度达到–18℃时为止。

二、影响速冻汤圆品质的因素

目前，抗冻裂能力是衡量速冻汤圆品质的重要指标之一，常用冻裂率来衡量开裂程度。

1. 糯米粉品质的影响 糯米粉是汤圆生产的主要原料，其品质的优劣直接影响产品的质量，是影响速冻汤圆食用品质的关键因素。

糯米粉的粒度：对用于制作汤圆的糯米粉粉质粒度及黏度的要求较高，要求粉质细腻，其粒度应基本达到 100 目筛通过率大于 90%，150 目筛通过率大于 80%。反映在品质上表现为细腻、黏弹性好，易煮熟，浑汤少。当粉质较粗时，成型性虽好，但粗糙，色泽泛灰、暗淡，易致汤浑，无糯米的清香味；而当粉质过细时，色泽乳白，光亮透明，有浓厚的糯米清香，但成型性不好，易粘牙，韧性差。而糯米粉粉质粒度也直接影响其糊化度，从而影响到黏度及产品的复水性。

糯米粉的理化品质特性也是影响速冻汤圆质量的重要因素。研究表明，糯米粉的化学组分对汤圆冻裂的影响较大，其粗蛋白含量与汤圆的冻裂率呈极显著正相关；而淀粉含量与汤圆冻裂率呈显著负相关。当以汤圆在冷冻中的失水率作为评价指标时，糯米粉的粒度和汤圆的失水率呈负相关。

2．制作工艺的影响 汤圆粉团制作工艺有煮芡法、热烫法和冷水调粉法等。煮芡法和热烫法制作的粉团，因部分淀粉已糊化，形成糯米凝胶和糊化淀粉，黏性增大，粉团组织紧密，延展性增强，在低温条件下易冷冻回生，且粉团不易塌架，高径比稍大，导致其营养特性、外观、口感等有明显劣变，且工序繁杂、费力。

而冷水调粉法制得的粉团组织松散，但由于糯米粉的保水性差，粉团易塌架，高径比稍小。粉团高径比与直链淀粉有直接的关系，直链淀粉具有近似纤维的性能，成膜性和强度很好，对粉团架构起到重要的支撑作用。所以对于同一种糯米粉，其直链淀粉含量相同，制得的粉团高径比差异不显著，表明对制作方法的影响不显著。目前，多采用冷水调粉法，直接用冷水(室温水)调粉代替煮芡或热烫法，其形成的粉团有筋力，包馅、贮藏时不易龟裂，克服了粉团凝胶所带来的负面影响。

3．调粉与加水量的影响 调粉时须严格控制加水量，加水过多会导致粉体发黏发软，不利于设备的正常运行，多余的水会在冷冻冷藏过程中形成大冰晶，导致冻裂；过少则降低产品的柔软度和体积，出现掉粉，影响其食用品质。粉体吸水率是确定加水量的依据，合适的加水量可使皮料细腻洁白、光滑有劲、不粘手。在加工过程中加水量的小幅度变化就可能影响汤圆的品质。加水量大，粉团较软，在汤圆团制的过程中容易偏心，速冻前及速冻过程中容易塌陷，同时导致冻裂率上升；加水量小，则粉团松散，米粉间的亲和力不足，在汤圆团制过程中不易成型，汤圆表面干散、不细腻，在冻结过程中水分散失过快而导致干裂，严重影响了汤圆的质量。

4．速冻条件的影响 速冻汤圆表面开裂有两方面的原因。一方面，在冷冻过程中，由于热量的交换，汤圆皮温度不断下降，粉团内水分会因为冷冻而产生冰晶，同时凝胶冷冻后产生脱水收缩引起开裂；另一方面，汤圆在冻结过程中外皮首先冷冻固化，形成坚硬的外层，而含有大量水分的馅仍未冻结，随着温度的降低，馅中的水分冻结膨胀产生内压造成外层冻结的皮裂开。而解冻时，汤圆的水分分布不均匀，在再次冷冻冻结后就会导致压力的不匀，造成表皮龟裂。因此，汤圆的开裂主要是内压力膨胀和水分散失等原因。其中，关键是水的存在状态，包括水分的迁移、水和淀粉及蛋白质的结合与解吸、冰晶存在的状态变化等。

工业化生产中，汤圆成型后，装入汤圆托内，在–30℃速冻隧道内速冻 30min，使汤圆中心温度达到–18℃为止。馅料温度冷却至 4～6℃，皮料温度以控制在 15～20℃为宜。汤圆冷冻采用–30℃、0.5h，中心温度达到–18℃以下的速冻方式，则基本不产生裂纹。

5．常用的改良剂 糯米粉不像小麦粉一样能形成类似面筋的网状结构，粉团缺乏延展性。在实际生产中，多选用改良剂来改善其加工品质。常用的改良剂主要有变性淀粉、增稠剂、乳化剂、复合磷酸盐等。

单甘酯作为乳化剂用于速冻汤圆的生产过程中能起到一定的乳化稳定效果，可以有效改善糯米团中水分的分布，减少游离水，保证在冻结过程中冰晶细小，使内部结构细腻无孔洞，形状保持完好，极大地提高了速冻汤圆的冻融稳定性，减少了汤圆的冻裂率，有助于保证冷冻食品的外观和口感；将黄原胶适量地添加入糯米粉中能增强粉团黏结性和淀粉空间结构的稳定性，减少汤圆表面的开裂现象，具有较好的持水性。

添加氧化淀粉、羟丙基糯米淀粉后，速冻汤圆的感官品质得到了明显提高。这是由于该类淀粉在冷水中可溶，具有较高的黏性和吸水能力，在糯米粉的调粉过程中可以提高加工所需的黏度，加强了糯米粉之间的黏结力和粉团的结构强度，对加工过程中加水量的偏差具有较好的调整作用，减少了汤圆团制过程中的偏心、塌陷等现象。其良好的黏性和吸水能力还可以避免糯米粉品质波动所带来的产品性质不稳定的缺陷。

另外，研究发现在糯米粉中添加魔芋精粉、瓜尔豆胶、CMC-Na、海藻酸钠后减少了汤圆脱水收缩作用，使外皮变得更为紧密、细腻，成型后汤圆不易塌架，还可保持原有的糯香味，同时增加了吸水量，从而减少了样品表面的开裂现象。

第五节　速 冻 面 团

速冻面团，也叫冷冻面团技术，是指在面包、馒头、包子等面制主食品生产加工过程中，运用冷冻技术来处理产品面胚，使其在半成品阶段被冷冻冷藏，待需用时经解冻处理，再接后续工序和生产流程，直至成为成品为止。速冻面团是 20 世纪五六十年代以来发展起来的生产新工艺，最先由欧美国家应用此技术。速冻面团的出现使焙烤及其他面制食品的生产分成了面团制作和焙烤或熟制两个独立的环节，即加工厂只需生产出面团并冷冻即可，快餐店、连锁店、面包房等终端只需解冻烘烤熟制。速冻面团除可生产面包外，还可以加工具有我国饮食特色的馒头、春卷、包子、饺子等传统食品。20 世纪 90 年代，欧美国家运用速冻面团技术生产销售的面包已占其总体生产销售总数的 80%以上。使用速冻面团既可以扩大面包厂的生产规模、降低成本、提高质量，又极大地方便了消费者，使消费者在家中能随时吃上新鲜烤制的面包。综合其优势，兼有鲜明、省时、方便、快捷等特点，也满足了现代人对食品的营养及新鲜度的要求，因而深受广大消费者喜爱，具有广泛的应用前景。近年来，国内采用速冻面团技术生产以面包为主的烘焙食品发展迅速，已成为我国烘焙工业的一种新趋势、新潮流。随着我国餐饮业规模化、集约化、品牌和连锁经营国际化模式的迅猛发展，我国传统主食品如馒头、包子等的工业化生产成为必然趋势，而速冻面团技术为其提供了一条经济有效的技术途径。因此，该技术在中国传统发酵食品体系中的应用成为近年来的研究热点。

一、速冻面团技术分类

1．冷冻面团法　工艺流程：在中心工厂中调粉→醒发→整形后，将面团急冻、冷藏，得到速冻面团，然后再送往各连锁店，待需要时将其解冻→醒发→烘烤成型。

这种工艺省时省力，运输方便，效果好，做出的面包和普通面包无论是口感还是内部组织结构也都非常接近，且不用前发酵，适合中等规模以上的面包加工厂。

2．预醒发面团冷冻法　工艺流程：制作面团→整形→醒发后，将面团急冻、冷藏，待需要时将其解冻→烘烤成型。

该技术制作的速冻面团最后解冻时间短，一般只需 7～10min。这不仅能提高面包连锁店的工作效率，还能根据销售情况进行调整，避免浪费。其缺点是品质欠佳，储藏期不长。

3．预烘烤制品冷冻法　工艺流程：制作面团→预醒发分割→预烘烤至七成熟→冷冻冷藏，待需要时取出解冻→烘烤至完全。

该法的特点是主要适用于低成分面包、法式面包、脆皮面包等，产品档次较低。

4．冷藏面团法 工艺流程：调粉后的面团在 0～10℃缓慢发酵 3～7d，然后将面团急冻、冷藏，待需要时将其解冻→整形→醒发→烘烤成型。

该法的特点是经过醒发分割、冷冻、解冻成型等过程，操作比较麻烦。

5．冷冻面包法 工艺流程：制作面团→分割成型→醒发烘烤→冷却至 20～30℃→急冻、冷藏。它既可直接出售，也可解冻后二次加热出售。

该法的特点是与一般的冷冻冷藏食品工艺类似。

二、影响速冻面团质量的因素

速冻面团技术是一种产品中间产物的保存技术，生产出的产品应该和普通的面制品一样有相当的品质。众所周知，冷冻保存过程会对面制品本身产生不利的影响，如由于面团中的水形成冰晶，又由于温度不稳定冰晶发生再结晶。随冰晶的增大，其对面团组织的机械损伤作用也增大，从而使面筋网络受到破坏，弱化面筋的形成，面团筋力减弱，速冻面团会出现裂纹。并且过低的温度会破坏面团的蛋白质结构，保存过程中出现的失水现象会降低产品的持水量从而影响产品的质量，甚至会有开裂的现象出现，进而影响面制食品的感官品质；同时，速冻面团在冷冻冷藏期间，面团会随着冷藏时间的延长，硬度变大，色泽变深，面团品质有下降趋势，各个品质指标都下降；冷冻过后，发酵面团的发酵能力降低，影响产品品质，如何提高酵母的耐冻性与如何增加酵母的发酵能力有待进一步研究。所以提高面团的冻融稳定性、持水性，对于速冻面团产品的品质是至关重要的。

影响速冻面团品质的因素很多，如面粉的蛋白质含量及质量、面团的配方和冻藏过程中面团面筋水合能力、酶活力、蛋白质的变性程度、酵母细胞耐冻能力及面粉品质等因素均与面团品质密切相关。另外，和面过程中加料的顺序、冷冻温度、解冻过程、冷冻-解冻周期次数、添加剂的添加等也和面团品质的形成有关。

1．原料小麦粉的评价 在影响速冻面团质量的诸多因素中，小麦粉的品质对于速冻面团质量的影响尤为突出。对制作速冻面团的小麦粉的品质评价主要从以下几个方面开展。

(1)小麦粉的基础成分 小麦粉的基础成分与粉质特性、拉伸特性相关。吸水率与水分含量、蛋白质含量、最大拉伸阻力呈显著正相关；面团形成时间与湿面筋含量、最大拉伸比例呈显著正相关；面团形成时间与拉伸阻力、最大拉伸阻力、拉伸比例呈极显著正相关；水分含量与最大拉伸阻力呈显著正相关。此外，蛋白质含量与面团的拉伸阻力、最大拉伸阻力、拉伸比例呈显著正相关。吸水率指的是面粉制备成面团时的最大加水量，主要是麦谷蛋白膨胀吸水，生成网状结构，麦谷蛋白含量越高，面团特性越好。面团蛋白质含量和形成时间相关，一般蛋白质含量高，面团形成时间就会长。

对于发酵面团品质来说，面粉的筋力对于速冻面团质量的影响远大于面粉中蛋白质含量的影响，究其原因是高筋的面粉中折裂力高，冷冻时酵母渗出谷胱甘肽对面团的影响就较少。对不同筋力面粉的面团进行长期冷冻储藏和反复解冻之后，面团流变学和烘焙特性检测表明，中强高筋粉适合做速冻面团。因此，不同品质的面粉对面团发酵活力有一定的影响，高筋粉制出的面团发酵活力高于低筋粉。

从面粉的蛋白质含量看，当蛋白质含量在 11%～14%时为强力粉，在 9%～11%时为中力粉，在8%～9%时为弱力粉；而从湿面筋含量角度看，当湿面筋含量在30%～40%时为强力粉，在26%～30%时为中力粉，在22%～26%时为弱力粉。其中，有的面粉品种的蛋白质干基含量符合强力粉的要求，但从湿面筋含量看属于中力粉。所以，结合面粉的蛋白质干基含量和湿面筋含量评价的强力粉更适宜制作筋力较高、面筋质量较好的速冻面团。

(2) 小麦粉的流变学特性　不同品种的小麦粉的粉质指标存在较大差异，主要是因为构成小麦的蛋白质的数量和质量存在一定差异。小麦粉的蛋白质含量与其吸水率呈正相关，小麦粉吸水率大，其面筋蛋白质含量高、质量好。此外，由于速冻面团在冷冻时会导致面团筋力减弱并出现失水现象，影响食品的感官品质，而小麦粉的吸水率增大将有利于延缓其制品由失水而导致的老化现象，对其制品的品质有保持作用。制作速冻面团时，在考虑小麦粉的蛋白质含量的同时，还要看面团的形成时间、稳定时间与面团加工稳定性、弱化度及机械搅拌的承受能力。

(3) 面团的拉伸特性　拉伸试验能够测试面团形成后的抗拉伸流变学特性。用于制作面包、馒头等的速冻面团主要要求其拉伸阻力和延伸性较高，面团的拉伸阻力为350～500BU，延伸性为200～250mm比较适宜。拉伸面积数值较大，表明其面粉筋力较强。拉伸比例过大、过小都会引起面团品质的变化。对小麦粉拉伸特性进行分析时，可以发现不同品种小麦面粉的拉伸特性均发生了显著性变化，其中延伸度和最大拉伸阻力变化尤为显著。

(4) 小麦粉的糊化特性　小麦粉的糊化特性有显著的差异性，可能是不同商业小麦粉所添加的α-淀粉酶量不同造成的。麦芽指数超过600BU，表示小麦粉的α-淀粉酶活性过低，制成的速冻面团经加工后组织差、易老化、发酵性能与成品品质差；麦芽指数低于400BU，则黏度值过低，小麦粉的α-淀粉酶的活性过强，制成的速冻面团发黏、易变形，不易醒发烘烤。因此，麦芽指数在400～600BU时为正常范围，表明小麦粉的α-淀粉酶活性相对较好，加工特性也较好。

(5) 速冻面团的质构　速冻面团的特性经常选取硬度、黏附性、弹性、内聚性等作为参考指标。面团的内聚性大表明其内部结合较充分，因而使面团达到最大变形所需的力较大，所以硬度就较大。黏附性数值的绝对值大多在1000以上，表示探头与样品接触时用以克服两样品表面间黏结所用的力较大。弹性数值均较高，表明压缩后面团恢复原有体积的能力很强，速冻面团作为黏弹性食品，直接决定了面团的品质，赋予了面团更好的弹性和黏性。而当变异系数较大时，表明该面粉制作的速冻面团的解冻后性质不稳定。综合考虑各个特征参数的变化情况，各参数值大小适宜，变化趋势较平缓，并且大多数特征参数值在此时变异系数较小，在测定时能较真实地反映面团的情况。

2. 其他原料的影响

(1) 酵母　酵母是速冻面团发酵中重要的原料。在冷冻过程中，酵母的耐冷冻性是影响面包及其发酵面团等质量的关键。如果在速冻面团中所选用酵母的品种抗冻性能不好，则面团在急速冷冻(−40～−30℃)和冷藏(−23～−18℃)过程中，酵母细胞易被损伤、破裂，在解冻后释放出谷胱甘肽，酵母细胞被损伤后，其活性、发酵力和产气性则大大降低，而其释放出的谷胱甘肽则是一种还原剂，能破坏面筋及其网络结构，使面团的保气性下降，故制出的面包质量不佳。因此，必须选择耐冷冻性好的酵母。为了提高发酵速冻面团的品质，各国致力于研究对酵母的抗冻保护添加剂。抗冻蛋白(冰结构蛋白)和海藻糖都可以有效地保护酵母。

（2）起酥油　起酥油是速冻面团生产中的重要辅料，配方中含有油脂的面包保持柔软和可口性的时间比不含起酥油的面包长一些。除保鲜特性外，油脂的疏水性在调制面团时，阻止了蛋白质吸水、面筋的形成，降低了内聚性，缓解了面团的老化现象。液态起酥油是面团冷藏稳定性的关键因素。

（3）糖　速冻面团配方中加糖除了可以起到给酵母提供食物，改善发酵条件，调节面包的风味、改善烘烤特性、外皮色泽美观的作用，还通过与面团中蛋白质分子表面的结合水起作用，改变蛋白质中水的状态和性质，具有防止速冻面团变性的作用。

3．加工工艺及储运条件

（1）加水量　既要使面粉充分吸水形成面筋，也要限制用水量，水在结成冰后，体积要膨胀 9%左右，要避免面团中过多的自由水在速冻中对面团结构造成破坏。此外，还要考虑酵母在发酵及解冻过程中产生的水分。解冻时，过多的水分易被微生物所利用，引起腐败变质，且解冻后面团易塌陷、变黏等。加入较普通面团少 2%～4%的水分，有利于速冻面团解冻后的操作。

（2）发酵时间　发酵时间和发酵温度也影响着酵母的存活率和产气能力，进而影响速冻面团的品质。为了使产品具有一定的风味、良好的内部结构，须将面团经适当发酵后速冻，但要适当控制发酵温度。如果温度过高，将大大激活酵母，引起酵母过早产气，不易整形，保鲜期缩短。同时时间也不宜过长，根据显微镜及流变学研究发现，发酵时间短的面团中有更多的小气泡和较厚的面筋网络结构，对冷冻有较强的抗性。

（3）冷冻、冻融对速冻面团品质的影响　速冻面团在长期储存的条件下，随着冷藏时间的增加，面团中的冰晶及酵母为抵御低温环境释放的谷胱甘肽将破坏速冻面团的网络结构，使其质量下降。这表现为酵母活力和速冻面团的持气能力下降。

解冻温度和冷冻-解冻周期对速冻面团的烘焙特性有较大影响。解冻温度要控制适当。高温下解冻，面团外部很快解冻，内部仍处于冰晶状态，酵母的发酵率下降，导致面包体积过小；低温下解冻，面团内外温差小，面团状态好，烘焙效果好。而解冻的次数增加，面团各组分结合水的功能发生变化导致水的重新分布，汇聚的大冰晶将严重破坏面筋网络，从而导致面团弱化，面包的体积减小。

4．添加剂对速冻面团品质的影响　食品保水剂用于速冻面团的目的是提高面团质量，保持产品风味、凝胶性和延缓老化，从而使面粉柔软光滑，延长产品的保质期。此外，保水剂还能稳定泡沫和发泡效果，可以增加面粉产品的体积，改善内部组织的结构。

抗冻蛋白（冰结构蛋白）有热滞效应、冰晶形态效应、重结晶抑制效应等特性。研究发现，其作为一种新型食品添加剂被加入速冻面团中，直接与冰晶作用，修饰冰晶形态、抑制重结晶，可克服速冻面团技术遇到的瓶颈。

第六节　速冻米饭

速冻米饭是指食用前预先加热的冷冻米饭，属于方便米饭的一种类型。由于其是利用冻藏原理加工的保鲜米饭产品，包装后不杀菌而是直接速冻，因此化冻后稍微加热就可在口感、形态上和新鲜米饭一样，因此能最大限度地保持米饭原有的口味与营养。

一、速冻米饭的制作

速冻米饭制作的工艺流程如图 10-11 所示。

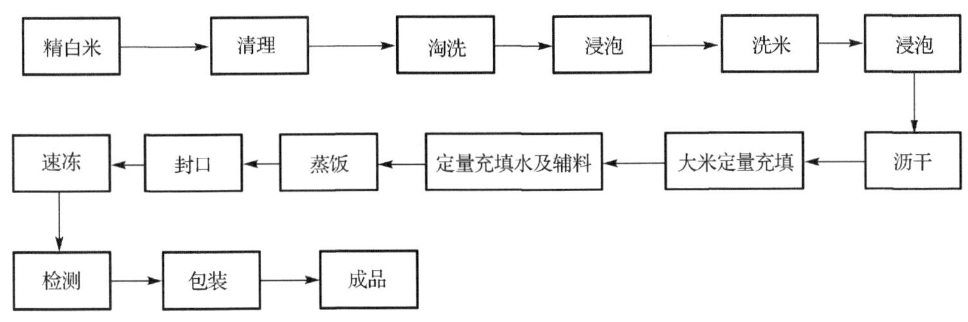

图 10-11　速冻米饭制作的工艺流程图

其中，用 20℃清水将米浸泡 30min；在蒸柜中蒸饭后，饭留在蒸柜一段时间后再取出；封好口的制品送入–40～–35℃速冻机进行速冻，时间为 20～30min，使中心温度达到–18℃，取出送入冻库冻藏。

二、影响速冻米饭品质的因素

目前我国的速冻米饭面临的主要问题是感官及营养品质不佳、储藏期间易回生及再加工水分含量不足，从而导致速冻米饭市场化程度不高。

1. 原料米品种的影响　原料米品种对速冻米饭的品质有显著的影响。大米淀粉中直链淀粉含量是挑选速冻米饭原料米的重要指标。通过相关性分析发现，原料米的直链淀粉含量与米饭的硬度和黏着性均达到极显著的相关性，而蛋白质含量、水分含量和脂肪含量与各品质指标没有显著的相关性。直链淀粉含量较高的原料米，速冻米饭较硬，黏度小；而直链淀粉含量太低会造成速冻米饭互相黏结。结合感官评价与质构分析，直链淀粉含量在 17%左右的原料大米较适合生产速冻米饭。

2. 冷冻速率的影响　冷冻速率对米饭的硬度和黏性有重要影响。大米淀粉凝沉导致了米饭硬度和黏附性的差异，快速冷冻可以迅速通过最大凝沉温度区，从而减少大米淀粉凝沉，因此冷冻速率越慢，淀粉凝沉越多，米饭硬度越大，黏附性越小。另外，大米硬度和黏附性的差异可能是由冰晶的生成而造成米饭内部结构的破坏程度不同所致，快速冷冻可以产生大量的微小冰晶，这些小冰晶对米饭内部结构的破坏作用小，而且解冻速率快，减少了大米淀粉凝沉，而缓慢冷冻产生大冰晶，造成米饭内部结构被破坏，使其不易解冻和迅速通过最大凝沉温度区，因此冷冻速率越慢，米饭硬度越高、黏附性越低。

3. 淀粉老化的影响　淀粉老化的最适温度是 2～4℃。米饭在 2～4℃条件下储藏时淀粉迅速老化而出现夹生口感，但当储存温度低于–18℃时，就不会发生淀粉老化的现象。因为低于–18℃时，淀粉分子间的水分急速冻结，形成了冰晶，阻碍了淀粉分子间的相互靠近而形成氢键，所以不会出现淀粉老化的现象。

4. 水溶性大豆多糖的影响　用于快餐厨房的速冻米饭要求解冻后回生现象不明显，颗粒均匀，水分损耗小。饭粒的松散性也是衡量速冻米饭口感的重要指标之一。添加水溶性大豆多糖可提高饭粒的松散程度，改善米饭的口感和回生。大豆多糖是以近似球形的胶体状态存在于水溶液中的，这样包裹在米饭外使米饭水分不容易损失，增加了其保水性能，同时也能在一定程度上抑制淀粉的老化。

本 章 小 结

本章主要介绍了速冻水饺、速冻馒头、速冻面条、速冻汤圆、速冻面团及速冻米饭等等速冻粮食食品的加工工艺及操作要点、常见的品质问题、影响速冻粮食食品品质的因素及常见的改良剂等。通过本章的学习，可以让学生对以上速冻粮食食品的加工有所了解和掌握。

本章复习题

1．影响速冻水饺品质的主要因素是什么？
2．常见的速冻水饺改良剂有哪些？
3．影响速冻馒头品质的主要因素是什么？
4．试比较速冻熟面和速冻鲜面的加工工艺及影响品质的因素。
5．试简述速冻面团的分类、影响速冻面团的因素及品质改良剂。
6．水分变化是如何对速冻米饭的品质产生影响的？

第十一章 现代粮食食品加工技术

第一节 超微粉碎技术

超微粉碎技术(ultrafine grinding technology)是指利用机械或流体动力学方法克服固体内部凝聚力并使之破碎的粉碎技术，可以使物料的粒度达到10μm以下，甚至达到1μm的水平。20世纪80年代，我国开始将超微粉碎技术应用于食品加工中，至今其已经在我国食品粉碎领域应用得很广泛，是比较先进的一种食品加工技术，适合于制造高档粮食食品，尤其在保健食品和功能性食品中具有巨大的潜力。

一、超微粉碎技术的原理

超微粉碎技术是利用特殊的粉碎设备，对物料进行碾磨、冲击、剪切等，将粒径3mm以上的物料粉碎至粒径为10～25μm或其以下的微细颗粒，从而使产品具有界面活性，呈现出特殊的功能。

超微粉碎设备的主要部件为定子和转子，在粉碎腔内对物料的粉碎靠定、转子对流体搅动产生循环，然后物流流体经过定、转子结合区域a时，定、转子对物料进行挤压、切割，同时物料在叶轮的撞击和离心力的作用下被甩至转子边缘，在离心力和转子推力的作用下紧贴b区而被剪切从而达到粉碎的目的(图11-1)。

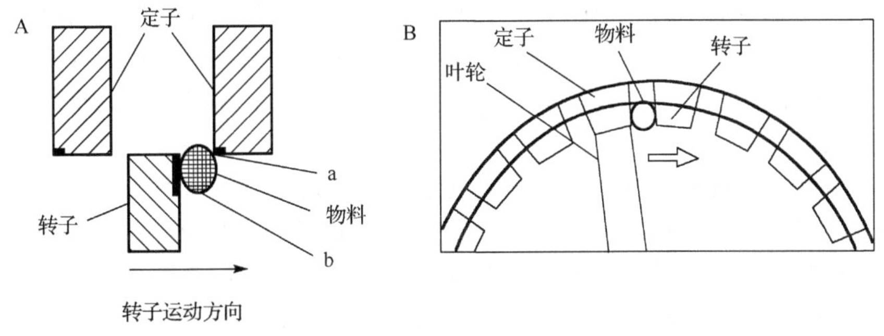

图11-1 粉碎设备基本结构图(A)和工作原理示意图(B)(谢勇等，2015)

与传统的粉碎、破碎、碾碎等加工技术相比，超微粉碎产品的粒度更加微小。经超微粉碎技术处理后，物料表面分子排列、电子分布结构及晶体结构均发生变化。随着物质的超微化，物料粒度降到微米或微米以下水平将导致物料结构和表面积发生一些变化，颗粒比表面积和孔隙率显著增加，产品的物理化学性质，如分散性、溶解性、吸附性、流动性和化学活性发生改变，从而更容易被人体吸收。

二、超微粉碎技术的特点

1. 速度快，可低温粉碎 超微粉碎过程不会产生局部过热现象，粉碎瞬时完成，最大限度地保留了粉体的生物活性成分，避免了对粮食物料内部生物活性物质的破坏和营养成分的损失。

2．粒径细，分布均匀　由于采用了气流超音速粉碎，超微粉碎对原料的外力的分布是很均匀的。分级系统的设置既严格限制了大颗粒，又避免了过碎，能得到粒径分布均匀的超细粉，同时很大程度上增加了微粉的比表面积，使吸附性、溶解性等也相应增大。

3．减少污染　超微粉碎是在封闭系统内进行的，既避免了微粉污染周围环境，又可防止空气中的灰尘污染产品，在食品及医疗保健品中运用该技术，可控制微生物和灰尘的污染。

4．利于机体对食品营养成分的吸收　经过超微粉碎的食品，由于其粒径非常小，营养物质不必经过很烦琐的释放路径就能释放出来，并且微粉体由于小而更容易吸附在小肠内壁，这样也加速了营养物质的释放速率，使食品在小肠内有足够的时间被吸收。

5．提高了发酵、酶解过程的化学反应速度　经过超微粉碎后的原料具有极大的比表面积，在生物、化学等反应过程中，反应接触的面积大大增加，提高了发酵、酶解过程的反应速度，提高了效率。

三、干法粉碎与湿法粉碎

1．干法粉碎　根据机械超微粉碎过程中颗粒的机械运动形式与受力情况及原理不同，干法粉碎有气流式、高频振动式、搅拌球(棒)磨式、冲击式等粉碎形式。

(1) *气流式超微粉碎*　气流式粉碎机是比较成熟的超微粉碎设备。空气、过热蒸汽或其他气体通过喷嘴喷射形成的高能流使物料颗粒在悬浮输送状态下相互之间发生剧烈的碰撞和摩擦等，使物料得到充分研磨而成超微粒子，实现对物料的超微粉碎。

与普通机械式超微粉碎机相比，气流式粉碎机可将产品粉碎得很细，粒度分布范围窄，粒度更均匀，能获得 50μm 以下粒度的粉体，粗细粉粒可自动分级；粉碎过程不伴随热量的产生，粉碎温升低，适于低熔点和热敏性物料的粉碎。但其能耗大，一般要高出其他粉碎方法数倍。

(2) *高频振动式超微粉碎*　高频振动式超微粉碎是指利用球形或棒形研磨介质做高频振动而产生的冲击、摩擦、剪切等作用力来实现对物料的超微粉碎。其特点是介质填充率高，单位时间内的作用次数多，研磨时间大大缩短。研磨介质的粒径要根据成品粒径要求进行选择。成品粒径一般与研磨介质的粒径成正比。研磨介质的粒径必须大于浆料原始平均颗粒粒径的 10 倍。要求得到粒径 1～5μm 和 5～25μm 的成品时，可分别选用粒径在 0.6～1.5mm 和 2～3mm 的研磨介质。但研磨介质过小反而会影响研磨效率。

(3) *搅拌球(棒)磨式超微粉碎*　搅拌式球磨机是超微粉碎机中能量利用率最高的超微粉碎设备，主要由搅拌器、筒体、传动装置和机架组成，工作时搅拌器以一定速度运转带动研磨介质运动，物料在研磨介质中利用摩擦和少量的冲击被研磨粉碎。

(4) *冲击式超微粉碎*　冲击式超微粉碎是利用围绕水平轴或垂直轴高速旋转的转子对物料进行强烈冲击、碰撞和剪切从而进行粉碎的。其特点是结构简单、粉碎能力大、运转稳定性好、动力消耗低，适合于中等硬度物料的粉碎。

2．湿法粉碎　湿法粉碎技术就是利用粉碎设备加工处理流动性或半流动性物料的一项技术，粉碎过程中有水(或其他液体)的参与。其原理是转子的高速旋转使物料处于湍流状态，当物料通过定、转子间的极小间隙时，由于湍流剪切与物料所受的机械力的综合作用，物料发生破碎。豆浆机就是靠此原理来对物料进行超微粉碎的。

湿法粉碎技术的特点主要体现于能耗低、无粉尘污染、发热量小、易保持物料等的特性。经湿法超微粉碎机械处理的超微粉体粒度细、分布窄、质量均匀。不同的粉碎设备及不同的物料，其产品的粒径差异比较大，为 0.4～100μm。湿法粉碎的设备主要有胶体磨、高压均质机、高剪切均质机、高速切割粉碎机等。

（1）湿法粉碎的主要设备

1）胶体磨：胶体磨又称分散磨（colloid mill；dispersion mill），由高速旋转的磨盘（转子）与固定的磨盘（定子）构成，定子与转子之间有可调节的微小间隙（图 11-2）。均质部件物料在间隙中通过时，由于转子的高速旋转，物料受到强烈的剪切作用而发生湍动，从而使物料被有效地粉碎、混合、乳化及微粒化，从而被均质化。胶体磨是以剪切作用为主的均质过程，通常适用于处理较黏稠的物料，胶体磨处理后的分散相粒径最低可达 1μm 以下。

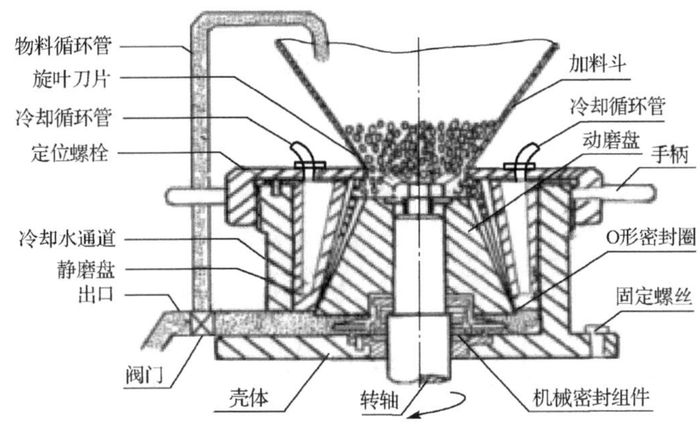

图 11-2　胶体磨工作原理示意图（谢勇等，2015）

2）高压均质机：高压均质机的结构主要由高压柱塞泵和均质阀两部分构成。其中均质阀是实现粉碎和均质的核心部件（图 11-3）。高压均质机首先使料液获得高压能，流体压入均质阀并冲向阀芯，通过一个由阀座与芯构成的狭窄的缝隙时，自缝隙出来的高速流体最后撞在外面的均质环（也称撞击环）上，使料液中的分散物受到流体力学上的剪切和撞击作用而得到破碎。根据处理要求的不同，均质阀有单级和双级两种，级数越高，物料的颗粒粒径越小，液态物料或以液体为载体的固体颗粒被输送到工作阀部分，在物料通过工作阀的过程中，物料因高压下产生的强烈的剪切、撞击、空穴及湍流作用而被超微细化，均质压强为 7～104MPa。

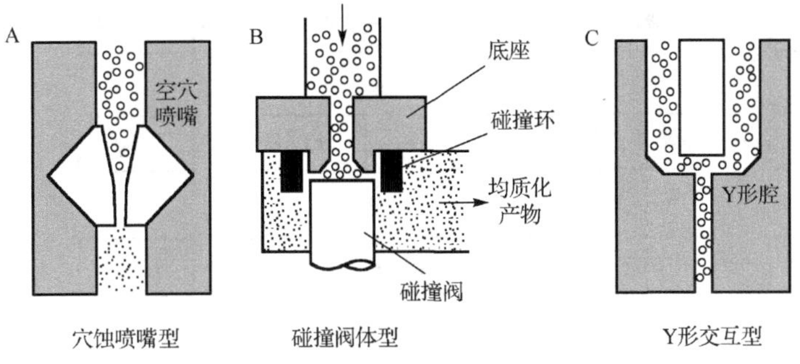

图 11-3　高压均质机工作原理示意图（谢勇等，2015）

(2)影响湿法超微粉碎产品质量的因素

1)研磨介质：研磨介质是指研磨机中靠自身的冲击力和研磨力将物料粉碎的载体，常用的研磨介质为球介质和棒介质。介质粒径太大，介质对物料的冲击作用减小，产品粒径较大，分布范围也随之增大。介质填充料过高，设备生产率相对降低，填充率过低，介质与物料的摩擦及冲击作用降低，研磨效果也随之降低。因此，研磨介质的粒径和填充料必须保持在适宜的范围，应根据不同的处理物料确定其相应参数。

2)助磨剂：在湿法超微粉碎过程中，添加助磨剂可有效缩短研磨时间，防止颗粒重团聚，降低单位产品的能耗。陈彦如等在研究助磨剂对重质碳酸钙超微粉碎效果时发现，添加助磨剂有利于在低能耗条件下得到粒径较小的产品，且不同的助磨剂的助磨效果也存在很大差异。相同条件下，添加助磨剂的产品能耗低于不添加助磨剂的产品。

3)浆料质量分数：浆料质量分数对湿法超微粉碎机械的粉碎效果有着重要的影响，浆料质量分数过高时，介质的冲击作用变弱；质量分数过低时，物料粒与介质的碰击次数减少，不利于粉碎。

除以上因素外，其他因素如搅拌速度、粉碎次数、粉碎时间等均对超微粉的粉碎质量有不同程度的影响。另外，徐凯指出物料的粉碎效果主要与转子转速和定、转子间隙有关，特别适合大量物料的在线式粉碎。

3．干法粉碎与湿法粉碎的比较

1)湿法粉碎颗粒粒径更小，颗粒表面光滑。湿法粉碎后淀粉结晶强度减弱，干法粉碎淀粉结晶结构变成无定形结构，干法粉碎样品的溶解度和透明度更高而其膨胀度比湿法粉碎样品低。

2)湿法粉碎对超微粉的膨胀力、持水力及结合水力的影响比干法粉碎的大。在大米胶体磨的湿法粉碎中，研磨时间与大米的平均颗粒大小呈负相关，对损伤淀粉的含量有直接的影响。石磨的压力参数主要反映在高的大米破损淀粉含量上。与干法粉碎相比，湿法粉碎下的大米粉的平均颗粒粒径小，损伤淀粉含量少，但能量消耗也大。

因此，湿法粉碎优于干法粉碎。湿法粉碎颗粒粒径更小，颗粒表面光滑，淀粉结晶强度减弱；能明显降低谷物损伤淀粉的产生；湿法粉碎比干法粉碎得到的谷物更嫩滑、柔软，黏性更好。因此，玉米淀粉的生产大多采用湿法粉碎。

四、粮食食品超微干粉生产的一般工艺流程

湿法超微加工工艺流程和干法超微加工工艺流程如图 11-4 和图 11-5 所示。

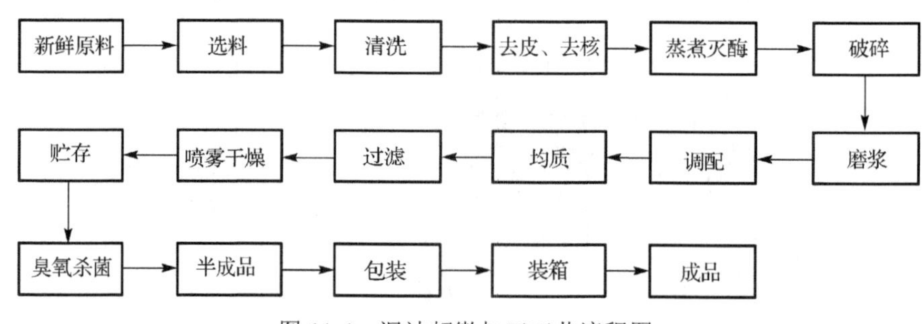

图 11-4　湿法超微加工工艺流程图

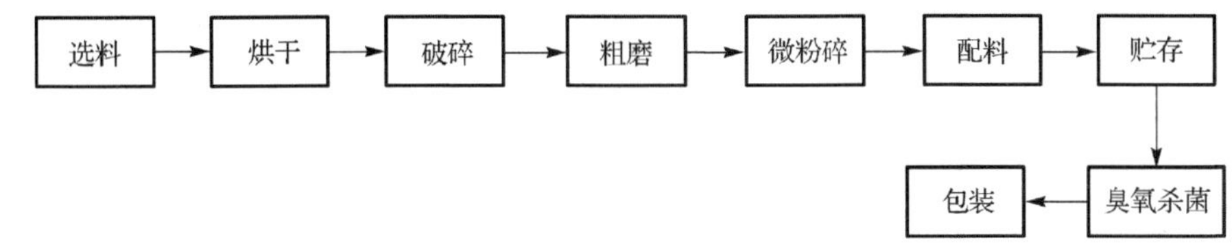

图 11-5　干法超微加工工艺流程图

与干法超微加工工艺相比，在湿法超微加工工艺中，机械化程度和生产效率高，能达到较高的纯度。其中，采用灭酶技术有效地抑制了产品褐变；采用分段磨浆及均质技术，产品细度达到纳米水平，且产品含有较多的粗纤维；采用低温真空浓缩技术，降低加工工艺对产品性能的影响；采用喷雾干燥技术，产品的分散性及流动性佳，适合于加工高档产品。

五、超微粉碎技术在粮食食品加工中的应用

在粮食加工中，经常存在颗粒较大、口感粗糙、不够细腻等问题，从而造成原料利用率低、产生大量残渣，营养成分有损失。以传统粗加工方法制成的玉米粉，其口感粗糙、适口性差、味道辛辣、不易消化，易使人产生过多胃酸。而采用现代生物技术、超微粉碎技术，结合其他先进工艺如微波干燥工艺、喷雾干燥工艺等生产的超微玉米粉中既保留了玉米原有的色泽香味和生物活性，又能改善口感，便于人体充分吸收。

1．超微粉碎对粮食食品加工特性的影响　以粮食为原料的超微干粉主要有小麦粉、糯米粉、绿豆粉、红豆粉、玉米淀粉、红薯粉等，粉碎后物料的理化特性普遍得到不同程度的改善。

超微粉碎同时使玉米粉产品具有很强的吸附性能、亲和力、分散性、溶解性、延伸性，提高了其加工性能。它不仅可制作水饺、包子、面条、馒头等家庭主食，而且可生产方便面、面包、通心粉等，食用起来口感爽滑、筋道，去除了玉米面口感粗糙的缺点，具有小麦粉的筋性和适口性，还具有玉米粉的清香和营养性。

超微干粉在米面制品中的应用可有效提升产品品质。稻米、小麦等粮食类被加工成超微米粉，由于粒度细小，表面态淀粉受到活化，将其填充或混配制成的食品易于熟化、风味和口感好。通过改变面粉粒度的变化使其组分发生改变，可以得到不同蛋白质组分的面粉、大米粉、玉米粉等，从而可以满足人们不同的口味。研究发现，早籼米经超微粉碎后，米粉酶解速度、糊化液热稳定性、冲调性能和溶解度显著提高，糊化液沉降性能和对蛋白质发泡体系的维持能力增强。采用超微粉碎加工的糯米粉的粉质性质和加工特性得以改善，随着其粒径的减小，粉体的堆积密度、溶解度逐渐增大，糊化温度降低；冻融稳定性、酶解性质、高温持水能力、透明度、沉降性能和流动性得到显著改善。因此，经过超微粉碎的糯玉米粉比较适于生产速溶、方便食品。采用超微粉碎的米粉、面粉（中心粒径在 10～25μm 或其以下）制造米面制品，如面条和米粉条，比用传统的粒度较大（通常中心粒径为 75μm）的米粉、面粉制造的产品更紧密、柔滑，口感更佳，更耐煮。

利用超微粉碎麦麸、米糠等谷物原料获得膳食纤维，改善其结构特性，从而增加利用率。研究表明，超微粉碎后的小麦麸皮中可溶性膳食纤维含量有较大程度的提高；将超微麸皮添加到面团中，发现面团吸水率和形成时间逐渐增加，而耐揉性指数和面团稳定时间逐渐降低，面包感官评价总分数和面包质构硬度随着超微麸皮的添加而显著降低。采用气

流超微粉碎机可将甘薯纤维粒径大大降低，超微甘薯纤维中可溶性膳食纤维、果胶及鼠李糖含量分别上升，不溶性膳食纤维含量下降，同时持水性、吸水膨胀性等显著提高。超微粉碎能有效改善常规膳食纤维食品的粗糙口感，可制成新型谷物冲调粉、谷物皮渣粉等，是低热量食品的重要配料。

绿豆、红豆等豆类也可经超微粉碎后制成高质量的豆沙、豆奶等产品。

2. 超微粉碎对粮食食品生理活性物质含量的影响　研究超微粉碎技术对谷物生理活性物质含量影响的结果表明，超微粉碎可最大限度地保留谷物粉体中的生理活性物质，并有效提高原料中功能性成分的溶出率。苦荞麸超微粉的总黄酮提取率得以增加，且不影响苦荞微粉中的芦丁含量，不抑制苦荞微粉中芦丁水解为槲皮素；超微粉碎后小麦麸皮中的水溶性阿拉伯木聚糖与水不溶性阿拉伯木聚糖提取率都有所增加，高于发酵加工；蓝麦超微粉与紫麦超微粉中的总酚与黄酮含量增加。这是由于超微粉碎对细胞壁有一定的破坏性，促进了细胞内与细胞间的生理活性物质的快速溶出，而且超微粉碎使谷物粉体的粒径变小，粉体的均匀性增加，有效地增大了粉体与提取溶剂的接触面积，使接触更充分，从而提高了生理活性物质的提取率及人体对其的吸收率。

3. 超微粉碎对粮食食品抗氧化性的影响　颗粒度的减小，可促进材料中生理活性物质的释放，增加抗氧化物质的有效利用率。研究表明，苦荞麸超微粉、苦荞壳超微粉、蓝麦超微粉、紫麦超微粉、青稞超微粉及其中的膳食纤维的抗氧化活性均得以增加，并与膳食纤维中总酚含量呈正相关。因此，有人认为谷物膳食纤维超微粉碎也许是生产富含膳食纤维功能食品的一种有价值的战略技术。

超微粉碎属于物理处理技术，既不破坏营养物质，又能提高营养物质的吸收，经超微粉碎设备粉碎的粉体具有独特的物理化学性质，如良好的分散性、持水性、溶胀性、溶解性及化学性等。超微粉碎技术将是一个重要的研究领域，特别是在谷物加工与利用方面具有良好的应用前景。

第二节　挤压膨化技术

(本节视频)

挤压膨化技术(extrusion technology)是指食品原料按不同的配方混合，经预处理(粉碎、调湿、预热、混合)后在挤压机内，伴随着挤压机螺杆推动及挤压机节流装置反向阻滞的双重作用，受到强烈挤压、剪切、摩擦和机械变形作用，使温度和压力逐渐增大，当这些物料在机械的作用下通过专门设计的模具时，压力骤降而发生喷爆，机筒内的物料熔融变性，最后物料通过一个特殊设计的模头，形成具有多孔棉状态的产品的技术。挤压膨化技术是集混合、搅拌、破碎、加热、蒸煮、杀菌、膨化及成型等为一体的高新技术。

膨化机的原型是工业挤出机。20 世纪初，第一台间歇柱塞式通心粉挤压机问世，之后意大利首次将单螺杆挤压机投入工业化生产中，用于加工硬质小麦粗粒面粉生产通心粉。第一台用于谷物加工的单螺杆挤压机面世，即用于生产膨化玉米，美国的通用磨坊首次应用挤压膨化技术加工谷物方便食品，生产膨化玉米果。我国对挤压膨化技术的研究起步比较晚，从 20 世纪 70 年代才开始研究食品挤压技术和挤压加工机械。如今，挤压膨化技术已经成为国内外发展速度最快的食品和饲料加工技术，其中双螺杆挤压膨化设备已经具备了智能化程度高、加工品种多、能耗低、关键部件使用寿命高、扭矩高、产量高等优点，可以生产出高消化吸收率和风味多样、营养丰富的膨化食品。

一、挤压膨化技术的原理

挤压膨化机主要由喂料、调质、螺旋和筒体挤压、压模和剪切出料、水及蒸汽系统、电控系统等部分组成，其基本结构如图 11-6 所示。核心部分是螺杆挤压膨化系统，而螺杆元件的几何设计又是整个设计的核心部分，它决定了整个机器的性能和最终产品的质量。

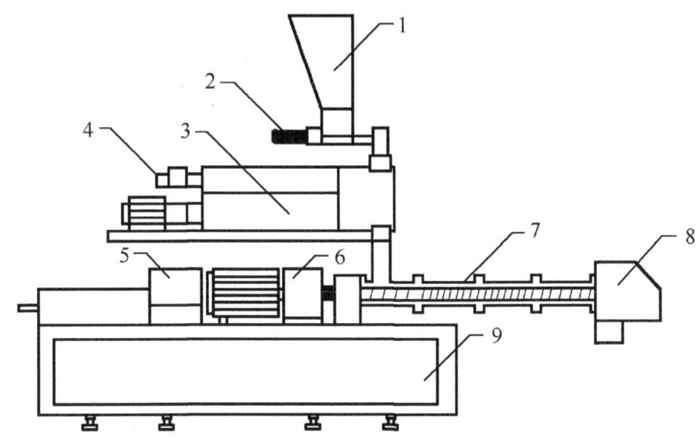

图 11-6　挤压膨化机的组成(叶琼娟等，2013)

1．进料槽；2．进料控制阀；3．调质装置；4．水/蒸汽输送口；5．电控设备；6．传动装置；7．螺杆挤压膨化装置；8．剪切出料装置；9．底座

根据物料在螺杆挤压膨化过程中的不同形态，将螺杆挤压过程分为三个功能区，如图 11-7 所示，分别为输送区、熔融区、计量均化区。因此，物料在挤压膨化机中的膨化过程大致可分为三个阶段：输送混合、挤压剪切、挤压膨化。在挤压剪切阶段，压力可达 1500kPa 左右，物料温度达到 120～200℃的高温。在此阶段物料的物理性质和化学性质由于强大的剪切作用而发生变化，物料逐渐熟化或熔化。物料经挤压剪切阶段的升温进入挤压膨化阶段，最终物料由出料模具挤出。

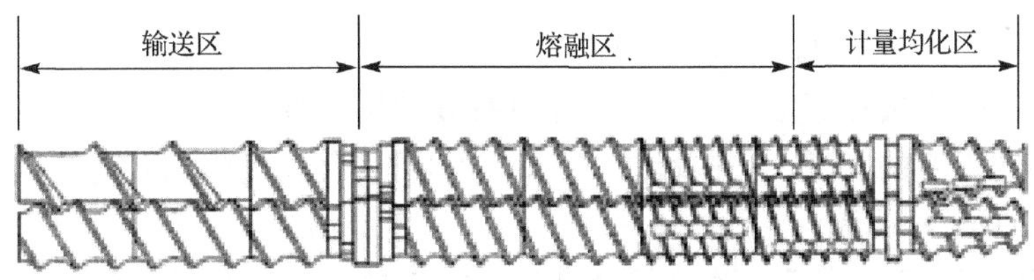

图 11-7　挤压膨化机工作原理示意图(杨凯，2013)

因此，在高温、高压、高剪切力的条件下，物料物性发生了变化，如由粉状变成糊状，淀粉发生糊化、裂解，脂肪和蛋白质变性，纤维发生部分降解、细化，钝化原料中的有害因子等一系列的物理和化学变化，致病菌被杀死，物料组织均匀化并形成非晶体化质地。这些组分的变化情况与挤压膨化加工条件如挤压温度、进料速度、原料水分含量、螺杆转速、模口大小等有密切关系。当糊状物料由模孔喷出的瞬间，在强大压力差的作用下，水分急骤汽化，温度降低，物料被膨化，形成结构疏松、多孔、酥脆的膨化产品，从而达到挤压膨化的目的。

二、挤压膨化技术的分类

根据挤压膨化机的螺杆数目不同，挤压膨化加工设备主要分为单螺杆挤压膨化机、双螺杆挤压膨化机和多螺杆挤压膨化机。目前应用较多的是单螺杆挤压膨化机和双螺杆挤压膨化机。

单螺杆挤压膨化机的结构简单、造价低、加工成本低，生产出的膨化产品具有传统技术生产出的产品所不具有的诸多优点。但由于物料输送是采用皮带传动方式，传动效率低，容易造成物料螺杆粘贴，且不能加工高脂肪、高水分的物料，适用范围受到一定限制。

双螺杆挤压膨化机的套筒中并排安放两根螺杆（图 11-8），具有如下优点：出品率高，颗粒成型好，粒形均匀性一致；独特的强采送能力，无反喷、堵塞现象；可连续稳定生产各种小颗粒产品；密度控制更为稳定可靠；原料适应性广，能适应高能量原料配方生产；易操作，生产过程稳定。双螺杆挤压膨化机的性能佳、效率高、成本低、产品质量好和适用范围广。

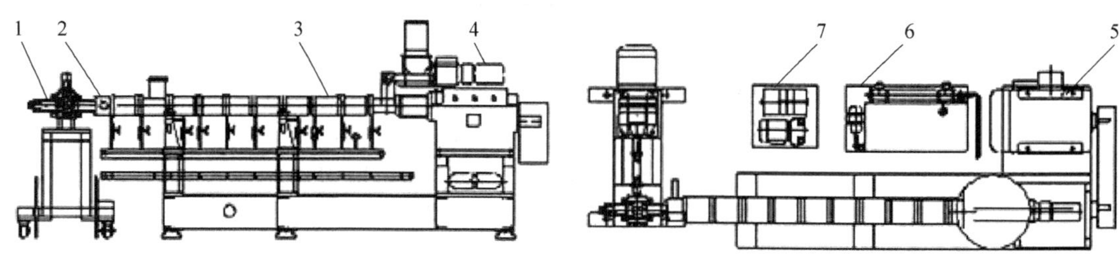

图 11-8　螺杆挤压膨化机基本结构图（姜海峰，2014）

1．熔体增压泵；2．液压换网装置；3．主机；4．喂料螺杆；5．主电机；
6．冷却循环水系统；7．真空排气系统

三、挤压膨化技术的特点

1．改善食用品质，营养成分保存率和消化率较高　挤压膨化技术是短时高温处理、时间短、效率高的加工过程。原料受热时间短，在蛋白质与淀粉分解中易保留其营养成分，食品中的营养成分受破坏程度小；挤压膨化过程使淀粉、蛋白质和脂肪等大分子物质的分子结构发生不同程度的降解，结构疏松多孔，有利于消化酶的作用。此外，短时高温加工能破坏对人体有害的酶等，增强食品的溶解性，使其更易消化。

2．挤压膨化产品口感好，改善了食品的质构特性、功能性质与口味　采用挤压膨化技术，原料纤维素在高温、高压状态下发生降解，分子结构发生变化，水溶性增加，口感改善，呈现体轻、吸水力强的多孔海绵状结构，避免了这些成分口感粗糙、难以直接食用的缺点。由于机腔为密封状态，能较好地保留风味成分，提高感官品质。此外，膨化过程中产生的美拉德反应又增加了食品的色、香、味，从而改善食用品质，使食品具有体轻、松脆、香味浓郁的独特风味。因此，挤压膨化技术被用来生产各类有特色的休闲食品。

3．挤压膨化技术生产的淀粉类食品不易产生老化现象，便于长期保存　利用挤压膨化技术加工的谷物食品，由于在加工过程中受到高强度的挤压、剪切、摩擦和加热作用，淀粉颗粒在含水量较低的情况下充分溶胀、糊化和部分降解，出模具后物料由高温高压状态突降到常温常压状态，出现瞬间“闪蒸”，使淀粉类产品不易老化。

4．生产利用率高，无“三废”污染　用淀粉酿酒、制糖时，原料经膨化后，其利用率达98%以上，出糖率提高12%，出酒率提高20%。生产过程中不排放废水、废气和废渣（“三废”）等。

5．加工较简易，原料适用性广，产品种类多　目前，挤压膨化技术可加工的原料种类较多，包括谷物、薯类、豆类等粮食的深加工，使粗粮细作，生产精美的小吃食品；生产膨化小食品时，利用同一台膨化挤压机只需改变原料及模头，即可生产出形状各异的产品。此外，挤压膨化技术还能对不同的配方、加工条件等进行调整，生产各种各样的食品。

四、挤压膨化技术对食品营养的影响

1．挤压膨化对谷物中碳水化合物的影响　挤压膨化过程中，淀粉分子间氢键断裂，淀粉颗粒解体，产生糊化；支链淀粉降解，产生较短的直链淀粉、糊精和还原糖，挤出膨化的糊化淀粉分子相互交联，形成了网状的空间结构。在挤出时闪蒸掉部分水分后定型，不易回生，成为膨化食品的骨架。在剧烈的条件下，被挤压后的淀粉颗粒水溶性增大，吸水率增加。

糖作为甜味剂经常被混合在原料中，在挤压过程中呈熔融状态，发生焦糖化，使产品色泽变暗，口感变苦，严重时还可造成堵机。

2．挤压膨化对谷物中蛋白质的影响　经挤压膨化后，蛋白质的含量减少，氨基酸和水溶性成分含量增加。这说明在挤压膨化过程中蛋白质发生了降解，大分子被切断成小分子肽及部分氨基酸。温和的挤压膨化条件下，植物食品中蛋白酶抑制剂变性失活，蛋白质变性，增加了对蛋白酶的敏感性，从而提高了蛋白质的消化率，增强了人体对蛋白质的消化和吸收能力。

美拉德反应导致氨基酸利用率降低，适当改变挤压工艺条件，如降低原料中葡萄糖、乳糖等还原糖的含量，提高原料水分含量，可有效地减少美拉德反应，增强蛋白质的消化率。

3．挤压膨化对谷物中脂肪的影响　在相同的条件下，挤压食品相比其他类型食品具有较长的货架期，其原因是脂肪在挤压过程中能够与淀粉和蛋白质形成复合体，脂肪复合体的生成使得脂肪受到淀粉和蛋白质的保护作用，对降低脂肪的氧化速度和氧化程度、延长产品的货架期起到了积极的作用。但挤压过程中会出现不饱和脂肪酸发生的顺反异构现象，反式脂肪酸的含量有一定的增加。

4．挤压膨化对其他活性物质的影响　大部分的谷物经挤压加工后，总酚、总黄酮、维生素等生理活性物质略有减少或影响不显著。高粱经挤压加工后，总酚与丹宁的含量明显减少；苦荞麸皮经挤压后，其中的总酚与总黄酮的含量有所增加。挤压膨化加工对各种谷物的抗氧化活性的影响存在差异。大麦经挤压膨化加工后，其抗氧化活性大幅度提高，而高粱的抗氧化活性则明显降低。

5．挤压膨化对谷物中丙烯酰胺的影响　温度，物料水分含量，螺杆转速，水分调节液酸、碱浓度等工艺参数对挤压产品中丙烯酰胺含量的影响显著，通过合理控制挤压工艺参数及水分调节液的pH，可以有效地降低挤出物中丙烯酰胺的含量。

五、挤压膨化技术在粮食制品加工中的应用

膨化食品以含水分较少的谷类、薯类、豆类等作为原料。近些年来，挤压膨化技术已

经广泛应用于休闲食品、早餐谷物食品、方便食品及膳食纤维膨化食品等的加工中。挤压膨化技术已比较成熟，特别是在谷物早餐食品上尤为鲜明。

1. 休闲食品类　利用挤压膨化技术加工的休闲食品，如夹心小吃食品、玉米果、膨化谷物粉、面包糕饼等休闲食品，以其轻质酥松、香脆可口、营养丰富、易于消化等特点深受广大消费者的喜爱。

可以采用挤压膨化技术生产的食品主要有两大类：一类是谷物休闲食品(如玉米果、膨化条、麦圈圈等)，这类休闲食品是以谷物为原料，通过挤压蒸煮并膨化处理后，制成疏松多孔的产品，然后经过一系列的烘烤、脱水、油炸处理，再喷涂一层调味料在其表面；另一类则是膨化夹心小吃，这类休闲食品是由挤压膨化形成内空状物，可以在内空中充填馅料。由此工艺加工而成的产品口感酥脆，并且可以通过加入不同的馅料而获得不同口味，或者通过改变夹心的物料制作营养强化食品和功能食品。

2. 早餐谷物类方便食品　早餐谷物食品的原料一般是大米、燕麦、小麦、玉米等谷物。挤压膨化技术作为最早应用于早餐谷物食品加工领域的一项技术，目前获得了广泛应用，如生产片状谷物食品、纤维状早餐谷物食品及焙烤膨化早餐谷物食品。该类食物只需加入冷水或煮沸片刻就能方便食用也是其受到广大群众欢迎的原因之一。

方便食品指的是易于携带、方便食用、可以长期储存的以粮食为主要原料加工制成的食品。运用挤压膨化技术生产的方便食品主要是方便米饭和方便米粥，以及一些冲调类食品(速食米片等)。

3. 杂粮　虽然杂粮具有丰富的营养成分及对一些心脑血管疾病有防治功能，成为人们日常保健食品的首选。但由于其质地粗糙、缺乏面筋蛋白质，以至于成品质构松散、外观欠佳、适口性差。杂粮粉经膨化处理后，蛋白质和淀粉变性、增加吸水性、降低黏性，在形成面团时其流变学特性都会得到较好的改善。

4. 在膳食纤维改性中的应用　纤维素因其口感较粗、难以溶解、在人体内不易吸收等缺点，在开发和利用过程中受到了极大的限制。采用挤压膨化技术加工的膳食纤维食品，相对于生物化学法，改善了纤维物料的口感；同时，促使连接纤维分子的化学键断裂，发生分子裂解及分子极性变化，从而导致纤维素分子经挤压作用后，增加了与水分子的接触面积及亲水性，促使水不溶性膳食纤维向水溶性膳食纤维转化。因此，它在提高膳食纤维的可溶性、改善其口感等方面更优于其他加工方法(如超微粉碎、酸碱法等)。可溶性膳食纤维的含量升高，不溶性膳食纤维含量有所降低。

第三节　真空冷冻干燥技术

(本节视频)

真空冷冻干燥(vacuum freeze-drying)，也称为冷冻干燥(freeze-drying)，是将湿物料或溶液在较低的温度下冻结成固态冰，然后在较高真空条件下进行低温加热，使其中的冰不经液态直接升华成气态，再用真空系统中的水汽凝结器将水蒸气冷凝最终使物料脱水的干燥技术，即通过升华过程除去物料中的水分。真空冷冻干燥技术加工的食品维持了低温状态，消除了常压干燥时产生的表层硬化现象，减少了高温对产品营养成分的破坏，能够最大限度地保持原料的营养、色泽、形态和风味，并且制品含水量低、复水性好，避免了高温对食品的影响，具有不可比拟的优势。真空冷冻干燥技术被一致认为是目前生产高品质食品最好的干制方法。近年来，食品真空冷冻干燥技术被广泛地应用于粮食食品加工行业，有效地提高了粮食食品的质量和附加值。

一、真空冷冻干燥技术的原理与过程

1. 真空冷冻干燥技术的基本原理　在水的相平衡中，达到三相点(triple point)时，水、冰、蒸汽可以共存，将物料的温度降到低于 0℃即可完成冻结过程。而要完成升华过程，一方面需要保持物料中的水分处于冻结状态；另一方面需要使环境内的水蒸气压低于 610.6Pa。

一般的干燥方法是将物料中的水分由液态转变为气态，而真空冷冻干燥是将物料中的水分先由液态转变为固态再由固态转变为气态，即真空冷冻是将物料冻结到共晶点温度以下，其中的游离水冻结为冰，在低压状态下，通过升华除去物料中水分从而使物料干燥的方法。真空冷冻干燥就是基于冻结制品的水分升华来达到脱水的目的，使物料的原有结构和形状受破坏程度最小，从而得到具有优良品质的产品。

在水的相平衡中，冻结层与已干层之间有明显的界面，从该界面上，水分含量突然下降，冰升华为水蒸气在此界面上进行，理论研究中常把此界面称为升华界面，而冻结层的冰晶是不能升华的，随着干燥的进行，干燥层越来越厚，冻结层越来越薄，升华逐渐向内移动，直到冻结层厚度为 0。升华界面完全消失，冷冻干燥完成。

2. 真空冷冻干燥的过程　真空冷冻干燥一般包括三个阶段：预冻、速冻和真空干燥。一般物料厚度、预冻温度及冷冻干燥时间对冻干产品的营养特性及品质有较大的影响。

(1) *预冻*　原料预处理后一般要先进行预冻。将预处理好的原料装盘并置于冻结箱(或冻结室)中降温冻结，冻结的目的是将食品内的水分固化。这是由于物料内部水分较多时，若直接进行抽真空处理，会使溶解在水中的气体因外界压力减小而逸出，形成气泡，导致原料内部和表面均出现空洞，影响感官品质。一般来说，冻结速度越快，在细胞内部和细胞间隙所生成的冰晶越细，对细胞的机械损坏作用也越小，同时细胞内部的溶质迁移效应越小，干燥后食品越能保持原有结构。

(2) *速冻*　为了使物料内部的水分固化，通常还需要进行速冻。冻结的时间越短，物料冻结得越快，其内部结晶越小，对物料细胞的机械损坏越小。因此，需要根据实际生产情况选择合适的冻结速度。

(3) *真空干燥*　真空干燥通常分为升华干燥和解析干燥两个阶段。升华干燥主要针对物料中的自由水。将冻结后的食品置于密闭的真空容器中，食品在真空条件下吸收隔板的热量，冰晶就会升华成水蒸气而从食品表面逸出。解析干燥主要是去除与固体结合较强的吸附水，让吸附在干燥物质内部的水分子解析出来，达到进一步降低食品水分含量的目的，以确保食品长期贮存的稳定性。

真空干燥时间为 8～9h，此时水分含量减至 3%左右。干燥过程中的真空度、温度和装盘厚度等直接影响着干燥的进程和产品的品质。

二、真空冷冻干燥设备的分类

按物料的冻干地点可分为冻干合一型技术和冻干分离型技术两种；按冷冻方式可分为静态冷冻、动态冷冻、离心冷冻、滚动冷冻、旋转冷冻、喷雾冷冻、气流冷冻等多种技术。

真空冷冻干燥设备可以分成普通真空冷冻干燥设备和特种真空冷冻干燥设备两大类。普通真空冷冻干燥设备主要包括箱式真空干燥设备、滚筒式真空干燥设备、带式真空干燥设备、真空振动流动干燥机、圆筒搅拌型真空干燥机、双锥回转型真空干燥机、耙式真空干燥机和圆盘刮板真空干燥机等；特种真空冷冻干燥设备主要有真空冷冻干燥设备、低频真空干燥设备和气相真空干燥设备等。

三、真空冷冻干燥技术的特点

1．营养成分保存得好　由于应用真空冷冻干燥技术加工的食品维持了低温状态，物料干燥是在−40℃低温下进行的，且处于高真空和避光的状态，避免了高温对食品的影响，因此食品中的营养成分损耗小，特别适用于热敏性高和极易氧化的物料的干燥，使其不致变性或失去活力。

2．保持原料原有形态　食品不会发生干缩、干裂和表面硬化现象，干燥制品不失原有的固体骨架结构，从而得以保持物料原有的形态。

3．色泽、风味保持不变　在冻结过程中，食品的温度非常低，酶的活性很小，高真空状态下干燥，产生酶促褐变和非酶促褐变的程度都很低。此外，由于干燥温度很低，风味物质损失少，冻结干燥的食品能够最大限度地保持原料的营养、色泽和风味。

4．含水量低，复水性好　物质在冻结下干燥，干燥后体积几乎不变，不会发生收缩现象，物质呈疏松多孔海绵状，加水后溶解迅速，几乎立即恢复原来性质，其品质与新鲜品基本相同或完全相同。

5．保存方便，便于运输　冻干食品采取真空包装或真空充惰气包装，即可在常温下长期贮藏，不需要复杂的冷链，且质量轻，便于运输。

四、真空冷冻干燥技术的关键技术点

用真空冷冻干燥技术进行食品加工时，需要对几个关键技术点加以关注，否则不仅会直接影响加工产品的质量，还可能导致能源浪费。

1．共晶点和共融点　共晶点和共融点是冻干中需要考虑的重要物性参数，其被准确测量来优化食品冻干工艺，对于保证冻干食品的品质、降低能耗具有重要意义。因此，在开展食品真空冷冻干燥工艺之前，首先要清楚食品的共晶点和共融点，才能有针对性地制订食品物料冻结的合理工艺参数。

(1)*食品的共晶点*　食品的共晶点是指食品物料中的水分被全部冻结时物料的温度，在食品进行冷冻干燥加工前，需要对物料进行预冻，如果物料的冻结温度过低，会延长冻干时间，浪费能源；如果冻结温度设定过高，物料没有完全冻结，物料在生化过程中会造成局部沸腾和起泡现象，不能保证食品的水分被除去，导致收缩、软化甚至崩解等变形现象，造成冻干产品表面硬化，产品质量下降。因此，真空冷冻干燥工艺中的预冻温度要根据物料共晶点设定，为了保证食品冻结完全，食品原料的预冻温度一般控制在比其共晶点低 5～10℃为宜。

(2)*食品的共融点*　食品的共融点是指已经全部冻结成冰的食品的温度升高到冰晶开始融化时的温度。食品的共融点和共晶点是两个相反的变化过程，但是两个温度并不重合，同一种食品物料的共晶点要比共融点低，这是因为共晶点是食品中水分全部冻结时的温度，而共融点是已经全部冻结的物料开始融化时的温度。通常在进行食品物料干燥时，加热温度不能高于物料的共融点温度，否则物料内部会产生气泡，出现融化和干缩等现象，甚至不能保证水分全部汽化除去，从而影响冻干产品的水分含量和质量。

2．塌陷(崩解)温度　食品的塌陷温度也叫崩解温度，是指在冻干升华阶段，随着温度上升，产品失去刚性，开始变黏，发生类似塌方的崩解、熔化或产生发泡现象时的温度。冻干过程中发生塌陷会严重影响产品品质，因此需要在食品物料冻干过程中防止塌陷的发生，塌陷主要与产品工艺和物料本身的性质有关。不同的冻干参数会对塌陷的发生产生影响。

塌陷温度也受食品物料本身物理性质的影响，有的食品崩解温度高于共晶点温度，进行冻干时要控制产品温度低于共晶点温度；而崩解温度低于共晶点温度时，冻干时则应密切关注崩解温度。目前，塌陷温度测量比较困难，需要借助冻干显微镜进行测量。

3．干燥速率和干燥能耗　干燥速率和干燥能耗决定着食品中应用真空冷冻干燥技术的成本问题，通常情况下，物料的干燥速率和干燥能耗有直接关系，干燥速率越快，耗时越短，干燥能耗则越低。高能耗问题仍然是真空冷冻干燥技术在食品中应用的瓶颈问题，目前通过工艺优化的方法来提高食品干燥速率、降低能耗的方法主要有以下几种。

(1)*控制适宜的预冻速度*　对食品原料的预冻是冷冻干燥工艺的前提步骤，快速预冻和慢速预冻对冻干时间有显著影响，快速预冻要比慢速预冻所需要的冻干时间长，这是由于快速预冻时产生的冰晶小，致密的冰晶对于冰的升华起阻碍作用；而在慢速预冻时，食品中形成的冰晶大，冰晶之间具有较大的缝隙，能够促进冰升华，但是冰晶越大对冻干产品品质影响也越大，且大冰晶会破坏细胞结构。如果对终产品要求不高，可以考虑用慢速预冻来提高冻干速率。

(2)*调整液态食品的浓度或改变固态食品的形状*　液态食品的冻干，需要充分考虑溶液的浓度。浓度过高，不利于水分的升华，而浓度太低，虽利于升华，但因含水量多，会耗时耗能造成浪费。应用冻干技术进行液态食品干燥时，要充分衡量能耗与产品质量的关系，探索优化最佳冻干浓度，进而提高冻干速率。

固态食品进行冻干时，切片、粉碎是增大传热面积、提高冻干速率的最佳方法。但是如果对固态食品的形状要求严格，可以考虑对食品物料进行穿刺处理，通过穿刺孔通透性来增加传质，提高冻干速率。

(3)*控制食品原料的装盘量和厚度*　不同型号冻干机冷阱均设有最大捕水能力，如果装盘物料的水分超过了最大捕水量，会造成产品不能达到一定的干燥程度，导致干燥失败；如果装盘物料过少，虽然会提高冻干速率，但会造成空间浪费，增加了产品成本。因此，在冻干前要根据冷阱的捕水能力，确定放入合适量的食品原料。在冷冻干燥装盘时，控制适当的物料厚度，降低传热和传质阻力，提高干燥速率。在实际生产过程中，如果物料层太薄，装盘量就会自然减小，冻干速率提高的同时却增加了单位冻干产品的成本，因此并非物料的厚度越小越好，单位面积装载的食品原料，需要综合考虑原料装盘量对干燥速率和成本的影响，根据冷阱捕水能力、物料性质、加热方式及干燥效率等而定。

(4)*设定适当的真空度*　维持冷冻干燥时真空度的耗能约占冻干总耗能的 26%，真空度越低，越有利于能量传递，但增加了水汽扩散阻力从而耗能。因此，实际冻干过程中，每种食品原料都存在一个最佳的真空度，因此可以使能耗降到最低。

(5) 控制隔板加热温度　目前，大部分的真空冷冻干燥设备都安装了隔板加热装置，以提高物料升华所需要的能量。可见提高隔板加热温度，可提高干燥速率。对隔板加热温度的控制包括控制冻结层和已干层的温度，对于冻结层的温度应首先保证低于共融点的前提下越高越好；对于已干层的温度，在不出现温度升高造成产品塌陷或变性现象的前提下，尽量采用较高的隔板加热温度，在解析干燥阶段，应密切注意产品温度和隔板加热温度的差别，保持隔板加热温度高于样品温度 5℃左右，同时对于小型冻干机要设法降低控制热量辐射的影响，隔板加热温度要缓慢升高，但一般不高于 70℃，对于一些活性生物制品则应当一直维持更低的隔板加热温度。

五、真空冷冻干燥技术对粮食食品营养成分的影响

真空冷冻干燥技术是在低压、低温的条件下干燥，食品的营养成分较普通干燥的损失少得多，尤其是一些不耐热的营养成分，经冷冻干燥后几乎完全保存下来，食品的质量能够得到保持。但冷冻干燥前对物料进行冻结，水分形成冰以后会对食品的组织结构产生损伤作用。此外，淀粉分子经冷冻干燥后，冷水可溶性变差，表观黏度降低，淀粉凝胶硬度增大，弹性减小。

真空冷冻干燥对酶活性的影响：当冻干品水分降到 1%以下时，酶的活性会完全消失。冻干品残余含水量一般小于 3%，能很好地抑制内源酶的活性。所以冻干的酶很少具有活性。为了完全控制冻干食品中酶的活性，有必要在冻干之前对物料进行处理。例如，漂烫使酶的活性丧失，化学处理使酶钝化等。

六、真空冷冻干燥技术在粮食食品加工中的应用

方便主食主要包括方便面、方便米饭、方便粥、馄饨、饺子、包子等。目前，方便米饭、方便面的种类越来越丰富，方便粥也越来越受欢迎，市场上比较流行的粥类有银耳莲子粥、绿豆粥、小米粥、香菇粥、海鲜粥等，这些粥品多是人们日常食用的粥类，比较大众化和具有普遍性，更易被接受。生产方便主食的干燥方法主要有热风干燥、微波干燥、微波热风干燥、真空冷冻干燥等。对比这几种干燥方法后发现，真空冷冻干燥技术生产出的方便主食口感好，米粒内部结构疏松、多孔，易于水分的浸入，营养物质保持得完整、复水性好，其复水时间明显短于微波热风干燥米饭的复水时间；干燥效果明显优越于其他干燥方法，并且由于低温操作的原因，特别适合营养强化食品的生产。真空冷冻干燥的方便米粥口感好，营养物质保持得完整，颜色粉白不透明，外观光滑、饱满、无裂纹，复水率高。冷冻干燥得到的速冻水饺在食用时只需用 90℃以上的热水浸泡 8～10min 即可且能够保持水饺原有的形态和结构，具有较好的速溶性和快速复水性。因此，真空冷冻干燥是最适合方便主食的干燥方式。

真空冷冻干燥可用于处理小麦种子，与常规热风干燥和真空干燥相比，经过真空冷冻干燥的种子的生物活性没有受到影响，具有较高的成活率。

研究发现，在多谷物全粉制品的冷冻干燥中，各因素对产品综合品质的影响强弱顺序为干燥时间>物料厚度>预冻温度。制得的多谷物全粉产品品质优良，溶解性和复水性较好，吸湿率较低，色泽均一，颗粒细腻，有特有的香气。

七、真空冷冻干燥技术存在的问题

冻干食品因其最大限度地保持了粮食食品营养、水分含量低等优点而受到更多消费者的关注，然而在应用真空冷冻干燥技术进行粮食食品加工时，仍存在一些问题。

首先，真空冷冻干燥的能耗较大，使得产品的成本增加，限制其在中低端产品中的应用。因而，如何降低干燥成本和能耗成为接下来研究的重要方向。有研究者发现用超声联合冷冻干燥技术，能够加快物料由冰升华到水蒸气的速率，从而缩短真空冷冻干燥时间，以减少能耗；有研究者认为，微波作为辅助冷冻干燥手段将成为最具有发展前景的干燥技术。

其次，冻干食品具有的多孔海绵状结构，虽然在复水时水分易进入，但带来了新的问题。一方面，当产品暴露于空气中时易吸潮，发生氧化降解；另一方面，蓬松的外观结构使体积较大且易碎，不利于包装、运输和销售。因而冷冻干燥食品的包装、贮运和销售也同样是重要的研究方向。

最后，真空冷冻干燥食品的种类有待丰富。虽然市场上已有大量的真空冷冻干燥食品，但一般均为原材料直接进行干燥处理，未进行深加工，与时尚、养生等结合得还不够紧密。

因此，将真空冷冻干燥技术应用于时尚、速食、养生食物的开发同样是一个研究热点。解决产品品质和能耗的关系问题，通过改善加工工艺、采取干燥组合等方法来提高产品品质、降低生产成本是未来真空冷冻干燥技术在食品中的重要发展方向。

第四节　微波干燥技术

(本节视频)

干燥技术的发展可大致分为以下 4 代：第一代热风干燥，第二代喷雾干燥、滚筒干燥，第三代冷冻干燥和渗透压脱水，第四代微波干燥、红外线辐射干燥、射频干燥、远红外线干燥等。

微波是由磁控管的微波产生器产生出来的高频波段的电磁波，其方向和大小随时间进行周期性变化。在微波场的作用下，介质材料可以吸收微波能并将其转化为热能，能够得到比常规加热方法更好的加热效果。微波干燥技术（microwave drying technology）使得物料内外部同时被加热，大大加快了干燥速度。然而，如果使用微波干燥不当，就很容易出现食品内部局部过热而造成的产品品质下降现象，尤其是在干燥后期。若将微波干燥与热风干燥相结合，不但可以提高干燥速度，还可以改善干燥产品的质量。

一、微波干燥技术的原理

微波的波长为 0.001～1m，频率为 3.0×10^2～3.0×10^5MHz。我国常用的频率有 915MHz 和 2450MHz。现实中的谷物物料主要由极性分子组成，这种分子在微波场中由于受到电荷“同性排斥，异性相吸”的作用，分子将产生相应运动，它的剧烈运动又促进分子之间相互作用，从而使分子的热运动加剧，在宏观上表现为物料温度升高。随着外加微波频率的升高和电场强度的增加，分子的热运动也将加剧，物料的温度将变得更高。

由于物料在微波场中是内部整体加热，因此易于形成温度梯度和湿度梯度同向从而使两种水分驱动势同向，利于物料水分向外排出。

二、微波干燥技术的特点

1．穿透性强　微波比其他用于辐射加热的电磁波如红外线、远红外线等的波长更长，具有更好的穿透性。由于微波对玻璃、塑料和纸等包装材料具有良好的穿透性，可以实现包装食品的杀菌，也使得传热性差的低水分含量固体食品包装后杀菌得以实现。对于谷物物料，微波有较强的穿透能力，作用到物料上的电磁波一部分被物料吸收，另一部分向物料内深入。

2．选择性加热　物料对微波的吸收与物料的性质有关，谷物中的水分、蛋白质、脂肪和碳水化合物等成分的损耗因数互不相同，因此它们对微波的吸收能力也不同，即不同的物质在同一个微波场，所吸收的能量是不同的。其中水分对微波的吸收最为敏感，脂肪、蛋白质、碳水化合物对微波的吸收要差得多。因此，微波加热干燥有较强的选择吸收性。

3．热惯性小　微波是电磁波的一种，具有与电磁波相同的直射、反射规律，因此微波的发射、功率改变可以在瞬间完成。微波能直接被物料吸收转化为热能，不需要任何中间介质，反应速度快，干燥过程中微波的控制较为方便、快速，这些都源于微波加热干燥的热惯性小。

4．干燥速度快、时间短　常规加热需较长的时间才能达到所需干燥、杀菌的温度。由于微波对谷物物料有较强的穿透性，能够深入物料内部而不是靠物体本身的热传导进行加热，进而做到整体加热，同时物料表面水分蒸发带走热量，使表面温度降低，造成物料内部温度比表面温度高，此时温度梯度造成的水分转移驱动力方向由里向外。另外，干燥过程中物料表面水分不断蒸发，表面湿度低，内部湿度大，湿度梯度造成的水分转移驱动力方向也是由里向外，两种水分驱动力叠加使水分更易于排出。因此，微波加热的速度快，干燥时间可缩短 50%或更多。

5．产品质量好，保持食品的营养成分和风味　微波可把能量直接传至食品表面和内部，加热温度均匀，表里一致，干燥产品可以做到水分分布均匀。微波干燥是通过热效应和非热效应共同作用，因而与常规热力加热相比较，能在较低的温度就获得所需的干燥、杀菌效果。微波加热温度均匀，产品质量高，不仅能高度保持食品原有的营养成分，而且保持了食品的色、香、味、形。

6．易于控制、反应灵敏、工艺先进　微波辐射功率可调，响应迅速，热惯性小，方便自动控制，能适用于不同工艺参数的改变。微波加热控制只需调整微波输出功率，物料的加热情况可以瞬间改变，便于连续生产，提高产品质量，实现自动化控制，提高劳动效率。

7．节能高效，安全无害，符合环保要求　微波干燥的热量来源于物料对微波的吸收，物料直接吸收微波能而发热，不需要中间介质，比热风干燥在热量传递上少一个环节。因此，微波干燥能量利用率高，一般可节电 30%～50%。微波加热不产生烟尘、有害气体，既不污染食品，也不污染环境，符合环保要求。

三、微波干燥技术的种类

1．微波真空干燥　微波可为真空干燥提供热源，克服了真空状态下常规热传导速率慢的缺点。因此，微波系统与真空系统相结合的微波真空干燥技术表现出两者的优点，既降低了干燥温度又加快了干燥速度，具有快速、高效、低温等特点，能较好地保留被干燥食品或是药品等物料原有的色、香、味，而且维生素等热敏性营养成分或者活性成分的损失大为减少，得到较好的干燥品质。

2. 微波冷冻干燥　微波系统与冷冻干燥系统相结合的微波冷冻干燥技术，因微波加热传导率高，并且有针对性地对冰加热，已干燥的部分很少吸收微波能，从而提高了干燥速率，缩短了干燥时间。

3. 微波热风干燥　微波适合干燥低含水量的物料，此时水分迁移率低，微波能将物料内部的水分驱除。如果食品的含水量过高，应用微波加热将导致食品过热，影响产品的质量。微波系统与热风干燥系统相结合的微波热风干燥技术可有效地排除物料表面的自由水分，而微波干燥可有效地排除内部水分，微波干燥结合热风干燥可发挥各自的优点，提高干燥效率和经济性。

四、微波干燥技术对粮食食品营养成分的影响

微波真空干燥由于有一定的真空度，水分扩散速率加快，物料是在较低的温度下进行脱水干燥的，较好地保持了物料的营养成分。

1) 对谷物中碳水化合物的影响：尽管微波干燥中加热温度达到 180～200℃时淀粉会变成糊精，但在温度高于 60℃后，会使原来不能溶于水的β-淀粉变成能溶于水的α-淀粉，α-淀粉在加热与冷却时不能恢复成β-淀粉而成为老化淀粉，这时谷物的黏性会降低，影响淀粉的产出率，也会导致发芽率的降低和色泽的改变。

2) 对谷物中蛋白质的影响：谷物的原始含水量越高，在热作用下，其所含蛋白质的变性程度越大。小麦籽粒的含水量低于 18%时，其受热温度不应超过 55℃，而含水量大于 18%时，受热温度不应超过 50℃。需特别指出的是，种子的干燥应该更严格地掌握干燥温度，因为谷粒胚部的蛋白质比谷物其他部分的蛋白质对热更敏感。

3) 对谷物中脂肪的影响：谷物中的脂肪比蛋白质和淀粉要稳定，在微波干燥过程中变化较小。微波干燥储藏 3～6 个月后，稻谷内脂肪酸含量比用热风干燥的低。但若微波干燥的温度升高，稻米在储藏期间的脂肪酸含量也增加，在后期储藏过程中，脂解酶作用于脂质的易感键上使成键打开，产生游离脂肪酸，易与直链淀粉作用形成环状结构，蒸煮时就会限制淀粉的膨胀，使米饭蒸煮后变得硬度大且黏度小。原始水分越高的稻谷，干燥后稻米中的脂肪酸含量越高，越容易陈化。

4) 对谷物中酶的影响：经微波干燥后，影响稻米品质的脱支酶、淀粉总酶和α-淀粉酶活力明显下降。不同品质指标对微波处理的反应不一样，小麦籽粒发芽率和 SDS 沉降值对微波处理强度的反应比较敏感，可分别作为小麦热损伤的指标和小麦品质变化的检测指标。

五、微波干燥技术在粮食食品加工中的应用

微波干燥应用于稻谷加工中可缩短稻谷干燥时间，提高稻谷干燥后的品质，减少稻谷干燥的爆腰率，提高发芽率，降低干燥成本。

微波干燥对高水分粮食和具有坚硬外壳物料的干燥效果比热空气干燥的效果好。干燥后，稻米的食用品质和糊化特性变化不大。同时，稻谷、玉米微波干燥应采用低功率、长流程的干燥工艺，稻谷受热温度不超过 50℃，玉米受热温度不超过 55℃(种子粮除外)，

利用高水分玉米对微波吸收量大、产生热量大的特点，与热风干燥进行组合，预热段采用微波加热可明显缩短加热时间，提高干燥效率。

方便米饭是一种近年来发展起来的速食产品，加入适量开水焖泡后即可食用。方便米饭的干燥方式一般为热风干燥、微波干燥、真空冷冻干燥等。不同干燥方式得到的方便米饭产品的色泽、外观及复水性能有所差别。研究发现，利用微波-热风组合干燥方式制备杂粮复合米方便米饭，385W 4min + 80℃ 6min，在此条件下处理后的方便米饭复水性和色泽最好，且干燥所需时间短于全热风干燥和自干。杂粮复合米方便米饭的最佳复水条件为：米水比(沸水)1∶1，复水时间 9min，提高了产品的复水性能，节约能耗，缩短了生产时间。因此，探索微波干燥技术生产方便米饭，且利用微波-热风等组合干燥是一个很好的研究方向。

第五节　真空油炸技术

真空油炸技术(vacuum frying technology)始于 1972 年，美国以专利形式提出了原始的封闭式油炸模式。1977 年，日本以专利形式提出了油炸香蕉设备及工艺。从 20 世纪 90 年代以来，国外的油炸食品研究多侧重于深层油炸技术，包括降低产品脂肪含量，改善产品品质，以及建立油炸过程中水分蒸发和脂肪吸收的模型。1993 年，我国将真空油炸技术列为国家星火计划开发项目，此后该方面的研究逐渐成熟。2005 年，中国农业机械化科学研究院中国包装和食品机械总公司生产了 YZG-10 型真空压力浸渍油炸脱油离心设备，该设备自动化程度高，降低了劳动强度，缩短了加工时间，效率比传统常压浸渍设备提高了 5～10 倍，并较大程度地提高了产品质量。

一、真空油炸技术的原理

真空油炸的实质是利用水的沸点随着气压降低而降低的特点，在负于大气压的真空环境中，以食用油作为传热媒介，在较低的温度下达到水的沸点并将食物中的水分蒸发出去，进行油炸、脱水干燥的过程。

例如，当真空度达到 933kPa 时，水的沸点可降到 40℃左右，此时只需要通过高于水沸点的油温进行加热，便可使食物中的水分受热蒸发而溢出，实现低温低压条件下对食物的油炸。另外，真空状态下的低含氧量可以减轻甚至避免油炸加工过程中的氧化作用，如脂肪酸败、酶促褐变及氧化变质等。

真空油炸包括油炸锅、真空发生装置、冷凝器、热源和油加热器。真空发生装置多采用真空泵来完成，也可采用蒸汽喷射泵。热源多数采用锅炉供热，也可采用直接燃烧加热、电加热。

二、真空油炸技术的特点

真空油炸技术是将油炸和脱水作用有机地结合在一起，使原料处于负压状态，在这种相对缺氧的条件下进行食品加工可以减轻甚至避免氧化作用(如脂肪酸败、酶促褐变等)所带来的危害。该技术的特点如下。

1. 可保持食物原有的香味和色泽　食物在低温、低压的油脂环境中，其内部水溶性的香料在油脂中不会溢出。经过脱水过程后，食物内部的香味成分进一步得到浓缩，因此很好地保存了食物原有的香味。另外，在低含氧量的状态下进行油炸，食物不易褪色、变色、褐变，从而很好地保持了食物本身的颜色并覆盖上一层油脂层，使食物看上去色泽艳丽。但对于类胡萝卜素、叶绿素等脂溶性色素来说，在油炸过程中容易溶出，因此对含有脂溶性色素的食物要作预处理，以保证色素的稳定。

2．油温低，食物营养损失少　食物中的无机盐、维生素等营养成分在低温真空状态下加工损失较小，较好地保留了食品中的有效成分，特别适宜于对含热敏性营养成分的食品进行油炸。

可以降低物料中水分的蒸发温度，与常压油炸相比，热能消耗相对较小，油炸温度大大降低，可以减少食品中维生素等热敏性成分的损失，有利于保持食品的营养成分，避免食品焦化。

3．食品含油率低，节油效果显著，产品保藏性能好　真空状态下，水分迅速汽化，油炸时间短，因此真空油炸能够有效地避免炸油在高温有氧状态下的聚合反应，减少甚至防止有害物质的生成，提高炸油反复利用率。一般油炸食品的含油率为40%～50%，而脱油后的真空油炸食品的含油率在25%以下。因此，真空油炸具有较好的节油效果，产品脆而不腻、易保存。真空状态还缩短了物料的浸渍、脱气和脱水的时间。

4．口感松脆，口味宜人　真空状态下可以形成足够低的压强，借助压力差的作用能够加速物料中物质分子的运动和气体扩散，从而提高对物料处理的速度和均匀性：在足够低的压强下，物料组织因外压的降低将产生一定的蓬松作用。真空油炸时，原料在密封的状态下被加热，原料中的芳香成分大多数为水溶性，在油脂中并不溶出，并且随原料的脱水，这些芳香成分进一步浓缩，所以能够很好地保存新鲜原料原有的香味。

5．良好的贮藏性　真空油炸低氧条件能有效杀灭细菌和某些有害的微生物，减轻物料及炸油的氧化速度，防止物料褐变，抑制了物料霉变和细菌感染，且油炸后食品含水量低于5%，有利于产品贮存期的延长。

三、真空油炸技术的分类

1．间歇式油炸　采用该技术油炸食品时，首先将炸油加热到指定的温度，然后将物料喂入油炸设备。加工完成后将产品取出，再加入新的待油炸物料。由于物料的喂入是间歇的，所以称为间歇式油炸技术。该技术应用比较普遍，其优点是技术含量相对较低，适合小规模生产；缺点是产品在喂入过程中会引起原始的热损失，所需时间长。

2．连续式油炸　采用该技术油炸食品时，物料的喂入是连续的，物料喂入油炸机后随网带在炸油中运动，然后从出口输出加工好的产品。由于采用该技术所加工的产品具有一致的油炸温度和时间，产品具有恒定的外观、风味、组织和保质期，同时具有较好的油过滤效果，能减少油炸异味和游离脂肪酸的含量。

四、真空油炸技术在粮食食品加工中的应用

目前，真空油炸技术应用于粮食食品加工中的主要是薯类食品。研究表明，不同甘薯品种，其真空油炸后脆片的水分、脂肪和质地等性状也不同。随着油炸温度和真空度的升高，甘薯脆片的干燥速度加快，同时脆度逐渐提高。在温度85℃、真空度0.085MPa条件下油炸20min，可获得外形完整的高品质甘薯脆片。真空油炸有利于降低油炸马铃薯薯片

的丙烯酰胺含量，且马铃薯薯片的含油量较常规油炸方法降低 5%。

真空油炸食品在国际市场已经产业化规模生产，大有取代传统油炸食品之势，但其发展仍然受到不同方面的制约，为了更加快速地发展此项产业，要着重于以下几个方面的研究：设计更加自动化、连续化、高效节能的真空油炸加工设备，从而降低能耗和成本；开发新的真空油炸产品的品种和类型，充分挖掘其加工潜力和市场潜力；在整个真空油炸的过程中，深化对各个单元操作的机理研究，同时可以联合其他的干燥方法如热风干燥、真空微波干燥，从而进一步优化加工工艺，提高真空油炸食品的品质，降低含脂率，完善产品的感官性状，开发广阔的市场。

第六节　其他现代粮食食品加工技术

一、远红外加热技术

远红外加热技术(far infrared heating technology)是指凡温度高于 0K 的物体都有向外发射粒子的能力，辐射粒子所具有的能量称为辐射能。物体转化本身的热能向外发射辐射能的现象称为热辐射。热辐射是电磁辐射，即电磁波。电磁波按其波长分为宇宙射线、X 射线、紫外线、可见光、红外线、微波和无线电波等。其中，红外线位于可见光和微波之间，可再细分为短红外线、中红外线和远红外线。一般认为波长在 3～30μm 的称为远红外线。物质由正负电荷交错存在的分子所组成时，其分子具有几种振动方式，每一种振动方式有固定的振动频率。各种振动方式吸收与其相应的电磁波能量，加速自己的分子运动，而使温度升高。除水、乙醇以外，塑料、涂料、纤维和食品等高分子物质也容易吸收红外线。当红外线频率和分子结合的振动频率相一致时，红外线能量就能转换为分子的振动能量，高分子物质温度就上升，这就是红外线辐射加热的机理，同时也是在粮食食品工业中采用远红外线加热的原理。

1. 特点　远红外加热技术的特性如下。

1) 内部加热，加热速度快，节省能源。远红外加热与传统的加热方式相比，在生产效率上提高了 20%～30%，节电 30%～50%，节省其他能源约 30%。若以蒸汽或热风为热源，则远红外线的加热干燥时间只是采用其他加热方法的 1/20～1/10。

2) 操作方便。远红外加热设备结构简单，易于安装、操作和维护，只要根据原料选用合适的辐射元件，设计合适的烘道即可。

3) 污染少，安全性高。由于远红外加热是辐射加热，不会对环境造成污染，而且电热石英管的安全性高，对人体的伤害小。

4) 易于控制温度。由于远红外加热设备采用仪表自动操作控制，有利于控制加热温度。

5) 改善产品品质。远红外线有一定的穿透能力，使得物料的内部和表面分子同时吸收了辐射能，产生自发热效应，使水分和其他溶剂分子蒸发，受热均匀，避免了由于受热不均热胀而产生的形变或质变。

2. 应用　远红外线在食品加工过程中主要应用于干燥和加热，被广泛地应用在谷物、蔬菜、水果、食糖、茶叶、烟草、面团、糕点、烘制面包、饼干、蛋糕、点心、熏烤肉、鱼、香肠制品、消毒面粉等的加热和干燥中。远红外加热技术被应用于谷物的干燥、焙烤及粮食的贮存中。传统干燥机多采用高温通风方式，强制地去除粮食表面的水分，而远红外线干燥机利用远红外线的辐射，从谷物中心开始加温，采用低温(最高风温为外界气温+12℃)通风的方式即可除去水分。由于热风温度低，有效地保持了谷物的品质，应用于水稻干燥中时有效地减少了爆腰率。

二、气爆技术

气爆技术(gas detonation technology)是近年来发展起来的一种新型物料处理方式，其处理过程是利用蒸汽产生的高热高压对物料内部结构进行特异性降解的过程。虽然气爆技术发展了近 90 年，但是这种技术多用于木质纤维素的处理，在粮食及粮食食品加工中的应用并不常见。而又由于这种技术本身特有的性质，即气爆时产生的高温高压作用，对物料的结构改变较大，选择适当的工艺条件是处理后粮食物料品质的关键。

在适当的工艺条件下利用气爆技术可以特异性地将谷物中一些难溶成分加以改变，诸如粗纤维、灰分等物质。在高温、高压、高湿的过程中谷物会发生一系列复杂的物理、化学变化，伴随有糊化、蛋白质变性、分子间化学键的断裂、物料结构细化和一些特定成分的转化降解等，如一些黄酮类物质和酚酸类物质的降解。

气爆技术对谷物中一些功能性成分的改变较显著。对籼米进行气爆处理，样品水分的含量会随着气爆时间及压力的增大而增大，淀粉的分子质量也会随此处理而降低。随着气爆强度的增强，淀粉分子中醛基增多，同时籼米淀粉分子链的聚合度会随气爆的处理而降低，淀粉的结晶度会增加。青稞经气爆处理后，能有效地促进酚类物质释放，降低青稞全谷消化液中总可溶性糖的含量、增加游离氨基酸的含量。玉米皮经气爆处理后，其中水溶性膳食纤维提取得率能显著提高。

气爆技术在杂粮粉的前处理中发挥着重要的作用，这为特色性、功能性食品的开发创造出一种新模式。普通处理的杂粮粉，其富含的营养成分如杂粮粉中抗肿瘤因子、抗心脑血管疾病的因子及防止Ⅱ型糖尿病的功能性因子难以挥发。这些能起到药效作用的物质往往会因抗营养因子的存在而不能被很好地吸收。气爆技术能在高温、高压下对杂粮粉中抗营养因子进行破坏，使其中一些成分发生改变，大大增加了处理后谷粉中的营养。

三、酶处理技术

酶处理技术是利用酶制剂对物料中粗纤维和抗营养因子进行特异性的破坏，从而达到提高物料消化率和利用率的目的。在粮食食品加工中常用的酶制剂有淀粉酶、蛋白酶、纤维素酶等。由于酶特异性的作用，杂粮粉中存在的抗营养因子(如植酸、粗纤维等)成分得以分解，改善了杂粮的口感，提升了杂粮的营养。

经过酶前处理的粮粉，其纤维素、淀粉及蛋白质和脂肪的含量往往会降低，而处理后的杂粮粉中寡糖、氨基酸、灰分等成分会增多，对粮粉的黏度、凝沉性、溶解度、持水力、糊化特性等一系列的物化特性和食用品质都会有较大的改善。经过酶制剂处理的杂粮粉在理化特性上的改变是杂粮粉精细化的必备条件。

本 章 小 结

本章主要介绍了超微粉碎技术、挤压膨化技术、真空冷冻干燥技术、微波干燥技术、真空油炸技术及其他现代粮食食品加工技术的原理、工艺流程、技术特点及对粮食食品加工品质与食品营养的影响等。通过本章的学习，可以让学生对现代粮食食品加工技术有所了解和掌握。

本章复习题

1．超微粉碎技术的特点是什么？干法超微粉碎和湿法超微粉碎技术的区别及影响超微粉碎产品质量的因素有哪些？

2．挤压膨化技术的原理及对粮食食品营养的影响是什么？

3．简述真空冷冻干燥技术的原理及关键技术。

4．微波干燥技术的特点是什么？

5．什么是真空油炸技术，其主要特点是什么？

第十二章 粮食食品加工评价

第一节 面粉工艺性能评价

面粉的工艺性能是指面粉对特定生产操作的适应性及对产品质量的影响，它与面粉中的蛋白质的数量和质量直接相关。换句话说，面粉的烘焙品质是由蛋白质的数量和质量两方面来决定的。面粉烘焙品质的好与坏通过测定面团的性能得到鉴定。

一、粉质仪

布拉本德(Brabender)粉质仪(farino-gragh)也称面团阻力仪(图12-1)。它由调粉(揉面)器和动力测定装置组成。其测定原理是把小麦粉和水用调粉器的搅拌臂揉成一定硬度(consistency)的面团，并持续搅拌一段时间。与此同时，自动记录揉面搅动过程中面团阻力的变化(面粉粉质仪的测定扫码观看视频)。以这个阻力变化曲线来分析面粉筋力、面团的形成特性和达到一定硬度时所需要的水分(也叫面粉的吸水率)。记录得出的面团阻力曲线叫粉质曲线，如图12-2所示。

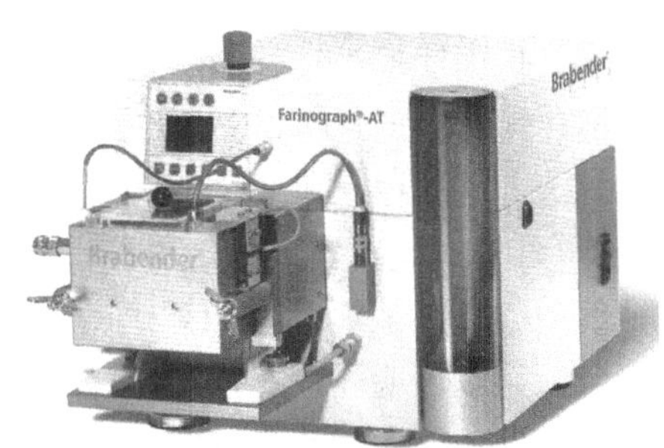

图 12-1 布拉本德粉质仪

(视频)

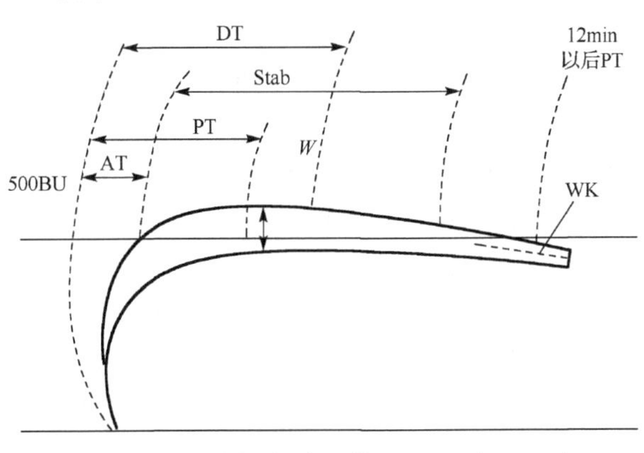

图 12-2 粉质曲线(李里特和江正强，2018)

AT．面团初始形成时间；PT．顶点时间；DT．面团形成时间；Stab．面团稳定度；*W*．面团宽度；WK．衰减度

从粉质曲线图上可直接得到如下有关面粉品质的指标。

(1)吸水率　指使面团最大稠度处于(500±20)FU(布拉本德单位)时所需的加水量，以占14%湿基面粉质量的百分数表示，准确到0.1%。面粉蛋白质含量每增加1%，用粉质仪测得的吸水率约增加1.5%。

小麦粉的吸水率高，则做面包时加水量大，这样不仅能提高单位质量小麦粉的面包出品率，而且能做出疏松柔软、存放时间较长的优质面包。但也有吸水率大的小麦粉做出的面包品质不良的情况，因此并非吸水率越高越好。一般面筋含量多、质量好的小麦粉吸水率较高。美国要求面包粉的吸水率为 60%±2.5%。

(2) 面团形成时间(dough development time，DT) 指从零点(开始加水时)直至面团调至稠度达最大时所需搅拌的时间，准确到 0.5min。一般软麦的弹性差，形成时间短，为 1～4min，不适宜做面包；硬麦弹性强，形成时间在 4min 以上。此时间表示小麦粉吸水时间，此值越大，反映小麦粉的吸水量越大，面筋扩展时间越长。一般调制硬式面包、丹麦式面包、炸面包圈等面团时就是在此时刻结束调粉，只要面团水化作用完成即可，面团的软化留待发酵阶段进行。

(3) 稳定时间(stability time，Stab) 定义为时间差异，指曲线首次到达 500FU(到达时间)和离开 500FU(衰减时间)之间的时间差，准确到 0.5min。在此阶段内搅拌，面团质量不下降。因此这段时间越长，说明面团的加工稳定性越好。在此阶段，面团面筋不断结合扩展，使面团成为良好的网状结构，因此在此阶段，面团的延伸性和弹性最好。例如，美国面包粉的稳定时间要求为(12±1.5) min。我国商品小麦粉的稳定时间平均为 2.3min，我国各地选送的品种分别平均为 5.2min、变幅 1.2～16.5min 和平均为 3.5min、变幅 5.0～10.4min。

(4) 衰减度或软(弱)化度(weakness，WK) 指曲线最高点中心与达到最高点后 12min 曲线中心两者之差，用 FU 表示。在此阶段，已经形成好的面筋网络被撕裂。

软化度表明面团在搅拌过程中的破坏速率，也就是对机械搅拌的承受能力，也代表面筋的强度。该指标数值越大，面筋越弱，面团越易流变、塌陷变形，面团不易加工，面包烘焙品质不良。因此这段时间越长，说明面团的加工稳定性越好。在此阶段，面团面筋不断结合扩展，使面团成为薄的层状结构，随着搅拌臂的运动而流动，即所谓“薄层流动”(laminar flow)阶段，此时膜的伸展性和面团的弹性最好，最适合做面包。

(5) 机械耐力系数 指粉质曲线最高峰时的 FU 与 5min 后的粉质曲线高度 FU 之间的差值，单位是 FU，此值越小，表示面粉的筋力越强。

(6) 面团初始形成时间(arrival time，AT) 从面粉加水搅拌开始计算，粉质曲线达到 500FU 时所需的时间。此值越大，表示面粉的吸水量越大，面筋扩展时间也越长。该时间也表示面粉吸水时间的长短，即面团初始形成时间。

(7) 离线时间 指从面粉加水搅拌开始计算到粉质曲线离开 500FU 时所经过的时间。此值越大表示面粉筋力越强。

(8) 断裂时间 从加水搅拌开始到从曲线最高处起降低 30FU 所经过的时间。该值说明，如果继续搅拌，面筋将会断裂，即搅拌过度。它反映了面团搅拌时间的最大值。

(9) 面团宽度(width，*W*) 粉质曲线的宽度表示面团的弹性。弹性大的面团，曲线截面则宽。

(10) 评价值(valorimeter value，VV) 用面团形成时间和衰减度来综合评价的指标，是用本仪器附属的测定板在图上量出的。其原理为把理想的薄力粉设定为 VV=0，这时 DT=0，WK=500；理想的强力粉，VV=100，DT=26，WK=0；然后把这中间划分为等份，作为评价的得分。因为 VV 含有两个因素，是二元函数，所以分析时往往与 DT 一起用来比较。一般 VV 与面包的体积、面粉的蛋白质含量等有较大的相关性。强力粉在 70 以上，薄力粉在 30 以下。根据面团阻力曲线的形状，也可大体判断面粉的性质，图 12-3 为一强力粉粉质曲线图，测定结果如下。

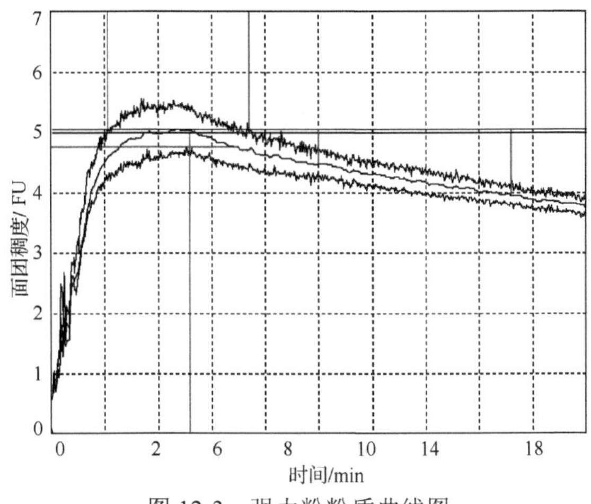

图 12-3 强力粉粉质曲线图

布拉本德粉质仪

标定之试样：富强粉 标定方法：BRABENDER/ICC/BIPEA

日期：××× 试验操作员：×××

揉面钵：300g 速度：63 转/min 面粉含水量：12.7%

稠度：506FU 滴定管读数：57.0%

吸水率(校正至 500FU)：57.2%

吸水率(校正至 14.0%)：55.7%

面团形成时间：5.2min

稳定性：5.3min

弱化度(ICC 标准)：110FU

粉质评价值：70

二、拉伸仪

拉伸仪(extensograph)(图 12-4)可以同时测定面团的延伸性和韧性(或称抗延伸性)。使用该仪器时，为了使所测数据准确可靠，应首先用粉质仪的搅拌器来调制面团，然后称取 150g 面团在拉伸仪上滚圆、发酵，拉伸至面团断裂。面团断裂后重新整形再重复上述操作 3 次，即 45min、90min、135min 共 3 次。所得曲线如图 12-5 所示。

图 12-4 拉伸仪

(1) 延伸性 是以面团从开始拉伸直到断裂时曲线的水平总长度来表示的。

(2) 韧性 是以拉伸单位 BU 来表示面团拉至固定距离 50mm 时曲线所达到的最高 BU。

(3) 曲线面积 指曲线与底线所围成的面积，以 cm^2 表示，用求积仪测得。曲线面积也称拉伸时所需的能量。它表示面团筋力或小麦面粉搭配的数据，该值低于 $50cm^2$ 时，表示面粉烘焙品质很差。能量越大，表示面粉筋力越强，面粉的烘焙品质越好。

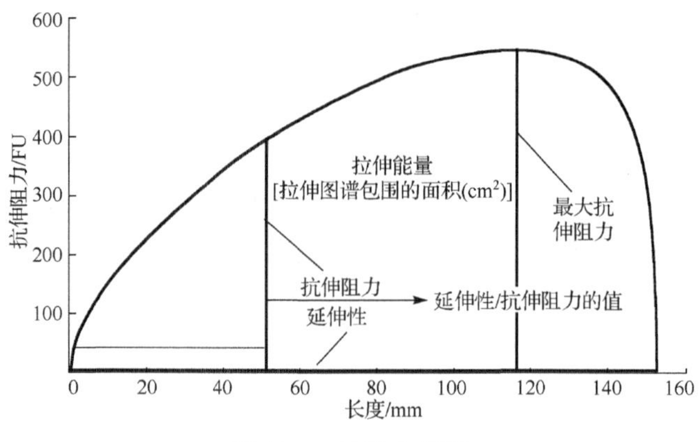

图 12-5　拉伸曲线图

(4) 拉伸比值　指抗伸阻力(FU)与延伸性(mm)之比。实际上，反映面粉特性最主要的指标是能量与比值。能量越大，面团强度越大。拉伸曲线图可反映麦谷蛋白赋予面团的强度和抗伸阻力，以及麦胶蛋白提供的易流动性和延伸所需要的黏合力。

根据拉伸曲线图可将小麦粉划分成下列类型。

1) 弱力粉：面团抗伸阻力小于 200BU，延伸性也小，在 155mm 以下。或延伸性较大，达 270mm，抗伸阻力小于 200BU。延伸性短的适合制作在嘴里易于溶化的饼干类食品，延伸性长和弹性小的适合制作面条类食品。

2) 中力粉：面团抗伸阻力较大，延伸性小，或抗伸阻力中等，延伸性小，大概比较接近于做馒头的要求。

3) 强力粉：抗伸阻力大，在 350～500BU，延伸性大或适中，在 200～250mm，比较适宜做主食面包。

4) 特强力粉：抗伸阻力达 700BU 左右，而延伸性只有 115mm 左右。其抗伸阻力过强，面团僵硬，不平衡，称为“顽强抵抗面团”，用其做面包则体积小，瓤气孔大而不均匀，孔壁粗糙、干硬。该面粉可用于做挂面或通心面条，防止断条。

面团拉伸特性的测定可扫码观看视频。

(视频)

三、混合试验仪

由法国肖邦技术公司生产的混合试验仪(Mixolab)(图 12-6)可以在变温和揉混条件下检测小麦、稻米、玉米和其他谷物及其加工制品的流变学特性，一次检测同时得到粉质曲线、黏度曲线和指数剖面图，得到谷物蛋白质和淀粉的加工特性。该方法符合标准国际谷物协会 ICC 173；美国谷物化学协会 AACC 54-60.01，55-21；法国国标 AFNOR V03-764；国际标准化组织 ISO 17718，5530；以及我国国家标准 GB/T 14614。

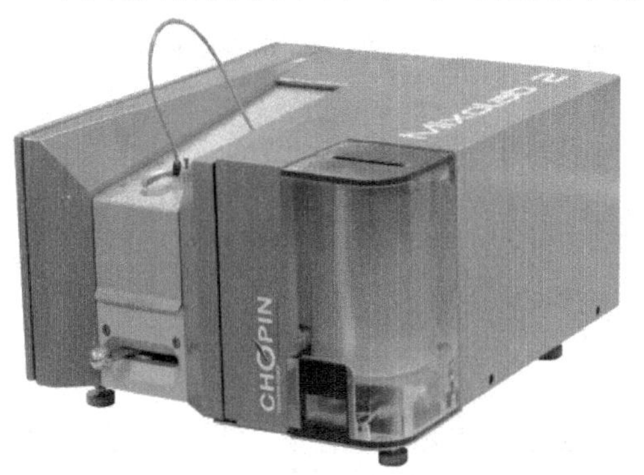

图 12-6　Mixolab 混合试验仪

混合试验仪检测的对象主要为谷物，包括软麦、硬麦、大麦、黑麦、稻米、玉米、木薯、马铃薯、淀粉及谷朊粉。谷物在搅拌和加热双重因素的作用下，实时检测变温揉混下的面筋蛋白质特性、升温淀粉糊化、回生特性及谷物各个组分的协同作用。还可以评估添加剂，如面筋、乳化剂、蛋白酶、脂肪酶、葡萄糖氧化酶、真菌淀粉酶、麦芽淀粉酶、果胶等对谷物食品的作用。样品为加水揉混形成的面团，而非悬浮液，样品类型必须保证能同时检测到蛋白质和淀粉共同作用对烘焙与蒸煮的影响。

混合试验仪的检测方法包括标准实验法、指数剖面图法和粉质仪检测法。

1．标准实验法　采用标准的“Chopin +”协议，45min 检测面团变化的 5 个阶段，结果如图 12-7 所示。标准实验法检测指标包括吸水率、形成时间、稳定时间、C1 初始稠度最大值、C2 稠度弱化最小值、Cs 8min 稠度值、C3 糊化峰值黏度、C4 保持黏度、C5 回生终点黏度、C3-C4 黏度崩解值、C5-C4 回生值、蛋白质网络弱化速度(α 值)、淀粉糊化速度(β 值)、酶水解淀粉速度(γ)。

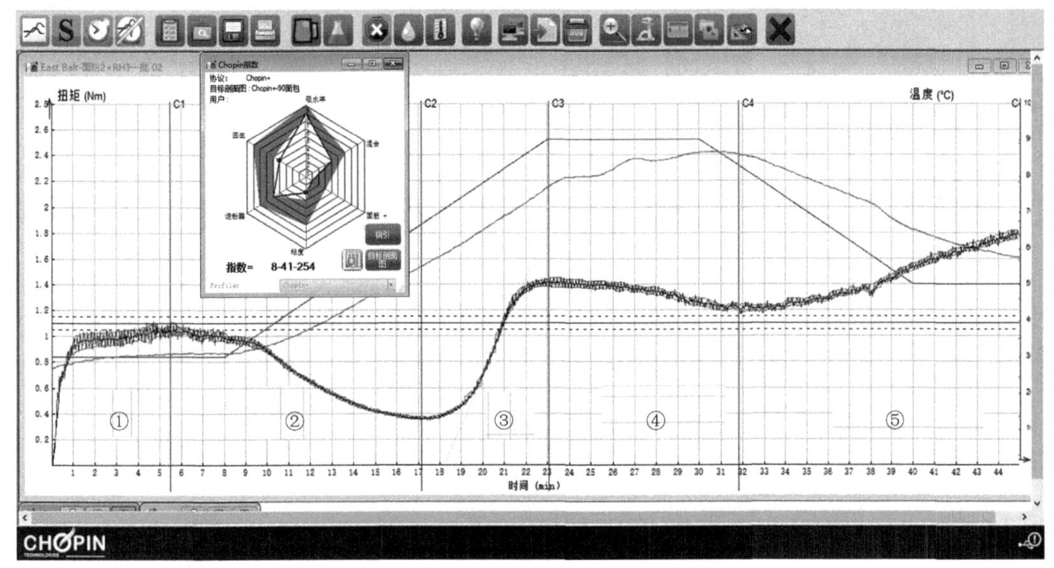

图 12-7　混合试验仪标准实验法曲线

2．指数剖面图法　在指数剖面图法中，内置分析软件可以将标准曲线显示的所有参数信息转换成 6 个品质指标：吸水率指数、揉混指数、面筋+指数、黏度指数、淀粉酶活性指数、回生指数(图 12-8)。

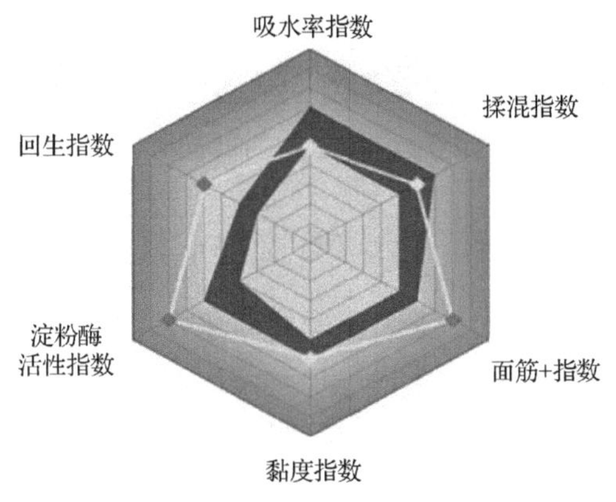

图 12-8　混合试验仪指数剖面图法

3．粉质仪检测法　混合试验仪粉质仪检测法的结果包括吸水率、形成时间、稳定性和弱化度(图 12-9)。

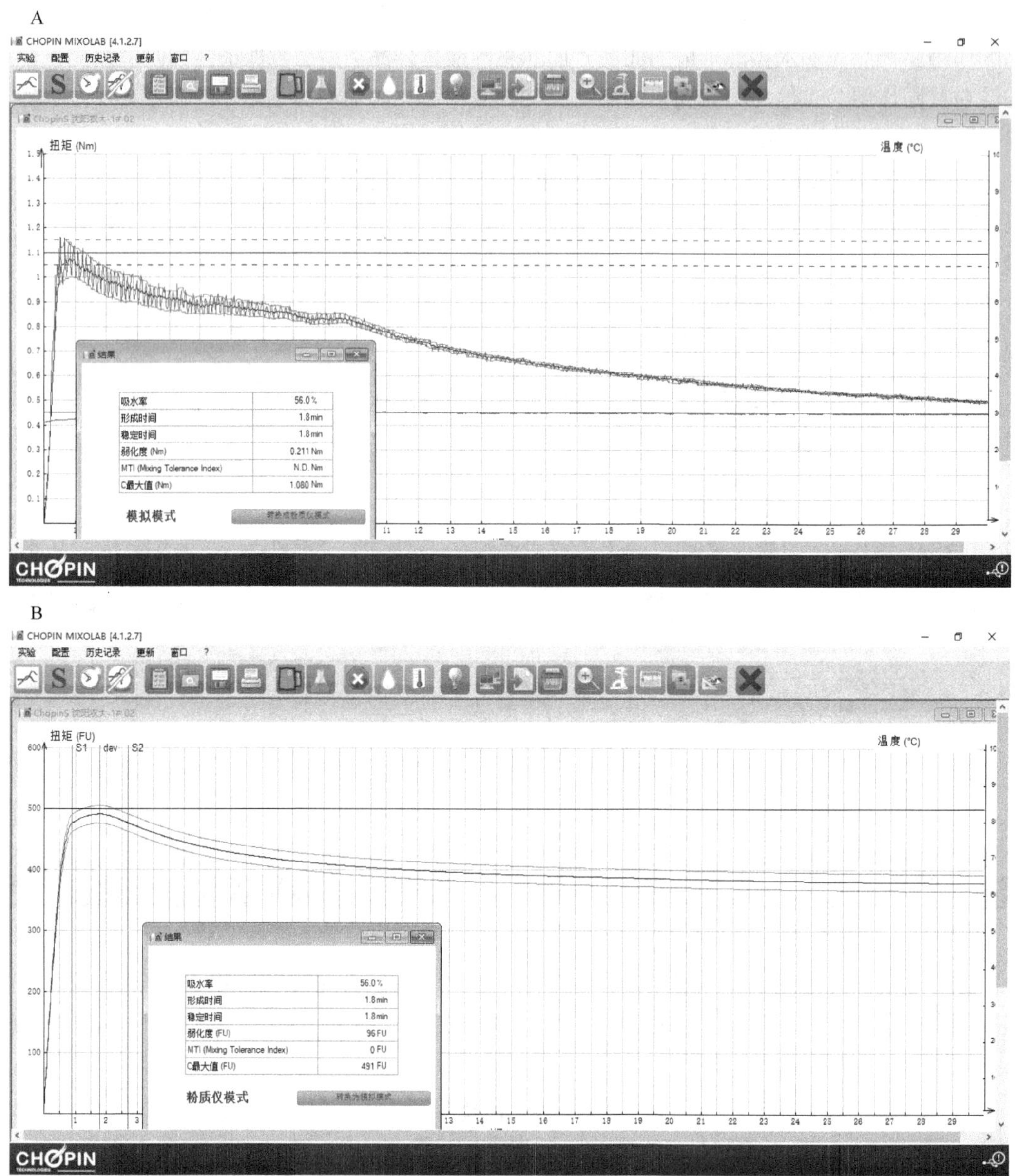

图 12-9　混合试验仪粉质仪检测法[直接测试曲线(A)，转换粉质仪模式曲线(B)]

四、AlveoLab 全自动吹泡仪和 AlveoPC 型吹泡仪

1．吹泡仪的工作原理　吹泡仪是根据欧式面包(法国面包等)的特征设计的，是法国 Chopin 公司制造的测定仪器，也称“Chopin extensimeter”，其基本测定目的和面团拉力测定仪相同。吹泡仪由三个部分组成：和面机、吹泡器、数据记录系统。吹泡仪测试的是在充气膨胀变成面泡过程中面团的黏弹性。

操作方法：给小麦粉中加入 2.5%的食盐水，用本装置的调粉机、压辊等做成面饼，然后用冲模一样的东西切下一块小圆片，在 25℃保温箱中放置 20min 后，再将面片取出放在仪器的气孔上使之成为厚度为 2.5mm 的薄片，并固定四周。与气孔出口相连的是一个玻璃气室，这时向玻璃气室送入水，使气室的空气从气孔排出，于是面片便被吹成气球样的泡，直到吹破。这些步骤模拟了面团发酵的整个过程：压片、搓圆、成型，最后发酵过程中产生二氧化碳使面团产生形变。

随着空气的流入，面片抵抗形变的发生，当气流量增加到一个特定值时，面片内部压力增加，使面片产生形变的压力代表了面团的韧性，即 P 值。P 值越大，面团的韧性越大。当无法承受更多压力时，面团开始膨胀，一旦气泡体积开始增加，内部压力就开始降低。气泡持续膨胀的时间依赖于它自身的延展特性。当达到最大延伸力时，气泡破裂，内部压力降低到零，实验结束。

在此过程中仪器自动记录空气压力的变化，得到如下的气泡延伸曲线(图 12-10)。其测定值的计算和评价如下。

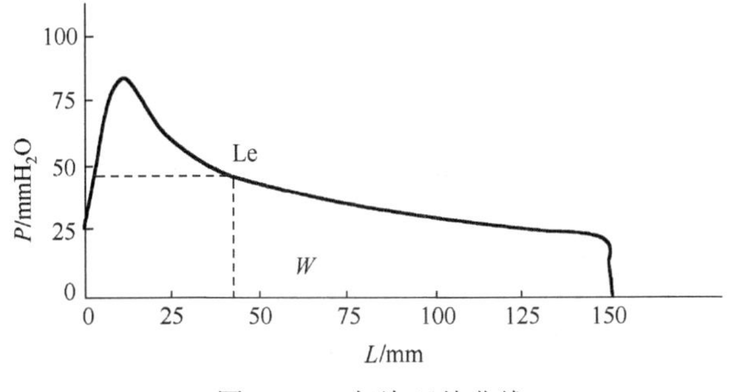

图 12-10　气泡延伸曲线

P．曲线纵向最高点，表示吹泡过程中面团受到的最大压力(mmH_2O①)，即代表小麦粉的韧性和强度(stability)指标。

L．面团的最大延伸性标记为“*L*”值，该值越高，面团的延展性越强。也可以以膨胀面积(标记为“*G*”)检测面团的延展性，*G*=2.226。

S．延伸曲线所包围的面积，以 cm^2计算，表示焙烤胀发强度(baking strength)。

G．由破裂点横坐标值 *L* 换算而得，从空气室中的刻度读得的表示空气体积的平方根。

W．被称为“面粉的烘焙力”，以“*W*”表示使面团产生形变所做的功，计算公式为：$W = 6.54S$。

此装置虽不用酵母，却是直接测定面团制作面包时气体包容能力的有效方法。其中 P 不但表示面团的筋力强度，一般还以 P 为定值来判断面团的吸水能力，P 越大吸水能力就越好。

P/L 值表示吹泡的外形和比率，即反映了面团韧性-延展性的平衡性。P/L 值要适当，过大和过小都不好，一般评价方法如下所述。当吸水量不一样时，以下值也会有变动。

P/L=0.15～0.7：强度、弹性较差，延伸性好。

P/L=0.8～1.5：　强度、弹性、延伸性都好。

P/L=1.6～5.0：　强度大，延伸性差，即面筋太硬，易断裂。

① $1mmH_2O$=9.806 65Pa

当 P/L 超过 2.5 时，则筋力过强，生产的饼干僵硬，可塑性不好，面包体积变小。一般来说，W 越大，筋力越大。

Le 值代表面团的弹性系数，当面泡中注入 200mL 空气时所对应的“L”值为 40mm，内压用另一个参数“P200”表示，Le = P200×100/P。Le 值越高，面泡膨胀的阻力越大。但如果 Le 值过高，则会出现面团皱缩的现象(特别是在面片挤出和压平的过程中表现较为明显)。相反，如果 Le 值太低，面团极不稳定，尤其是在制样的过程中。

每种小麦都有自己独特的吹泡曲线(形状和面积因其面粉特性不同而不同)，根据吹泡曲线综合评价小麦品质。吹泡仪参数中，W 值和 P/L 值可以反映多数小麦粉的综合品质。小麦粉按照 W 值可分为强筋粉(W>300)、中筋粉(W 为 200～300)和弱筋粉(W<200)三种类型，每种类型又因为 P/L 的不同分为韧型、平衡型和延展型(图 12-11)。P/L=1.6～5.0，韧型，韧性大，延展性小；P/L=0.8～1.5，平衡型，韧性和延展性适中；P/L=0.15～0.7，延展型，韧性小，延展性好。强筋粉中以韧性、延展性适中的平衡型最理想。

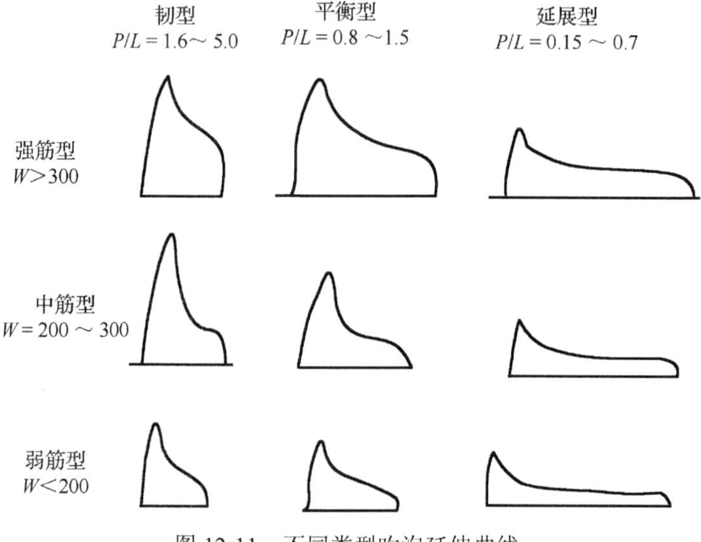

图 12-11　不同类型吹泡延伸曲线

此外，面包粉的 W 通常要求大于 300；法式面包粉的 W 要求为 170；饼干粉的 W 为 100 左右，P/L 为 0.3～0.5；曲奇和蛋糕的 W 为 100。

2. 吹泡仪的检测方法　传统吹泡仪的检测方法根据面团制备时水合方式的不同分为以下两种。

第一种是恒量加水吹泡法，是指所有的面粉按照相同的水合率加水。一旦确定了目标水合率(标准实验方法为 15%湿基条件下吸水率 50%)，实验开始前操作人员只需要知道面粉的水分含量即可。该方法操作简单，适用于各类面粉的分析。

第二种是适量加水吹泡法(或者叫“恒定稠度”)，是指面粉按照自身的吸水能力加水。实验包括面粉水分含量和面粉本身吸水能力。适量加水吹泡实验首先需要通过稠度仪来确定面粉的吸水率。稠度仪是由内置有传感器的和面器和数据记录系统组成的，在面团稠度达到 2200±7%公差范围标准稠度时的加水量即吸水率，稠度仪在 4min 的时间内便可确定出吸水率。适量加水的吹泡实验与标准恒量加水实验的操作完全一样。为了防止恒量加水和适量加水实验结果的混淆，吹泡实验结果参数进行了不同的命名。适量加水时，*P* 改为 *T*，*L* 改为 *A*，*G* 改为 Ex，*W* 改为 Fb，Le 改为 LeC。随着工业的飞速发展，人们对高蛋白质含量的面粉及小麦的需求量日益增多，蛋白质是面粉的主要吸水成分，其吸水能力是自身质量的 1.8 倍，高蛋白质的面粉的吸水率较高。而适量加水吹泡法可以更好地区分该类面粉。

吹泡仪是国际公认的重要的标准检测仪器，符合的国际标准有：法国国家标准 AFNOR V03—710、美国谷物化学协会标准 AACC54—30A 和 AACC54—50、国际谷物科技协会 ICC 171 和 ICC121、国际标准化组织 ISO5530/4、中国国家标准 GB/T 14614.4—2005。

法国、美国、澳大利亚等小麦大国都使用吹泡仪测定本国各种品种小麦的质量，发布小麦年报，列出不同小麦的吹泡数据，作为小麦品质的重要指标。

利用吹泡曲线还可以甄别虫蚀小麦、品质劣变小麦；优化配麦、配粉；选择添加剂种类，决定如谷朊粉、还原剂、乳化剂及其他改良剂合理的添加量，分别用以改善不同类型的面粉品质，以满足不同客户的需求。

3. AlveoLab 全自动吹泡仪　AlveoLab 全自动吹泡仪是法国肖邦技术公司基于 90 年的应用经验推出的一款新型的吹泡仪，具有吹泡仪、稠度仪和虫蚀小麦检测等多种功能。

仪器由两部分组成，数据记录系统由外置连接的计算机完成。AlveoLab 全自动吹泡仪如图 12-12 所示，左侧为和面器和醒置室，该部分还包含了自动注水系统，右侧为吹泡器。AlveoLab 全自动吹泡仪的研发是基于操作更容易和结果更准确的创新理念。

图 12-12　AlveoLab 全自动吹泡仪

在硬件上，AlveoLab 全自动吹泡仪提高了主要实验步骤的自动化程度，对测试条件进行精确的监控，从而减少操作者及环境条件对结果的影响。自动化体现在：开机后全自动气泵校准、全自动注水、自动温湿度控制和自动吹泡。

实验第一步是面团的形成，AlveoLab 全自动吹泡仪会根据操作员的实验设定自动调节水温、自动加水、自动和面。实验第二步是面片的制备，AlveoLab 全自动吹泡仪在该过程配备了新的检测附件：自动圆切刀和防黏涂层的新型置醒片，具体操作如图 12-13 所示。每一步骤都进行了改进，使得操作更简单、结果更精确。

面片制备好后陆续进入醒置室进行醒置，醒置室温度为恒温 25℃，为了增加实验效率，AlveoLab 全自动吹泡仪配备了三组醒置室，可以实现三组实验同时进行。实验的最后一步是吹泡，这一过程的改进是最为突出的，面片的定位和膨胀均在温湿度可控的操作室内全自动进行，消除了外部条件对实验结果的影响，AlveoLab 全自动吹泡仪的气泡设计为倒置，顺应地心引力的作用使倒置的气泡更圆，与面制品实际生产过程更加接近，该过程如图 12-14 和图 12-15 所示。整个实验过程中的温度均由设备自行控制，无须外接冷却循环系统。

图 12-13　AlveoLab 全自动吹泡仪面片制作过程

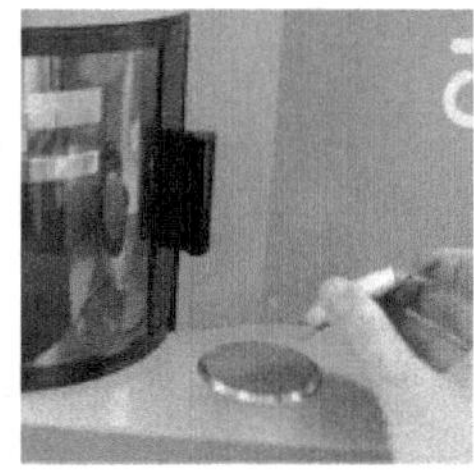
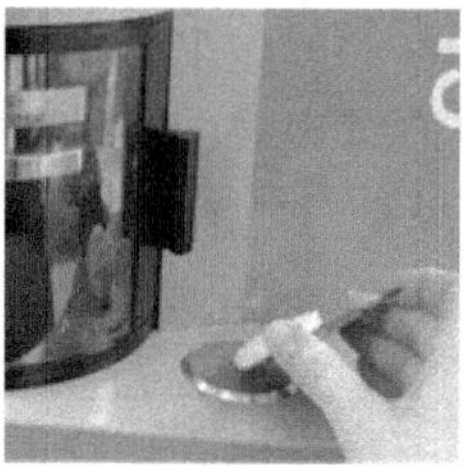
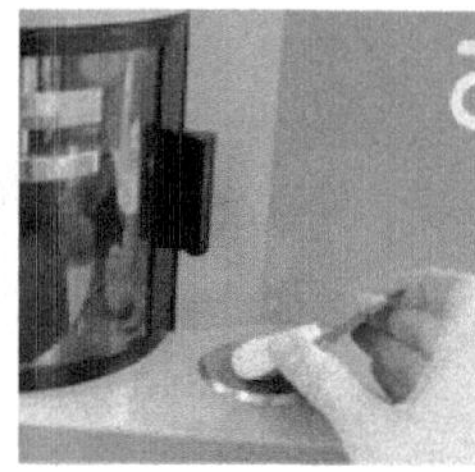
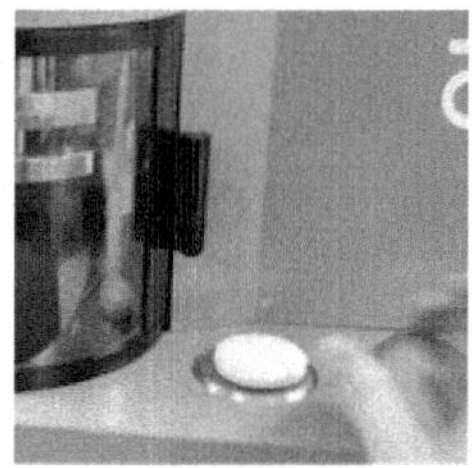

图 12-14　新型吹泡过程

图 12-15　全自动吹泡仪气泡倒置

AlveoLab 软件也是一个重要的技术创新，直观、简单和全面。对检测结果的分析更加精确，软件还包括了许多新的检测参数，如吹泡曲线的一阶导数曲线、压力-形变参数及和面稠度记录等。另外，软件还包括优化配麦配粉、面粉改良剂指南功能，帮助用户选择最合适的添加剂和添加量以达到目标吹泡值。

全自动配麦配粉功能：在实际生产中，面粉厂会根据不同的生产目的对市场上所提供的小麦进行比较、分类和选择，这一过程中用户需要依据吹泡仪的指标进行小麦和面粉的搭配。全自动吹泡仪新软件设计了自动配麦配粉功能，用户可以选择多达 10 个产品，根据 AlveoLab 目标值，该软件会自动计算最合适的搭配方案；同时用户也可以自选所配比例，软件自动给出配麦配粉的结果，该操作可大大缩短操作时间、降低人工成本。

改良剂指南功能：吹泡仪也广泛应用在面制品改良剂的选择上，用于检测改良剂在面团中的品质表现，从而确定添加剂(半胱氨酸、抗坏血酸、酵母活性、葡萄糖等)的最佳使用情况。AlveoLab 软件内置有改良剂数据库，改良剂指南功能可以帮助客户找出达到目标吹泡值的最适添加剂种类。同时客户也可根据实际应用更新和扩充该数据库。

对于食品企业来说，新的吹泡仪软件可长期图示化检测某一供应商或客户产品品质的稳定性。另外，为了检查仪器是否始终处于良好运行状态，软件可以在几分钟之内给出一个内置的仪器精度控制图。

AlveoLab 软件可自动生成带有企业名称和企业标识的标准结果证书。为了确保完整的可追溯性，所有实验结果均可备份。AlveoLab 全自动吹泡仪可以多个实验同时进行，每天可以增加 40%的检测量，使投资回报率最大化。

4. AlveoPC 型吹泡仪 AlveoPC 型吹泡仪(图 12-16)是与 AlveoLab 全自动吹泡仪同时期推出的另一款新型的电子式吹泡仪。其仅具备标准的恒量加水吹泡功能，无稠度仪相关功能。

该吹泡仪由和面器、吹泡器(吹泡值测定功能)和电脑(需额外购买)三部分构成。用标准浓度的稀盐水溶液与面粉揉混制备面团(恒量加水)，然后将面团挤出细缝，制成细薄面片，醒发后吹成面泡。面泡中的压力随着时间的变化被记录下来，直到面泡破裂，得到吹泡(压力)曲线。所得参数已经在第一部分工作原理中介绍过。该机器吹制的面泡是向上的(图 12-17)，与老式的 NG 型吹泡仪等仪器一致。AlveoPC 型吹泡仪可快速、精确地测定小麦和面粉的韧性、延展性和烘焙力，反映了面团的粉质特性，与面粉的烘焙品质密切相关。

(彩图)

图 12-16 AlveoPC 型吹泡仪

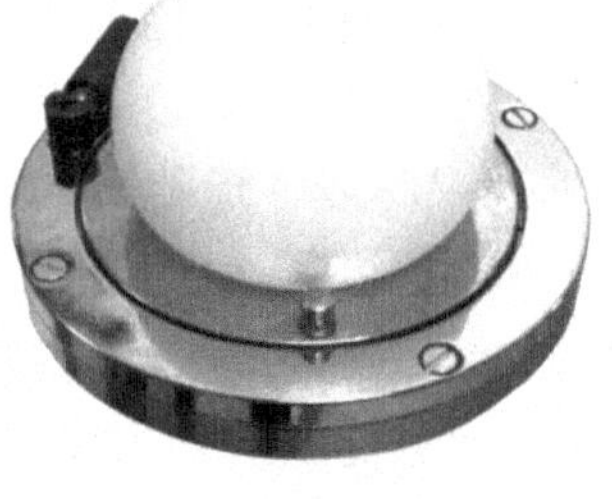

(彩图)

图 12-17 AlveoPC 型吹泡器吹制的面泡

AlveoPC 型吹泡仪也被认为是 Alveolab 全自动吹泡仪的简化版，可通过计算机软件来获得曲线和结果，与老式的 NG 型吹泡仪的 Link 显示器(单片机电脑显示器)相比，其具有较先进的数据处理方式，可保存不限量的检测结果，且界面直观、操作简单。

五、淀粉黏度糊化及 α-淀粉酶测定仪

该仪器(也有的译为黏焙力仪)与黏度测定仪为德国布拉本德公司生产的，用于测定小麦粉试样中淀粉的糊化性质(糊化温度、最高黏度、最低黏度与回生后黏度增加值)和 α-淀粉酶活性。其属于外筒旋转式黏度计的一种，所得结果可提供有关烘焙食品瓤结构和是否需要添加麦芽的信息。其工作原理是：α-淀粉酶对小麦粉黏度的影响与温度有函数关系，淀粉胶的高黏度因 α-淀粉酶在搅拌加热过程中使淀粉粒液化作用而降低，可反映出烘焙过程中 α-淀粉酶的影响情况，也能测定淀粉糊的流变学特性，可反映温度连续变化时黏度的变化状态。

该仪器可以同时测定面粉悬浮液在固定每分钟升高温度 1.5℃的条件下，淀粉糊化与黏度增加的情况。面粉悬浮液置于含有固定搅拌棒的杯中，以 75r/min 的速度搅拌，同时加热，每分钟升高 1.5℃，面粉悬浮液随着温度的升高而糊化。

将面、水按一定比例和成面糊，放入一圆筒中。与圆筒配套有一形如蜂窝煤冲头的搅盘。将这带圆柱的搅盘插入盛面糊的圆筒中，然后按一定的温度上升速度(1.512℃/min)加热面糊。同时转动搅盘，并自动记录搅盘所受到的扭力，就会得到如图 12-18 所示的一条淀粉黏度变化曲线。从该曲线可以得到如下物性指标。

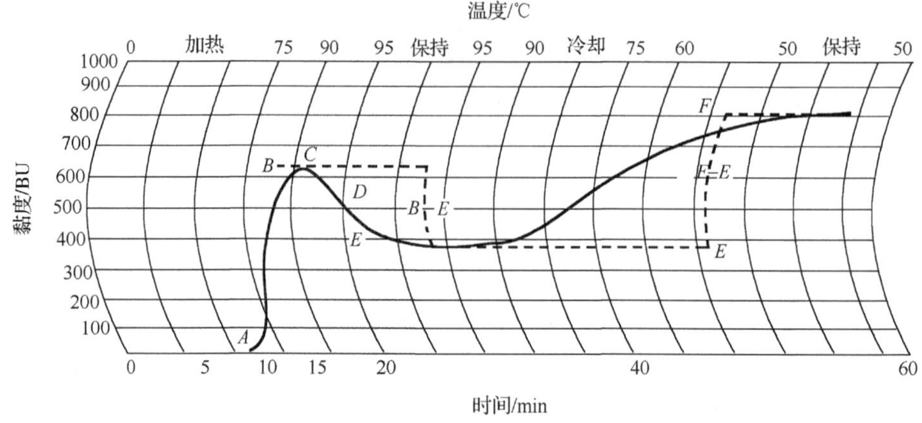

图 12-18　淀粉黏度变化曲线的特征值(程建军，2011)
A～F 为人为设定的点

(1)糊化开始温度(℃)　生淀粉起始黏度值很低，黏度曲线不变，随温度升高，淀粉开始糊化，这时称为糊化开始温度，这一温度实际上比淀粉膨润湿度要高。

(2)最高黏度(MV)　黏度显著升高后阻力增加，曲线发生突变，形成峰值，称顶峰黏度或最高黏度，又称麦芽指数。淀粉糊化的难易取决于淀粉分子间的结合力。直链淀粉的结合力较强，故糊化所需时间较长。

(3)糊化完成温度(℃)　淀粉黏度达到最大时的温度。

(4)糊化时间　淀粉从开始糊化到完成糊化所需的时间。

(5)α-淀粉酶活性及麦芽指数　曲线的高度(BU)表示面粉的α-淀粉酶活性。若此高度超过 600BU，表示面粉的α-淀粉酶活性太低，用此面粉制出的面包组织差、易老化。若此高度低于 400BU，表示面粉的淀粉酶活性太高，所制出的面包组织黏、易变形。麦芽指数还可以确定添加淀粉酶的量。一般用麦芽粉来补充面粉中α-淀粉酶的量。

(6)最低黏度　在最高黏度后，保持 92～95℃一定时间(10～60min，根据具体目的而定)，并继续搅拌，因 α-淀粉酶的降解液化作用而使黏度下降，然后出现最低黏度。

(7)最终(冷糊)黏度　淀粉糊逐渐冷却至 30℃(实际上多为 50℃，宜标明)时，由于温度降低，分子运动减弱，淀粉分子重新组成无序的混合微晶束，与生淀粉结构类似，故称为回生(或老化)。回生后的黏度增加值因品种而异。如含直链淀粉多，回生程度就大。

MV 反映淀粉酶活性度，与小麦二次加工适应性关系密切。MV 过高，则小麦粉酶的活性弱，做面包时发酵性能与面包品质差，但做面条时，MV 值高的较好。MV 值过低时，酶的活性过强，面团发黏，无论制面包、面条、糕点都对操作不利，制品品质也差。

六、降落数值测定仪

此为一种专门测定谷物α-淀粉酶活性和谷物发芽损坏程度的仪器。降落数值(FN 值)是指将一定量的小麦粉或其他谷物粉与水的混合物，置于特定的黏度管内并浸入沸水浴中，然后以一种特定的方式搅拌混合物，并使搅拌器在面粉糊中从一定高度自由下降一段特定距离，自黏度管浸入沸水浴开始至搅拌器自由降落这一段特定距离所需要的时间(s)。降落数值越高表明 α-淀粉酶活性越低，反之亦然。面包粉的 FN 值应为 250～350s。

第二节　质构测定仪

（本节视频）

质构测定仪(texture analyzer)可以模拟人的触觉，分析检测触觉中的物理特征。在计算机程序控制下，可安装不同传感器(探头)的横臂在设定速度下上下移动，当传感器与被测物体接触时，计算机以设定的记录速度开始记录，并在计算机显示器上同时绘出传感器受力与其移动时间或距离的曲线。由于质构测定仪可配置多种传感器，因此该仪器仪可以检测食品多个机械性能参数和感官评价参数，包括拉伸、压缩、剪切、扭转等作用方式，下面简单介绍几种检测方法。

一、稠度检测

图 12-19A 是稠度测量专用杯装置，杯直径 50mm，三个压板直径分别为 35mm、40mm 和 45mm。压板的选取根据被测物体的黏度和是否含有颗粒物质而定；一般黏度低、质构细腻的物体选择大一点的压板；而黏度高、颗粒多(如果酱)时应该选择小压板。测量杯内的物体一般不超过杯容积的 75%，压入深度也不要超过物体深度的 75%，以免与杯底碰撞。

图 12-19B 是三种不同含水量奶油稠度的检测结果：正的压力值表示奶油的坚实性——硬度；而围成的面积表示压入时所做的功；负的压力值表示奶油内聚力——黏度；负的压力值面积表示克服内聚力所做的功。

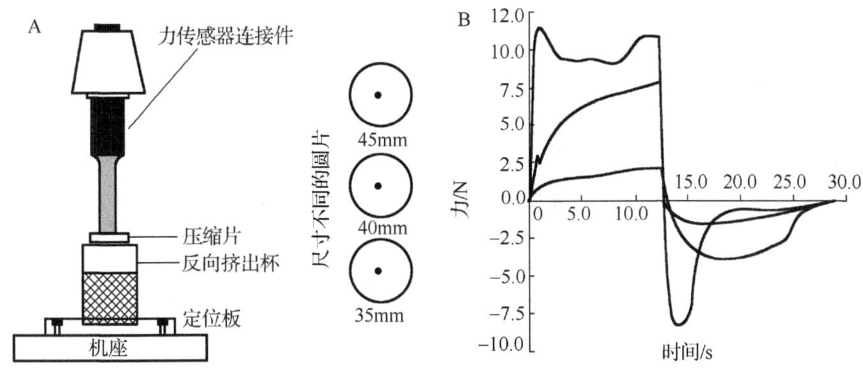

图 12-19　稠度检测及三种不同含水量奶油的稠度(李云飞和殷涌光，2016)

A．稠度检测；B．三种不同含水量奶油的稠度

二、质构分析

质构分析(texture profile analysis，TPA)实际上是让仪器模拟人的两次咀嚼动作，记录并绘出力与时间的关系，并从中找出与人感官评定对应的参数。

目前能够检测到的主要有硬度(hardness)、脆性(brittleness)、凝聚性(cohesiveness)、黏着性(adhesiveness)、咀嚼性(chewiness)、回复性(relicense)和弹性(springiness)。

虽然 TPA 这种试验分析方法被各国研究人员广泛采用，但是由于语言表述和个体差异，TPA 参数命名和对参数的定义还不十分完善，应在参照仪器提供的检测方法和参数定义的基础上，根据实际情况作修改。

注意事项：

1) TPA 检测结果与试验方法有密切关系。样品大小和移动速度都应该一致，否则试验数据没有可比性。

例如，如果两次试验传感器端面积分别大于和小于被测样品，那么在压缩过程中仪器检测到的力将分别是单轴压缩力和压缩力加剪切力，因此两次试验数据不能有效反映材料的压缩性差异。

目前，人们使用较多的是传感器端面积大于样品的试验方法。

2) 由于 TPA 是模拟人的咀嚼动作，第一次压缩样品的应变量及第一次与第二次压缩间的停留时间非常重要。

例如，第一次压缩是否应该使样品材料破碎或样品材料的应变量是多少合适，停留时间又是多少合适，这些参数的设定都直接影响第二次压缩参数，也同时影响整个质构分析结果。

目前，第一次应变量采用较多的是 20%～50%，而对于凝胶食品，当应变量达到 70%～80%时，即出现了破碎。

3) 在报告研究结果时也应该同时给出试验条件。

举例 1：图 12-20 是 Breene 等用这种方法求出的黄瓜的压缩-拉伸曲线。从曲线可求得黄瓜的质构特性参数。

举例 2：另外，Henry 等对半固体食品进行了压缩-拉伸曲线的测定。测定果冻状食品所得的曲线如图 12-21 所示。

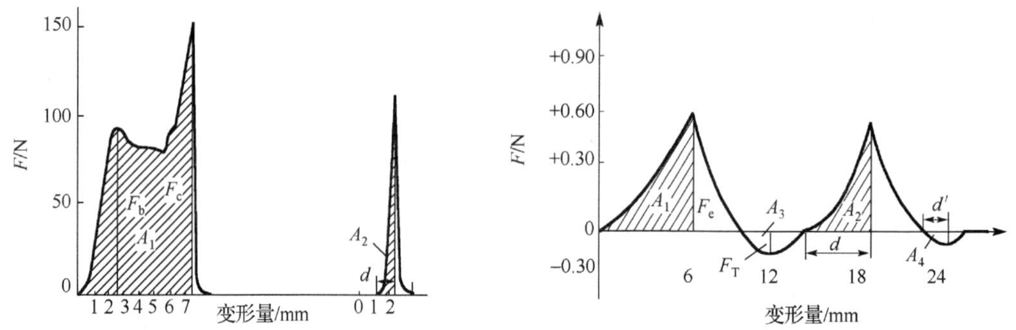

图 12-20　黄瓜的压缩-拉伸曲线（李里特，2010）　图 12-21　果冻状食品的压缩-拉伸曲线（李里特，2010）

图 12-20 和图 12-21 中，A_1 为最初压缩曲线面积（斜线部分）(cm^2)；A_2 为第二次压缩曲线面积（斜线部分）(cm^2)；F_c 为最初压缩的最大压力（N）；F_b 为第一个峰值（N）；F_e 为第二个峰值（N）；d 为第二次压缩开始至最大压力时的变形（mm）；F_T 为最初拉伸的最大拉力（N）；A_3 为拉伸开始至最大拉力时的面积(cm^2)；A_4 为第二次拉伸开始至最大拉力时的面积 (cm^2)；d' 为第二次拉伸开始至最大拉力时的变形（mm）。

举例 3：利用物性仪测定不同发酵时间面包的硬度、弹性和回复性（图 12-22，表 12-1）。测试条件如下。

探头：P50 探头（50mm 直径的柱形探头）。测定模式：T · P · A。参数：下压前速度，2.00mm/s；下压中速度，1.00mm/s；下压后速度，1.00mm/s；下压距离，30%。抓取数据速率：200PPS。

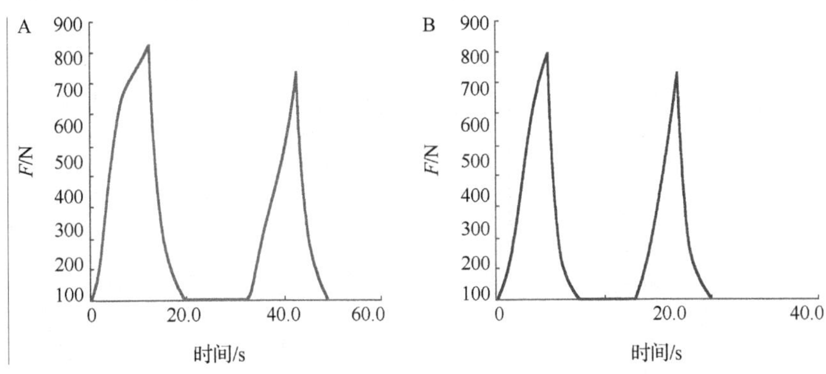

图 12-22 面包芯 TPA 质构曲线

A. 发酵 2.5h；B. 发酵 4.5h

表 12-1 面包芯 TPA 质构测试结果

发酵时间/h	硬度/g	弹性	回复性
2.5	833.406	0.816	0.280
4.5	805.607	0.845	0.326

三、数据分析

质构测定仪备有专用的数据分析软件，熟练掌握这些分析功能对于开发研究食品物性非常有帮助。首先利用锚定位功能选定分析域，之后再利用指定功能的快捷键即可获得所需要的数据。质构测定仪的计算功能有面积-功、曲线斜率、数据平均、时间增量、曲线上选定两点处力的比值、峰值、横坐标和纵坐标截距、锯齿形曲线的平均梯度、作用力变化绝对值、峰谷平均差值、样品密度、最大作用力-硬度、最小作用力-黏度、坐标移动、曲线拟合、曲线光滑、曲线绝对长度、屈服点偏移确定等。

图 12-23 是任意选定的 1～2 两点间的面积，在此曲线上，我们还可以投放多个锚，这时只要点击“面积”快捷键或从“数据处理”菜单中运行“面积”，都可以在选定的两个锚之间出现阴影，面积数据自动出现在数据框中。面积的单位可以是 kg·s、N·s、N·mm，也可以采用应力应面积的单位 N/mm^2。如果希望采用某种面积单位，一定要在面积计算之前调整图横坐标和纵坐标的单位，这样面积计算出来就是所希望的，否则面积计算之后，其单位将无法改变。

举例：采用英国物性测试仪 TA-XT2i 质构测定仪（图 12-24 和表 12-2）。

测试方式：下压过程中测试力一次下压法；

参数：下压前速度，10.0mm/s；下压中速度，0.5mm/s；下压后速度，5.0mm/s；下压距离，70.0%；

探头：P50。

硬度正峰值；黏度负峰值；淀粉的糊化程度即黏度值与硬度值之比，比值越大，其糊化程度越佳。

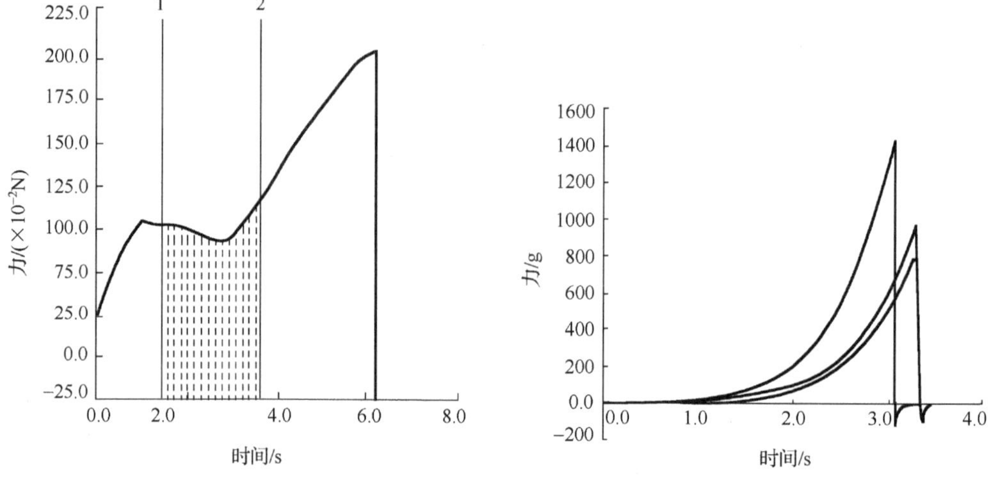

图 12-23　两点面积计算示意图(李云飞和殷涌光，2016)　　图 12-24　淀粉糊质构特性测试曲线

表 12-2　淀粉糊质构特性测试结果

序号	硬度/g	黏度/g	糊化程度
1	981.9	−99.4	—
2	1442.6	−143.5	—
3	798.2	−71.0	—
平均值	1074.2	−104.6	0.097 405 8

第三节　DSC 热分析法

DSC(differential scanning calorimeter)热分析法，又称差示扫描量热法，是 20 世纪 60 年代以后研制出的一种热分析方法。它是在程序控制温度下，测量输入试样和参比物的功率差与温度的关系。在操作中，通过单独的加热器补偿样品在加热过程中发生的热量变化，以保持样品和参比物的温差为零。这种补偿能量(样品吸收或放出的热量)所得的曲线称 DSC 曲线。DSC 曲线是以样品吸热或放热的速率，即热流量 dQ/dt(单位为 mJ/s)为纵坐标，以时间 t 或温度 T 为横坐标的。曲线离开基线的位移，代表样品吸热或放热的速率；曲线中的峰或谷所包围的面积，代表热量的变化。其可测定多种热力学和动力学参数，如比热容、焓变、反应热、相图、反应速率、结晶速率、高聚物结晶度、样品线度等；使用温度为−175～725℃。在食品科学中，人们利用这一技术检测脂肪、水的结晶温度和融化温度及结晶数量与融化数量；通过蒸发吸热来检测水的性质；检测蛋白质变性和淀粉凝胶等物理化学变化。根据测量方法的不同，其又可分为两种类型：功率补偿型 DSC 和热流型 DSC。

一、DSC 结构

图 12-25 是 DSC 结构示意图，大致由 4 个部分组成：①温度程序控制系统；②测量系统(物理性能的测量)；③数据记录、处理和显示系统；④样品室。温度程序控制的内容包括整个实验过程中温度变化的顺序、变温的起始温度和终止温度、变温速率、恒温温度及恒温时间等。测量系统将样品的某种物理量转换成电信号，进行放大，用来进一步处理

和记录。数据记录、处理和显示系统把所测量的物理量随温度和时间的变化记录下来，并可以进行各种处理和计算，再显示和输出到相应设备。样品室除提供样品本身放置的容器(样品杯或样品管)、样品容器的支撑装置、进样装置等外，还包括提供样品室内各种实验环境的系统，如需要维持环境的气体(氧气、氢气、氮气等)的输入测量系统、压力控制系统、环境温度控制系统等。这些控制系统和数据处理均由计算机完成。

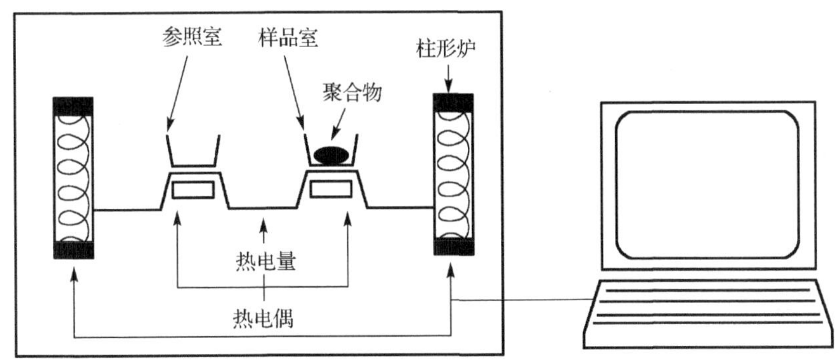

图 12-25　DSC 结构示意图

二、热流型 DSC

热流型 DSC(*T*-measuring system)是在一定的炉温 T_0 加热或者冷却下，测量流过样品的热量和流过参照品的热量，并用热量差或者温度差表示。如图 12-26 所示，样品盘和参照盘同时加热，根据傅里叶导热定律，流过样品的热流量($\dot{Q}_{\mathrm{OP}}$)为

$$\dot{Q}_{\mathrm{OP}} = k \cdot A(T_0 - T_{\mathrm{P}}) \tag{12-1}$$

式中，k 为总传热系数，W/(m^2 • K)；A 为传热面积，m^2；T_0 为加热炉温度，℃；T_{P} 为样品温度，℃。

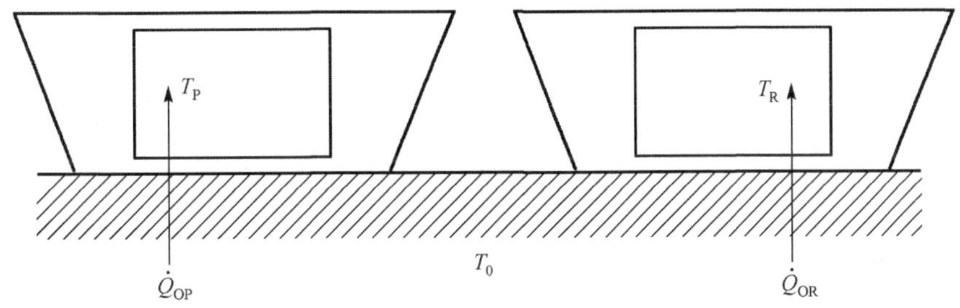

图 12-26　样品和参照品加热情况

流过参考品的热流量($\dot{Q}_{\mathrm{OR}}$)为

$$\dot{Q}_{\mathrm{OR}} = k \cdot A(T_0 - T_{\mathrm{R}}) \tag{12-2}$$

式中，T_{R} 为参照品温度，℃。

流过样品和参照品的热流量差($\dot{Q}$)为

$$\dot{Q} = \dot{Q}_{\mathrm{OP}} - \dot{Q}_{\mathrm{OR}} = k \cdot A[T_0 - T_P - (T_0 - T_{\mathrm{R}})] \tag{12-3}$$

或者

$$\dot{Q} = k \cdot A(T_R - T_P) = K\Delta T \tag{12-4}$$

式中，K 为仪器参数，$K=k \cdot A$。

图 12-27A 是温度与加热时间的关系图。由图 12-27A 可见，炉温 T_0 以恒定的加热速率线性升高，参照品温度也呈线性升高，而样品温度却出现峰值。参照品温度与样品温度的差值如图 12-27B 所示。如果以炉温为横坐标，流过样品和参照品的热流量差为纵坐标，可得到如图 12-27 所示的 DSC 曲线。

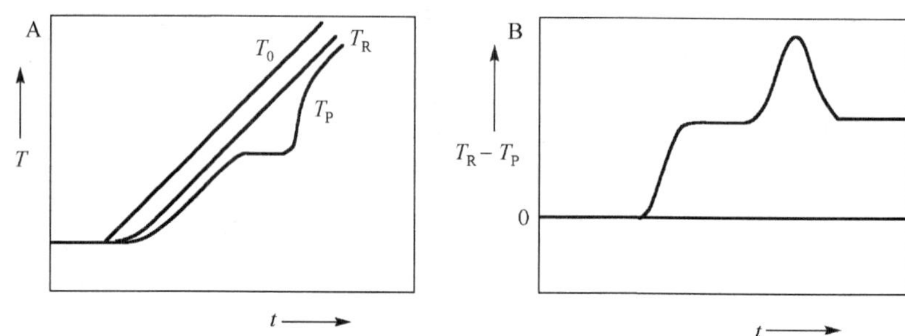

图 12-27　样品与参照品温差与时间的关系（李云飞和殷涌光，2016）

三、功率补偿型 DSC

图 12-28 是功率补偿型（power compensation system）DSC 结构示意图。其主要特点是用独立的加热器与传感器来测量与控制样品及参照品的温度并使之相等。或者说，根据样品和参照品的温度差，对流入或流出样品和参照品的热量进行功率补偿使二者温度相等。它所测量的参数是两个加热器输入功率之差 $D(\Delta Q/\mathrm{d}t$ 或 $\mathrm{d}H/\mathrm{d}t)$。以功率差为纵坐标、温度为横坐标，得到如图 12-29 所示的 DSC 曲线。

$$\dot{Q} = \frac{\mathrm{d}Q_P}{\mathrm{d}t} - \frac{\mathrm{d}Q_R}{\mathrm{d}t} = \frac{\mathrm{d}H}{\mathrm{d}t} \tag{12-5}$$

式中，$\dot{Q}$ 为所补偿的功率（热流量差）；Q_P 为流过样品的热量；Q_R 为流过参照品的热量；t 为时间；$\mathrm{d}H/\mathrm{d}t$ 为单位时间内的焓差，即热流率，单位一般为 mJ/s。

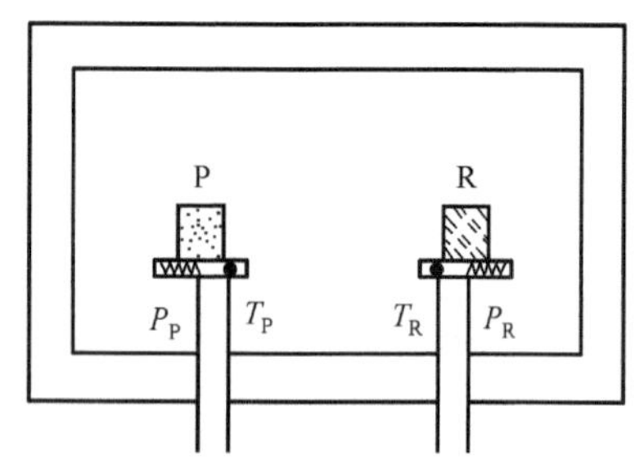

图 12-28　功率补偿型 DSC 结构示意图（李云飞和殷涌光，2016）

P 表示样品；R 表示参照物。

T_R、P_R 分别表示样品室和参照物室的压力

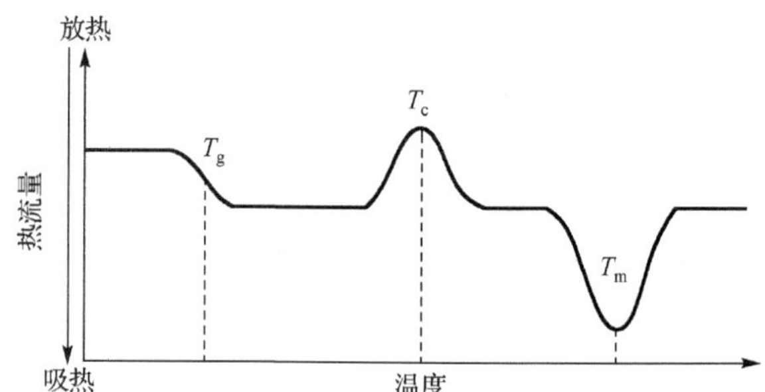

图 12-29　热流量与温度的关系（李云飞和殷涌光，2016）

T_g 为热流量开始变化温度；T_c 为正峰值温度；T_m 为负峰值温度

四、温度调制式 DSC

20 世纪 90 年代初，一种改进的 DSC 开始投入商业应用——温度调制式 DSC（modulated temperature DSC，MTDSC 或者 MDSC）。该技术与常规 DSC 相比，两种仪器的基本原理相同，而 MTDSC 仅在软件方面的改进使检测仪器具有更高的功能。热流量的基本表达式为

$$dQ/dt = c_P dT/dt + f(t, T) \tag{12-6}$$

式中，c_P 为材料的比热容；Q 为热量；T 为热力学温度；t 为时间；$f(t, T)$ 为与时间和温度有关的由动力学决定的热流量。

在常规 DSC 检测中，加热温度与时间呈线性关系。而在 MTDSC 检测中，温度增加了正弦分量（图 12-30）。

$$T = T_0 + bt + B\sin(\omega t) \tag{12-7}$$

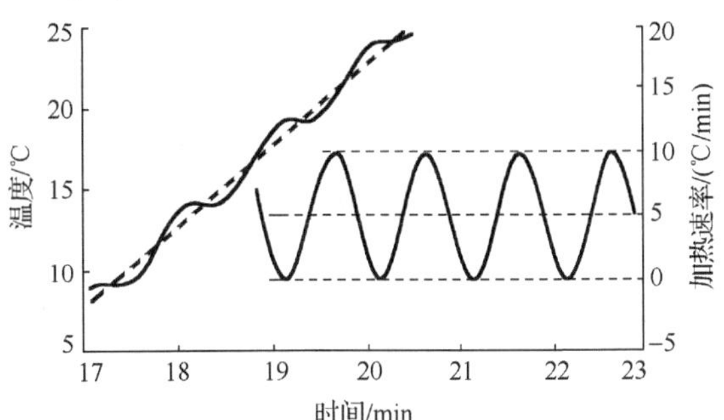

图 12-30 MTDSC 与常规 DSC 加热温度和热流的比较（李云飞和殷涌光，2016）

式中，T 为图 12-30 中的倾斜实线；T_0 为初始温度；B 为分量；ω 为初速率；b 为线性加热速率（图 12-30 中的倾斜虚线）。将式（12-7）代入式（12-6），得

$$dQ/dt = c_P[b + B\omega\cos(\omega t)] + f(t,T) + C\sin(\omega t) \tag{12-8}$$

许多情况下，$C \to 0$，因此上式为

$$dQ/dt = c_p[b + B\omega\cos(\omega t)] + f(t,T) \tag{12-9}$$

利用离散傅里叶变换，可将调制温度产生的热流量 $c_p B\omega\cos(\omega t)$ 和基准热流量 $c_p b$ 分离，$c_p[b + B\omega\cos(\omega t)]$ 称为可逆热流量，它与材料分子的振动、转动和平动有关，反映材料的玻璃化转变和融化现象，与材料的热容有关。而 $f(t,T)$ 称为不可逆热流量，它与材料的物理化学现象有关，反映聚合物的陈化、结晶、晶体重组、材料降解等现象，是一个与温度和时间有关的动力学控制问题。常规 DSC 只能检测出总的热流量，而 MTDSC 可将总热流量与可逆热流量、不可逆热流量分开（图 12-31）。MTDSC 不但能够提供更多的热学

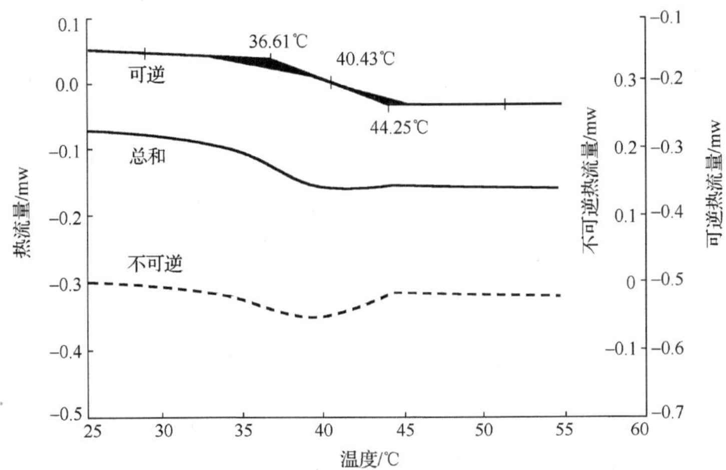

图 12-31 MTDSC 热流量曲线和玻璃化转变温度的确定（李云飞和殷涌光，2016）

信息，也特别适合检测玻璃化转变现象不明显的材料。当然，该技术也存在一定的不足，由于用调制温度模式代替常规 DSC 的线性加热温度模式，因此需要确定合适的调制温度、频率和幅值。此外，它对热流量信息的解析还不十分完善。

五、测量结果的影响因素

DSC 的影响因素与具体的仪器类型有关。一般来说，影响 DSC 测量结果的主要因素有下列几方面：实验条件，如起始和终止温度、升温速率、恒温时间等；样品特性，如样品量、固体样品的粒度、装填情况，溶液样品的缓冲液类型、浓度及热历史等；参照物特性、参照物用量、参照物的热历史等。

（1）实验条件的影响　升温速率可能影响 DSC 测量的分辨率。实验中常常会遇到这种情况：对于某种蛋白质溶液样品，升温速率高于某个值时，某个热变性峰根本无法分辨，而当升温速率低于某个值后，就可以分辨出这个峰。升温速率还可能影响峰温和峰形。事实上，改变升温速率也是获得有关样品的某些重要参量的重要手段。

（2）样品特性的影响

1）样品量：一般来说，样品量太少，仪器灵敏度不足以测出所要得到的峰。而样品量过多，又会使样品内部传热变慢，使峰形展宽，分辨率下降。实验中发现，不同物质的样品用量也不同。一般的原则是，在得到足够强信号的前提下，样品量要尽量少，且用量要恒定，以保证结果的重复性。

2）固体样品的几何形状：样品的几何形状如厚度、与样品盘的接触面积等会影响热阻，对测量结果也有明显影响。为获得比较精确的结果，要增大样品盘的接触面积，减小样品的厚度，并采用较慢的升温速率。样品池和样品座要接触良好，样品池或样品座不干净，或样品池底不平整，会影响测量结果。

3）样品池在样品座上的位置：样品池在样品座上的位置会影响热阻的大小，应该尽量标准化。

4）固体样品的粒度：样品粒度太大，热阻变大，样品熔融温度和熔融热焓偏低；但粒度太小，由于晶体结构的破坏和结晶度的下降，也会影响测量结果。带静电的粉状样品，由于静电引力使粉末聚集，也会影响熔融热焓。总的来看，粒度的影响比较复杂，有时难以得到合理的解释。

5）样品的热历史：许多材料往往由于热历史的不同而产生不同的晶型和相态（包括某些亚稳态），对 DSC 测量结果也会有较大的影响。

6）溶液样品中溶剂或稀释剂的选择：溶剂或稀释剂对样品的相变温度和热焓也有影响，特别是蛋白质等样品在升温过程中有时会发生聚沉的现象，而聚沉产生的放热峰往往会与热变性吸热峰发生重叠，并使得一些热变性的可逆性无法观察到，从而影响测量结果。选择适当的缓冲液系统有可能避免聚沉。

第四节　F4 流变发酵仪

（本节视频）

F4 流变发酵仪由法国肖邦技术公司生产，可以测定酵母活性和面团发酵过程的流变特性，优化发酵时间，确定烘焙的最佳开始时间，对被测定样品的发酵速率、发酵稳定性、发酵力、面团体积、蛋白质网络、产气速度进行评定。其符合美国谷物化学协会标准 AACC89—01.01。

F4 流变发酵仪可设定参数包括温度、测试持续时间、面团质量、活塞所需的质量、酵母、活塞类型等。在设定条件下，测定面团发酵过程。测试结果得到三条曲线：面团发酵曲线、总气体生成曲线和气体释放曲线，如图 12-32 和图 12-33 所示。测定所得参数有面团最大发酵高度(H_m)、终点发酵高度(h)、达到最大发酵高度的时间(T_1)、面团高度稳定性、气体释放曲线最大高度(H'_m)、达到气体释放最大高度的时间(T_1')、面团开始漏气的时间(T_x)、总产气体积、保持气体体积、漏气体积和气体保留系数等。通过气体释放曲线和面团发酵曲线的特性判别面团发酵质量，预测面食产品的质量，评估添加剂的效果。

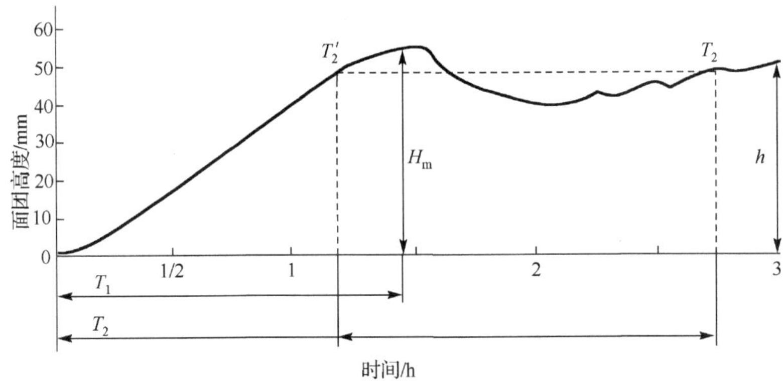

图 12-32　流变发酵仪面团发酵曲线

T_1. 曲线最高值时间，以小时和分钟表示，其与酵母发酵速度和活性有着紧密的联系。T_2 和 T_2'. 在最高点的相对稳定性，高度下降 12%(Hm)，不少于 6mm。$\Delta T_2=T_2-T_2'$. 面团稳定性。H_m. 加压下，面团最大膨胀高度，以单位毫米表示

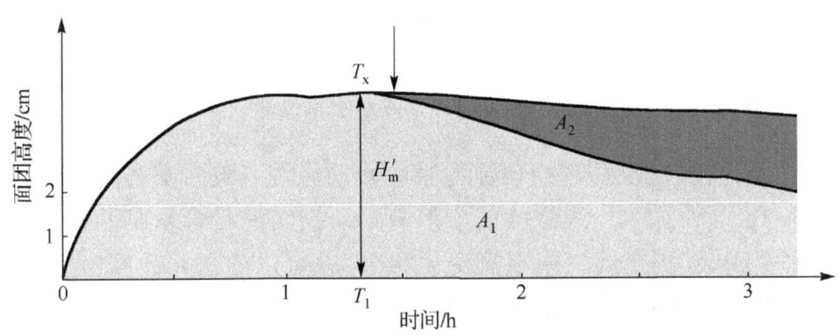

图 12-33　流变发酵仪气体释放曲线

A_1. 气体保留体积，实验结束时保留在面团中的二氧化碳气体体积。
A_2. 二氧化碳气体损失体积，面团发酵时泄漏出面团的二氧化碳气体体积

第五节　SDmatic 损伤淀粉测定仪

小麦在研磨过程中受磨辊的机械压力，部分完整的淀粉颗粒被破坏产生损伤淀粉，损伤淀粉会使面粉的吸水率增加，对酶的敏感性提高，改变了面粉的特性。因此，测定面粉中的损伤淀粉含量是进一步了解面粉特性的重要指标。

肖邦 SDmatic 损伤淀粉测定仪是法国肖邦技术公司推出的第三代新产品，仪器操作简便，测量数据准确，易于维护。该仪器主要由触摸显示屏、测量电极、搅拌棒、加热棒、反应杯、样品预热区等部分组成(图 12-34)。用户通过触摸笔点击触摸显示屏中的菜单完成相应操作，在显示屏主菜单中有测试菜单、控制菜单和校准菜单三类菜单(图 12-35)。通

过测试菜单可以输入相应的参数(面粉质量、含水量和蛋白质含量)并点击开始测试。通过控制菜单可以测试仪器各部件的功能和状态，通过校准菜单可以对仪器的功能部件进行设置，并可建立客户标定的破损淀粉单位[除了肖邦的定量体系(UCD)以外的其他单位]。

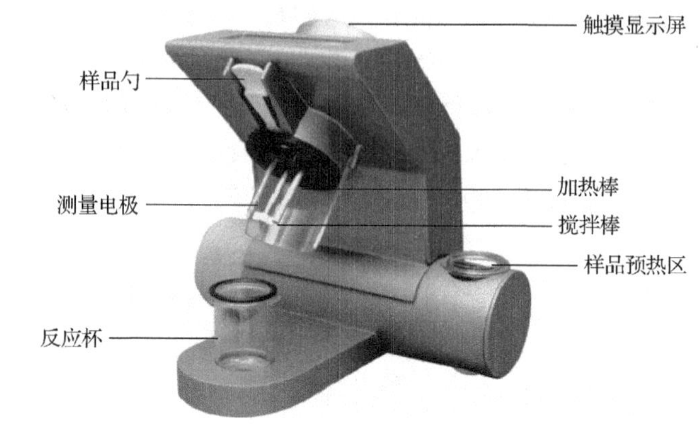

(彩图)

图 12-34　肖邦 SDmatic 损伤淀粉测定仪

图 12-35　肖邦 SDmatic 损伤淀粉测定仪显示屏主菜单

SDmatic 损伤淀粉测定仪利用损伤淀粉吸收碘的原理，采用安培法(电流法)测定其损伤淀粉含量。将 1g 面粉加入一定浓度的碘溶液中，损伤淀粉含量高的面粉吸收碘多，留在溶液中的碘浓度就低，测定溶液中电流变化状况，就可以测定并计算出损伤淀粉的含量，并在显示屏显示出测定结果。SDmatic 结果显示成多种单位：①表征损伤淀粉多少的原始数据为 AI%碘吸收率值；②由 AI%换算成的常用损伤淀粉结果 UCD 值；③通过样品水分和蛋白质含量校准后的 UCDc 值；④换算成等同于其他标准的结果(如 AACC76-31、Farrand 等)。SDmatic 损伤淀粉测定仪的检测时间约为 10min，比酶学法快 30 倍，而且测定重复性更好，数据更准确，操作更方便。该方法符合的国际标准有 ICC No.172、AACC No 76-33、AFNOR V03-731 和中国国家标准 GB/T 31577—2015 等。

第六节　流　变　仪

(本节视频)

流变仪是用于测定聚合物熔体、聚合物溶液、悬浮液、乳液、涂料、油墨和食品等流变性质的仪器。流变学测量是观察高分子材料内部结构的窗口，通过高分子材料，诸如塑料、橡胶、树脂中不同尺度分子链的响应，可以表征高分子材料的分子质量和分子质量分布情况，能快速、简便、有效地进行原材料、中间产品和最终产品的质量检测与质量控制。

一、流变仪的种类

1．旋转流变仪　分为控制应力型和控制应变型。

(1)控制应力型　使用最多，如 Physica MCR 系列、TA 的 AR 系列、Hake、Maven 都是这一类型的流变仪。其中 Physica 的电动机属于同步直流电动机，这种电动机的响应速度相对快，控制应变能力强。其他厂家使用的属于托杯电动机，托杯电动机属于异步交流电动机，响应速度相对较慢。这一类型的流变仪采用电动机带动夹具给样品施加应力，同时用光学解码器测量产生的应变或转速。

(2)控制应变型　目前只有 ARES 属于单纯的控制应变型流变仪，这种流变仪的直流电动机安装在底部，通过夹具给样品施加应变，样品上部通过夹具连接到扭矩传感器上，测量产生的应力。这种流变仪只能做单纯的控制应变实验，原因是扭矩传感器在测量扭矩时产生形变，需要一个再平衡的时间，因此反应时间就比较慢，这样就无法通过回馈循环来控制应力。

2．毛细管流变仪　毛细管流变仪主要用于高聚物材料熔体流变性能的测试。其工作原理是物料在电加热的料桶里被加热熔融，料桶的下部安装有一定规格的毛细管口模[有不同直径(0.25～2.00mm)和不同长度(0.25～40.00mm)]，温度稳定后，料桶上部的料杆在驱动电动机的带动下以一定的速度或以一定规律变化的速度把物料从毛细管口模中挤出来。在挤出的过程中，可以测量出毛细管口模入口处的压力，再结合已知的速度参数、口模和料桶参数及流变学模型，从而计算出在不同剪切速率下熔体的剪切黏度。

3．转矩流变仪　实际上是在实验型挤出机的基础上，配合毛细管、密炼室、单双螺杆、吹膜等不同模块，模拟高聚物材料在加工过程中的一些参数，这种设备相当于聚合物加工的小型实验设备，与材料的实际加工过程更为接近，主要用于与实际生产接近的研究领域。

4．界面流变仪　目前这种流变仪有振荡液滴、振荡剪切等几种原理，是流变测试中最难以准确实现的一个领域，还没有一种特别好而又通用的方法。

二、食品流变学

食品流变学(最初由宾汉在 1929 年创立的流变学基础上发展起来的)以胡克弹性定律和牛顿黏性定律为基础，主要应用线性黏弹性理论，研究食品在小变形即线性变形范围内的黏弹性质及其变化规律，测量食品在特定形变情况下具有明确物理意义的流变响应。

食品流变学是研究食品原材料、半成品、成品在储存、加工、操作处理及食用过程中产生的变形与流动的科学。目前国内外大学在食品流变学中进行着大量的科研工作并且取得了长足的进步，食品流变学主要包括以下几个方面的研究：食品材料的流动行为，可混合性、可加工性、流动性、分散性等；食品材料的屈服应力、结构稳定性分析、触变性测试；温度依赖性，表征软化、熔融、凝胶化、结晶、糊化等过程；胶体的形成过程，凝胶化过程及对时间和温度的依赖性；食品的感官评价，食品摩擦学测试等。

三、食品流变常用的测试方法

1．稳态测试(旋转模式)　主要用于研究食品的黏度、触变性、屈服应力、黏温特性等，一般使用同轴圆筒测量，如牛奶、酸奶、饮料、巧克力、淀粉溶液、番茄酱等(图 12-36)。

黏度：与流体食品的可流动性和口感相关，黏度越小流动性越好。

触变性：与糊状、弱胶状食品的加工和使用特性相关。

屈服应力：与糊状、胶状食品的流动启动应力和形状保持能力相关。

黏温特性：与食品的加工工艺、使用温度、口感等相关。

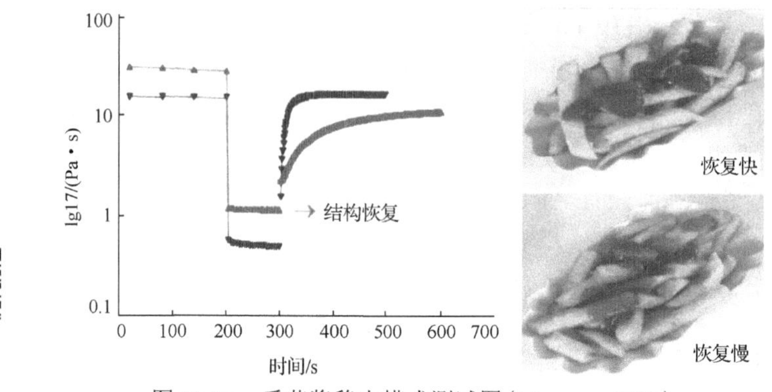

（彩图）

图 12-36　番茄酱稳态模式测试图(Mezger，2018)

2．动态测试(振荡模式)　主要研究食品的黏弹性，以及黏弹性变化规律，低黏度样品用同轴圆筒或双间隙圆筒测量，中、高黏度样品用锥板或平板测量，胶体和固体样品用平板测量，见图 12-37。

口感：模量越大，凝胶强度越大，口感越硬；弹性模量越大越有弹性。

静置时形状保持能力：可用频率扫描进行研究。

静置稳定性：可用振幅扫描和频率扫描进行研究。

凝胶化、熔化等相变过程：可用振荡的温度扫描或时间扫描测量。

屈服应力、流动点：可用振幅扫描测量研究。

3．界面流变测量　用于研究液/气或液/液界面的流变特性，如界面剪切黏度等，主要用于表面活性剂、蛋白质溶液等方面的研究。例如，图 12-38 表明浓度高的咖啡表面形成膜的速度更快，强度更高。

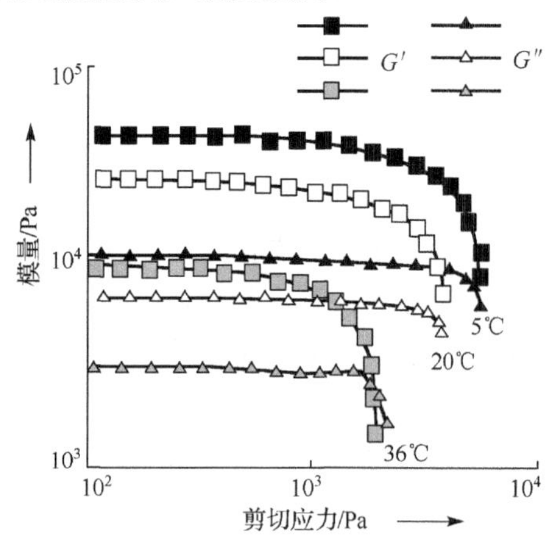

图 12-37　面包、奶酪在不同温度下的应变扫描(Mezger，2018)

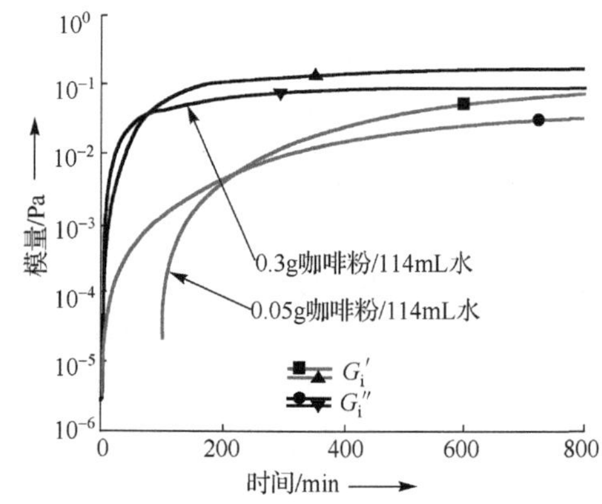

图 12-38　不同浓度咖啡溶液表面界面黏弹性的时间扫描图(Mezger，2018)

4．淀粉糊化测量　用于研究淀粉溶液在常压或高压下的糊化过程，计算糊化温度、峰值黏度、峰值时间、最低黏度、最终黏度、衰减值、回升值等参数，图 12-39 为一种玉米淀粉的糊化曲线。

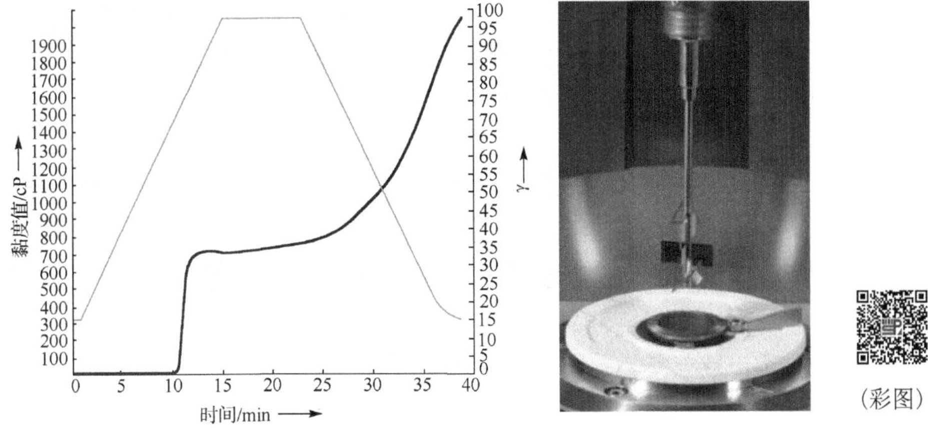

图 12-39　玉米淀粉的糊化曲线(Mezger，2018)

5．大颗粒食品测量　用于测量肉酱、果酱、米粥、果肉饮料等含有大颗粒固体的样品的流变特性。图 12-40 为一种肉酱的黏度曲线。

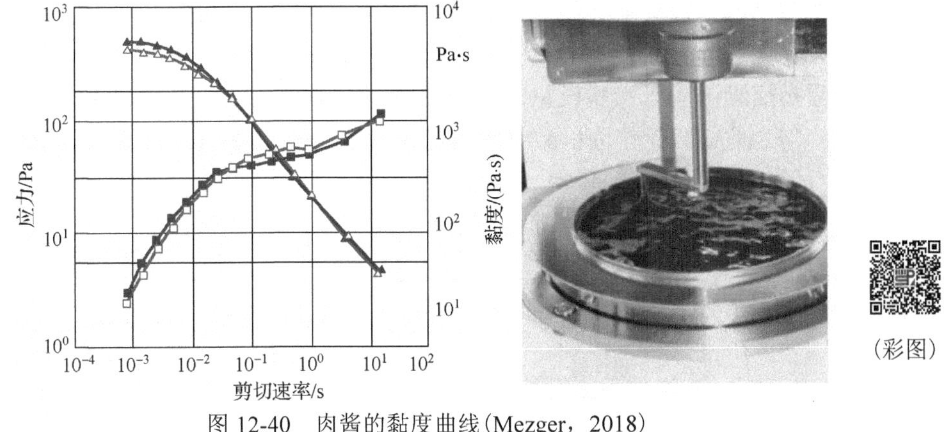

图 12-40　肉酱的黏度曲线(Mezger，2018)

6．摩擦学测量　用于测量流体食品的摩擦系数，可以表征食品吞咽过程中的滑爽性，作为感官评价的一种方法。图 12-41 是不同种类牛奶的摩擦系数图，表明全脂牛奶的摩擦系数最小。

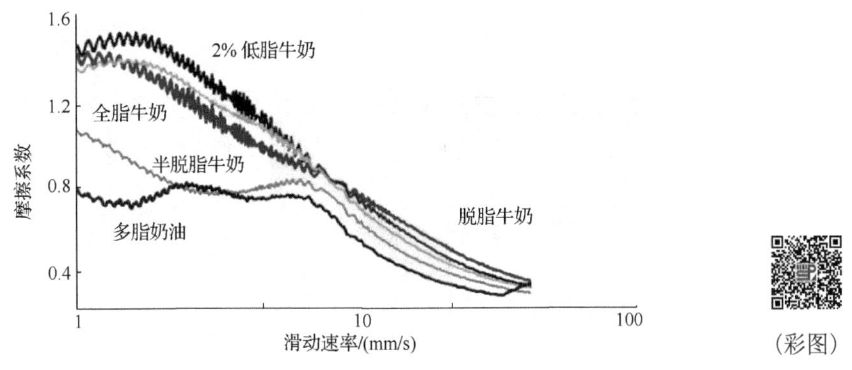

图 12-41　不同种类牛奶的摩擦系数图(Mezger，2018)

四、典型流变曲线及其意义

1. 流动曲线和黏度曲线　流动曲线和黏度曲线(图 12-42)分别为剪切速率和应力的曲线、剪切速率和黏度的曲线，通过此测试可以知道样品的流体类型，并可以计算屈服应力、非牛顿指数、零剪切黏度等。

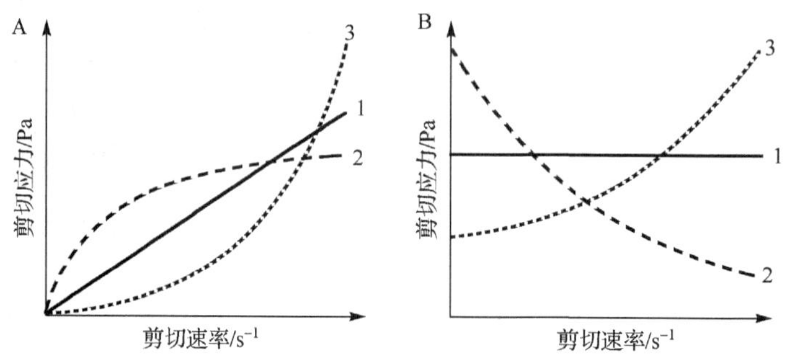

图 12-42　流动曲线和黏度曲线(Mezger，2018)

A. 流动曲线；B. 黏度曲线；

1. 牛顿流体；2. 假塑性流体；3. 胀塑性流体

2. 触变性测试　结构破坏和恢复过程的测试，第三段表明样品结构恢复的速度和程度(图 12-43)。

3. 振幅扫描测试　应变和模量的关系曲线，用于测试凝胶强度、线性黏弹区、屈服应力、流动点等，通常以 G'作为参数计算线性黏弹区。例如，图 12-44 在线性黏弹区 $G'>G''$ 说明样品具有类凝胶或固体结构。

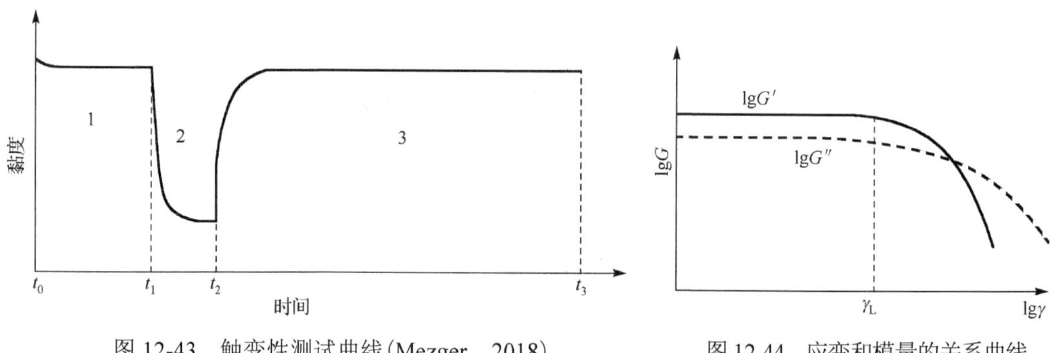

图 12-43　触变性测试曲线(Mezger，2018)

图 12-44　应变和模量的关系曲线(Mezger，2018)

γ_L 为屈服点对应的剪切速率；$\lg\gamma$为剪切速率

4. 频率扫描测试(线性非交联聚合物)　频率扫描代表了样品在不同时间尺度内的松弛行为，高频率代表样品在短时间作用力下的响应，低频率代表在长时间作用力下的响应(图 12-45)。

5. 凝胶化反应测试　通过流变数据的变化反映凝胶化反应进程，计算凝胶时间、凝胶温度、相转变点等关键数据(图 12-46)。

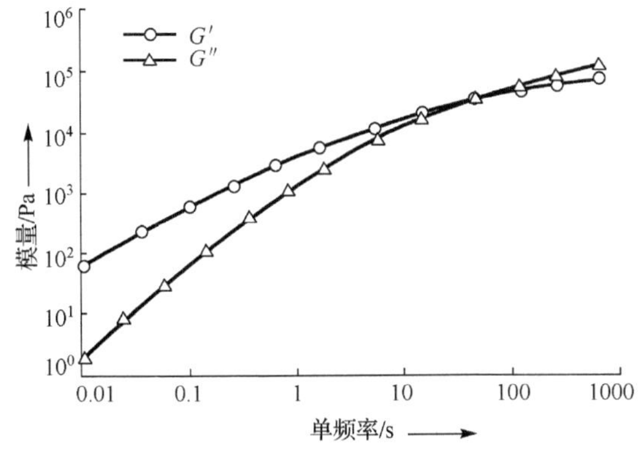

图 12-45　频率扫描测试图(Mezger，2018)

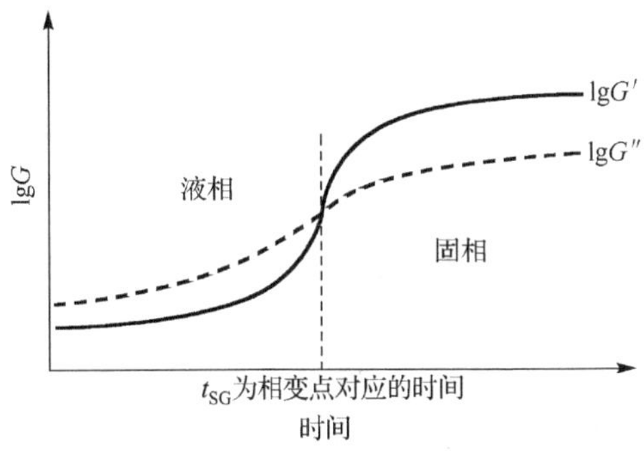

图 12-46　凝胶化反应测试图(Mezger，2018)

本章小结

本章主要介绍了粉质仪、拉伸仪、混合试验仪、吹泡仪、流变仪、质构测定仪、差示扫描量热仪、F4 流变发酵仪及 SDmatic 损伤淀粉测定仪等仪器设备的类型、结构、原理及测定分析方法等。通过本章的学习，可以让学生对以上评价面粉工艺性能及粮食食品质地、性能的仪器和设备及测定分析方法有所了解和掌握。

本章复习题

1．用布拉本德粉质仪测定面粉的工艺性能参数时，所得吸水率、面团形成时间、面团稳定时间、弱化度的计算方法及意义分别是什么？

2．用布拉本德拉伸仪测定面粉的工艺性能参数时，能够得到什么参数，其意义分别是什么？

3．法国肖邦技术公司生产的混合试验仪都有哪些检测方法，其原理分别是什么？

4．吹泡仪测定数据中 *P*/*L* 的含义是什么？

5．淀粉黏度糊化仪测定的指标都有哪些，其意义分别是什么？

6．α-淀粉酶对面制食品的意义有哪些？

7．质构测定仪 TPA 方法的注意事项有哪些？

8．举例说明 DSC 的用途。

9．F4 流变发酵仪的用途及测得的参数有哪些？

10．损伤淀粉的特性及其对烘焙食品的意义是什么？

11．流变仪的分类有哪些？

主要参考文献

班进福. 2008. 添加剂对饺子粉品质改良效果研究. 西安: 西北农林科技大学硕士学位论文

卞科, 郑学玲. 2017. 谷物化学. 北京: 科学出版社

蔡亭, 汪丽萍, 刘明. 2015. 谷物加工方式对其生理活性物质影响研究进展. 粮食加工, 23(2): 1～5

常敬华, 魏益民, 欧阳韶辉, 等. 2003. 麦芽品质与啤酒质量研究进展. 酿酒, 2: 54～57

陈海峰, 郑学玲, 王凤成. 2005. 小麦淀粉基本特性及其与面条品质之间的关系. 粮食加工与食品机械, (5): 57～59

陈亚兰, 张健. 2017. 马铃薯全粉面包制作工艺的研究. 中国食品工业, (5): 59～62

陈银基, 鞠兴荣, 董文. 2012. 稻谷中脂类及其储藏特性研究进展. 食品科学, 33(13): 320～322

成军虎, 周显青, 张玉荣, 等. 2011. 粮食干燥品质变化及评价方法研究进展. 粮食加工, 36(2): 47～50

程长平, 陈蔚青, 沈明. 2003. 液态深层发酵法生产米醋的研究. 江苏食品与发酵, 2: 3～6

程建军. 2011. 淀粉工艺学. 北京: 科学出版社

程晓梅, 程兰萍. 2008. 面条品质改良剂的应用研究. 河南工业大学学报, 29(6): 75～78

丁立, 顾星海, 陈瑶. 2018. 挤压膨化技术及其在谷物早餐食品中的应用. 粮食与食品工业, 25(2): 60～61

丁珊珊, 贾春利, 张峦, 等. 2014. 聚谷氨酸提高冷冻甜面团面包质构和感官特性研究. 食品工业科技, 35(16): 308～311

丁应生. 1999. SG 型高速振动筛筛面上物料的运动. 武汉食品工业学院学报, (2): 1～8

董玉坤, 郑殿升. 1998. 中国小麦遗传资源. 北京: 中国农业出版社

董玉坤, 郑殿升. 2006. 中国作物及其野生近缘植物·粮食作物卷. 北京: 中国农业出版社

杜连启, 朱凤妹. 2009. 小杂粮食品加工技术. 北京: 金盾出版社

杜润鸿, 刘文秀, 吴刚, 等. 2001. 油炸薯片的工艺研究及其生产线. 粮油与食品机械, (3): 23～25

杜双奎, 魏益民, 张波. 2005. 挤压膨化过程中物料组分的变化分析. 中国食品学报, 20(3): 39～43

冯世德, 孙太凡. 2013. 玉米粉对小麦面团和馒头质构特性的影响. 食品科学, 34(1): 101～104

冯叙桥, 段小明, 宋立, 等. 2013. 方便米饭研究现状及问题应对探讨. 食品工业科技, 34(17): 394～399

傅翠真, 李安智, 张丰德, 等. 1991. 中国食用豆类营养品质分析研究与评价. 中国粮油学报, 6(4): 8～11, 20

高福成, 郑建仙. 2009. 食品工程高新技术. 北京: 中国轻工业出版社

高海燕, 金萍, 丁楠. 2017. 中式糕点生产工艺与配方. 北京: 化学工业出版社

顾尧臣. 2004. 现代粮食加工技术. 北京: 中国轻工业出版社

郭丽莹, 陈洁, 王春. 2008. 速冻饺子专用粉的配粉方法及配粉效应研究. 河南工业大学学报(自然科学版), 29(6): 34～38, 68

郭楠, 叶金鹏, 林亚玲, 等. 2014. 速冻马铃薯条加工工艺技术的研究进展. 农机化研究, (11): 261～264

郭武汉, 关二旗, 卞科. 2015. 超微粉碎技术应用研究进展. 粮食与饲料工业, 5: 38～40

郭祯祥. 2016. 粮食加工与综合利用工艺学. 郑州: 河南科学技术出版社

郭祯祥, 赵仁勇. 2002. 玉米硬度测定方法研究. 食品与饲料工业, 12(20): 44～46

国娜, 谭晓燕. 2012. 粮食生物化学. 北京: 化学工业出版社

何宏, 王永斌. 1999. 冷冻面条生产技术及原理. 食品工业, (5): 11～12
何日梅, 李庭龙, 韦榕柳, 等. 2014. 淀粉改性方法及应用研究进展. 现代化工, 34(12): 25～28
侯飞娜, 木泰华, 孙红男, 等. 2015. 不同品种马铃薯全粉蛋白质营养品质评价. 食品科技, (3): 49～56
侯会绒. 2008. 复合改良剂对速冻水饺冻裂率影响的研究. 食品科技, 1: 111～113
胡玉华, 郭祯祥, 王华东, 等. 2014. 挤压膨化技术在谷物加工中的应用. 粮食与饲料工业, 12: 37～39
胡玉华, 王晓培, 石勇, 等. 2017. 真空冷冻干燥技术在方便食品中的应用. 农产品加工, 11: 48～50
胡育明. 2014. 影响速冻汤圆粉团蒸煮特性的因素研究. 郑州: 河南工业大学硕士学位论文
黄梅花, 何国庆. 2013. 速冻方便米饭品质评价方法及原料适应性的研究. 中国食品学报, 13(12): 210～216
回瑞华, 侯冬岩, 郭华, 等. 2005. 薏米中营养成分的分析. 食品科学, 26(8): 375～377
江敏, 谭兴和, 熊兴耀, 等. 2007. 非油炸型速冻马铃薯预处理加工工艺参数的研究. 食品研究与开发, (3): 88～93
江正强. 2005. 微生物木聚糖酶的生产及其在食品工业中应用的研究进展. 中国食品学报, 5(1): 1～9
姜海峰. 2014. SHJ 型双螺杆挤压膨化机的结构及其特点剖析. 合成纤维工业, 37(1): 66～68
蒋卉. 2013. 杂粮复合米方便米饭品质改良研究. 武汉: 武汉轻工大学硕士学位论文
金茂国. 2004. 面包加工工艺. 北京: 中国轻工业出版社
金茂国, 金屹. 2004. 蛋糕加工工艺. 北京: 中国轻工业出版社
金增辉. 1997. 稻米的精加工与深加工. 西部粮油科技, 22(4): 8～12
靳志强, 白变霞, 赵晋峰, 等. 2018. 谷氨酰胺转氨酶对小米制面性能及淀粉体外消化的影响. 中国粮油学报, 33(1): 26～32
景万星, 张华山, 魏萍. 2018. 安全高效红曲米工程化生产技术开发. 中国酿造, 37(8): 153～157
孔晓雪, 李蕴涵, 李柚, 等. 2018. 葡萄糖氧化酶和谷氨酰胺转氨酶对发酵麦麸面团加工品质的影响. 食品工业科技, 40(9): 1～9
李冰, 范鹏辉, 赵雷, 等. 2016. 黄原胶对面筋蛋白流变特性的影响. 现代食品科技, 32(2): 33～39
李昌文, 刘延奇, 王章存. 2006. 添加剂对速冻水饺冻裂率影响的研究. 中国食品添加剂, 2: 114～116
李芳, 刘刚, 刘英, 等. 2007. 燕麦的综合利用与开发. 武汉工业大学学报, 26(1): 23～26
李华敏, 王艺欣, 李林, 等. 2018. 甜米酒发酵工艺条件研究. 中国酿造, 38(7): 199～202
李浪. 2008. 小麦面粉品质改良与检测技术. 北京: 化学工业出版社
李里特. 2010. 食品物性学. 北京: 中国农业出版社
李里特, 江正强. 2018. 烘焙食品工艺学. 北京: 中国轻工业出版社
李林轩. 2011. 碾麦清理技术的应用. 粮食加工, 56(5): 4～6
李绍虹. 2010. 冷冻面团品质改良技术研究. 郑州: 河南工业大学硕士学位论文
李树君. 2014. 马铃薯加工学. 北京: 中国农业出版社
李素云. 2007. 浅议谷物的微波干燥. 粮食流通技术, 1: 38～40
李小龙, 王新国. 2015. 正交试验法优化速冻米饭的加工工艺. 食品研究与开发, 36(24): 120～122
李新华, 董海洲. 2016. 粮油加工学. 北京: 中国农业大学出版社
李新华, 董海洲. 2018. 粮油加工学. 3 版. 北京: 中国农业大学出版社
李鑫熠, 杨炳南, 杨延辰, 等. 2010. 加工马铃薯贮存过程营养物质变化研究. 2010 年中国机械工程学会包装与食品工程分会学术年会论文集, 28(3): 88～93
李亚光, 周立汉. 2001. 精制小米的加工技术. 粮食与饲料工业, (5): 5～6

李勇. 2005. 食品冷冻与加工技术. 北京: 化学工业出版社
李云飞, 殷涌光. 2016. 食品物性学. 北京: 中国轻工业出版社
林峰, 蔡木易, 易维学, 等. 2006. 玉米蛋白深加工现状及发展趋势. 食品与发酵工业, 32(11): 122～127
林家永. 1997. 乳化剂对降低蛋糕中蛋用量的作用. 商业科技开发, (3): 15～18
林敏刚, 丁琳, 赵红召. 2010. 变性淀粉对速冻水饺品质的影响. 粮食与饲料工业, (5): 18～21
林汝法, 柴岩, 廖琴, 等. 2005. 中国小杂粮. 北京: 中国农业出版社
林亚珍, 杨炳南, 杨延辰, 等. 2009. 冲调性甘薯全粉速溶性试验. 农产品加工学刊, (10): 71～74
蔺毅峰, 杨萍芳, 晁文. 2006. 焙烤食品加工工艺与配方. 北京: 化学工业出版社
刘丹, 赵子龙, 梁丹. 2020. 谷子、小麦籽粒蛋白、淀粉构成与结构差异分析. 华北农学报, 35(2): 72～78
刘若诗, 黄立群, 张峦, 等. 2009. 冷冻面团发酵技术在中式食品中的应用. 食品科学, 11: 21～25
刘英. 2005. 谷物加工工程. 北京: 化学工业出版社
柳小军. 2011. 冻藏对面筋蛋白性能的影响及脱水机理研究. 郑州: 河南工业大学硕士学位论文
娄爱华, 杨泌泉. 2004a. 面粉特性与冷冻水饺品质相关性的研究. 冷饮与速冻食品工业, 10(2): 1～4
娄爱华, 杨泌泉. 2004b. 添加剂对速冻水饺品质的影响. 食品工业科技, (8): 73～74
鲁卉. 2002. 速冻汤圆生产工艺的探讨. 冷饮与速冻食品工业, 7(2): 12～13
陆启玉. 2017. 粮油食品加工工艺学. 北京: 中国轻工业出版社
吕莹果, 王励铭, 陈洁. 2011. 冷冻面条的品质改良研究. 中国食品添加剂, (5): 107～111
罗利军, 应存山, 汤圣祥, 等. 2002. 稻种资源学. 武汉: 湖北科学技术出版社
马梦晴, 高海生. 2017. 食品加工过程中新技术的应用. 河北科技师范学院学报, 31(2): 49～59
马涛, 肖志刚. 2016. 谷物加工工艺学. 北京: 科学出版社
马微, 张兰威, 钱程, 等. 2004. 谷氨酰胺转氨酶的功能特性及其在面粉制品加工中的应用. 粮油食品科技, 12(3): 12～14
马莺, 顾瑞霞. 2003. 马铃薯深加工技术. 北京: 中国轻工业出版社
孟春玲, 孟庆虹, 张守文. 2014. 发芽糙米的营养功能和进一步开发应用. 中国食品添加剂, 5: 156～160
闵照永, 汪雅馨, 师玉忠. 2015. 几种处理技术在杂粮粉应用上的研究进展. 农产品加工, 6: 70～75
彭置君, 刘文秀. 2003. 油炸马铃薯制品煎炸油的劣变及其控制. 包装与食品机械, (3): 28～32
乔晓玲, 闫祝炜, 张原飞, 等. 2008. 食品真空冷冻干燥技术研究进展. 食品科学, 29(5): 469～474
曲敏, 耿浩源, 孙玥, 等. 2018. 苜蓿冰结构蛋白对速冻饺子皮质地的影响. 食品科学, (20): 86～91
曲敏, 孙兆国, 陈凤莲, 等. 2016. 冷冻面团原料小麦粉的筛选及各指标的相关性分析. 食品工业科技, 32(6): 137～141
屈冬玉, 谢开云, 金黎平, 等. 2005. 中国马铃薯产业发展与食物安全. 中国农业科学, 38(2): 358～362
任娣, 谢亚娟, 陆兆新, 等. 2015. 重组脂肪氧合酶对面团流变性质及面包品质的影响. 食品科学, 36(13): 1～6
任红涛, 程丽英, 张剑. 2006. 速冻南方馒头的研制. 粮食加工, (6): 54～55
任立焕, 赵江, 刘子圆, 等. 2017. 不同改良剂对马铃薯面条品质的影响. 粮食与油脂, 30(9): 35～38
佘纲哲, 李景阳. 1982. 谷物脂类分析及其应用. 郑州粮食学院学报, (1): 16～22, 26
沈莎莎, 田建珍. 2013. 不同粉碎方式对谷物粉碎效果及品质影响研究进展. 小麦研究, 34(2): 17～24
宋洪波, 迟玉杰, 邓尚贵, 等. 2013. 食品加工新技术. 北京: 科学出版社
宋凯, 徐仰丽, 郭远明, 等. 2013. 真空冷冻干燥技术在食品加工应用中的关键问题. 食品与机械, 29(6): 232～235

孙洪蕊, 刘香英, 田志刚, 等. 2018. 品质改良剂对马铃薯馒头品质的影响. 食品工业, 39(11): 82～85
孙敬, 董赛男. 2009. 食品中蛋白质的功能(六)食品中蛋白质的功能性质(三)——大豆蛋白和小麦蛋白. 肉类研究, (9): 70～80
孙向阳. 2006. 速冻水饺评价方法及品质的研究. 郑州: 河南工业大学硕士学位论文
谭斌, 谭洪卓, 刘明, 等. 2010. 粮食(全谷物)的营养和健康. 中国粮油学报, 25(4): 100～107
唐振兴. 2005. 谷朊粉的开发与利用. 粮油加工与食品机械, (3): 60～63
田鑫. 2017. 不同品种马铃薯全粉微观结构与品质特性研究. 杭州: 浙江大学硕士学位论文
汪星星, 余小林. 2015. 冷冻面制品的研究现状及改良进展. 粮食与油脂, 28(7): 5～7
王爱丽. 2006. 小麦非醇溶性蛋白(non-prolamins)的研究进展. 首都师范大学学报, 27(5): 68～74
王晨阳, 何英, 方保停, 等. 2005. 小麦籽粒淀粉合成、淀粉特性及其调控研究进展. 麦类作物学报, 25(1): 109～114
王明明. 2011. 速冻熟面制作工艺关键控制点的研究. 郑州: 河南工业大学硕士学位论文
王盼, 张坤生, 任云霞. 2012. 速冻水饺贮存过程中品质变化研究. 食品研究与开发, 33(12): 197～201
王三保, 杨立新. 2018. 风速及预冷时间对速冻饺子冻裂率的影响. 食品研究与开发, 34(15): 39～42
王显伦, 任顺成, 潘思轶, 等. 2015. 木聚糖酶对面团流变性和热力学特性的影响. 食品科学, 36(7): 26～29
王显伦, 王玮, 潘思轶. 2016. 木聚糖酶对速冻馒头品质影响及其作用机理. 粮油学报, 31(4): 6～14
王新坤, 仲磊, 杨润强, 等. 2014. 植物籽粒中植酸及其降解方法与产物研究进展. 食品科学, 25(3): 301～305
王艳娜. 2015. 速冻馒头复蒸收缩现象分析研究. 郑州: 河北工业大学硕士学位论文
王月慧. 2001. 小杂粮加工技术. 武汉: 湖北科学技术出版社
王章存, 康艳玲. 2006. 国内外谷物蛋白发展概况. 中国食品添加剂, (5): 110～113
王忠, 顾蕴洁, 王慧慧, 等. 2012. 关于小麦胚乳细胞发育的研究. http://www.paper.edu.cn/releasepaper/content/201206397[2019-12-10]
卫学青. 2011. 薯条的速冻工艺研究. 郑州: 河南农业大学硕士学位论文
吴雪辉, 何淑华, 谢炜琴. 2004. 薏米淀粉的颗粒结构与性质研究. 中国粮油学报, 19(3): 35～37
肖付刚, 刘钟栋. 2003. 酶制剂在面制品中的应用. 中国食品添加剂, 5: 68～73
谢从华. 2012. 马铃薯产业的现状与发展. 华中农业大学学报(社会科学版), (1): 1～4
谢勇, 高健强, 李刚凤. 2015. 湿法超细粉碎技术的研究进展. 铜仁学院学报, (4): 47～53
新楠, 董瑞峰, 樊明涛. 2013. 裸燕麦胚乳发育过程细胞学研究. 天津农学院学报, 20(1): 7～10
许克勇, 冯卫华. 2001. 薯类制品加工工艺与配方. 北京: 科学技术文献出版社
许秀峰, 李桂玉. 2004. 速冻水饺、速冻汤圆生产缺陷改善. 冷饮与速冻食品工业, 9(3): 36～40
许真, 王显伦. 2017. 木聚糖酶对戊聚糖及面团品质的影响. 食品科学, 38(15): 196～200
杨炳南, 刘斌, 杨延辰, 等. 2011a. 国内外果蔬鲜切加工技术研究现状. 农产品加工学刊, 10: 36～40
杨炳南, 刘斌, 杨延辰, 等. 2011b. 净鲜马铃薯丝、丁半成品保鲜实验研究. 哈尔滨: 哈尔滨工业出版社
杨凯. 2013. 同向双螺杆挤压膨化机挤压机理及性能分析. 南京: 南京理工大学硕士学位论文: 3～11
杨磊, 张作永, 杜红光. 2010. 色选机在小麦清理工艺中的布置. 粮食加工, 35(5): 40～42
杨力, 许学荣, 李长亚. 2005. 啤麦籽粒高蛋白质含量对麦芽品质的影响及其对策. 大麦科学, 3: 40～42
杨曼倩, 董全. 2017. 马铃薯全粉加工技术及应用研究进展. 粮食与油脂, 30(2): 7～11
杨学举, 杜朝, 刘广田. 2005. 小麦淀粉特性与面包烘烤品质的相关性. 中国粮油学报, 20(2): 12～14

杨引福, 李向拓, 谢恩魁. 2005. 不同硬质度胚乳奥帕克-2(02)玉米籽粒超微结构与品质性状的相关研究. 中国农业科学, 38(1): 59～63
杨莹, 黄丽婕. 2013. 改性淀粉的制备方法及应用的研究进展. 食品工业科技, 34(20): 381～385
姚惠源. 1999. 谷物加工工艺学. 北京: 中国财政经济出版社
姚惠源. 2004. 稻米深加工. 北京: 化学工业出版社
姚惠源, 方辉. 2011. 色选技术在粮食和农产品精加工领域的应用及发展趋势. 粮食与食品工业, 18(2): 4～6
姚献平, 郑丽萍. 1995. 几种天然淀粉的理化性质. 造纸化学, 7(2): 10～18
叶琼娟, 杨公明, 张全凯, 等. 2013. 挤压膨化技术及其最新应用进展. 食品质量安全检测学报, 4(5): 1129～1134
叶晓枫, 韩永斌. 2013. 冻融循环下冷冻非发酵面团品质的变化及机理. 农业工程学报, 29(21): 271～277
叶晓青, 莫树平, 庾文伟, 等. 2014. 农产品超微干粉加工的现状与应用前景. 食品与机械, 3(2): 258～261
尹天罡, 何余堂, 解玉梅, 等. 2014. 玉米醇溶蛋白改性及食品中应用研究进展. 食品工业科技, 35(9): 377～380
游新勇, 莎娜, 王国泽, 等. 2012. 马铃薯全粉面包的加工工艺研究. 广东农业科学, 39(7): 116～119
于国萍, 吴非. 2010. 谷物化学. 北京: 科学出版社
于新, 马永全. 2011. 杂粮食品加工技术. 北京: 化学工业出版社
余群, 杨东, 张永林. 2014. 谷物清理工艺及设备研究. 安徽农业科学, (10): 3120～3121
俞学峰, 杨子忠, 冷剑新, 等. 2007. 冷冻面团加工技术与中国传统食品现代化. 粮食加工, 32(1): 18～20
袁永利. 2006. 酶在面包工业中应用. 粮食与油, (7): 20～22
曾洁, 杨继国. 2011. 五谷杂粮食品加工. 北京: 化学工业出版社
张高楠, 苏钰亭, 赵思明. 2018. 4 种甜米酒主要营养成分与滋味特征对比及分析. 华中农业大学学报, 37(2): 89～95
张国治. 2006. 糯米粉的品质分析及速冻汤圆品质改良. 冷饮与速冻食品工业, 12(2): 39～42
张国治. 2007. 速冻及冻干食品加工技术. 北京: 化学工业出版社
张国治, 张龙, 张先起. 2002. 速冻馒头生产工艺研究. 郑州工程学院学报, 23(3): 56～59
张慧娟, 夏雪芬, 王静, 等. 2015. 大米蛋白及其酶解产物的功能性质. 中国食品学报, 15(8): 63～70
张剑, 李梦琴. 2009. 北方馒头速冻生产工艺条件优化. 食品科学, 30(16): 166～168
张剑, 李梦琴. 2011. 鲜面条速冻生产工艺条件研究. 食品科学, 32(10): 304～307
张剑, 李梦琴, 龚向哲, 等. 2008. 小麦品质性状与鲜湿面条品质指标关系的研究. 中国粮油学报, 23(2): 16～20
张剑, 李梦琴, 任红涛, 等. 2011. 鲜面条速冻生产工艺条件研究. 食品科学, 3(10): 304～307
张洁, 于颖. 2010. 超微粉碎技术在食品工业中的应用. 农业科学研究, 31(1): 51～54
张康逸, 何梦影, 杨帆, 等. 2017. 真空冷冻干燥条件对多谷物全粉品质影响的研究. 现代食品科技, 33(7): 163～171
张美莉. 2007. 杂粮食品生产工艺与配方. 北京: 中国轻工业出版社
张守文. 1996. 面包科学与加工工艺. 北京: 中国轻工业出版社
张永林, 刘协航. 1995. 重力谷糙分离机的工作原理及分离板上物料的运动分析. 粮食与饲料工业, (7): 4～6
张中义, 柴颖, 范雯, 等. 2018. 大豆分离蛋白对速冻饺子肉馅抗冻性能的改善. 食品工业, (1): 30～34
赵凤敏. 2001. 速冻马铃薯薯条综合加工的研究. 北京: 中国农业机械化研究院农副产品加工工程中心
赵凤敏, 李树君, 方宪法, 等. 2006. 中心组合设计法优化马铃薯薯渣固态发酵工艺. 农业机械学, (37):

107～110

赵凤敏，杨延辰，李树君，等. 2005. 原料对马铃薯复合薯片产品品质影响的研究. 包装与食品机械，6(23)：9～12

赵钢. 2010. 荞麦加工与产品开发新技术. 北京：科学出版社

赵晋府. 2001. 食品工艺学. 北京：中国轻工业出版社

赵仁勇, Cretois A. 2003. 小麦入磨水分和硬度对研磨特性的影响. 中国粮油学报, 18(2)：29～32

赵晓敏. 2004. 浅谈速冻饺子粉. 面粉通讯, (1)：10～11

振环. 2004. 稻米深加工概述. 粮食与油脂, 11：36～38

郑春燕，张坤生，任云霞. 2013. 不同冷却方式对速冻汤圆品质的影响. 食品工业科技, 34(17)：236～240

郑建仙. 2003. 现代新型谷物食品开发. 北京：科学技术文献出版社

郑学玲，李利民，姚惠源，等. 2005. 小麦麸皮及面粉戊聚糖对面团特性及面包烘焙品质影响的比较研究. 中国粮油学报, 20(2)：21～25

钟丽玉. 1995. 谷物蛋白综述. 粮食储藏, (Z1)：140～146

周惠明，陈正行. 2001. 小麦制粉与综合利用. 北京：中国轻工业出版社

周婷，程威威，林亲录，等. 2013. 发芽糙米制备工艺研究现状. 粮食与油脂, 26(7)：6～8

周显青，马鹏阔. 2015. 冻藏温度波动对速冻汤圆粉团蒸煮特性的影响. 粮食与饲料工业, (1)：16～19

周艳华，覃世民，胡元斌. 2012. 稻米深加工及其副产品的综合利用. 食品与发酵科技, 48(4)：3～6

周裔彬. 1996. 浅述小麦籽粒的结构与制粉的关系. 粮食与饲料工业, (12)：5～7

周裔彬. 2015. 粮油加工工艺学. 北京：化学工业出版社

周颖越，朱炜. 2006. 单甘酯对微波复热食品阻水性能的研究. 中国食品添加剂, (4)：91～94

朱芳芳，舒在习. 2013. 优质稻谷 α-淀粉酶活性与降落数值相关性的探讨. 粮食工程·技术, 3：57～59

朱俊晨，翟迪升. 2004. 速冻饺子品质改良工艺的研究. 食品科学, 25(3)：208～210

朱永义，郭祯祥，天建珍. 2003. 谷物加工工艺及设备. 北京：科学出版社

祝美云，王艳萍，王成章，等. 2007. 速冻水饺的饺皮裂纹问题研究进展. 粮油加工, (6)：106～109

Baier-Schenk A, Handschin S, von Schönau M, et al. 2005. *In situ* observation of the freezing process in wheat dough by confocal laser scanning microscopy (CLSM): Formation of ice and changes in the gluten network. Journal of Cereal Science, 42(2): 255～260

Bao Y R, Wang X L. 2011. Research on water's influences on the quality of frozen dough. Procedia Environmental Sciences, 8: 313～318

Bekes F, MacRitchie F, Panozzo J F, et al. 1992. Lipid mediated aggregates in flour and in gluten. Journal of Cereal Science, 16(2): 129～140

Berglund P T, Shelton D R, Freeman T P. 1991. Frozen bread dough ultrastructure as affected by duration of frozen storage and freeze-thaw cycles. J Cereal Chem, 68(1): 105～107

Coombs C E, Holman B W, Friend M A, et al. 2017. Long-term red meat preservation using chilled and frozen storage combinations: A review. J Meat Science, (125): 84～94

Edward M A, Osborne B G, Henry R J. 2008. Effect of endosperm starch granule size distribution on milling yield in hard wheat. J Cereal Sci, 48: 180～192

Finnie R, Jeannotte C E, Morris M J, et al. 2010. Variation in polar lipids located on the surface of wheat starch. J Cereal Sci, 51: 73～80

Galle S. 2013. Sourdough: A Tool to Improve Bread Structure. Berlin: Springer US: 217～228

Gerrard J A, Fayle S E, Wilson A J, et al. 2010. Dough properties and crumb strength of white pan bread as affected by microbial transglutaminase. J Food Sci, 63(3): 472～475

Ghodke S K, Ananthanarayan L, Rodrigues L. 2009. Use of response surface methodology to investigate the effects of milling conditions on damaged starch, dough stickiness and chapatti quality. Food Chem, 112: 1010～1015

Gray J A, Bemiller J N. 2010. Bread staling: Molecular basis and control. Compr Rev Food Sci Food Saf, 2(1): 1～21

Greer E N, Steward B A. 1959. The water absorption of wheat flour, relative effects of protein and starch. J Sci Food Agric, 10: 248～252

Hou G G. 2010. Asian Noodles: Science, Technology, and Processing. New York: John Wiley & Sons

Lazaridou A, Duta D, Papageorgiou M, et al. 2007. Effects of hydrocolloids on dough rheology and bread quality parameters in gluten-free formulations. J Food Eng, 79(3): 1033～1047

Liu X, Mu T, Sun H, et al. 2018. Influence of different hydrocolloids on dough thermo-mechanical properties and *in vitro* starch digestibility of gluten-free steamed bread based on potato flour. Food Chemistry, 239: 1064～1074

Luo C, Griffin W B, Brandlard G, et al. 2001. Comparison of low and high molecular weight wheat glutenin allele effects on flour quality. J Theor Appl Genet, 102: 1088～1098

Mezger T G. 2018. 应用流变学. 2 版. 上海安东帕公司内部资料

Morgan J E, Williams P C. 1995. Starch damage in wheat flours: A comparison of enzymatic, iodometric, and near-infrared reflectance techniques. Cereal Chem, 72: 209～212

Payne P I, Nightingale M A, Krattiger A F, et al. 2010. The relationship between HMW glutenin subunit composition and the bread-making quality of British-grown wheat varieties. J Sci Food Agric, 40(1): 51～65

Pinthus E J, Singh R P, Rubnov M, et al. 2010. Effective water diffusivity in deep-fat fried restructured potato product. Int J Food Sci Technol, 32(3): 235～240

Ranhotra G S, Gelroth J A, Eisenbraun G R. 1993. Correlation between Chopin and AACC methods of determining damaged starch. Cereal Chemistry, 70: 235～236

Rasanen J, Han H, Autio K. 1995. Freeze-thaw stability of flour quality and time. J Cereal Chem, 72(6): 637～642

Richard F T, Trushar P, Stephen E H. 2006. Damaged starch characterisation by ultracentrifugation. Carbohyd Res, 341: 130～137

Rubnov M, Saguy I S. 2010. Fractal analysis and crust water diffusivity of a restructured potato product during deep-fat frying. J Food Sci, 62(1): 135～137

Steffe J F. 1992. Rheological Methods in Food Process Engineering. Princeton: Freeman Press

Tester R F, Morrison W R, Gidley M I, et al. 1994. Properties of damaged starch granules. 3. microscopy and particle-size analysis of undamaged granules and remnants. J Cereal Sci, 20: 59～67

Xia X F, Kong B H, Xiong Y L, et al. 2010. Decreased gelling and emulsifying properties of myofibrillar protein from repeatedly frozen-thawed porcine longissimus muscle are due to protein denaturation and susceptibility to aggregation. J Meat Science, (85): 481～486